Wireless-Netzwerke für den Nahbereich

Ralf Gessler · Thomas Krause

Wireless-Netzwerke für den Nahbereich

Eingebettete Funksysteme: Vergleich von standardisierten und proprietären Verfahren

2., aktualisierte und erweiterte Auflage

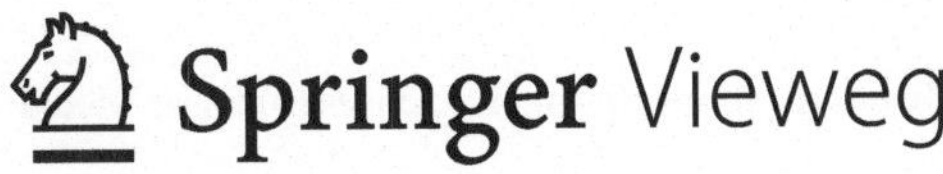

Ralf Gessler
Campus Künzelsau
Hochschule Heilbronn
Künzelsau, Deutschland

Thomas Krause
Widdern, Deutschland

ISBN 978-3-8348-1239-1   ISBN 978-3-8348-2075-4 (eBook)
DOI 10.1007/978-3-8348-2075-4

Die Deutsche Nationalbibliothek verzeichnet diese Publikation in der Deutschen Nationalbibliografie;
detaillierte bibliografische Daten sind im Internet über http://dnb.d-nb.de abrufbar.

Springer Vieweg
© Springer Fachmedien Wiesbaden 2009, 2015

Springer Fachmedien Wiesbaden GmbH ist Teil der Fachverlagsgruppe Springer Science+Business Media
(www.springer.com)

Vorwort

Titel

Wireless-Technologien ziehen von jeher sowohl Entwickler als auch Anwender in ihren Bann.

Anfang der 90er Jahre begann mit GSM[1] ein revolutionärer Wandel in der mobilen Kommunikation. Der Mobilfunk ermöglichte das mobile und drahtlose Telefonieren zu jeder Zeit an jedem Ort. Zu Beginn des neuen Jahrtausends, nachdem die benötigte Hardware deutlich preiswerter geworden war, trat Wireless LAN aus seinem Schattendasein. Wireless LAN wurde schnell das Verfahren, um Computer drahtlos untereinander und mit dem Internet zu verbinden. Heute stehen wir vor der nächsten Entwicklungstufe – den Wireless-Netzwerken für den Nahbereich. Diese Netzwerke erlauben die massenhafte Anwendung von drahtlosen Technologien im alltäglichen Leben. Die Anwendungsgebiete reichen von der Unterhaltungs- und Haushaltselektronik[2] über die Industrie- bis zur Gebäudeautomatisierung. Aus diesem Grund wird den Funknetzwerken im Nahbereich (SRWN[3]) in Zukunft ein hoher Marktanteil prognostiziert [Kno08].

Die vorliegende Arbeit dient als technische und ökonomische Entscheidungshilfe. Sie liefert Grundlagen aus den Gebieten Nachrichten-, Kommunikationstechnik und Eingebettete Systeme. Aus diesen drei Gebieten werden wichtige Parameter („Stellschrauben") für den Vergleich erarbeitet.

Die einzelnen standardisierten Verfahren wie Bluetooth, ZigBee, WLAN und weitere proprietäre Verfahren werden anhand des ISO/OSI-Modells als zentrales Ordnungselement vorgestellt.

Didaktik

Das Buch liefert in Theorie und Praxis eine durchgehende und vollständige Darstellung der Implementierung von Eingebetteten Funksystemen. Beispiele, Aufgaben, Einstiegshilfen und Literaturhinweise zur weiteren Vertiefung runden das Werk ab.

2. Auflage

In der zweiten Auflage des Buches wurden Fehler, insbesondere im Kapitel „Grundlagen", korrigiert. Die standardisierten und proprietären Verfahren des Kapitels „Verfahren" wurden auf den Stand der Technik gebracht und zur schnellen Erschließung in „Steckbriefen" katalogisiert. Einen „Vergleich" der vorgestellten Verfahren vereinfacht der gleichnamige Eintrag im Stichwortverzeichnis. Das Kapitel „Entwicklung" liefert hierzu aktuelle Werkzeuge und Chipsätze. Das Kapitel „Trends" gibt einen Ausblick über mögliche zukünftige Entwicklun-

---

[1]GSM = Global System For Mobile Communication
[2]engl.: Consumer Electronics
[3]SRWN = Short Range Wireless Networks

gen und Begriffsbestimmungen. Die Optimierung der Didaktik im Buch erfolgt mittels weiterer Begriffserläuterungen, Aufgaben und Beispiele. Hinzu kommt die Erweiterung des Abkürzungs- und Literaturverzeichnisses und die Ergänzung durch Abbildungs-und Tabellenverzeichnisse.

Danksagung Wir möchten uns bei Herrn Günther Hunn für die sprachliche Überprüfung des Manuskriptes bedanken. Herrn Reinhard Dapper und Frau Andrea Brossler vom Springer Vieweg Verlag gilt unser Dank für das Lektorat. Des Weiteren bedanken sich die Autoren bei den Herren Florian Krämer und Robin Kroschwald für die tatkräftige Unterstützung beim Kapitel „Verfahren".

Internet Weiterführende Hinweise zum Buch „Wireless-Netzwerke für den Nahbereich" finden sich auf der Verlagsseite[4] im Internet (URL[5]).

Literatur Die Bücher „Hardware-Software-Codesign" [GM07] und „Entwicklung Eingebetteter Systeme" [Ges14] können als Grundlagenwerke für die Entwicklung von Eingebetteten Funksystemen gelten.

Ravensburg, im Januar 2015

Ralf Gessler   Thomas Krause

---

[4]URL: `http://www.springer.com`
[5]URL = Uniform Resource Locator

Inhaltsverzeichnis

Abkürzungsverzeichnis

6LoWPAN . . . . . . IPv**6** Over **Lo**w power **WPAN**

ACL . . . . **A**synchronous **C**onnectionless **L**ink

ADC . . . . **A**nalog **D**igital **C**onverter *(deutsch: Analog-Digital-Wandler)*

ALU . . . . **A**rithmetical **L**ogical **U**nit *(deutsch: Arithmetische Logische Einheit)*

AM . . . . **A**mplituden**M**odulation

AMPS . . . . **A**dvanced **M**obile **P**hone **S**ystem

AP . . . . **A**ccess **P**oint

API . . . . **A**pplication **P**rogramming **I**nterface *(deutsch: Programmier-schnittstelle)*

APP . . . . **APP**lication Software

APSK . . . . **A**mplitude **P**hase **S**hift **K**eying *(deutsch: Amplituden-Phasen-Umtastung)*

ARQ . . . . **A**utomation **R**epeat Re**Q**uest

ASCII . . . . **A**merican **S**tandard for **C**ode **I**nformation **I**nterchange

ASIC . . . . **A**pplication **S**pecific **I**ntegrated **C**ircuit *(deutsch: Anwendungs-spezifische Integrierte Schaltung)*

ASIP . . . . **A**pplication **S**pecific **I**nstruction **S**et **P**rocessor

ASK . . . . **A**mplitude **S**hift **K**eying *(deutsch: Amplitudenumtastung)*

ATM . . . . **A**synchronous **T**ransfer **M**ode

AWGN . . . . **A**dditive **W**hite **G**aussian **N**oise

BER . . . . **B**it **E**rror **R**ate

BLE .... **B**luetooth **L**ow **E**nergy

BPS .... **B**its **P**er **S**econd

BPSK .... **B**inary **P**hase **S**hift **K**eying

BSS .... **B**asic **S**ervice **S**et

BT .... 3dB **B**andbreite-Symboldauer(**T**)-Produkt

CDMA .... **C**ode **D**ivision **M**ultiple **A**ccess *(deutsch: Codemultiplex)*

CENELEC ...... **C**omité **E**uropéen de **N**ormalisation **ELEC**trotechnique

CF .... **C**ompact **F**lash

CIS .... **C**omputing **I**n **S**pace

CIT .... **C**omputing **I**n **T**ime

CMOS .... **C**omplementary **M**etal-**O**xid-**S**emiconductor

COTS .... **C**ommercial **O**ff-**T**he-**S**helf *(deutsch: Kommerzielle Produkte aus dem Regal)*

CPS .... **C**yber-**P**hysical **S**ystems *(deutsch: Cyber-Physische Systeme)*

CPU .... **C**entral **P**rocessing **U**nit *(deutsch: Zentrale Verarbeitungseinheit)*

CRC .... **C**yclic **R**edundancy **C**heck *(deutsch: Zyklische Redundanzprüfung)*

CSMA .... **C**arrier **S**ense **M**ultiple **A**ccess

CSMA/CA ...... **C**arrier **S**ense **M**ultiple **A**ccess/**C**ollision **A**voidance

CSMA/CD ...... **C**arrier **S**ense **M**ultiple **A**ccess/**C**ollision **D**etection

CTS .... **C**lear **T**o **S**end

CVSD .... **C**ontinous **V**ariable **S**lope **D**elta-Modulation

DAC .... **D**igital **A**nalog **C**onverter *(deutsch: Digital-Analog-Wandler)*

dB .... **D**ezi**B**el

dBd .... **dB d**ipolar

dBi . . . . **dB i**sotrop

DCF . . . . **D**istributed **C**oordination **F**unction

DDS . . . . **D**irect **D**igital **S**ynthesis

DECT . . . . **D**igital **E**nhanced **C**ordless **T**elecommunications

DIFS . . . . **D**istributed (**c**oordination **f**unction) Inter**F**rame **S**pace

DIN . . . . **D**eutsches **I**nstitut für **N**ormung

DKE . . . . **D**eutsche **K**ommission **E**lektrotechnik

DMAP . . . . **DECT** **M**ultimedia **A**ccess **P**rofile

DQDB . . . . **D**istributed **Q**ueue **D**ual **B**us

DS* . . . . **D**igitale **S**chaltungen aus VDS und KDS

DSL . . . . **D**igital **S**ubscriber **L**ine

DSP . . . . **D**igital **S**ignal **P**rocessor

DSSS . . . . **D**irect **S**equence **S**pread **S**pectrum

DTIM . . . . **D**elivery **T**raffic **I**ndicator **M**ap

DUT . . . . **D**evice **U**nder **T**est

E/A . . . . **E**in-/**A**usgänge

EDGE . . . . **E**nhanced **D**ata Rate For The **GS**M **E**volution

EIB . . . . **E**uropäischer **I**nstallations**b**us

EIRP . . . . **E**quivalent **I**sotronic **R**adiated **P**ower

ESS . . . . **E**xtended **S**ervice **S**et

ETSI . . . . **E**uropean **T**elecommunications **S**tandards **I**nstitute

FCC . . . . **F**ederal **C**ommunications **C**ommission

FCS . . . . **F**rame **C**heck **S**equence

FDD . . . . **F**requency **D**ivision **D**uplex

FDDI . . . . **F**iber **D**istributed **D**ata **I**nterface

FDMA . . . . **F**requency **D**ivision **M**ultiple **A**ccess *(deutsch: Frequenzmultiplex)*

FEC . . . . **F**orward **E**rror **C**orrection *(deutsch: Vorwärtskorrektur)*

FFD . . . . **F**ull **F**unction **D**evice

FFH . . . . **F**ast **F**requency **H**opping

FHSS . . . . **F**requency **H**oping **S**pread **S**pectrum

FM . . . . **F**requenz**M**odulation

FPGA . . . . **F**ield **P**rogrammable **G**ate **A**rray

FSK . . . . **F**requency **S**hift **K**eying *(deutsch: Frequenzumtastung)*

FTP . . . . **F**ile **T**ransfer **P**rotocol

GAN . . . . **G**lobal **A**rea **N**etworks

GAP . . . . **G**eneric **A**ccess **P**rofile

GFSK . . . . **G**aussian **F**requency **S**hift **K**eying

GMSK . . . . **G**aussian **M**inimum **S**hift **K**eying

GOEP . . . . **G**eneric **O**bject **E**xchange **P**rofile

GPP . . . . **G**eneral **P**urpose **P**rocessor *(deutsch: Universalprozessor)*

GPRS . . . . **G**eneral **P**acket **R**adio **S**ervice

GPS . . . . **G**lobal **P**ositioning **S**ystem

GSM . . . . **G**lobal **S**ystem For **M**obile Communication

HART . . . . **H**ighway **A**ddressable **R**emote **T**ransducer

HCI . . . . **H**ost **C**ontroller **I**nterface

HF . . . . **H**igh **F**requency *(deutsch: Hoch-Frequenz)*

HiperLAN . . . . . . **H**igh **P**erformance **R**adio **LAN**

HL . . . . **H**iperLAN

HSCSD . . . . **H**igh **S**peed **C**ircuit **S**witched **D**ata

HSDPA . . . . **H**igh **S**peed **D**ownlink **P**acket **A**ccess

HTTP . . . . **H**yper**T**ext **T**ransfer **P**rotocol

I-Signal . . . . **I**nphase-**Signal**

IBSS . . . . **I**ndependent **B**asic **S**ervice **S**et

IC . . . . **I**ntegrated **C**ircuit *(deutsch: Integrierter Schaltkreis)*

IEC . . . . **I**nternational **E**lectrotechnical **C**ommission

IEEE . . . . **I**nstitute of **E**lectrical **A**nd **E**lectronic **E**ngineers

IF . . . . **I**ntermediate **F**requency

IFS . . . . **I**nter**F**rame **S**pace

IOT . . . . **I**nternet **O**f **T**hings

IP . . . . **I**nternet **P**rotocol

IrDA . . . . **I**nfrared **D**ata **A**ssociation

ISB . . . . **I**ndependant **S**ide **B**and *(deutsch: unabhängiges Seitenband)*

ISM . . . . **I**ndustrial **S**cientific **M**edical

ISO . . . . **I**nternational **S**tandard **O**rganisation

ITU . . . . **I**nternational **T**elecommunications **U**nion

JPEG . . . . **J**oint **P**hotographic **E**xperts **G**roup

KDS . . . . **K**onfigurierbare **D**igitale **S**chaltung

L2CAP . . . . **L**ogical **L**ink **C**ontrol **A**nd **A**daption **P**rotocol

L3NET . . . . **L**ow Power **L**ow Cost **L**ow Datarate-**NET**work

LAN . . . . **L**ocal **A**rea **N**etworks

LFSR . . . . **L**inear **F**eedback **S**hift **R**egister *(deutsch: linear rückgekoppeltes Schieberegister)*

LLC . . . . **L**ogical **L**ink **C**ontrol

LM . . . . **L**ink **M**anager

LON . . . . **L**ocal **O**perating **N**etwork

LOS . . . . **L**ine **O**f **S**ight *(deutsch: Sichtverbindung)*

LSB .... **L**ower **S**ide **B**and *(deutsch: unteres Seitenband)*

LTE .... **L**ong **T**erm **E**volution

M2M .... **M**achine **T**o **M**achine

MAC.......... **M**edia **A**ccess **C**ontrol

MAN.......... **M**etropolitan **A**rea **N**etworks

MC .... **M**ikro**C**ontroller

MIMO .... **M**ultiple **I**nput **M**ultiple **O**utput

MIPS .... **M**illion **I**nstructions **P**er **S**econd

Modem .... **Mo**dulator **Dem**odulator

MP .... **M**ikro**P**rozessor (μP)

MPEG .... **M**oving **P**icture **E**xperts **G**roup

MSB.......... **M**ost **S**ignificiant **B**it *(deutsch: höchstwertiges Bit)*

MSK.......... **M**inimum **S**hift **K**eying

NAV .... **N**etwork **A**llocation **V**ector

NFC .... **N**ear **F**ield **C**ommunication

NRE .... **N**on **R**ecurring **E**ngineering *(deutsch: Einmalige Entwicklungs-kosten)*

NRZ .... **N**on **R**eturn **T**o **Z**ero

OBEX .... **OB**ject **E**xchange **P**rotocol

OFDM........ **O**rthogonal **F**requency **D**ivision **M**ulticarrier

OSI........... **O**pen **S**ystem **I**nterconnection

P2P .... **P**oint **T**o **P**oint

PAN .... **P**ersonal **A**rea **N**etworks

PBCC......... **P**acket **B**inary **C**onvolution **C**oding

PCB .... **P**rinted **C**ircuit **B**oard *(deutsch: Leiterkarte)*

PCF .... **P**oint **C**ooperation **F**unction

PCM . . . . **P**ulse **C**ode **M**odulation

PER . . . . **P**acket **E**rror **R**ate

PHY . . . . **PHY**sikalische Schicht

PIN . . . . **P**ersonal **I**dentification **N**umber

PM . . . . **P**hasen**M**odulation

PN . . . . **P**seudo Random **N**oise

PPP . . . . **P**oint To **P**oint **P**rotocol

PRK . . . . **P**hase **R**eversal **K**eying

PSK . . . . **P**hase **S**hift **K**eying *(deutsch: Phasenumtastung)*

PSWR . . . . **P**ower **S**tanding **W**ave **R**atio

PURL . . . . **P**rotocol For **U**niversal **R**adio **L**inks

Q-Signal . . . . **Q**uadrature-**Signal**

QAM . . . . **Q**uadrature **A**mplitude **M**odulation

QoS . . . . **Q**uality **O**f **S**ervice

RAM . . . . **R**andom **A**ccess **M**emory

REC . . . . **R**everse **E**rror **C**orrection *(deutsch: Rückwärtskorrektur)*

RF . . . . **R**adio **F**requency

RF4CE . . . . **R**adio **F**requency **For C**onsumer **E**lectronics

RFD . . . . **R**educed **F**unction **D**evice

RFID . . . . **R**adio **F**requency **Id**entification

RISC . . . . **R**educed **I**nstruction **S**et **C**omputer

ROM . . . . **R**ead **O**nly **M**emory

RSSI . . . . **R**eceiver **S**ignal **S**trength **I**ndicator

RTS . . . . **R**eady **T**o **S**end

SAN . . . . **S**ensor **A**ctor **N**etworks

SCO . . . . **S**ynchronous **C**onnection **O**riented Link

SDAP . . . . **S**ervice **D**iscovery **A**pplication **P**rofile

SDMA . . . . **S**pace **D**ivision **M**ultiplex **A**ccess *(deutsch: Raummultiplex)*

SDP . . . . **S**ervice **D**iscovery **P**rotocol

SDR . . . . **S**oftware **D**efined **R**adio

SFH . . . . **S**low **F**requency **H**opping

SIFS . . . . **S**hort (**c**oordination **f**unction) Inter**F**rame **S**pace

SINAD . . . . **Si**gnal To **N**oise **A**nd **D**istortion

SNR . . . . **S**ignal To **N**oise **R**atio *(deutsch: Signal-Rausch-Abstand oder -Verhältnis)*

SOC . . . . **S**ystem **O**n **C**hip

SPI . . . . **S**erial **P**eripheral **I**nterface

SPP . . . . **S**erial **P**ort **P**rofile

SQL . . . . **St**ructured **Q**uery **L**anguage

SRD . . . . **S**hort **R**ange **D**evice

SRWN . . . . **S**hort **R**ange **W**ireless **N**etworks

SSB . . . . **S**ingle **S**ide **B**and *(deutsch: Einseitenband)*

SSID . . . . **S**ervice **S**et **ID**entifier

TCP . . . . **T**ransmission **C**ontrol **P**rotocol

TDD . . . . **T**ime **D**ivision **D**uplex

TDMA . . . . **T**ime **D**ivision **M**ultiplex **A**ccess *(deutsch: Zeitmultiplex)*

Transceiver . . . . . **T**rans**m**itter**Re**ceiver

UART . . . . **U**niversal **A**synchronous **R**eceiver **T**ransmitter

UDP . . . . **U**ser **D**ata **P**rotocol

UMTS . . . . **U**niversal **M**obile **T**elecommunication **S**ystem

URL . . . . **U**niform **R**esource **L**ocator

USART . . . . **U**niversal **S**ynchronous **A**synchronous **R**eceiver **T**ransmitter

UWB . . . . **U**ltra **W**ide **B**and

VCD . . . . **V**irtual **C**ollision **D**etection

VDS . . . . **V**erdrahtete **D**igitale **S**chaltung

VoIP . . . . **V**oice **o**ver **I**nternet **P**rotocol

WAP . . . . **W**ireless **A**pplication **P**rotocol

WBAN . . . . **W**ireless **B**ody **A**rea **N**etworks

WEP . . . . **W**ired **E**quivalent **P**rivacy

WGAN . . . . **W**ireless **G**lobal **A**rea **N**etworks

WiFi . . . . **Wi**reless **Fi**delity

WiMAX . . . . **W**orldwide **I**nteroperability For **M**icrowave **A**ccess

WLAN . . . . **W**ireless **L**ocal **A**rea **N**etworks

WMAN . . . . **W**ireless **M**etropolitan **A**rea **N**etworks

WPA . . . . **Wi**Fi **P**rotected **A**ccess

WPAN . . . . **W**ireless **P**ersonal **A**rea **N**etworks

WSN . . . . **W**ireless **S**ensor **N**etwork

WUSB . . . . **W**ireless **U**niversal **S**erial **B**us

WWAN . . . . **W**ireless **W**ide **A**rea **N**etworks

WWW . . . . **W**orld **W**ide **W**eb

xG . . . . **xG**eneration

ZDO . . . . **Z**ig**B**ee **D**evice **O**bjects

ZF . . . . **Z**wischen-**F**requenz

1 Einleitung

Das vorliegende Buch liefert eine knappe, aber vollständige Einführung in den derzeitigen Stand der Drahtlosen Nahbereichs-Netzwerke[1]. Unter diesen Netzwerktyp fallen WPAN[2] und WLAN[3].   **SRWN**

Die Arbeit gibt einen Überblick zu standardisierten und proprietären Verfahren für den Nahbereich. Als Vertreter von standardisierten Verfahren werden Bluetooth, ZigBee und WLAN vorgestellt. Beispielhaft für proprietäre Verfahren werden EnOcean, KNX-RF und Z-Wave dargestellt. Der Schwerpunkt der Ausführungen liegt bei den standardisierten Verfahren. Zudem wird zur besseren Abgrenzung ein Überblick zu weiteren Verfahren und aktuellen Mobilfunksystemen gegeben.   **Überblick**

Mittels der dargestellten Grundlagen aus den Gebieten Nachrichten-, Kommunikationstechnik und Eingebettete Systeme werden Eingebettete Funksysteme für den Nahbereich detailliert besprochen, und zwar von der Theorie zur Praxis.   **Systeme**

Zielgruppen sind Universitäts-, Hochschul- und Berufsakademiestudenten der Fachrichtung Elektrotechnik und Informatik. Des Weiteren werden Professoren und Dozenten mit Vorlesungen in Nachrichten- und Kommunikationstechnik angesprochen. Aber auch System-, Entwicklungsingenieure und Entscheidungsträger einschlägiger Fachrichtungen gehören zur angesprochenen Zielgruppe.   **Zielgruppe**

Das Buch dient jedoch nicht nur dem Entwickler nachrichtentechnischer Systeme, sondern auch dem Anwender im industriellen Bereich. Es vermittelt betrieblichen Entscheidungsträgern das fachliche Wissen, um fundierte und kompetente Entscheidungen treffen zu können. Es baut thematisch auf dem Buch „Hardware-Software-Codesign" [GM07] auf. Die Wireless-Netzwerke für den Nahbereich stellen hierbei die zu implementierende Applikation dar.

Der Aufbau des Buches ist auf diese Ziele ausgerichtet. Der „Rote Faden"[4] führt, ausgehend von den Grundlagen mit Parametern der drei Säulen, zu den standardisierten und proprietären Verfahren – das zentrale Ordnungselement ist das ISO/OSI-Modell. Es folgt ein Vergleich anhand der Parameter aus den drei Gebieten.   **Aufbau**

---

[1]SRWN = Short Range Wireless Networks
[2]WPAN = Wireless Personal Area Networks
[3]WLAN = Wireless Local Area Networks
[4]engl.: Roadmap

Die Theorie wird mittels „Eingebetteter Funksysteme" und deren Applikationen im Kapitel „Entwicklung" vermittelt. Entwicklungabläufe und Hinweise aus der Praxis mit Einstiegshilfen runden das Werk ab. Das Kapitel „Trends" gibt einen möglichen Ausblick auf zukünftige Entwicklungen. Das Buch ist folgendermaßen gegliedert:

Kapitel 1 – „Einleitung" zeigt die Ziele und den Aufbau des Buches.

Kapitel 2 – „Grundlagen" liefert das benötige theoretische Basiswissen bezüglich der drei „Säulen": Kommunikations-, Nachrichtentechnik und Eingebettete Systeme. Hierbei wird besonders auf die Unterschiede zwischen drahtgebundenen und drahtlosen Übertragungen eingegangen. Für alle drei Disziplinen werden wichtige „Stellschrauben" – Parameter für den anschließenden Vergleich bestimmt.

Kapitel 3 – „Verfahren" zeigt, basierend auf den Grundlagen, wichtige Übertragungsarten im drahtlosen Nahbereich. Hierbei wird zwischen standardisierten und proprietären Verfahren unterschieden. Die Struktur orientiert sich, für den nachfolgenden Vergleich, am ISO/OSI-Schichtenmodell.

Kapitel 4 – „Vergleich" stellt die einzelnen Funk-Verfahren einander gegenüber: Verglichen werden die Parameter aus den Bereichen „Kommunikations-", „Nachrichtentechnik" und „Eingebettete Systeme" (siehe Kapitel „Grundlagen").

Kapitel 5 – „Entwicklung" zeigt den aktuellen Stand der Hard- und Software-Entwicklung bei den Eingebetteten Funksystemen. Der dargestellte Entwicklungsprozess dient zur besseren Orientierung. Die Schritte im Ablauf dieses Prozesses werden detailliert erläutert. Hierbei werden einige Applikationsbeispiele mit Anwendungsgebieten vorgestellt.

Kapitel 6 – „Trends" gibt einen Ausblick auf die zu erwartende Entwicklung der Systeme.

Hilfsmittel Didaktische Hilfsmittel, wie Lernziele, Zusammenfassung, Definition, Merksatz, Beispiele, Einstieg und Aufgaben unterstützen das bessere Verständnis und die schnellere Durchdringung des Stoffes.

2 Grundlagen

Lernziele:

1. Das Kapitel liefert die benötigten Grundlagen aus den Gebieten Kommunikations-, Nachrichtentechnik und Eingebettete Systeme.

2. Der Abschnitt „Kommunikationstechnik" bespricht außer der Quellen- und Kanalcodierung Verfahren zur Verschlüsselung und die Netzwerktechnik mit Topologien, das ISO/OSI-Referenzmodell und die Kanalzugriffsverfahren.

3. Der Abschnitt „Nachrichtentechnik" stellt die klassische Nachrichtenübertragungstechnik dar. Hierzu gehören die Modulationsverfahren, die Funktechnik und die Betriebsarten.

4. Der Abschnitt „Eingebettete Systeme" erläutert deren Entwicklung und die hierfür benötigte Mikroprozessortechnik. Hierbei liegt der Fokus auf den Eingebetteten Funksystemen mit Energiesparkonzepten und Konzepten für die Echtzeit-Datenverarbeitung.

Das Kapitel Grundlagen stellt die drei „Säulen" Kommunikations-, Nachrichtentechnik und Eingebettete Systeme der „Wireless-Netzwerke für den Nahbereich" vor.
Es liefert das theoretische Basiswissen für die drahtlosen Verfahren (siehe Kapitel 3). Die „Stellschrauben" (Parameter) für den anschließenden Vergleich der drahtlosen Verfahren (siehe Kapitel 4) werden ebenfalls in diesem Kapitel näher erläutert.

2.1 Einführung

Die Fähigkeit zu kommunizieren ist ein wesentliches Merkmal eines Lebewesens. Die Natur hat im Laufe der Evolution äußerst vielfältige und komplexe Systeme zur Kommunikation entwickelt.

2.1.1 Was heißt Kommunikation?

Auf den Menschen (und andere höher entwickelte Lebewesen) bezogen, ist das dort meist eingesetzte System die akustische Kommunikation. Der Grund dafür liegt sicher darin, dass das notwendige Übertragungsmedium Luft in der Regel im natürlichen Lebensraum überall vorhanden ist. Dieses System funktioniert auch bei Hindernissen, wenn andere, zum Beispiel optische Kommunikationswege, ausfallen (Nacht, Nebel, Hindernisse).

> *Definition:* **Kommunikation**
> (lat.: Austausch, Verständigung, Übermittlung und Vermittlung von Wissen) bedeutet im ursprünglichen Sinn gemeinschaftliche Teilhabe an Information. Im weiteren Sinne sind damit alle Prozesse der Übertragung von Nachrichten oder Informationen durch Lebewesen und/oder Maschinen gemeint.

Funktionen
Neben der eigentlichen Aufgabe, der Übermittlung von Nachrichten, erlaubt und realisiert ein Kommunikationssystem auf akustischer Basis eine Fülle anderer Funktionen. Möglich sind:

- die Identifizierung des Gesprächspartners

- eine Konferenz zwischen mehreren Gesprächspartnern

- ein Rundspruch an mehrere Empfänger

- die Ortung des Gesprächspartners

- die eigene Navigation

- eine adaptive Anpassung an einen vorhandenen Störpegel

- in gewissen Grenzen eine Resistenz gegen Störungen

- die Ausblendung von Störungen

- die Verschlüsselung von Informationen

- eine räumlich gerichtete Kommunikation

- die Übertragung auch feinster Gefühlsregungen.

Diese Aufzählung ist sicher nicht vollständig. Sie zeigt jedoch die Komplexität natürlicher Kommunikationssysteme und ist zugleich auch ein Anforderungskatalog an moderne drahtlose Kommunikationssysteme.

2.1.2 Struktur eines natürlichen Kommunikationssystems

Jeder Kommunikationsprozess besteht aus mindestens drei Komponenten: einem Sender, einer Nachricht und einem Empfänger.

Abbildung 2.1 zeigt eine wohl jedem bekannte Form der Kommunikation: Ein Lehrer artikuliert einen mathematischen Lehrsatz, seine Schüler hören zu und verstehen ihn (hoffentlich). Dieses einfache Beispiel zeigt bereits die Komplexität der Abläufe in einem Kommunikationssystem. Abstrahiert man das oben gezeigte Beispiel einer zwischenmenschlichen Kommunikation, kommt man zu folgendem grundlegenden Schema eines in eine Richtung durchgeführten Kommunikationsprozesses (siehe Abbildung 2.2). Das Ziel dieses Kommunikationsprozesses ist es, dass die Idee (die Intention, eine Information) im Kopf des Lehrers dem Schüler übermittelt und in dessen Gedächtnis eingeprägt wird (die Orientierung). Damit das auch funktioniert, müssen eine Reihe von Voraussetzungen erfüllt werden (siehe Tabelle 2.1).

Kommunikationsprozess

Abbildung 2.1: Elementarer Kommunikationsprozess

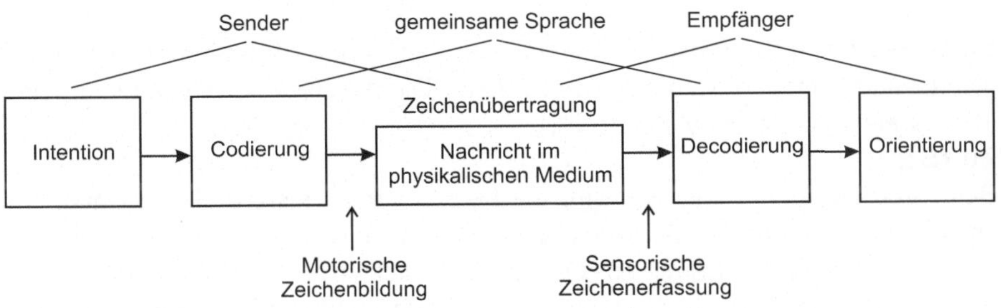

Abbildung 2.2: Grundlegendes Schema eines Kommunikationssystems

Bereich	Tätigkeit
	(A) Die Intention muss verbalisiert, das heißt in eine Sprache umgesetzt werden, das heißt, sie muss codiert werden.
Senderseite	**(B)** Die Sprache muss gesprochen werden. Im Falle eines akustischen Systems müssen die Stimmbänder aktiviert werden, damit Luftdruckschwankungen erzeugt werden, die im Mund zu Lauten geformt werden.
Übertragungsmedium	**(C)** Über das Medium „Luft" werden die Luftdruckschwankungen weitergeleitet.
Empfangsseite	**(D)** Durch die empfangenen Luftdruckschwankungen werden im Ohr über das Trommelfell Nervenreizungen erzeugt, die im Gehirn ausgewertet werden.
	(E) Die empfangene Sprache muss in ein „Verstehen" umgesetzt werden, d. h. sie führt zu einer Orientierung beim Empfänger.

Tabelle 2.1: Kommunikation

Man sieht hier, dass für die Sicherstellung einer funktionsfähigen Kommunikation eine Reihe von Vereinbarungen zwischen Sende- und Empfangsstelle getroffen werden muss.

Zu (A):

Der Vorgang der Verbalisierung dient dazu, aus einer Idee eine Nachricht zu erzeugen. Bei diesem gedanklichen Vorgang wird die ursprüngliche Intention auf die Inhalte reduziert, die zum Verständnis notwendig sind, ohne dass jedoch die Verständlichkeit leidet. Der Erfolg dieses Vorganges hängt ganz wesentlich von den intellektuellen Fähigkeiten des Absenders (und des späteren Nachrichtenempfängers) ab.

Zwischenbemerkung

Besonders begabte Menschen, die es verstehen, diesen Vorgang zu perfektionieren, sind Künstler. Man bezeichnet sie als Dichter, weil sie es verstehen, eine Idee zu einem Text „zu verdichten".

Zu (B):

Beim Vorgang der Codierung wird die bereits verbal ausformulierte Nachricht an das physikalische Medium des Nachrichtenkanals angepasst mit dem Ziel, die Übermittlung zu optimieren. Optimierung heißt hier, die Reichweite zu maximieren und die Störsicherheit und Übertragungsgeschwindigkeit der Nachricht zu erhöhen.

Die Erhöhung der Störsicherheit kann durch das Hinzufügen von Wiederholungen (Redundanz) erreicht werden.

Die Erhöhung der Übertragungsgeschwindigkeit einer Nachricht erreicht man durch die Reduzierung des Textes auf das unbedingt Notwendige.

Es ist leicht erkennbar, dass sich diese letzten beiden Ziele in der Regel widersprechen.

Zu einer gewissen Perfektion haben es zum Beispiel Mathematiker gebracht, indem sie einen komplexen Sachverhalt auf eine Formel reduzieren. Die ursprüngliche Intention wird auf die wesentlichen Inhalte reduziert. In der dabei erzeugten Nachricht sind alle unwesentlichen Details weggelassen. Diese Reduktion auf das unbedingt Notwendige ist zwar im Sinne einer schnellen Informationsübertragung gerechtfertigt, sie wäre jedoch eine didaktisch völlig untaugliche Maßnahme, wenn der Empfänger ein Schüler ist, der etwas lernen soll. **Zwischenbemerkung**

Zu (C):

Den Weg vom Sender einer Nachricht zum Empfänger, der durch einen Nachrichtenträger überbrückt wird, nennt man einen Übertragungskanal. Die Eigenschaften des Übertragungskanals werden ganz wesentlich von denen des physikalischen Mediums zwischen Sender und Empfänger bestimmt. Dazu gehören insbesondere die Übertragungsdauer (Ausbreitungsgeschwindigkeit) einer Nachricht und die Reichweite des Senders bzw. die Empfindlichkeit des Empfängers.

Man muss hier zwischen der Ausbreitungsgeschwindigkeit im Medium (in der Regel eine Naturkonstante wie Schallgeschwindigkeit oder Lichtgeschwindigkeit) und Übertragungsgeschwindigkeit einer Nachricht unterscheiden. Letztere ist auch von der Länge der Nachricht und damit von der Effizienz der Codierung abhängig. **Zwischenbemerkung**

Zu (D):

Auf der Empfangsseite geschieht mit der Decodierung unter (D) der umgekehrte Vorgang zu (B). Es ist leicht einzusehen, dass der Decodierer unter (D) kompatibel zum Codierer unter (B) sein muss. Wird zum Beispiel der Text einer Nachricht als Morsezeichen in hörbaren Tönen ausgesendet, kann ein Empfänger, der Sprachsignale erwartet, diesen Text nicht verstehen. Obwohl die Übertragung im gleichen Medium erfolgt (hier in der umgebenden Luft), ist eine Kommunikation nicht möglich.

Störungen im Übertragungskanal können häufig in einem gewissen Umfang durch einen gerichteten Empfang ausgeblendet werden.

Es ist zwar auch senderseitig eine gerichtete Aussendung möglich, jedoch muss dann die Position des Empfängers bekannt sein. Das ist beim Sendevorgang eher selten der Fall und bei einer gleichzeitigen Nachrichtenaussendung an mehrere Empfänger (Rundspruch) ist es sogar ausgeschlossen. Deshalb kommt diese Möglichkeit der Störausblendung häufiger auf der Empfängerseite zum Einsatz. **Zwischenbemerkung**

Zu (E):

Das Verstehen hängt in hohem Maße von der Qualität des Vorganges der Verbalisierung in (A) ab. Auch hier müssen die Ebenen (A) und (E) zueinander kompatibel sein: Der in Abbildung 2.1 dargestellte Sachverhalt kann in verschiedenen Sprachen verbalisiert werden. Ein „Verstehen" unter (E) ist nur möglich, wenn die Sprachen kompatibel sind.

Zwischen-bemerkung

Eventuelle Störungen im Übertragungskanal können durch eine Kontextanalyse erkannt und eliminiert werden. Dies setzt jedoch beim Empfänger bereits eine Analyse und ein tieferes Verständnis des Nachrichteninhaltes voraus.

2.1.3 Begriffserläuterungen

Aus dem oben gegebenen Beispiel lassen sich die folgenden Begriffsdefinitionen herleiten, die in den folgenden Kapiteln von besonderer Bedeutung sind. Informationen beinhalten das Wissen über Funktionen, Arbeitsweisen, Verfahren und Vorgänge.

> *Definition:* **Information**
> Informationen, vermittelt in textlicher, grafischer, akustischer, visueller und/oder audiovisueller Form, bilden den Inhalt einer Nachricht. Informationen können auf Daten abgebildet und als Daten gespeichert werden. Die auf Daten abgebildeten Informationen bezeichnet man als Nachrichten.

Daten

Daten sind in erkennungsfähiger (analoger und/oder digitaler) Form dargestellte Elemente einer Information, die in Systemen verarbeitet werden können.

> *Definition:* **Daten**
> Nach DIN 44 300 sind Daten als Zeichen oder kontinuierliche Funktionen definiert, die aufgrund von bekannten oder unterstellten Abmachungen dem Zwecke der Verarbeitung dienen.

Nachricht

Eine Nachricht ist eine Folge von Zeichen, die aufgrund von vereinbarten oder vorausgesetzten Abmachungen Informationen darstellen.

> *Definition:* **Nachricht**
> Nach DIN 44 300 sind Nachrichten „Gebilde aus Zeichen oder kontinuierlichen Funktionen, die aufgrund bekannter oder unterstellter Abmachungen Informationen darstellen und die zum Zweck der Weitergabe als zusammengehörig angesehen und deshalb als Einheit betrachtet werden". Den Vorgang der Übermittlung einer Nachricht bezeichnet man als Kommunikation.

Nachrichten-übertragung

Eine Nachrichtenübertragung (Datenübertragung) benötigt Zeit. Als Träger kommen deshalb nur solche physikalischen Größen in Fragen, die mit der Zeit veränderbar sind.

> *Definition:* **Signal, Signalparameter**
> Als Signal bezeichnet man den eine Nachricht übertragenden zeitlichen Verlauf einer physikalischen Größe. Die Kenngrößen eines Signals, die eine Nachricht darstellen, bezeichnet man als Signalparameter.

> *Definition:* **„digitales Signal", „digitale Nachricht"**
> Ein Signal bezeichnet man als digitales Signal, wenn seine Signalparameter nur endlich viele Werte annehmen können, die nur zu endlich vielen Zeitpunkten relevant sind (zeitdiskret). Digitale Nachrichten sind Nachrichten, die durch digitale Signale übermittelt werden können.

> *Definition:* **Zeichen, Zeichenvorrat, Alphabet**
> Nach DIN 44 300 ist ein Zeichen ein Element aus einer vereinbarten endlichen Menge von verschiedenen Elementen. Diese Menge bezeichnet man als Zeichenvorrat. Einen Zeichenvorrat, in dem eine Reihenfolge für die Zeichen definiert ist, bezeichnet man als Alphabet.

2.1.4 Struktur eines technischen Kommunikationssystems

Seit Menschen denken können, sind sie bestrebt, die Reichweite ihrer natürlichen Kommunikationsorgane, das heißt ihrer Sinne, zu vergrößern. Dazu haben sie eine Reihe von Techniken entwickelt, die auch nur aufzuzählen den Rahmen dieses Buches sprengen würde. Stellvertretend seien hier nur genannt:

Signale

- Optische Signale: Feuerzeichen oder Rauchzeichen sind bereits aus der Antike bekannt.

- Akustische Signale: Trommeln kennt man vor allem aus Afrika. Jodeln, heute nur noch als Folklore bekannt, war einst jedoch eine wichtige Kommunikationstechnik von Almhirten, um sich über große Höhenunterschiede hinweg zu verständigen.

Geht die Kommunikation über die Hör- und Sichtweite hinaus, so spricht man von Telekommunikation. Kommunikation kann materiell erfolgen (z. B. Brief) oder immateriell (z. B. elektronisch wie beim Fernsprechen).
Abbildung 2.3 zeigt die prinzipielle Struktur eines natürlichen (biologischen) Kommunikationssystems. Es ist eine vereinfachte Darstellung der bereits ausführlich erläuterten Vorgänge (siehe Abschnitt 2.1.2).
Da Luft als Medium für Schallwellen nur eine begrenzte Reichweite zulässt, muss das Nachrichtensignal auf einem Wege übertragen werden, dessen physikalische Eigenschaften den gewünschten Anforderungen entsprechen.

Medium Luft

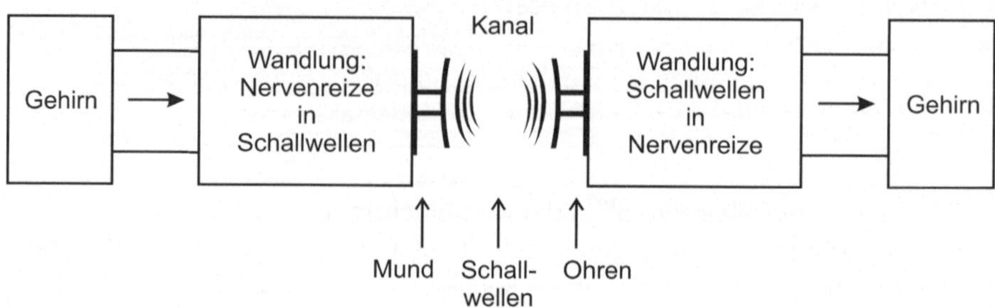

Abbildung 2.3: Struktur eines natürlichen (biologischen) Kommunikationssystems

Dazu kann es zum Beispiel auf einem Trägersignal aufmoduliert werden. Dieser Träger kann eine elektromagnetische Welle sein, wie Abbildung 2.4 zeigt, oder eine Lichtwelle, wie in Abbildung 2.5 dargestellt ist. Sowohl die Übertragung mittels elektromagnetischer Wellen als auch die über Lichtwellen kann durch Kabel (zum Beispiel Koaxialkabel oder Lichtwellenleiter) als auch drahtlos (Funk- oder Infrarotsignale) erfolgen.

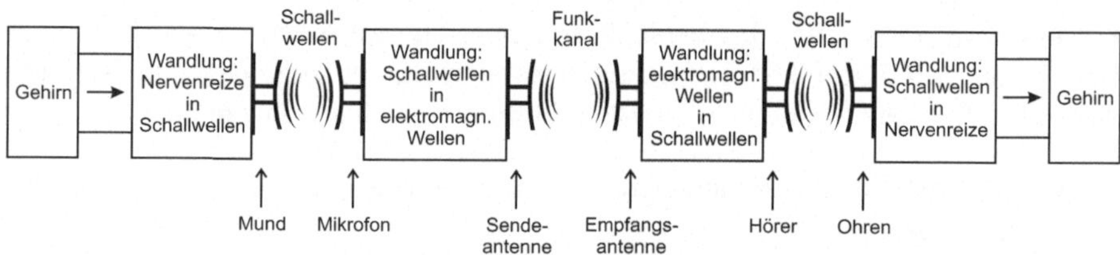

Abbildung 2.4: Grundlegendes Schema eines Kommunikationssystems auf der Basis elektromagnetischer Wellen.

Auf den Vorgang der hier meist notwendigen Modulation wird in Abschnitt 2.3.2 ausführlicher eingegangen.

Wie bei der natürlichen Kommunikation, müssen auch für eine funktionierende technische Kommunikation die verschiedenen Ebenen zueinander kompatibel sein. Man unterteilt dazu die Kommunikationsstruktur in verschiedene Schichten. So ist zum Beispiel die unterste Ebene die Transportschicht. Die sender- und empfangsseitig erfolgende Wandlung und Rückwandlung in das transportierende Medium müssen zueinander kompatibel sein.

Entsprechendes gilt für höhere Schichten. Ein und derselbe Sachverhalt kann zum Beispiel in verschiedenen Sprachen verbalisiert werden. Dass Sender und

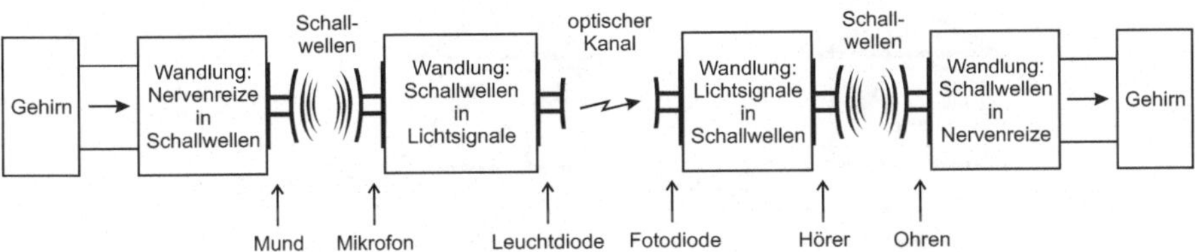

Abbildung 2.5: Grundlegendes Schema eines Kommunikationssystems auf optischem Wege.

Empfänger die gleiche Sprache benutzen, also kompatibel in der Sprachebene sind, ist eine der Voraussetzungen für eine funktionierende Kommunikation. Im Bereich der technischen Kommunikation wird dieses Prinzip im ISO/OSI- **ISO/OSI** Siebenschichten-Referenzmodell realisiert. Eine ausführliche Erläuterung finden Sie dazu im Abschnitt 2.2.5.4.

2.1.5 Codierung und Decodierung

Beim Vorgang der Codierung wird einem Sachverhalt (einer Idee, einem Begriff, einem Symbol) ein Zeichen oder eine Zeichenfolge eineindeutig zugeordnet. Eineindeutig heißt, dass die Umkehrung der Zuordnung zu nur einem Begriff führen darf (Eindeutigkeit).

Dies ist in der Technik eine zwingende Voraussetzung für eine gültige Codierung. Bei einer natürlichen Codierung, wie sie zum Beispiel in einer natürlichen **natürliche** Sprache erfolgt, ist es dagegen nicht unüblich, dass gleiche Codes (Namen) für **Codierung** unterschiedliche Sachverhalte verwendet werden.

> *Beispiel:* Der Begriff „Geldinstitut" wird codiert als Zeichenfolge
> **B A N K**
> Auch der Begriff „Sitzgelegenheit" wird codiert als Zeichenfolge
> **B A N K**.
> Eine eindeutige Rückabbildung ist hier nicht möglich. In natürlicher Sprache erfolgt die eindeutige Zuordnung durch eine Kontextanalyse beim Empfänger (siehe auch Abbildung 2.6).

Voraussetzung jeglicher gültigen Codierung ist es, dass jedem möglichen Datum **gültige** ein anderes Codewort zugeordnet wird. Das heißt, jedes Codewort muss sich von **Codierung** jedem anderen Codewort an mindestens einer Stelle unterscheiden. Wird diese Bedingung nicht eingehalten, ist ein Code nicht eindeutig decodierbar (siehe

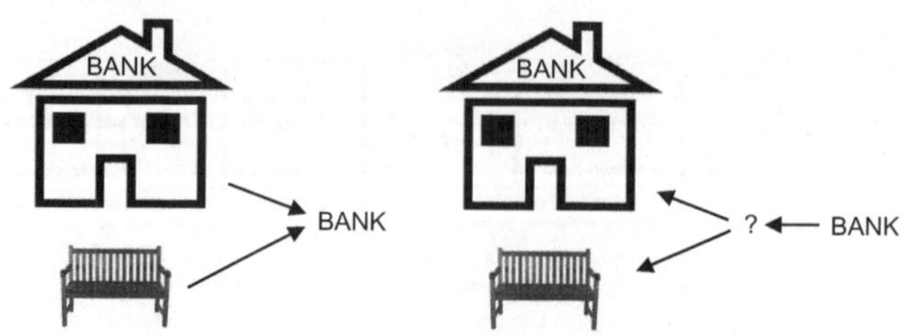

Abbildung 2.6: Eineindeutigkeit beim Vorgang der Codierung

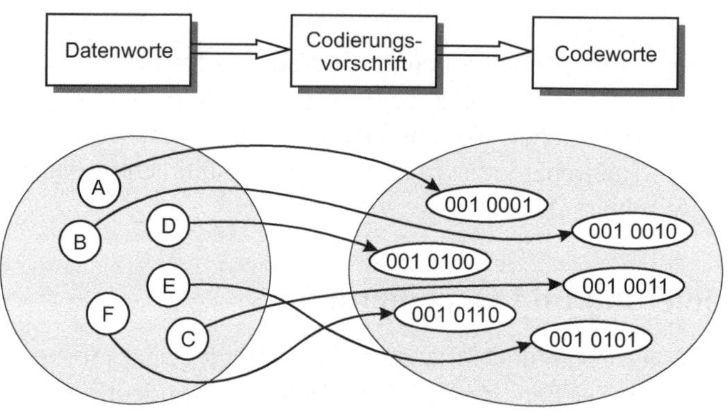

Abbildung 2.7: Prinzip des Codierungsvorganges

ASCII

Abbildung 2.7). Haben alle Codewörter die gleiche Länge (gleiche Anzahl von Bits), so spricht man von einem Blockcode.

> *Beispiel:* Ein Beispiel für einen Blockcode ist der ASCII[a] (siehe Abbildung 2.8).
>
> ---
> [a]ASCII = **A**merican **S**tandard for **C**ode Information Interchange

2.1.6 Quellencodierung und Kanalcodierung

Quellen-codierung

Nicht nur Kompatibilität und Eineindeutigkeit sind wichtige Anforderungen an die Codierung in einem Kommunikationssystem. Um eine Informationsübermittlung möglichst effizient zu gestalten, wird die Information zunächst auf das Wesentliche reduziert. Der Sachverhalt „Ich habe einen Autounfall gehabt." kann in gesprochener Form (und mehr noch bei Sichtverbindung) Informationen über

A	001 0001
B	001 0010
C	001 0011
D	001 0100
E	001 0101
F	001 0110
G	001 0111
W	101 0111
X	101 1000
Y	101 1001
Z	101 1010

Abbildung 2.8: Aufbau eines Blockcodes, hier ASCII

den Schreck, über das Maß der Betroffenheit usw. vermitteln. In geschriebener (verbalisierter) Form werden dagegen diese Informationen nicht übermittelt. Das ist sicher auch sinnvoll, wenn zum Beispiel eine Versicherung über diesen Sachverhalt informiert werden soll.

Diesen Vorgang der Reduktion einer zu übermittelnden Information auf das Wesentliche nennt man Quellencodierung. Die Quellencodierung ist ein Codierungsvorgang, der unabhängig vom später verwendeten Übertragungsmedium weit vor der Übertragung stattfindet. Diese kanalunabhängige Optimierung von Daten erzeugt ein informationsverdichtetes Ausgangssignal.

Merksatz: **Quellencodierung**
Der Quellencodierer setzt seine Eingangsinformationen in eine Nachrichtendarstellung um, die in Abhängigkeit von der physikalischen Auslegung des Kanals (Kanalkapazität) eine zeitlich optimierte Übertragung gestattet.
Jeder Nachrichtenkanal kann pro Zeiteinheit stets nur eine begrenzt Anzahl von Signalen übertragen. Um einer Nachrichtenquelle dennoch ein möglichst hohes Signalisierungstempo zu ermöglichen, werden im Quellencodierer die Eingangsinformationen derart codiert, dass relativ häufige Nachrichten weniger Übertragungszeit beanspruchen als seltene Nachrichten. Im Quellencodierer wird so die zu übermittelnde Information von unnötiger Redundanz befreit. Diese Funktion wird als „Informationsverdichtung" oder auch als „Datenkompression" bezeichnet.

Die Anpassung der im Quellencodierer aufbereiteten Daten an den Übertragungskanal heißt Kanalcodierung. Sie hat die optimale Anpassung der Daten an den Übertragungskanal zum Ziel. Optimale Anpassung heißt hier, dass:

Optimale Anpassung

a)	Übertragungsfehler erkannt und/oder korrigiert werden können.

b)	Störungen von Übertragungen in benachbarten Nachrichtenkanälen durch physikalische Koppeleffekte minimiert werden.

c)	besondere Leitungseigenschaften des Kanals berücksichtigt werden.

Zu a) Daten, die vor ihrer Aussendung einer Quellencodierung unterzogen worden sind, reagieren empfindlich auf Übertragungsstörungen, da alle Informationen entfernt wurden, die im Fehlerfall eine nachträgliche Rekonstruktion (z. B. durch eine Kontextanalyse) möglich machen würden. Folglich stellt die Übertragung von quellencodierten (datenreduzierten) Informationen hohe Ansprüche an die Kanalcodierung. Auf die Methoden und Möglichkeiten des Fehlerschutzes im Kanalcodierer wird in Abschnitt 2.2.2 ausführlich eingegangen.

Zu b) und c) Die Teile b) und c) sind dem Bereich „Leitungscodierung" zuzuordnen. Obwohl es bei einer drahtlosen Kommunikation gerade keine Kabelverbindung zwischen Sender und Empfänger besteht, gibt es dennoch Anforderungen, die denen bei Kabelverbindung entsprechen. Im Abschnitt 2.2.3 werden diese Anforderungen erläutert.

Leitungscodierung

> *Merksatz:* **Kanalcodierung**
>
> Als Kanalcodierung (Encoder) bezeichnet man die Anpassung der zu übertragenden Nachrichten an die Eigenschaften des Übertragungskanals.
>
> Bei aktiven Verfahren zur Minimierung von Übertragungsfehlern verwendet man Fehlererkennungs- und -korrekturmethoden, die auf die im Übertragungskanal zu erwartenden Fehler hin optimiert sind.
>
> Bei der passiven Fehlerminimierung erfolgt eine Begrenzung des bei der Aussendung erzeugten Störspektrums. Für die Bitsynchronisation werden entsprechende Mechanismen implementiert.
>
> Ein Kanaldecodierer (Decoder) speichert die aus dem Übertragungskanal empfangenen Daten und versucht, in Kenntnis der im Kanalcodierer angewandten Verfahren eventuell aufgetretene Fehler zu korrigieren (Fehlerkorrektur). Ist eine Fehlerkorrektur nicht möglich, sollte die Tatsache, dass ein Fehler aufgetreten und nicht korrigierbar ist, als Fehlermeldung ausgegeben werden (Fehlererkennung).

Kombination Quellen- und Kanalcodierung sind natürlich kombinierbar und daher nicht immer deutlich zu trennen. Das ist besonders bei natürlichen Kommunikationssystemen der Fall. Das nachfolgende Beispiel (siehe Abbildung 2.9) zeigt die Abbildung der Kommunikationsstruktur auf eine reale Datenübertragung über eine analoge Fernsprechleitung.

Oberer Teil Der obere Teil der Abbildung 2.9 zeigt die generelle Struktur eines technischen Kommunikationssystems. Senderseitig werden die Informationen durch Quellen- und Kanalcodierer in eine maschinengerechte Form gewandelt und einem physikalischen Trägersignal aufgeprägt (Modulation).

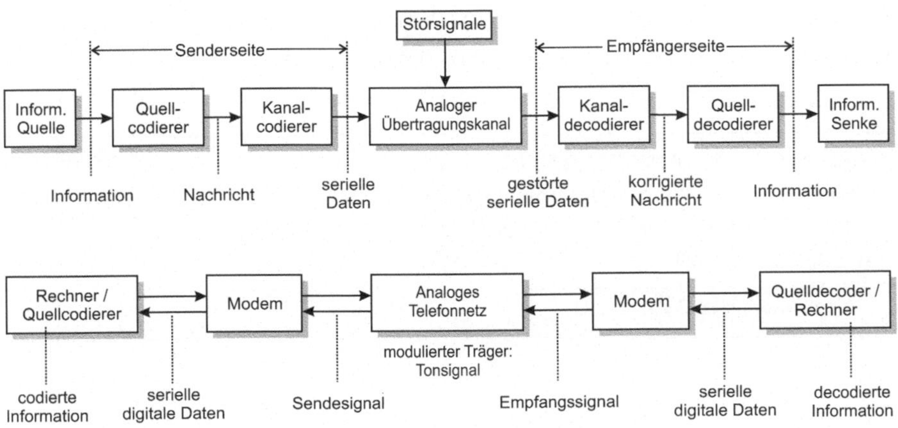

Abbildung 2.9: Abbildung der Kommunikationsstruktur auf ein reales Kommunikationssystem

Der Kanal überbrückt die räumliche Entfernung zwischen Sender und Empfänger, zwischen denen in diesem Beispiel eine Drahtverbindung besteht. Würde hier ein Funkmodem zum Einsatz kommen, wäre die drahtlose Verbindung bei sonst identischem Aufbau möglich. Ein Kanal ist stets ein analoges Medium, unabhängig davon, ob die zu übertragenden Signale in analoger oder digitaler Form vorliegen. Sind es digitale Signale, werden diese beim Vorgang der Modulation auf diskrete analoge Werte (-bereiche) von Amplitude, Frequenz, und/oder Phase abgebildet.

Auf der Empfangsseite erfolgt die Rückumwandelung (Demodulation und Decodierung) des ankommenden Signals in die primäre Information. Im Kanaldecodierer wird dabei die Korrektur eventuell aufgetretener Fehler durchgeführt.

Unterer Teil

Der untere Teil der Abbildung 2.9 zeigt das Blockschaltbild einer Datenverbindung über das analoge Telefonnetz. Die Quellencodierung erfolgt im Rechner. Die als serielle digitale Daten aufbereitete Nachricht wird im Modem dem physikalischen Medium (hier das analoge Telefonnetz) angepasst.

Modem

Modem[1] ist eine „Wordmischung" aus Modulator und Demodulator. Das Modem wandelt die digitalen Signale in Töne im Niederfrequenzbereich, die je nach Modulationsart in der Amplitude, Frequenz und/oder Phase moduliert werden. Wichtig ist, dass nur Signale im Sprachfrequenzbereich (0,3 bis 3,4 kHz) verwendet werden können, denn nur diese können im internationalen analogen Telefonsystem übertragen werden. Im Modem auf der Empfangsseite erfolgen die Demodulation und gegebenenfalls eine Fehlerkorrektur.

---

[1]Modem = **Mo**dulator **Dem**odulator

Auf die technische Realisierung von Quellen- und Kanalcodierern und -decodierern wird im folgenden Kapitel ausführlich eingegangen.

> *Aufgabe:* Betrachten Sie den Ablauf bei der Aufnahme und der Wiedergabe einer CD[a]: Was passiert hier bei der Quellen- und Kanalcodierung, was entspricht dem (Übertragungs-) Kanal, wo finden die Kanal- und Quellendecodierung statt?
>
> ---
> [a]engl.: Compact Disc

2.1.7 Definitionen

Der Abschnitt definiert die drei „Säulen" des Buches: Kommunikations-, Nachrichtentechnik und Eingebettete (Funk-)Systeme.

> *Definition:* **Kommunikationstechnik**
> beinhaltet die technischen Mittel zur Durchführung von Kommunikation. Kommunikationstechnik stellt ein Teilbereich der Nachrichten- bzw. Informationstechnik dar. Teilweise werden auch „Netzwerke" der Kommunikationstechnik zugerechnet.
> Die Informations- und Kommunikationstechnik wird oft unter dem Begriff „IuK-Technologie" zusammengefasst.

> *Definition:* **Nachrichtentechnik**
> oder nach der klassischen Aufteilung der Elektrotechnik auch „Schwachstromtechnik" genannt, ist ein Sammelbegriff für die gesamte Technik zur Übertragung, Vermittlung und Verarbeitung von Nachrichten.
> Die Nachrichtentechnik bedient sich vorwiegend der Mittel der Elektrotechnik; aus diesem Grund umfasst der Begriff im eigentlichen Sinne die elektrische Nachrichtentechik.
> Die Aufgaben der Nachrichtentechnik sind: theoretische Beschreibung, Entwurf, Realisierung, Test und Betrieb von Nachrichtensystemen nach vorgegebenen Gütekriterien.
> Die **Nachrichtenübertragungstechnik** ist ein Teilgebiet der Nachrichtentechnik. Sie beinhaltet die Übertragung von vorwiegend elektrischen Signalen zwischen zwei Kommunikationspartnern (z. B. Mensch und Computer) an zwei räumlich getrennten Orten.

> *Beispiel:* In Abhängigkeit vom Übertragungsmedium unterscheidet man zwischen unterschiedlichen Übertragungssystemem. Beispielhaft sind hierbei in der Kategorie „ohne" Medium („drahtlos") der Mobilfunk (z. B. GSM, DECT) und der Datenfunk (z. B. Bluetooth, ZigBee) zu nennen.

Die Grenze zwischen den beiden Gebieten Nachrichten- und Kommunikationstechnik ist fließend.

Die Abschnitte 2.2 und 2.3 stellen die Nachrichten- und Kommunikationstechnik vor.

Die Eingebetteten (Funk-)Systeme stellen die Plattform zur Implementierung der Wireless-Netzwerke für den Nahbereich dar (siehe Abschnitt 2.4).

Definition: **Eingebettete (Funk-)Systeme**

Der Begriff Eingebettetes System[a] beschreibt einen elektronischen Rechner oder Computer, der in einen technischen Kontext eingebunden oder „eingebettet" ist.

Eingebettete Systeme führen, für den Benutzer weitgehend unsichtbar, Dienste in einer Vielzahl von Anwendungsgebieten und Geräten durch. Beispielhaft sind Waschmaschinen, Flugzeuge, Kraftfahrzeuge, Kühlschränke, Fernseher zu nennen. Diese Systeme sind meistens an eine bestimmte Aufgabe angepasst. Dies hat zur Folge, dass aus Kostengründen eine optimierte gemischte Hardware-Software-Implementierung zum Einsatz kommt.

Bei „Funksystemen" steht die Vernetzung einer Vielzahl von ansonsten autonomen drahtlosen eingebetteten Systemen zu einem komplexen Gesamtsystem im Vordergrund.

---

[a]engl.: Embedded System

2.2 Kommunikationstechnik

Dieses Kapitel stellt die Quellen- und Kanalcodierung sowie den Datenschutz in separaten Abschnitten vor. Hinzu kommt ein weiterer Abschnitt zum Thema Netzwerke.

2.2.1 Quellencodierung

Ein Kanal kann pro Zeiteinheit nur eine gewisse Anzahl von Signalen aufnehmen. Aufgabe des Quellcodierers ist es, die Nachricht, der physikalischen Auslegung des Kanals entsprechend, in Signalfolgen umzusetzen, die der Kanal übertragen kann.

Aufgabe

17

Um der Nachrichtenquelle eine möglichst effiziente (kurze) Übertragungsdauer im Kanal zu ermöglichen, werden durch den Quellencodierer die Eingangssignale komprimiert, ohne wesentliche Informationen zu verlieren. Dabei werden die Daten von unnötiger Redundanz befreit, denn bei der Nachrichtenübertragung kommt es nur auf den Transport des Informationsgehaltes der Daten an.

Datenkompression

Relativ häufig auftretende Daten werden so codiert, dass sie nur wenig Zeit zur Übertragung im Kanal benötigen (im Gegensatz zu den selten auftretenden Daten). Diese Funktion eines Quellencodierers wird als „Informationsverdichtung der Nachrichten" oder „Datenkompression" bezeichnet.

Auftrittswahrscheinlichkeit

Die nachfolgende Abbildung 2.10 zeigt die Auftrittswahrscheinlichkeit der Buchstaben (in Prozent) in einem englischen Standardtext (Spalte a): mit Zwischenraum (Leerzeichen); Spalte b): ohne Zwischenraum).

Die Spalten c) und d) zeigen die entsprechende Auftrittswahrscheinlichkeit im deutschen Standardtext.

Man erkennt hier leicht, dass im Englischen die Wörter signifikant kürzer sind. Das Datum „Zwischenraum" tritt wesentlich häufiger auf als in einem deutschen Standardtext. Im unten abgebildeten Codebaum (siehe Abbildung 2.11)

HuffmanCode

für einen Huffman-Code für deutschen Text fällt einem sofort die Asymmetrie auf. Eine Voraussetzung für diesen Code ist, dass kein Codezeichen aus dem Beginn eines anderen Codezeichens bestehen bleiben darf (Fano-Bedingung). Aufbaubedingt ist eine Huffman-Codierung sehr empfindlich gegen Übertragungsfehler, gegen die dann im Kanalcodierer entsprechende Maßnahmen getroffen werden müssen.

Aufgaben:

1. Codieren Sie das Wort „BERLIN" im 7-Bit-"ASCII"-Code und als Huffman-Code. Wie groß ist der Komprimierungsfaktor K, den Sie bei diesem Word erreichen? K = (Anzahl der Bits als Huffman-Code) / (Anzahl der Bits als „ASCII"-Code)

2. Kann es bei einer Huffman-Codierung anstatt der zu erwartenden Komprimierung zu einer Vergrößerung der Bitanzahl kommen, im Vergleich zu einer Blockcodierung im 7-Bit- „ASCII"-Code (d. h. K > 1)? Geben Sie ein Beispiel an!

Einstieg: **Quellencodierung**
Weiterführende Literatur zum Thema findet man unter [Wer09].

	Englisch		Deutsch		Huffman-Code	
	a) mit Leerzeichen	b) ohne Leerzeichen	c) mit Leerzeichen	d) ohne Leerzeichen	e) für das deutsche Alphabeth mit Leerzeichen	f) hier nur für Großbuchstaben
LZ	19,25	-	15,15	-	001	010 0000
A	6,60	8,17	4,58	5,40	00001	100 0001
B	1,21	1,49	1,60	1,89	100010	100 0010
C	2,25	2,78	2,67	3,15	10110	100 0011
D	3,43	4,25	4,39	5,17	1101	100 0100
E	10,26	12,70	15,35	18,10	010	100 0101
F	1,80	2,23	1,36	1,60	100111	100 0110
G	1,63	2,02	2,67	3,15	10111	100 0111
H	4,92	6,09	4,36	5,14	00000	100 1000
I	5,63	6,97	6,38	7,52	0111	100 1001
J	0,12	0,15	0,16	0,19	0001110110	100 1010
K	0,62	0,77	0,96	1,13	0001011	100 1011
L	3,25	4,03	2,93	3,45	10010	100 1100
M	1,94	2,41	2,13	2,51	000100	100 1101
N	5,45	6,75	8,84	10,42	111	100 1110
O	6,06	7,51	1,90	2,24	000110	100 1111
P	1,56	1,93	0,50	0,59	00010101	101 0000
Q	0,08	0,10	0,01	0,01	000111011100	101 0001
R	4,84	5,99	6,86	8,08	0110	101 0010
S	5,11	6,33	5,39	6,35	1010	101 0011
T	7,31	9,06	4,73	5,57	1100	101 0100
U	2,23	2,76	3,48	4,10	10000	101 0101
V	0,79	0,98	0,74	0,87	0001111	101 0110
W	1,91	2,36	1,42	1,67	100110	101 0111
X	0,12	0,15	0,01	0,01	000111011101	101 1000
Y	1,59	1,97	0,02	0,02	00011101111	101 1001
Z	0,06	0,07	1,42	1,67	100011	101 1010

Abbildung 2.10: Auftrittswahrscheinlichkeit der Buchstaben (in Prozent) in einem englischen Standardtext

---

Merksatz: **Datenkompression**

Spricht man bei der Übertragung von Daten von Quellencodierung, so wird in der Datenverarbeitung eher der Begriff Datenkompression verwendet. Beispiele sind MPEG[a]-Layer-3-Audiokomprimierung und JPEG[b]-Komprimierung .

[a]MPEG = Moving Picture Experts Group
[b]JPEG = Joint Photographic Experts Group

2.2.2 Kanalcodierung

Durch Störungen in einem Übertragungskanal können Fehler bei der Datenübertragung verursacht werden. Primäre Aufgabe der Kanalcodierung ist es,

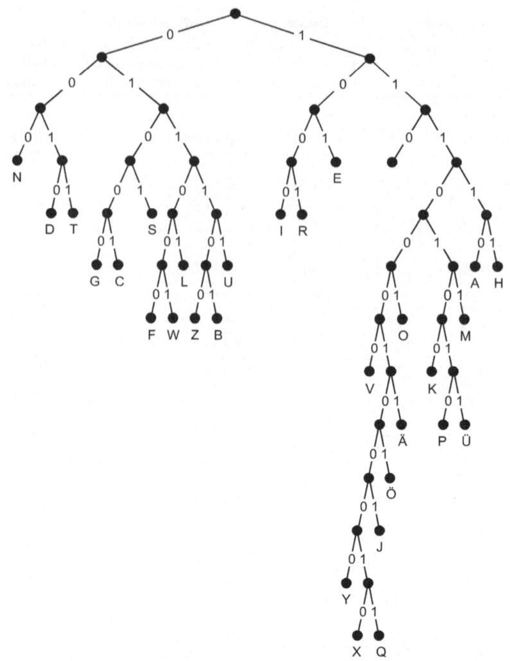

Abbildung 2.11: Codebaum eines Huffman-Codes für deutschsprachige Texte

durch geeignete Erkennungs- und Korrekturverfahren diese Fehler auszuschliessen. Dazu wird unmittelbar vor und hinter dem Datenkanal die Kanalcodierung und -decodierung durchgeführt (siehe Abbildung 2.12).

Abbildung 2.12: Anordnung von Kanalcodierer und -decodierer in einem Kommunikationssystem

Die Kanalcodierung hat dabei drei verschiedene Aufgaben:

- Fehlerschutz

- Codeformung und

- Signalcodierung.

Der Fehlerschutz ist der eigentliche Überbegriff für die Aufgaben der Kanalcodierung. Die zu übertragenden Daten werden derart verändert, dass es möglich wird, Fehler zu korrigieren oder Fehler zu erkennen und darauf entsprechend zu reagieren. **Fehlerschutz**

Die zu übertragenden Daten werden dabei um weitere Prüf- und Kontrollinformationen so ergänzt, dass sie trotz eventueller Störungen im Übertragungskanal auf der Empfangsseite regeneriert werden können (siehe Abbildung 2.13).

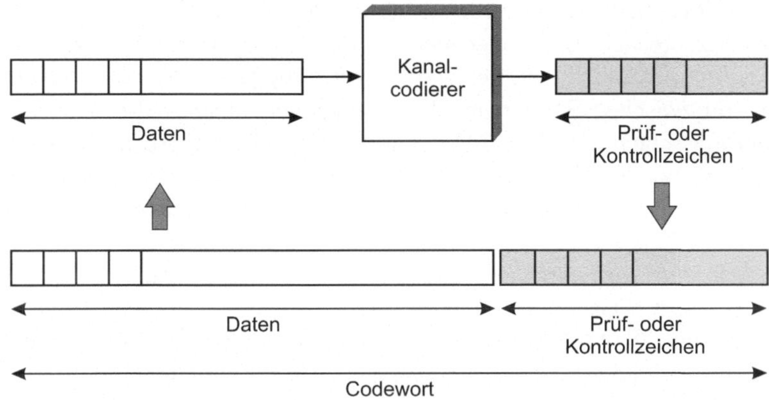

Abbildung 2.13: Prinzipielle Funktionsweise der Datenergänzung durch Prüf- oder Kontrollzeichen zum Zwecke der Fehlererkennung oder Fehlerkorrektur

Man unterscheidet dabei zwei prinzipielle Verfahren: Die Rückwärtskorrektur (REC[2]) und die Vorwärtskorrektur (FEC[3]), die in den nächsten beiden Abschnitten behandelt werden. **REC, FEC**

Code- und Signalformung sind weitere Maßnahmen, um das eigene und benachbarte Datenübertragungssysteme robust gegenüber Störungen zu machen. Dabei wird eine auf den Übertragungskanal zugeschnittene Codierung eingesetzt. Dies entspräche bei einem kabelgebundenen Übertragungssystem der Leitungscodierung. **Code- und Signal-formung**

Hier geht es zum Beispiel darum, das Frequenzspektrum des Datenstroms zu verschmälern, um Störungen in Nachbarkanälen zu minimieren. Aber auch eine Verbreiterung des Frequenzspektrums bei gleichzeitiger Amplitudenreduktion wird eingesetzt. Durch entsprechende Codierungen wird es möglich, auf der Empfangsseite eine hohe Taktgüte zu erzielen, was der Fehlervermeidung zu Gute kommt.

---

[2]REC = Reverse Error Correction *(deutsch: Rückwärtskorrektur)*
[3]FEC = Forward Error Correction *(deutsch: Vorwärtskorrektur)*

Weiteres zu diesem Thema wird in den Abschnitten 2.2.3, 2.3.2.3 (Teil PSK-Modulation), 2.3.5.2 und 2.3.4.3 detailliert behandelt.

2.2.2.1 Rückwärtskorrektur

Bei der Rückwärtskorrektur muss im Kanalcodierer ein Fehlererkennungsmechanismus implementiert sein, der es dem Kanaldecodierer auf Empfangsseite erlaubt festzustellen, ob ein oder mehrere Fehler aufgetreten sind. Eine Fehleridentifizierung, die auch eine Fehlerkorrektur ermöglichen würde, ist nicht notwendig. Ein zwischen Sender und Empfänger vereinbartes Protokoll (Schicht 2 (Sicherungsschicht) im ISO/OSI-Schichtenmodell) initiiert im Falle eines erkannten Fehlers einen Quittungs- und Rückfragemechanismus, der ein erneutes Aussenden der bereits fehlerhaft übertragenen Nachricht einleitet.

ISO/OSI

Paritäts-prüfung

Ein einfaches Beispiel für eine Ein-Bit-Fehler-Erkennung ist ein Prüfbit. Das zu sichernde Datum wird dabei um ein Prüfbit so ergänzt, dass die Anzahl der Einsen im Codewort (Datum um ein Prüfbit ergänzt) gerade ist (engl.: Even Parity, siehe Abbildung 2.14). Mehrbitfehler (genauer eine gerade Fehleranzahl) sind damit nicht erkennbar. Entsprechendes gilt auch für eine ungerade Parität[4].

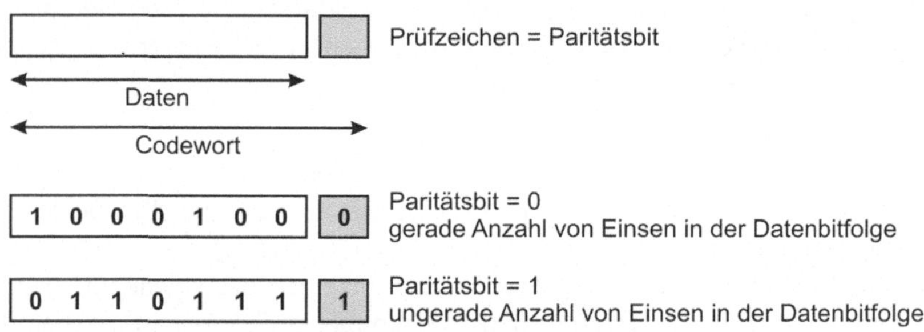

Abbildung 2.14: Ein-Bit-fehlererkennende Codirung mit gerader Parität

---

[4]engl.: Odd Parity

Beispiel: Die Datenbitfolge $[D_6, D_5, D_4, D_3, D_2, D_1, D_0]$ = „1010111" wird um ein gerades Paritätsbit ergänzt, das heißt die Datenbits D_6 bis D_0 werden Modulo-2-addiert. Die Modulo-2-Addition ist die Addition zweier Binärzahlen ohne Übertrag gemäß Tabelle 2.2.

$P = D_6 \oplus D_5 \oplus D_4 \oplus D_3 \oplus D_2 \oplus D_1 \oplus D_0$

$P = 1 \oplus 0 \oplus 1 \oplus 0 \oplus 1 \oplus 1 \oplus 1$

$P = 1$

Das Codewort (Datum mit Prüfbit) lautet dann:

$C = [D_6, D_5, D_4, D_3, D_2, D_1, D_0, P]$

$C = 1\ 0\ 1\ 0\ 1\ 1\ 1\ 1$

Kanaldecodierer

Im Kanaldecodierer wird das Prüfbit erneut berechnet und mit dem im Codewort übermittelten Prüfbit verglichen. Bei Ungleichheit zwischen dem empfangenen Prüfbit und dem im Kanaldecodierer berechneten Prüfbit wird eine Aktion eingeleitet, die zum Beispiel aus einer Rückfrage und dann einem erneuten Aussenden der bereits einmal fehlerhaft übertragenen Nachricht führt (siehe Abbildung 2.15). Bei Gleichheit des empfangenen und des berechneten (nachgerechneten) Prüfbits war die Übertragung fehlerfrei.

$\oplus$	**0**	**1**
0	0	1
1	1	0

Tabelle 2.2: Modulo-2-Addition

Aufgabe: Können mit einem Parity-Bit auch Fehler lokalisiert und somit korrigiert werden?

Zyklische Redundanzprüfung

Eine bessere Fehlererkennung bietet die zyklische Redundanzprüfung (CRC[5]). Dabei werden die zu sichernden Datenbits einer Nachricht um mehrere Prüfbits ergänzt und dann ausgesendet. Auf der Empfangsseite wird die Bitfolge aus Nachrichtenbits plus Prüfbits als eine große binäre Zahl betrachtet. Diese Binärzahl wird durch eine andere (vorher festgelegte oder sogar genormte) **CRC**

---

[5]CRC = **C**yclic **R**edundancy **C**heck *(deutsch: Zyklische Redundanzprüfung)*

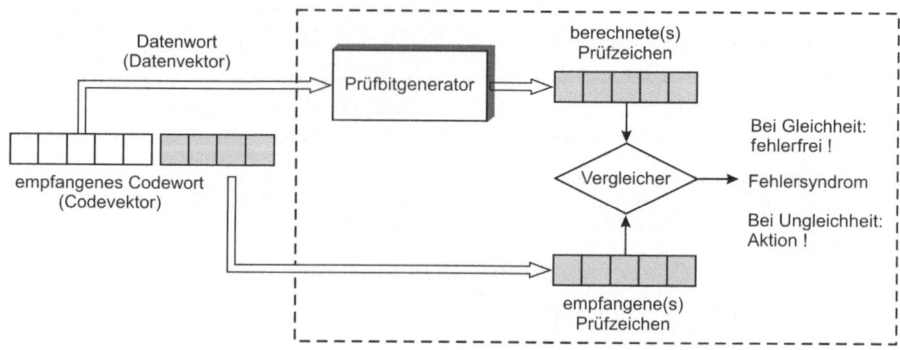

Abbildung 2.15: Erkennung von Übertragungsfehlern im Kanaldecodierer

Binärzahl dividiert. Das Ergebnis der Division wird weiter nicht beachtet, wohl aber der Rest. Man spricht hier von einer Modulo-Division.

Um nicht mit den langen Zahlenfolgen des binären Zahlensystems arbeiten zu müssen, sei hier ein Beispiel im dezimalen Zahlensystem gegeben. Die Zahl

$$4\ 3\ 2\ 1$$

soll um eine Prüfziffer derart ergänzt werden, dass sich bei der Division der neuen, um die Prüfziffer ergänzten Zahl „#"

$$4\ 3\ 2\ 1\ \#$$

durch 7 ein Rest von 3 ergibt. Im vorliegenden Fall muss die Prüfziffer 1 lauten, denn

$$43211 \bmod 7 = 3$$

Merksatz: **Modulo-Division**
Die Division liefert den ganzzahligen Rest einer Division.

Beispiel:
$8\ /\ 4 = 2$ Rest 0, damit ist $8 \bmod 4 = 0$
$7\ /\ 4 = 1$ Rest 3, damit ist $7 \bmod 4 = 3$

Die so aus der ursprünglichen Zahl (4321), ergänzt um die Prüfziffer (1) erhaltene Ziffernfolge (43211), wird ausgesandt. Der Empfänger kann mit der Durchführung der Modulo-7-Division überprüfen, ob das Ergebnis $43211 \bmod 7 = 1$ ist. Ist das nicht der Fall, liegt mit Sicherheit ein Übertragungsfehler vor.

Dieses Verfahren darf nicht mit dem Prüfsummenverfahren verwechselt werden. Bei letzterem wird lediglich die Quersumme der Ziffern einer Zahl als Prüfzahl hinzugefügt. Ein Tausch zweier Ziffern wäre damit zum Beispiel nicht erkennbar.
Überträgt man dieses Prinzip auf binäre Zahlenfolgen, entspricht dies einer zyklischen Redundanz-Prüfung (CRC).
Zum Verständnis der praktischen Realisierung müssen zuvor noch einige Begriffe erläutert werden:

Polynomdarstellung

Die Dezimalzahl „245" kann man auch als die Summe der Produkte aus den Ziffern der Zahl mit ihrem Stellenwert darstellen.

$$245_{10} = 2 \cdot 10^2 + 4 \cdot 10^1 + 5 \cdot 10^0$$

Im binären Zahlensystem gilt für die Binärzahl „11110101" entsprechend:

$$11110101_2 = 1 \cdot 2^7 + 1 \cdot 2^6 + 1 \cdot 2^5 + 1 \cdot 2^4 + 0 \cdot 2^3 + 1 \cdot 2^2 + 0 \cdot 2^1 + 1 \cdot 2^0$$

Eine Datenbitfolge der Länge K kann durch ein Polynom vom Grad K-1 dargestellt werden. Wenn die Basis des Zahlensystems durch X ersetzt wird, erhält man die Darstellung der Binärzahl „11110101" als Polynom vom Grad 7.

$$11110101_2 = 1 \cdot X^7 + 1 \cdot X^6 + 1 \cdot X^5 + 1 \cdot X^4 + 0 \cdot X^3 + 1 \cdot X^2 + 0 \cdot X^1 + 1 \cdot X^0$$
$$= X^7 + X^6 + X^5 + X^4 + X^2 + X^0$$
$$= X^7 + X^6 + X^5 + X^4 + X^2 + 1$$

Polynomendivision

So wie man im dezimalen Zahlensystem den Quotienten aus Dividenden und Divisor berechnen kann, kann dies auch im binären Zahlensystem geschehen. Dividiert man das Polynom

$$X^7 + X^6 + X^5 + X^4 + X^2 + 1 \text{ (Dividend)}$$

durch das Polynom

$$x^5 + X^4 + X^2 + 1 \text{ (Divisor)},$$

so erhält man den Quotienten :

$$X^7 + X^6 + X^5 + X^4 + X^2 + 1 \;/\; X^5 + X^4 + X^2 + 1 = X^2 + 1$$
$$-\quad \underline{(X^7 + X^6 + X^4 + X^2)}$$
$$=\qquad X^5 + 1$$
$$-\quad \underline{(X^5 + X^4 + X^2 + 1)}$$
$$=\qquad X^4 + X^2 \quad (= \text{Rest: } 10100_2)$$

Division mit binären Zahlen

Bei der Division ist zu beachten, dass sie im Modulo-2-System durchgeführt wird und die Modulo-2-Arithmetik gilt (siehe auch oben Tabelle 2.2): **Modulo-2**

$$0+0=0 \quad 0+1=1 \quad 1+0=1 \quad 1+1=0 \quad -1=+1$$

$$11110101 \;/\; 110101 = 101$$

$$
\begin{array}{l}
\underline{110101} \\
0010000 \\
\underline{000000} \\
100001 \\
\underline{110101} \\
010100 \quad (=\text{Rest: } 10100_2)
\end{array}
$$

Durchführung einer CRC-Generierung

Soll ein binäres Datenpaket mit einer Prüfzeichenfolge (FCS[6]) versehen werden, so muss zunächst das Generatorpolynom für die CRC-Generierung ausgewählt werden.

Es gibt dazu genormte Prüfzeichenverfahren, zum Beispiel DIN ISO 7064 oder für die HDLC[7]-Datenübertragungsnorm die ISO 3309, in denen festgelegt ist, welche Polynome zum Einsatz kommen und welche Fehlerabdeckung damit möglich ist.

Beispiel:

	Polynomdarstellung	Duale Schreibweise	Grad
CRC-16	$X^{16} + X^{15} + X^2 + 1$	1 1000 0000 0000 0101	16
CRC-16[a]	$X^{16} + X^{12} + X^5 + 1$	1 0001 0000 0010 0001	16
CRC-12	$X^{12}+X^{11}+X^3+X^2+X+1$	1 1000 0000 1111	12

[a]CRC-16-Polynom kommt bei FCS des HCLD- bzw. X25-Protokolls zum Einsatz

---

Für das folgende Beispiel sei das Polynom

$$X^5 + X^4 + X^2 + 1$$

Modulo-Division

als Generatorpolynom (oder Prüfpolynom) ausgewählt. Dieses Polynom entspricht der sechsstelligen Binärzahl „1 1 0 1 0 1". Es ist ein Polynom 5. Grades. Der durch eine Modulo-Division entstehende Rest ist daher maximal fünfstellig. Das Datenpaket, welches mit einer CRC-Prüfzeichenfolge versehen werden soll, lautet:

$$1\ 1\ 1\ 1\ 0\ 1\ 0\ 1 \qquad (X^7 + X^6 + X^5 + X^4 + X^2 + 1)$$

Die Bitfolge im Datenpaket wird mit dem Grad des Prüfpolynoms multipliziert (X^5) d. h. es wird um fünf Nullen ergänzt. Die Bitfolge des Datenpakets (Dividend) lautet dann:

$$1\ 1\ 1\ 0\ 1\ 0\ 1\ 0\ 0\ 0\ 0\ 0.$$

Mit der Durchführung der Modulo-2-Division wird der Rest bestimmt:

$$11110101\mathbf{00000} \ / \ 110101 = 10111010$$

---

[6]FCS = Frame Check Sequence
[7]engl.: High Level Data Link Control

```
110101
0010000
 000000
  100001
  110101
  0101000
   110101
   0111010
    110101
    0011110
     000000
      111100
      110101
       0010010
        000000
        010010   Rest: 10010
```

Der errechnete Quotient „10111010" wird nicht weiter beachtet.

Die Summe aus dem Dividenden und dem ermittelten Rest 10010 ergibt das mit dem CRC versehene Datenpaket.

```
1111010100000
+        10010
1111010110010
```

Durchführung der CRC-Prüfung bei einem empfangenen Datenpaket
Zur Prüfung eines empfangenen Datenpakets auf Fehler wird dieses durch das Generatorpolynom dividiert. Der Quotient wird nicht beachtet. Ist der ermittelte Rest wie im vorliegenden Fall Null, liegt kein Übertragungsfehler vor.

```
11110101110101 / 110101 = 10111010
110101
0010000
 000000
  100001
  110101
  0101001
   110101
   0111000
    110101
    0011010
```

```
  000000
  110101
  110101
 0000000
  000000
  000000   Rest: 00000
```

Durch entsprechende Voreinstellung kann man jeden beliebigen Rest erzeugen, bzw. das fehlerfreie Datenpaket jeder beliebigen Restklasse (siehe unten unter Fehlerbetrachtung) zuordnen.

Technische Realisierung einer CRC-Erzeugung und -Prüfung

Nur in Ausnahmefällen wird eine Modulo-2-Polynomendivision algebraisch durch ein Softwareprogramm durchgeführt (z. B. bei der Fehlerprüfung von Dateien). Sie kann mit einem linear rückgekoppelten Schieberegister (LFSR[8]) leicht durch **Integrierter** einen integrierten Schaltkreis (IC[9]) (siehe Abschnitt 2.4) realisiert werden. **Schaltkreis** Der Divisor bestimmt dabei den Aufbau des Rückkopplungszweiges des Schieberegisters. Im vorliegenden Fall lautet der Divisor „110101". Damit erhält man die in Abbildung 2.16 dargestellte Schieberegisterschaltung.

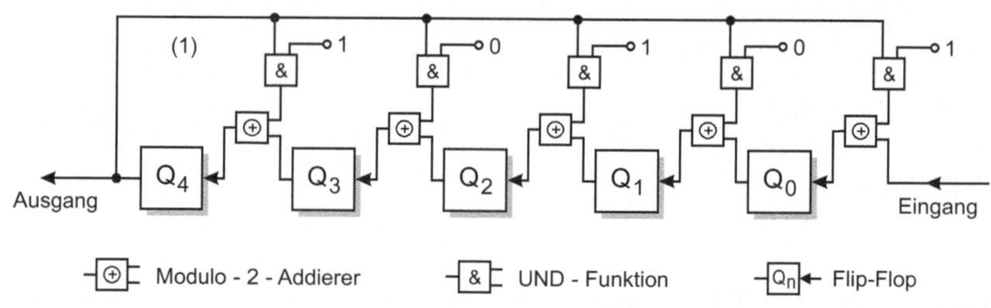

Abbildung 2.16: Linear rückgekoppeltes Schieberegister zur CRC-Generierung mit variabler Einstellung des Prüfpolynoms (hier ($X^5 + X^4 + X^2 + 1$) bzw. "110101")

LFSR Das Schieberegister hat den Anfangszustand $(Q_4 Q_3 Q_2 Q_1 Q_0)$ = „00000". Die Binärzahl: „11110101_2" wird, beginnend mit der höchstwertigen Stelle (MSB[10]), von links nach rechts in das Schieberegister eingelesen. Die Zwischenzustände des Schieberegisters errechnen sich nach folgenden Funktionsgleichungen:

$$Q_0^{t+1} = E^t \oplus Q_4^t$$
$$Q_1^{t+1} = Q_0^t$$
$$Q_2^{t+1} = Q_1^t \oplus Q_4^t$$

---

[8]LFSR = **L**inear **F**eedback **S**hift **R**egister *(deutsch: linear rückgekoppeltes Schieberegister)*
[9]IC = **I**ntegrated **C**ircuit *(deutsch: Integrierter Schaltkreis)*
[10]MSB = **M**ost **S**ignificiant **B**it *(deutsch: höchstwertiges Bit)*

$$Q_3^{t+1} = Q_2^t$$
$$Q_4^{t+1} = Q_3^t \oplus Q_4^t$$

Damit ergibt sich folgende Tabelle 2.3 für die Zustände nach jedem Taktschritt:

	Q_4	Q_3	Q_2	Q_1	Q_0	E	Eingangs-Bitfolge
Start:	0	0	0	0	0	1	11110101
1. Takt:	0	0	0	0	1	1	1110101
2. Takt:	0	0	0	1	1	1	110101
3. Takt:	0	0	1	1	1	1	10101
4. Takt:	0	1	1	1	1	0	0101
5. Takt:	1	1	1	1	0	1	101
6. Takt:	0	1	0	0	0	0	01
7. Takt:	1	0	0	0	0	1	1
8. Takt:	1	0	1	0	0		← Rest: 10100

Tabelle 2.3: Zwischenzustände des Schieberegisters $X^5 + X^4 + X^2 + 1$

Wie man sieht, enthält das Schieberegister nach acht Taktschritten den Rest „10110" als Ergebnis der Modulo-2-Division durch das Prüfpolynom ($X^5 + X^4 + X^2 + 1$). Dieser Rest wird dann der Datenbitfolge als Prüfsequenz hinzugefügt. Die schaltungstechnische Realisierung eines linear rückgekoppelten Schieberegisters vereinfacht sich erheblich, wenn das Prüfpolynom fest eingestellt wird. In Abbildung 2.17 ist dies dargestellt.

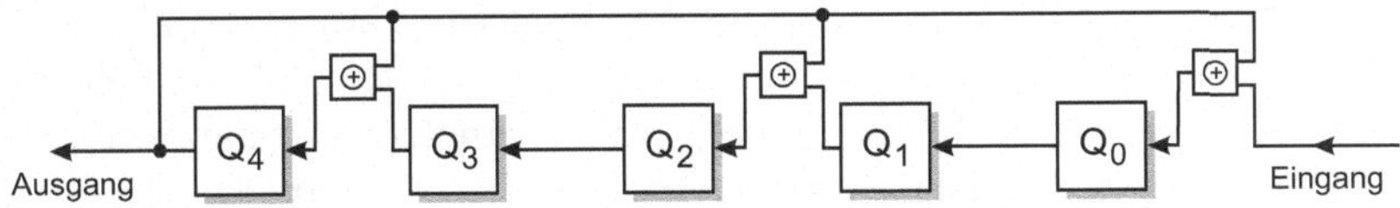

Abbildung 2.17: Linear rückgekoppeltes Schieberegister zur CRC-Generierung mit dem Polynom $X^5 + X^4 + X^2 + 1$

Fehlerbetrachtung

Das Prinzip beim Cyclic Redundancy Check beruht darauf, dass eine Datenbitfolge (Datenpaket) der Länge K durch eine konstante Prüfbitfolge der Länge r dividiert wird. Das Ergebnis dieser Division wird nicht weiter betrachtet, wohl aber deren Rest. Wenn die Prüfbitfolge P(x) die Länge r hat, können bei Divisionen durch diese Prüfbitfolge 2^r verschiedene Reste auftreten. Diese verschiedenen möglichen Reste bezeichnet man auch als Restklassen.
Die Anzahl der möglichen Datenbitfolgen mit der Länge K beträgt 2^K. Bei der Division durch die Prüfbitfolge wird jeder Datenbitfolge eine der 2^r verschiedenen Restklassen zugeordnet. Da $K \gg r$ ist, müssen verschiedenen Datenbit-

folgen die gleichen Restklassen zugeordnet sein.

Von den 2^K möglichen verschiedenen Datenpaketen der Länge K ist nur das Datenpaket M(x) korrekt, alle anderen sind fehlerhaft. Wird die Datenbitfolge M(x) durch ein Prüfpolynom P(x) vom Grade r dividiert, so ergibt das den Quotienten Q(x) (der ja nicht weiter betrachtet wird) und den Rest R(x). Die Beziehung zwischen M(x), P(x), Q(x) und R(x) lautet:

$$M(x) = Q(x) \cdot P(x) + R(x)$$

Für eine fehlerhafte Datenbitfolge M'(x) gilt:

$$M'(x) = Q'(x) \cdot P(x) + R'(x)$$

nicht erkennbare Fehler

Die Bedingung für einen nicht erkennbaren Fehler muss daher lauten:

$$M(x) = Q(x) \cdot P(x) + R(x) \text{ und}$$
$$M'(x) = Q'(x) \cdot P(x) + R(x),$$

denn M(x) und M'(x) erzielen bei einer Division durch P(x) den gleichen Rest (R(x) = R'(x)).

Es gibt 2^K mögliche Datenpakete M(x) der Länge K. Wenn ein Prüfpolynom P(x) vom Grade r verwendet wird, beträgt die Anzahl der möglichen verschiedenen Restklassen 2^r. Bei der Polynomendivision M(x) / P(x) fallen somit in jede Restklasse

$$\frac{\text{Anzahl der möglichen Datenpakete der Länge K}}{\text{Anzahl der möglichen Restklassen eines Prüfpolynoms des Grades r}}$$
$$= 2^K / 2^r$$

mögliche Datenpakete. Der Restklasse R(x) des fehlerfreien Falles werden daher auch fehlerhafte Datenpakete zugeordnet. Von den $2^K / 2^r$ möglichen Datenpaketen dieser Restklasse R(x) sind $(2^K / 2^r) - 1$ fehlerhaft, und ein Datenpaket ist korrekt. Die Anzahl der nichterkennbaren Fehler beträgt somit $2^{K-r} - 1$.

Von den 2^K möglichen Datenpaketen der Länge K enthalten $2^K - 1$ Fehler, und eines ist fehlerfrei. Die Anzahl der möglichen fehlerhaften Datenpakete beträgt daher $2^K - 1$. Die Wahrscheinlichkeit w, dass ein fehlerhaftes Datenpaket nicht erkannt wird, beträgt:

Wahrscheinlichkeit

$$w = \frac{Anzahl\ der\ nichterkennbaren\ Fehler}{Anzahl\ der\ moeglichen\ Fehler}$$

Hat das Datenpaket M(x) die Länge K und ist Prüfpolynom P(x) vom Grade r, so beträgt die Wahrscheinlichkeit w eines nichterkennbaren Fehlers:

$$w = \frac{2^{k-r}-1}{2^k-1}$$

Für lange Datenpakete mit K >> r wird für w der Grenzwert mit $k \to \infty$ ermittelt:

$$w = \lim_{k \to \infty} \frac{2^{k-r}-1}{2^{k-1}-1} = 2^{-r}$$

Die Wahrscheinlichkeit, dass ein fehlerhaftes Datenpaket als korrekt erkannt wird, beträgt $(0,5)^r$, wobei r der Grad des Polynoms ist, durch das man dividiert (r = Anzahl der Datenbits des Divisors (ohne führende Nullen) minus 1).

> *Beispiel:* Wird mit einem 16-Bit-Schieberegister die Polynomendivision durchgeführt, so ist das Prüfpolynom vom Grad $r = 15$. Die Wahrscheinlichkeit w für einen nichterkennbaren Fehler ist in einem langen Datenpaket $w = 0{,}00003$

Diese geringe Wahrscheinlichkeit eines unentdeckten Fehlers wird häufig als Beleg für die Effizienz dieses Verfahrens zitiert. In die obige Berechnung geht jedoch nur der Grad des Prüfpolynoms mit ein, nicht jedoch dessen Zusammensetzung. Das heißt, wenn man beliebige 16 Bits aus dem Datenpaket M(x) als Prüfzeichen betrachtet, kommt man auf die gleiche geringe Wahrscheinlichkeit eines unerkennbaren Fehlers.

Nur wenn die Fehlerauftretenswahrscheinlichkeit für jedes Bit des Datenpakets gleich groß ist und die Fehler unabhängig voneinander sind, ist diese Aussage über die Wahrscheinlichkeit eines unerkennbaren Fehlers korrekt. In der Praxis trifft diese Annahme jedoch eher selten zu. Wenn ein Datenbit fehlerhaft ist, ist die Wahrscheinlichkeit eines weiteren Fehlers meist höher, als wenn kein Datenbit fehlerhaft übertragen wurde. Man sollte daher Prüfpolynome auswählen, deren Fehlererkennungsmöglichkeiten mathematisch genau untersucht worden sind. Bei den in den Normen aufgeführten Polynomen ist das in der Regel der Fall.

Mit dem CRC-Verfahren kann auch die Integrität von Daten nicht sicher nachgewiesen werden, denn es ist verhältnismäßig leicht möglich, eine Datenbitfolge gezielt so zu modifizieren, dass die Division durch das Prüfpolynom zu einer ganz bestimmten Restklasse (z. B. dem fehlerfreien Fall) führt.

2.2.2.2 Vorwärtskorrektur

Auch bei einer Vorwärtskorrektur werden die Datenbits durch zusätzliche Prüfbits ergänzt. Das Ziel ist hier jedoch eine Fehleridentifizierung, die eine Korrektur erlaubt, ohne dass eine Rückfrage beim Absender nötig ist. Nicht immer steht ein Rückkanal zur Verfügung (Simplex-Betrieb).

Hamming-codierer

Grundsätzlich können bei einem entsprechenden Aufwand an Prüfbits Codierungen geschaffen werden, mit denen eine beliebige Anzahl von Fehlern erkannt und korrigiert werden kann.

Abbildung 2.18 zeigt als Beispiel das Blockschaltbild eines (7,4)-Hammingcodierers für einen Simplex-Nachrichtenkanal. Mit diesem Kanalcodierer können alle 1-Bit-Fehler in einem Blockcode, der aus vier Datenbits und drei Prüfbits, also sieben Codebits besteht, erkannt und korrigiert werden. Im Kanalcodierer werden die Prüfbits P_0, P_1, und P_2 aus dem Datenwort $[D_3, D_2, D_1, D_0]$ bestimmt, indem jeweils eine Modulo-2-Addition mit verschiedenen Kombinationen der Datenbits durchgeführt wird.

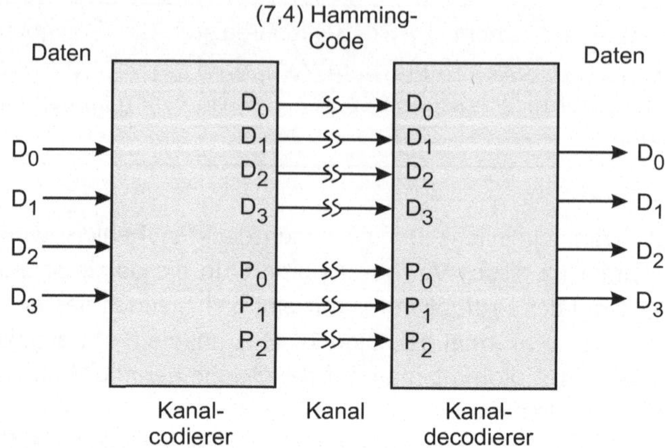

Abbildung 2.18: Grundaufbau einer fehlertoleranten Datenübertragung durch Kanalcodierung mittels Hamming-Code

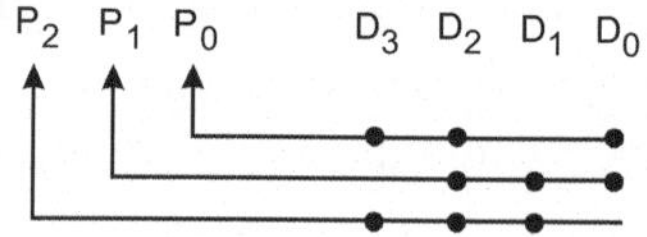

Abbildung 2.19: Zusammensetzung der Paritätsbits P_0 bis P_2 aus den Datenbits D_0 bis D_3

Die vier Datenbits werden um die berechneten drei zusätzlichen Prüfbits $[P_2, P_1, P_0]$ ergänzt. Das so erzeugte, aus sieben Bits bestehende Codewort wird dann auf dem Nachrichtenkanal ausgesendet. Aus Abbildung 2.19 ergeben sich die Werte der Prüfbits $P_0, P_1,$ und P_2:

$$P_0 = D_3 \oplus D_2 \oplus D_0$$
$$P_1 = D_2 \oplus D_1 \oplus D_0$$
$$P_2 = D_3 \oplus D_2 \oplus D_1$$

Mathematisch wird hier der Datenvektor $D = [D_3, D_2, D_1, D_0]$ mit einer Generatormatrix $[G]$ multipliziert. Das Ergebnis der Multiplikation ist der Codevektor

$$C = [P_2, P_1, P_0, D_3, D_2, D_1, D_0].$$
$$C = D \cdot [G] \text{ mit}$$

$$G = \begin{bmatrix} 1 & 0 & 1 & 1 & 0 & 0 & 0 \\ 1 & 1 & 1 & 0 & 1 & 0 & 0 \\ 1 & 1 & 0 & 0 & 0 & 1 & 0 \\ 0 & 1 & 1 & 0 & 0 & 0 & 1 \end{bmatrix}$$

$$C = [D_3, D_2, D_1, D_0] \cdot \begin{bmatrix} 1 & 0 & 1 & 1 & 0 & 0 & 0 \\ 1 & 1 & 1 & 0 & 1 & 0 & 0 \\ 1 & 1 & 0 & 0 & 0 & 1 & 0 \\ 0 & 1 & 1 & 0 & 0 & 0 & 1 \end{bmatrix}$$

$$C = [P_2, P_1, P_0, D_3, D_2, D_1, D_0]$$

Abbildung 2.20 zeigt eine technische Realisierung des Kanalcodierers, der den obigen 7-Bit-langen (7,4)-Hammingcode erzeugt. Dieser Kanalcodierer führt außer der Generierung der Prüfbits auch eine Serialisierung des Codewortes durch. In die Speicherzellen Q_3, Q_2, Q_1, und Q_0 wird das zu codierende Datenwort geladen, zum Beispiel $[D_3, D_2, D_1, D_0] = [0101]$. Am Ausgang der rechten Speicherzelle (Q_0) liegt dann der Wert $D_0 = 1$ an. Mit jedem Taktschritt wird der Inhalt jeder Speicherzelle in die jeweils rechts daneben liegende Speicherzelle weitergeschoben. **Funktions-weise**

In die linke Speicherzelle Q_3 wird zugleich die Summe einer Modulo-2-Addition aus den Inhalten der Speicherzellen Q_3, Q_2, und Q_0 geladen. Der Inhalt der rechten Speicherzelle Q_0 geht als serieller Ausgang an den Übertragungskanal.

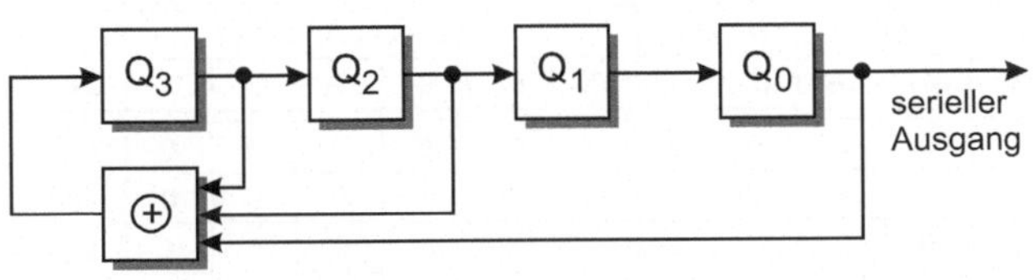

Abbildung 2.20: Technische Realisierung eines seriellen Hamming-Code-Generators mit einem rückgekoppelten Schieberegister

---

Beispiel: Abbildung 2.21 zeigt die Speicherzustandsfolge beim Startwert „0101"

Wie man hier leicht sieht, wird das Prüfbit P_0 aus den Werten der Speicherzellen Q_3, Q_2 und Q_0 (beim Start sind das die Datenbits D_3, D_2 und D_0) mit einer Modulo-2-Addition[11] berechnet. Nach dem ersten Taktschrift sind die Inhalte von $Q_3, Q_2, Q_0 = P_0, D_3, D_1$, nach dem zweiten Taktschritt lauten sie: $Q_3, Q_2, Q_0 = P_1, P_0, D_2$. Damit ergeben sich folgende Bestimmungsgleichungen für die Prüfbits:

---

[11] Ex-Or-Funktion

	Q_3	Q_2	Q_1	Q_0	Ausgang
Startzustand:	0	1	0	1	1 (=D_0)
n. d. 1. Takt:	0	0	1	0	0 (=D_1)
n. d. 2. Takt.	0	0	0	1	1 (= D_2)
n. d. 3. Takt:	1	0	0	0	0 (= D_3)
n. d. 4. Takt:	1	1	0	0	0 (= P_0)
n. d. 5. Takt:	0	1	1	0	0 (=P_1)
n. d. 6. Takt:	1	0	1	1	1 (=P_2)

Abbildung 2.21: Beispiel für die Speicherzustandsfolge beim Startwert „0101"

$$P_0 = D_3 \oplus D_2 \oplus D_0$$
$$P_1 = D_2 \oplus D_1 \oplus D_0$$
$$P_2 = D_3 \oplus D_2 \oplus D_1$$

Für andere Eingangsdaten kann die Ausgangsbitfolge der Abbildung 2.22 entnommen werden oder mittels der Generatormatrix berechnet werden:

Z.-	Eingangsdaten				Serieller Ausgang						
Nr.	D_3	D_2	D_1	D_0	P_2	P_1	P_0	D_3	D_2	D_1	D_0
0	0	0	0	0	0	0	0	0	0	0	0
1	0	0	0	1	0	1	1	0	0	0	1
2	0	0	1	0	1	1	0	0	0	1	0
3	0	0	1	1	1	0	1	0	0	1	1
4	0	1	0	0	1	1	1	0	1	0	0
5	0	1	0	1	1	0	0	0	1	0	1
6	0	1	1	0	0	0	1	0	1	1	0
7	0	1	1	1	0	1	0	0	1	1	1
8	1	0	0	0	1	0	1	1	0	0	0
9	1	0	0	1	1	1	0	1	0	0	1
10	1	0	1	0	0	1	1	1	0	1	0
11	1	0	1	1	0	0	0	1	0	1	1
12	1	1	0	0	0	1	0	1	1	0	0
13	1	1	0	1	0	0	1	1	1	0	1
14	1	1	1	0	1	0	0	1	1	1	0
15	1	1	1	1	1	1	1	1	1	1	1

Abbildung 2.22: Serieller Ausgang für verschiedene Folgen von Eingangsdaten

Kanaldecodierer für Hammingcode

Auf der Empfangsseite im Kanaldecodierer werden aus den empfangenen Datenbits noch einmal die drei Prüfbits berechnet und diese mit den empfangenen Prüfbits verglichen (siehe Abbildung 2.15). Dies geschieht durch die Multiplikation des Codevektors $C = [P_2, P_1, P_0, D_3, D_2, D_1, D_0]$ mit der Prüfmatrix $[P]$. Das Ergebnis dieser Multiplikation ist das Fehlersyndrom $F = [F_2, F_1, F_0]$.

Fehler-syndrom

$F = C \cdot [P]$ mit

$$P = \begin{bmatrix} 1 & 0 & 0 \\ 0 & 1 & 0 \\ 0 & 0 & 1 \\ 1 & 0 & 1 \\ 1 & 1 & 1 \\ 1 & 1 & 0 \\ 0 & 1 & 1 \end{bmatrix}$$

$$[P_2, P_1, P_0, D_3, D_2, D_1, D_0] \cdot \begin{bmatrix} 1 & 0 & 0 \\ 0 & 1 & 0 \\ 0 & 0 & 1 \\ 1 & 0 & 1 \\ 1 & 1 & 1 \\ 1 & 1 & 0 \\ 0 & 1 & 1 \end{bmatrix} = [F_2, F_1, F_0]$$

In der Fehlersyndromtabelle 2.4 findet man die Fehlerstelle bzw. bei einem Fehlersyndrom von F = „000" den Hinweis, dass kein 1-Bit-Übertragungsfehler aufgetreten ist.

F_2	F_1	F_0	**Fehler**
0	0	0	–
0	0	1	P_0
0	1	0	P_1
0	1	1	D_0
1	0	0	P_2
1	0	1	D_3
1	1	0	D_1
1	1	1	D_2

Tabelle 2.4: Fehlersyndromtabelle

> *Beispiel:* Am Eingang des obigen Kanalcodierers wird das Datenwort [D3, D2, D1, D0] = [0101] angelegt. Durch Multiplikation mit der Generatormatrix erhält man das Codewort C:
>
> $C = D \cdot [G]$
>
> $C = [P_2, P_1, P_0, D_3, D_2, D_1, D_0] = [\,1\;0\;0\;0\;1\;0\;1\,]$
>
> (siehe auch Zeile 5 in der Abbildung 2.22)

> *Beispiel:* Durch einen Übertragungsfehler im Kanal wird anstatt des gesendeten Codewortes $[P_2, P_1, P_0, D_3, D_2, D_1, D_0]$ = [1000101] das Codewort C = [1000001] empfangen. Im Kanaldecodierer erfolgt dessen Multiplikation mit der Prüfmatrix [P], um das Fehlersyndrom F zu erhalten.
>
> $F = C \cdot [P]$
>
> $F = [F_2, F_1, F_0] = [\,1\;1\;1\,]$

Hinweis

Das Fehlersyndrom lautet: „111". Anhand der Fehlersyndromtabelle kann man den Fehler lokalisieren und damit korrigieren. Im vorliegenden Fall wurde „D_2" falsch übertragen.

> *Aufgabe:* Sie haben für den oben angeführten Hammingcode die Codefolgen
>
> a) „1001001"
>
> b) „0001011" und
>
> c) „0011100" empfangen.
>
> Prüfen Sie die empfangenen Codewörter a), b) und c) auf Fehler und korrigieren Sie diese gegebenenfalls. Wie lauten die (korrigierten) Datenwörter?

Faltungscodierer

Ein anderes Beispiel für eine Kanalcodierung ist ein Faltungscodierer[12]. Hier wird der Informationsgehalt eines Datenbits auf mehrere Prüfbits verteilt, also quasi „verschmiert". In einem einfachen Faltungscode wird nur jeweils ein Prüfbit zwischen zwei Datenbits eingefügt.

Aus den zwei benachbarten Datenbits D_N und D_{N+1} wird durch eine Modulo-2-Addition[13] (Addition der Bitwerte ohne Berücksichtigung eines entstehenden

---

[12]engl.: Convolutional Coder
[13]$\oplus$: Exklusiv-Oder-Funktion

Übertrags) das Prüfbit P_N gebildet:

$$D_N = D_N \oplus D_{N+1}$$
$$\ldots D_N \; P_N \; D_{N+1} \; P_{N+1} \; D_{N+2} \; P_{N+2} \; D_{N+3} \ldots$$

Kanaldecodierer für Faltungscode

Auf der Empfangsseite werden die Prüfbits nachgebildet. Sind zwei benachbarte Prüfbits nicht korrekt, so muss ein Übertragungsfehler bei dem dazwischen liegenden Datenbit aufgetreten sein. Ist dagegen nur ein Prüfbit nicht korrekt, so liegt der Übertragungsfehler beim Prüfbit selbst.

Beispiel: **Senderseite:**
Datenbitfolge: 0 0 0 1 1 0 1 1 0 0
Ausgesendete
Faltungscodefolge: 0 0 0 0 0 1 1 0 1 1 0 1 1 0 1 1 0 0 0

Beispiel: **Empfangsseite:**
empfangene
Bitfolge: 0 0 0 0 1 1 1 0 1 1 0 0 1 0 1 1 0 0 0
Berechnung der
Prüfbits: 0 0 1 0 1 1 0 1 0
Falsch erkannte
Prüfbits: 0 0 1 0 1 1 0 1 0
Korrigierte
Datenbitfolge: 0 0 0 1 1 0 1 1 0 0

Bei einer faltungscodierten Bitfolge kann eine beliebige Anzahl von Fehlern korrigiert werden, solange die Fehler nicht zu dicht benachbart sind (aufeinander folgen). Komplexere Faltungscodes erzeugen aus mehreren Datenbits mehrere Prüfbits, d.h. der Inhalt eines Datenbits wird auf viele Prüfbits „verschmiert". Dafür können dann auch benachbarte Fehler korrigiert werden.
Die Dekodierung ist nicht trivial und erfordert einen gewissen Rechenaufwand. Es kommt meist der Viterbi-Algorithmus zum Einsatz, mit dem anhand eines Zustandübergangsdiagramms (Trellis-Diagramm) Decodierung und Fehlerkorrektur vorgenommen werden. Ein Faltungscode kommt z. B. beim Mobilfunkstandard GSM zum Einsatz.

2.2.2.3 Fehlererkennung und -korrektur

Hamming-Distanz

Die Hamming-Distanz „HD" zwischen zwei Codewörtern ist gleich der Anzahl der unterschiedlichen Bits zwischen diesen beiden Codewörtern.

> *Beispiel:*
> a → „10100101"
> b → „10010110"
> Die Hamming-Distanz zwischen der Codierung für „a" und „b" beträgt HD = 4.

Die HD_{min} ist das Minimum aus der Menge aller möglichen Distanzen von Codewörtern, die in einem Codierungssystem (Abbildungsvorschrift) erzeugt werden.

> *Beispiel:*
> a → „10100101"
> b → „10010110"
> c → „11100001"
> Damit ergeben sich folgende Distanzen:
> HD(a, b) = 4
> HD(b, c) = 6
> HD(a, c) = 2
> Die Hammingdistanz beträgt somit:
> HD_{min} = Minimum {4, 6, 2}
> = 2

Codierungs-vorschrift

Eine Codierungsvorschrift erzeugt einen gültigen Code, wenn jedem Symbol, welches codiert werden soll, ein Codewort derart zugeordnet wird, dass bei einer Decodierung dem Codewort das ursprüngliche Symbol auch wieder eindeutig zugeordnet werden kann.

Definition: **Hamming-Distanz**
Unter der HD[a] versteht man die Anzahl von Bits, in denen sich zwei Codewörter unterscheiden. Die Mindest-Hamming-Distanz HD_{min} stellt die kleinste Hamming-Distanz dar.
Es gilt:

- e Fehler erkennen: $HD_{min} = e + 1$

- e Fehler korrigieren $HD_{min} = 2 \cdot e + 1$

---
[a]Hamming-Distanz

Es ist einsichtig, dass sich dazu jedes Codewort um mindestens ein Bit von jedem anderen Codewort unterscheiden muss. Die Hammingdistanz für eine gültige Codierung beträgt daher $HD_{min}=1$ (siehe Abbildung 2.23, Zeile a)).

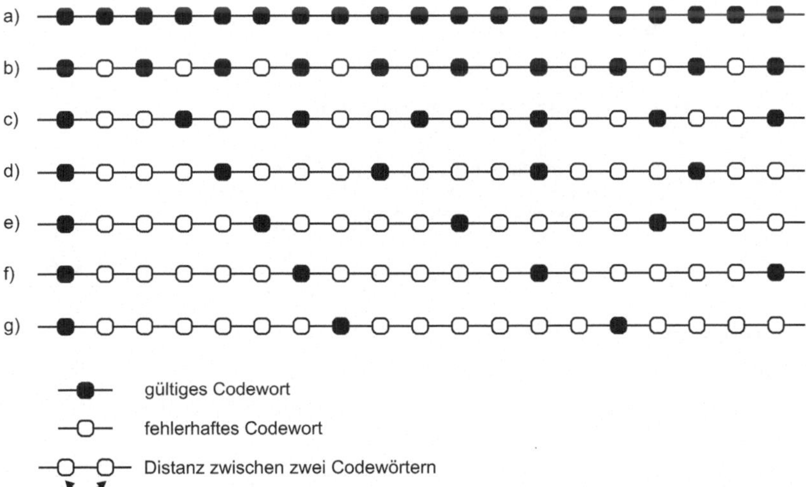

Abbildung 2.23: Schema für Codes mit den Hammingdistanzen $HD_{min} = 1$ a) bis $HD_{min} = 7$ g)

Bei einer 1-Bit-fehlererkennenden Codierung (Code mit Paritätsbit) beträgt die Hammingsdistanz zwischen zwei gültigen Codeworten (fehlerfreien Codeworten) $HD_{min} = 2$. Damit führt jeder Ein-Bit-Fehler zu einem ungültigen Codewort. Eine Erkennung aller 1-Bit-Fehler ist so sichergestellt. Eine Fehlerkorrektur ist dagegen hier nicht so ohne Weiteres möglich, denn die Distanz des fehlerhaften Codewortes zu den beiden benachbarten gültigen Codewörtern ist im ungünstigsten Fall gerade d = 1. Damit ist, wie in Abbildung 2.23, Zeile b) zu sehen ist, keine Entscheidung möglich, welchem gültigen Codewort das fehlerhaft emp-

1-Bit-Fehlererkennung

fangene Codewort beim Korrekturvorgang zugeordnet werden soll.

Ein und dieselbe Codierungsvorschrift lässt auf der Empfängerseite eine unterschiedliche Interpretation des Fehlerbildes und damit des eingesetzten Erkennungs- und Korrekturverfahrens zu. Zur optimalen Interpretation des Fehlersyndroms ist eine genaue Kenntnis des Gesamtsystems erforderlich („Fail-Safe"-Verhalten, Auswirkungen eines Fehlers, größter möglicher Schaden usw.).

In Abbildung 2.24 werden die unterschiedlichen Fehlerinterpretationen exemplarisch für einen Code mit der Hammingdistanz von $HD_{min} = 6$ (siehe Zeile f) der Abbildung 2.23) durchgeführt.

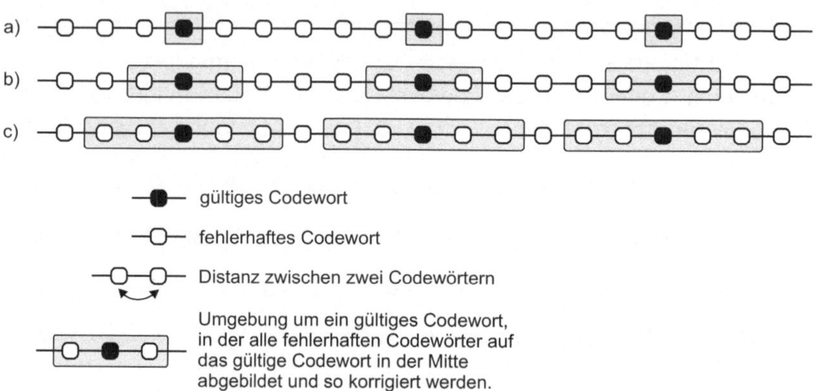

Abbildung 2.24: Korrekturumgebung eines Code mit $HD_{min} = 6$

Fehlerinterpretation A

Fehlerinterpretation A, Abbildung 2.24, Zeile a):
Hier werden nur korrekte Codewörter ausgewertet, eine Fehlerkorrektur findet nicht statt. Mit $HD_{min} = 6$ ist daher eine Erkennung von bis zu fünf fehlerhaften Bits möglich.

Fehlerinterpretation B

Fehlerinterpretation B, Abbildung 2.24, Zeile b):
Um ein gültiges Codewort wird eine Umgebung gelegt (hier grau unterlegt), in der alle fehlerhaften Codewörter dem korrekten Codewort in der Mitte zugeordnet werden (Entscheidung nach der maximalen Wahrscheinlichkeit[14]). Im vorliegenden Fall heißt dies, dass alle 1-Bit-Fehler erkannt und korrigiert werden. Alle 2-, 3- und 4-Bit-Fehler werden nur erkannt. Da sie außerhalb der Umgebung liegen, sind sie nicht korrigierbar.

Fehlerinterpretation C

Fehlerinterpretation C, Abbildung 2.24, Zeile c):
Hier ist die Umgebung für die Korrektur vergrößert worden. Es werden alle 1- und 2- Bit-Fehler erkannt und korrigiert. Ein 3-Bit-Fehler fällt genau in die Mitte zwischen zwei Umgebungen und kann daher nicht eindeutig einem gültigen Codewort zugeordnet werden. Er ist somit nur erkennbar und nicht korrigierbar.

---

[14]engl.: Maximum Likelihood Method

Ein 4-Bit-Fehler würde in die Umgebung des benachbarten gültigen Codewortes fallen und daher „falsch" korrigiert werden. 4-Bit-Fehler oder Fehler > 4-Bit sind daher weder erkennbar noch korrigierbar.

In der Tabelle 2.5 sind alle möglichen Fehlerinterpretationen für die Hamming-distanzen $HD_{min} = 1$ (Zeile a)) bis $HD_{min} = 7$ (Zeile g)) aufgeführt (vergleiche auch Abbildung 2.23).

Weiterführende Literatur zum Thema Information und Codierung findet man unter [Ham86].

2.2.2.4 Kanalkapazität

Die Kanalkapazität stellt das Maximum der übertragbaren Transinformation pro Zeiteinheit (Informationsfluss F_{max}) dar. Hierbei ist die Transinformation der Informationsgehalt, der fehlerfrei von A nach B über einen gegebenen Kanal übertragen werden kann.

$$C = F_{max} = \left(\tfrac{H_T}{T}\right)_{max} \text{ [Bit/s]}$$

Hierbei ist:

- C: Kanalkapaziät

- F: Informationsfluss $\left(\tfrac{H_T}{T}\right)$

- H_T: mittlere Transinformation

- T: mittlere Zeiteinheit

Den mittleren Transinformationsgehalt eines einzelnen analogen Abtastwertes hat Shannon wie folgt bestimmt:

$$H_T(\text{AW}^{15}) = ld\sqrt{\tfrac{S+N}{N}}$$

Trans-informations-gehalt

Hierbei ist S die Signal- und N die Störleistung.

Des Weiteren gilt das Abtasttheorem mit: $T_{AW} \leq \tfrac{1}{2 \cdot B}$

oder $1/T_{AW} = 2 \cdot B$ Abtastwerte pro Sekunde bei gegebener Bandbreite B.

Hieraus ergibt sich der mittlere Transinformationsgehalt eines analogen Kanals:

$$H_T = 2 \cdot B \cdot T \cdot \underbrace{ld\sqrt{\frac{S+N}{N}}}_{D} = B \cdot T \cdot ld(1 + \tfrac{S}{N})$$

Hierbei sind:

- $2 \cdot B \cdot T$: Anzahl der Abtastwerte in der Zeit T

- $ld\sqrt{\ldots}$: Transinformation eines Abtastwertes (mit ld^{16})

- D: Dynamik

H_T kann als Nachrichtenquader (Kanten $D, T, (2 \cdot B)$) interpretiert werden.

Nachrichten-quader

---

[15]Abkürzung: AbtastWert
[16]Logarithmus zur Basis 2

Zeile	HD_{min}	Fehlererkennung	Fehler-korrektur	Bemerkung
a)	1	keine	keine	Voraussetzung für eine gültige Codierung
b)	2	alle	1-Bit-Fehler	keine Paritäts-prüfung
c1)	3	alle 1- und 2-Bit-Fehler	keine	
c2)	3	alle 1-Bit-Fehler	alle 1-Bit-Fehler	
d1)	4	alle 1-, 2- und 3-Bit-Fehler	keine	
d2)	4	alle 1- und 2-Bit-Fehler	alle 1-Bit-Fehler	
e1)	5	alle 1-, 2-, 3- und 4-Bit-Fehler	keine	
e2)	5	alle 1-, 2- und 3-Bit-Fehler	alle 1-Bit-Fehler	
e3)	5	alle 1- und 2-Bit-Fehler	alle 1- und 2-Bit-Fehler	
f1)	6	alle 1-, 2-, 3-, 4- und 5-Bit-Fehler	keine	
f2)	6	alle 1-, 2-, 3- und 4-Bit-Fehler	alle 1-Bit-Fehler	
f3)	6	alle 1-, 2- und 3-Bit-Fehler	alle 1- und 2-Bit-Fehler	
g1)	7	alle 1-, 2-, 3-, 4-, 5- und 6-Bit-Fehler	keine	
g2)	7	alle 1-, 2-, 3-, 4- und 5-Bit-Fehler	alle 1-Bit-Fehler	
g3)	7	alle 1-, 2-, 3- und 4-Bit-Fehler	alle 1- und 2-Bit-Fehler	
g4)	7	alle 1-, 2- und 3-Bit-Fehler	alle 1-, 2- und 3-Bit-Fehler	

Tabelle 2.5: Fehlererkennungs- und Korrekturmöglichkeiten nach dem Schema von Abbildung 2.23

Abbildung 2.25 zeigt die redundanzfreie Umcodierung bei $H_{T1} = H_{T2}$ (gleiches **Umcodierung**
Volumen der Quader 1 und 2). Ist die Übertragungszeit gleich ($T_1 = T_2 = T$),
so kann Bandbreite „B" gegen Dynamik „D" ausgetauscht werden.

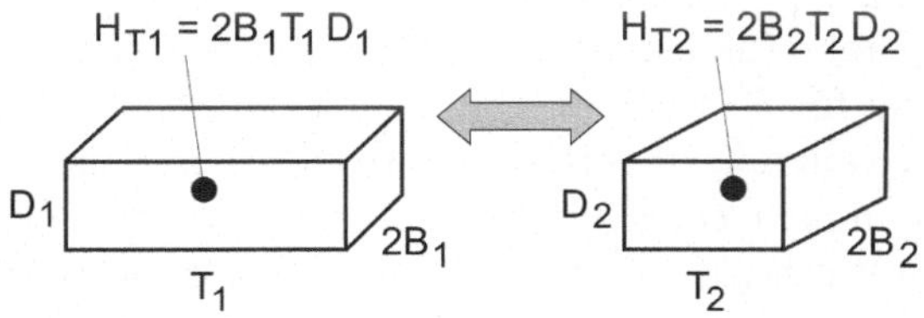

Abbildung 2.25: Nachrichtenquader und Umcodierung zwischen Quader 1 und
Quader 2

Merksatz: **Kanalkapazität**
Um einen fehlerfreien Informationsfluss zu gewährleisten, muss der Kanal
mindenstens eine Kanalkapazität von $C = F_{max}$ haben. Hierbei ist die Ka-
nalkapazität proportional zu Bandbreite B und Dynamik D.

Die Kanalkapazität nach Shannon ergibt sich dann wie folgt [Der99]:
$$C = \frac{H_T}{T} = B \cdot ld\left(1 + \frac{S}{N}\right)$$

Beispiel: Aufgrund der hohen Bandbreite bei UWB[a] werden hohe Datenra-
ten erreicht (siehe Abschnitt 6.1).

---

[a]UWB = **U**ltra **W**ide **B**and

2.2.3 Leitungscodierung

Bei der drahtlosen Datenkommunikation gibt es natürlich keine Leitungscodie-
rung im eigentlichen Sinne. Das Äquivalent zur Leitung ist hier die Funkverbin-
dung. In diesen Funkkanälen gibt es äquivalente Anforderungen zu denen einer
Kabelverbindung.

Bitsynchronisation

Die seriell ausgesendeten Datenbits werden auf der Empfängerseite zeitsynchron
abgefragt. Aus dem elektrischen Leitungszustand (Pegel, Frequenz, Phase) bei

drahtgebundener Übertragung oder dem momentanen Zustand des elektromagnetischen Feldes (Pegel, Frequenz, Phase, je nach Modulationsart) wird die ursprünglich ausgesendete Datenbitfolge ermittelt.

Synchronisation Zur zeitlichen Synchronisation dieser Abfrage muss ein Taktsignal zur Verfügung stehen. Während bei der drahtgebundenen Übertragung in manchen Fällen dafür noch eine separate Taktleitung zur Verfügung steht, ist es unrentabel, einen eigenen Funkkanal für Bitsynchronisation zwischen Sender und Empfänger zu reservieren. Daher muss bei drahtloser Übertragung der Taktgenerator aus den Impulsfolgen der empfangenen Daten synchronisiert werden. Dies setzt eine gewisse Anzahl von Wechseln der Signalzustände voraus, die nicht unterschritten werden darf („Gleichspannungsfreiheit" der Signale, NRZ[17]-Code).

Ein anderes Verfahren besteht darin, dass senderseitig nach längeren Folgen von Bits gleicher Polarität ein Bit gegenteiliger Polarität in den Datenstrom eingefügt wird. Damit ist sicher gestellt, dass Folgen gleicher Polarität nie eine bestimmte Länge überschreiten, unabhängig von den auszusendenden Nutzdaten. Dieses Bit-Stopfen[18] wird natürlich auf der Empfängerseite rückgängig gemacht[19].

Beispiel: Zeile a) zeigt eine originale Datenbitfolge mit längeren Folgen von Einsen (7x) und Nullen (6x). In Zeile b) ist durch das Bit-Stuffing-Verfahren die Länge der Bit-Folgen gleicher Polarität auf max. fünf begrenzt worden. Nach jeweils fünf Datenbits gleicher Polarität wurde hier je ein Datenbit gegenteiliger Polarität eingefügt. Damit stehen genügend Bitwechsel für eine Taktsynchronisation zur Verfügung.
a) 0 1 0 1 1 1 1 1 1 1 0 0 1 0 1 0 0 0 0 0 0 1 0 1 0
b) 0 1 0 1 1 1 1 1 <u>0</u>1 1 0 0 1 0 1 0 0 0 0 0 <u>1</u>0 1 0 1 0
Auf der Empfängerseite wird mit der empfangenen Bitfolge (Zeile b)) ein „De-Stuffing" durchgeführt, um die originale Bitfolge wiederherzustellen.

Störungen in Nachbarkanälen

Bei drahtgebundener elektrischer Signalübertragung erfolgt stets auch eine Abstrahlung der Informationen durch elektrische oder magnetische Felder. Für benachbarte Leitungen sind diese Aussendungen Störquellen. Bei ungünstiger Konstellation, d. h. bei hohen Frequenzanteilen im Signal und zugleich ungenügender Abschirmung kann es zu störenden Beeinflussungen und somit zu Übertragungsfehlern auf den Nachbarleitungen kommen.

---

[17] NRZ = **N**on **R**eturn **T**o **Z**ero
[18] engl.: Bit Stuffing
[19] engl.: Bit Destuffing

Bei drahtloser Signalübertragung werden elektromagnetische Felder auf reservierten Kanälen (Frequenzbereichen) abgestrahlt. Außerhalb dieser Bereiche sind Abstrahlungen unerwünscht und in der Regel durch nationale Gesetze sogar verboten, denn es kann zu störenden Beeinflussungen und damit zu Übertragungsfehlern in den Nachbarkanälen kommen.

Durch geeignete Signalformen kann das Spektrum eines Signals so gestaltet werden, dass in nur geringem Maße hohe Frequenzanteile auftreten bzw. nur minimale Aussendungen in den Frequenzbereichen der Nachbarkanäle erfolgen. Die dabei angewandten Verfahren, z. B. GMSK[20], werden im Abschnitt 2.3.2 behandelt.

2.2.4 Datenschutz und Datensicherheit

Der Begriff „Datenschutz" ist ein Oberbegriff für den Schutz personenbezogener Daten und bezieht sich nicht nur auf technische Schutzmaßnahmen. Zum Beispiel fallen darunter auch Gesetze über das Verbot der Weitergabe von Daten.   **Datenschutz**

Wenn sich die Schutzmaßnahmen auf technische Systeme beschränken, spricht man von Datensicherheit oder Informationssicherheit. Damit bezeichnet man den Schutz von Daten hinsichtlich gegebener Anforderungen an deren Vertraulichkeit, Integrität und Verfügbarkeit.   **Datensicherheit**

Im Folgenden werden die Begriffe „Vertraulichkeit", „Integrität" und „Verfügbarkeit" aus dem Blickwinkel der „drahtlosen Nahbereichs-Kommunikation", also während einer Datenübertragung betrachtet.   **drahtlose Kommunikation**

Vertraulichkeit[21] heißt, dass Daten lediglich von autorisierten Benutzern gelesen bzw. modifiziert werden dürfen. Dies gilt nicht nur beim Zugriff auf gespeicherte Daten, sondern insbesondere auch während der Datenübertragung. Während einer drahtlosen Nachrichtenübertragung sind die Daten besonders anfällig für Datenspionage, denn für den erfolgreichen Mitschnitt der übertragenen Daten sind in der Regel keine mechanischen Hindernisse (z. B. gesperrte Räume oder Firmenareale, Anzapfen von Leitungen usw.) zu überwinden.   **Vertraulichkeit**

Integrität[22] heißt, dass Daten während einer Übertragung nicht unbemerkt verändert werden dürfen. Aufgetretene, meist zufällige Veränderungen der Daten durch Störungen im Übertragungskanal bezeichnet man als Übertragungsfehler. Gezielt durchgeführte Änderungen der Daten durch einen Angreifer sind Datensabotage. Beide Veränderungen müssen auf der Empfangsseite so erkennbar sein, dass sie korrigiert werden können. Ist eine Korrektur nicht möglich, muss die Tatsache, dass ein oder mehrere nicht korrigierbare Änderungen aufgetreten   **Integrität**

---

[20] GMSK = **G**aussian **M**inimum **S**hift **K**eying
[21] engl.: Data Privacy
[22] engl.: Data Security

sind, dem Empfänger und möglichst auch dem Absender der Nachricht mitgeteilt werden.

Verfügbarkeit Verfügbarkeit[23] heißt, dass ein Nachrichtenkanal bei Erfüllung vorgegebener Randbedingungen, wie zum Beispiel räumliche Entfernung, Energieversorgung usw., für eine stabile Nachrichtenverbindung zeitunabhängig zur Verfügung steht. Stabil heißt hier, dass eine vorgegebene Fehleranzahl pro Zeiteinheit nicht überschritten wird bzw. dass aufgetretene Fehler erkannt und korrigiert werden können.

Der Vergleich von einem drahtlosen mit einem drahtgebundenen Übertragungskanal ist im Hinblick auf die Verfügbarkeit differenziert zu betrachten.

Grundsätzlich ist jede drahtlose Kommunikation anfälliger gegen Störungen auf dem Übertragungswege als eine drahtgebundene. Abschirmmaßnahmen gegen Störsignale sind nutzlos, denn sie würden ja gerade die drahtlose Kommunikation behindern oder gänzlich ausschließen.

Sabotage Prinzipiell ist jede drahtlose Kommunikation nicht vollständig gegen Sabotage zu schützen, denn es müssen keine mechanischen Hindernisse (siehe oben unter Vertraulichkeit) überwunden werden, um einen Datenverkehr zu beeinträchtigen oder gänzlich auszuschließen. Es muss lediglich im Übertragungsband des Systems ein starker Sender ausstrahlen, der den Empfang blockiert. Dies verstößt zwar gegen jedes nationale Fernmelderecht, jedoch ist die Strafbarkeit einer Handlung nie eine Garantie dafür, dass sie nicht doch durchgeführt wird. Durch Verschleierung (siehe unten) oder Richtfunk kann in begrenztem Umfang eine Sabotage erschwert werden.

starker Sender

Es gibt jedoch Fälle, in denen drahtgebundene Kommunikation durch unsicheres Terrain geführt werden muss. Wenn kein hinreichender mechanischer oder personeller (Wachpersonal) Schutz der Nachrichtenkabel möglich ist, kann eine drahtlose Verbindung Vorteile beim Schutz gegen Sabotage bieten. Als Beispiel sei hier eine drahtgebundene Alarmanlage genannt: Diese kann durch Zerstörung der Leitungsverbindung außer Betrieb genommen werden. Der technische Aufwand, eine drahtlose Verbindung zu stören, ist in der Regel wesentlich höher als der Aufwand, ein Kabel zu kappen.

Zusammenfassend sei ausdrücklich darauf hingewiesen, dass der Einsatz einer drahtlosen Verbindung trotz höherer Sabotageanfälligkeit keinesfalls bedeutet, dass ein Angreifer die Kontrolle über das Nachrichtensystem übernehmen kann. Jede Beeinträchtigung der Verfügbarkeit kann auf der Sende- und der Empfängerseite erkannt werden und sollte bei einer fachgerechten Systemimplementierung das System wieder in einen gesicherten Zustand überführen (engl.: Fail-Safe-Verhalten).

---

[23] engl.: Data Savety

2.2.4.1 Begriffe

Während die Codierung bzw. Verschlüsselung im Kanalcodierer ausschließlich dazu dient, die Nachrichtenübertragung gegen systembedingte Störungen (Rauschen usw.) im Kanal zu immunisieren, hat eine kryptographische Verschlüsselung mehrere Ziele (siehe a) bis e)):

Geheimhaltung

a)   Einem Dritten, dem „Angreifer", soll es unmöglich gemacht werden, den Inhalt einer Nachricht zu verstehen (= Geheimhaltung einer Nachricht).

Integrität

b)   Dem Angreifer soll es unmöglich gemacht werden, den Inhalt einer Nachricht zu verändern (= Integrität einer Nachricht).

Authentifizierung

c)   Es soll dem Empfänger möglich sein, den Absender, bzw. die Herkunft einer Nachricht eindeutig zu identifizieren (= Authentifizierung einer Nachricht).

Verbindlichkeit

d)   Es kann erforderlich sein, dass der Empfänger einen Beweis haben muss, dass der Absender tatsächlich die beim Empfänger eingetroffene Nachricht versandt hat, der Absender also nicht leugnen kann, die Nachricht versandt zu haben (= Verbindlichkeit einer Nachricht).

Verschleierung

e)   In besonderen Fällen soll sogar die Tatsache, dass zwei Partner miteinander kommunizieren, geheim gehalten werden. (= Verschleierung einer Nachricht).

Bei einer drahtlosen Nahbereichs-Kommunikation sind nicht alle der aufgelisteten Anforderungen relevant. Einige der obigen Anforderungen können zudem quasi als Nebeneffekt durch geeignete Modulationsverfahren erfüllt werden.

2.2.4.2 Geheimhaltung durch Verschlüsselung

Kryptographie

Das Thema Verschlüsselung (Kryptographie) ist ebenso umfangreich wie komplex. Es werden ständig neue Techniken und Verfahren gefunden und weiterentwickelt. Dieses Thema kann deshalb an dieser Stelle nur tangiert werden. Es wird stattdessen auf entsprechendes aktuelles Spezialschrifttum verwiesen.

Algorithmen zum Verschlüsseln einer Nachricht sind heutzutage leicht aus dem Internet ladbar und auf einem Personalcomputer ablauffähig. Sie erreichen bereits eine so hohe Sicherheit gegen Angriffe, dass sie nur mit einem großen professionellen Rechenaufwand geknackt werden können.

Prinzipiell sind diese Verschlüsselungsverfahren auch im drahtlosen Bereich einsetzbar. Die wichtigsten Kriterien zur Beurteilung der Verfahren unter dem Gesichtspunkt des Einsatzes bei einer drahtlosen Datenkommunikation sind:

- Verschlüsselungsdauer

- Entschlüsselungsdauer

- Sicherheit gegenüber Angriffen

Die Verschlüsselungs- und Entschlüsselungsdauer sollten natürlich mit der Aktualitätsdauer einer Nachricht (Verfallsdatum) korrespondieren. So ist zum Beispiel der drahtlos übermittelte Messwert eines Temperatursensors meist zeitlich nicht so lange schützenswert wie eine Textdatei, die ein Strategiekonzept enthält oder sonstige Firmeninternas. Doch auch hier sei Vorsicht angebracht: Eine Einzelfallanalyse sollte unbedingt klären, ob nicht zum Beispiel auch durch Temperaturverläufe Rückschlüsse auf schützenswerte Eigenschaften industrieller Prozesse oder Produktionsabläufe gezogen werden können.

Eine häufig praktizierte Angriffsart ist der sog. Brute-Force-Angriff[24], auch Exhaustionsmethode genannt. Hier werden einfach alle möglichen Schlüssel bzw. Passwörter eines Verschlüsselungssystems durchprobiert. Es ist eine Frage der Zeit und der zur Verfügung stehenden Rechenleistung, bis ein Angreifer ein System geknackt hat. Durch Vergrößern der Schlüssellänge wird der zeitliche Aufwand rapide vergrößert, allerdings wird auch der Verschlüsselungsaufwand größer. Einen gewissen Schutz auch bei kleinen Schlüssellängen bietet der Einbau eines Zeitfaktors in die Schlüsselabfragefunktion. Wird ein Schlüssel mehrfach falsch eingegeben, werden weitere Eingabeversuche für eine bestimmte Zeit nicht mehr akzeptiert. Damit kann auch bei kurzen Schlüssellängen die Zeitdauer für einen Brute-Force-Angriff sehr hoch gesetzt werden.

Ohne weitere Schutzmaßnahmen besteht hier aber die Gefahr, dass ein Angreifer Systemstörungen auslösen kann. Er kann zwar nicht ins System gelangen, aber durch mehrfache fehlerhafte Schlüsseleingaben den Systemzugang für autorisierte Nutzer zeitweise blockieren.

Der Mitschnitt von Daten in einem Kommunikationssystem heißt nicht, dass der Angreifer diese auch lesen kann. Sind die verschlüsselten Daten jedoch gespeichert, kann zu einem späteren Zeitpunkt, wenn der Schlüssel einmal geknackt wurde, eine Dechiffrierung durchgeführt werden. Durch häufige Schlüsselwechsel, am besten automatisch, z. B. zeitabhängig, kann dies verhindert werden. Ein häufiger Schlüsselwechsel ist zu empfehlen, damit der Schaden durch einen einmal geknackten Schlüssel begrenzt wird.

2.2.4.3 Datenintegrität und Datenauthentizität

Eine Methode, die Veränderung einer Nachricht durch eine zufällige Störung im Übertragungskanal (also nicht durch einen Angriff mit dem Ziel, die Nachricht zu verfälschen) zu erkennen, wurde oben bei der Behandlung des CRC[25] (siehe Abschnitt 2.2.2.1) erwähnt. Diese Methode ist jedoch als Integritäts- und Authentizitätsschutz ungeeignet. Wenn das Prüfpolynom bekannt ist (und es ist nicht allzu schwer, es zu ermitteln), kann jede Nachricht geändert (= Integritätsverletzung) oder gefälscht werden (= Authentizitätsverletzung, da ein

Störung Übertragungskanal

---

[24]engl.: Brute Force Attack
[25]CRC = **C**yclic **R**edundancy **C**heck *(deutsch: Zyklische Redundanzprüfung)*

anderer Absender vorgespiegelt wird).

Die Integrität und Authentizität einer Nachricht wird üblicherweise durch Ergänzung der Nachrichtenbitfolge um eine digitale Signatur nachgewiesen. Dazu wird auf der Senderseite aus den Nachrichtenbits eine Bitfolge (eine Signatur) komprimiert. Die ermittelten Bits der Signatur werden am Ende der Nachricht angefügt oder zwischen den Nachrichtenbits eingestreut.

Integrität und Authentizität

Der Algorithmus zur Erzeugung dieser Signatur ist geheim und nur dem Absender bekannt. Man spricht hier auch von einer Hash-Funktion. Es müssen alle Nachrichtenbits Einfluss auf den Wert der Signatur haben. Die Nachricht selbst muss dabei nicht zwingend verschlüsselt sein, denn Ziel ist hier nicht deren Geheimhaltung, sondern deren Schutz vor Manipulation und Fälschung.

Die Unversehrtheit einer Nachricht (Korrektheit von Nachricht und Signatur) kann schnell und leicht mit einem öffentlich bekannten Algorithmus verifiziert werden.

Damit eine Signatur als sicher gilt, ist es erforderlich, dass man aus dem öffentlich bekannten Prüfalgorithmus keine Schlüsse auf den geheimen Algorithmus zur Erzeugung einer Signatur ziehen kann. Es gibt mathematische Verfahren, die dies sicherstellen. In der Praxis heißt das, dass man einen sehr großen Rechenaufwand (z. B. Einsatz von mehreren Jahren Rechenzeit) betreiben muss, um aus dem (öffentlichen) Signaturprüfalgorithmus den geheimen Algorithmus zur Signaturgenerierung zu ermitteln.

Es ist jedoch nicht gänzlich auszuschließen, dass neue Verfahren gefunden werden, die diesen Vorgang beschleunigen. Und letztlich nimmt die zur Verfügung stehende Rechenleistung stetig zu. Verfahren, die vor zehn Jahren noch als „sicher" galten, können heute durch Vernetzung mehrerer Personalcomputer bereits in Stunden oder wenigen Tagen „geknackt" werden. Aus diesem Grund ist die Zertifizierung von Signaturverfahren stets zeitlich limitiert.

Speziell in der drahtlosen Übertragungstechnik bestehen noch andere Möglichkeiten, in einem gewissen Umfang Integrität und Authentizität einer Nachricht zu garantieren. Wenn bei der Modulation Spreiztechniken, wie das Frequenzsprungverfahren (siehe Abschnitt 2.3.5.1), die direkte Spreizspektrumtechnik (siehe Abschnitt 2.3.5.2) oder Codemultiplexing (siehe Abschnitt 2.3.4.3) zur Anwendung kommen, sind in einem gewissen Maße Integrität und Authentizität garantiert, solange die zur Spreizung verwendeten Zufallssequenzen nicht ermittelt werden können.

drahtlose Übertragungstechnik

2.2.4.4 Verbindlichkeit von Daten

Der Nachweis der Verbindlichkeit einer Nachricht ist im Falle der drahtlosen Nahbereichskommunikation selten erforderlich. In den meisten Fällen stehen Sender und Empfänger unter Kontrolle desselben Betreibers, deshalb reicht der

Nachweis der Authentizität der Nachricht auch als Nachweis der Verbindlichkeit.

In einfachen Anwendungen kann auch ein Mitschnitt des Nachrichtenverkehrs als Protokoll völlig ausreichend sein.

Aufwendiger ist dieser Nachweis durch eigens dafür implementierte Protokollelemente in einer höheren Ebene des ISO/OSI-Referenzmodells zu führen. So kann zum Beispiel durch Quittungsbetrieb, Zeitstempel, Durchnummerierung der Nachrichten o. ä. bewiesen werden, dass ein bestimmter Absender tatsächlich auch eine bestimmte Nachricht versandt hat.

2.2.4.5 Verschleierung von Datenverkehr

Die Verschleierung einer Nachricht bzw. eines drahtlosen Nachrichtenverkehrs, bedeutet, dass das Trägersignal von einem Angreifer nicht empfangbar sein darf. Eine Nachrichtenverbindung, die dem Angreifer nicht bekannt ist, wird meist auch keinen Sabotageversuch auslösen. Durch reine Chiffriertechnik ist jedoch die Verschleierung eines drahtlosen Nachrichtenverkehrs nicht möglich. In gewissem Umfang ist dies durch eine Richtfunkverbindungen mit einem kleinen Öffnungswinkel der Sendeantenne realisierbar. Allerdings kann z. B. durch metallische Objekte im Richtstrahl leicht eine Reflexion auftreten, die wiederum eine empfangbare Signalfeldstärke außerhalb des Richtstrahles erzeugen kann. Diese Effekte sind nur schwer vorhersagbar oder kontrollierbar.

Eine andere Möglichkeit besteht durch die Anwendung des Modulationsverfahrens der direkten Spreizspektrumtechnik (DSSS, siehe Abschnitt 2.3.5.2). Ein Nachrichtenverkehr erzeugt hier kein messbares Trägersignal auf einer bestimmten Sendefrequenz. Es ist stattdessen nur ein erhöhter Rauschpegel in einem (Übertragungs-) Frequenzband registrierbar. Wenn nicht mit besonderen Messmethoden in einem Frequenzband gezielt nach einem Nachrichtenverkehr gesucht wurde, bleibt der Nachrichtenaustausch weitgehend verschleiert.

2.2.4.6 Fazit

Durch Verwendung von proprietären Protokollen, Datenformaten, Modulations- und / oder Verschlüsselungsverfahren ist hier ein gewisser Schutz gewährleistet. Viele Hersteller von Wireless-Systemen klammern daher die Thematik „Schutz und Sicherheit" aus.

Oft bieten Hersteller in ihrem System lediglich eine transparente Datenverbindung an. Transparent heißt hier, dass sie sicherstellen, dass die vom Absender dem Sender übergebenen Daten unverändert von der Empfangstation dem Empfänger übergeben werden. Ist dies durch Übertragungsfehler nicht möglich, erhält der Absender eine Fehlermeldung (negative Quittung).

Verschlüsselung und Entschlüsselung bleiben damit im Aufgaben- und Verantwortungsbereich des Betreibers der Datenverbindung. Er muss entsprechend seinen Anforderungen eine Ende-zu-Ende-Verschlüsselung selbst durchführen. Weiterführende Literatur zum Thema Datensicherheit findet man unter ([Tan03], S. 779 ff; [Sch06, Wob98]).

2.2.5 Netzwerke

Die folgenden Abschnitte zeigen zunächst eine mögliche Einteilung der Netzwerke in Kategorien und in die hierbei verwendeten Netzwerk-Topologien.

2.2.5.1 Kategorien

Die Funkübertragungsverfahren lassen sich zur besseren Übersicht für Hersteller   **WBAN**
und Anwender in Abhängigkeit von der Reichweite grob in sechs Klassen einteilen (siehe auch Abbildung 2.26): Unter WBAN[26] versteht man ein Netzwerk zum schnellen und spontanen Austausch von Daten zwischen kleinen tragbaren Systemen. Die Kommunikation findet zwischen Personen in einer Entfernung von wenigen Zentimetern statt. Die Datenrate ist mittel bis hoch bei z. B. Audio- und Videodaten und gering bei Kontaktdaten. Diese Netzwerke sind auch bei medizinischen Anwendungen zu finden, wo die Reichweite den menschlichen Körper umfasst. WBAN spielt bei „Ubiquitous Computing" eine Rolle, steckt aber noch in den Anfängen.

WPAN[27] sind Netzwerke im Nahbereich − bis zu wenigen 10 Metern. Sie spielen   **WPAN**

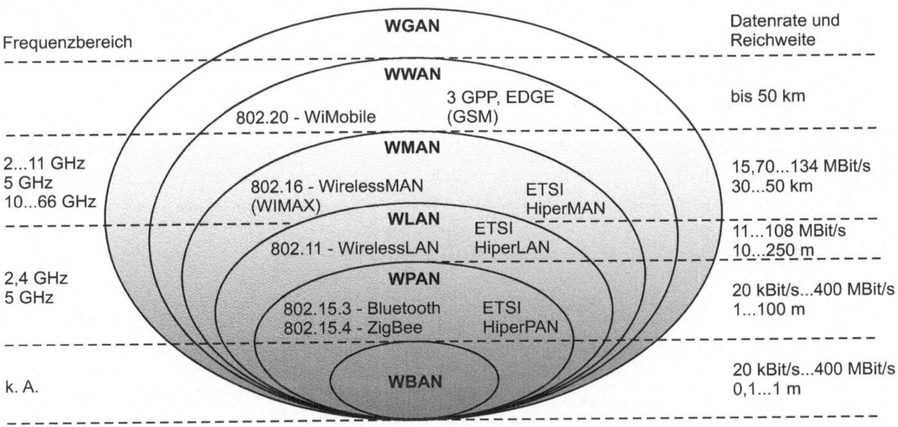

Abbildung 2.26: Kategorien der Funkübertragungsverfahren [Wol07b]

---

[26]WBAN = Wireless **B**ody **A**rea **N**etworks
[27]WPAN = Wireless **P**ersonal **A**rea **N**etworks

bei den Ad-hoc-Netzwerken und bei der Kommunikation zwischen mobilen End-geräten wie Mobiltelefonen und PDA[28] eine Rolle. In diesem Bereich findet man Verfahren wie Bluetooth, ZigBee, IEEE 802.15.4 und zukünftig auch UWB[29] (siehe hierzu auch Kapitel 6).

WLAN WLAN[30] ist gleichbedeutend mit der Norm IEEE 802.11. Diese Arbeitsgruppe beschäftigt sich mit kabellosem Internet. Die Reichweiten betragen hierbei gut 100 Meter.

WMAN WMAN[31] sind Netze, die die kabelgebundenen Breitband-Anschlüsse ersetzen. Sie sind eine Art Wireless DSL. In diesem Zusammenhang steht WiMAX und speziell der Standard IEEE 802.16e/d.

WWAN WWAN[32] sind Netze für die Weitverkehrskommunikation. Hierunter versteht man in Europa GSM und UMTS.

WGAN WGAN[33] ist die weltweite globale Vernetzung mit Satellitentechnik.

Das Buch beschäftigt sich im Schwerpunkt mit WPAN und WLAN als SRWN.

Definition: **Ad-hoc[a]**

ein Hauptmerkmal von Ad-hoc-Netzwerken ist die Selbstkonfigurierbarkeit. Kommunikationspartner, die an einem bestehenden Netzwerk neu teilneh-men wollen, werden dynamisch in das Kommunikationsnetz integriert.

[a]spontaner Aufbau von Kommunikationsnetzen

Merksatz: **Automatisierung**

WPAN und WLAN sind im industriellen Bereich (Automatisierung) von be-sonderer Bedeutung.

Merksatz: **Offenes System**

hierbei tauschen die Kommunikationspartner freizügig Informationen mit-einander aus und nehmen gegenseitige Dienstleistungen in Anspruch

---

Begriffe Weitere Begriffe in diesem Kontext sind:

- SRWN[34]: Nahbereichsfunknetzwerke mit Reichweiten von einigen zehn Metern und typischen Datenraten von bis zu einigen 100 kBit/s.

---

[28]engl.: Personal Data Assistant
[29]UWB = Ultra Wide Band
[30]WLAN = Wireless Local Area Networks
[31]WMAN = Wireless Metropolitan Area Networks
[32]WWAN = Wireless Wide Area Networks
[33]WGAN = Wireless Global Area Networks
[34]SRWN = Short Range Wireless Networks

- L3-NET[35]: Die Abkürzung steht für die drei Zielgrößen wie Low Power, Low Cost, Low Data Rate.

- SAN[36]: beschreibt, eine häufige Anwendung in der Automatisierung, nämlich die intelligenten Netzwerke aus Sensoren (Dateneingängen) und Aktoren (Datenausgängen).

- M2M[37]: Kommunikation zwischen Maschinen (siehe [Buf08])

> *Beispiel:* Abbildung 2.27 zeigt die Verbindung von drahtlosen- und drahtgebundenen Netzen.

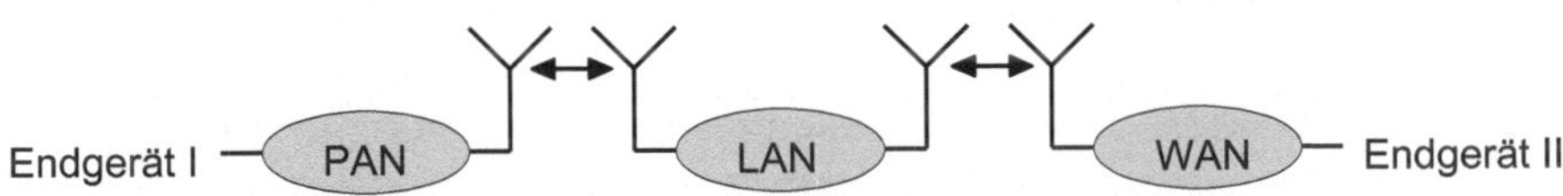

Abbildung 2.27: Drahtlose- und drahtgebundene Netze im Verbund

2.2.5.2 Abgrenzung

Der Abschnitt stellt die Generationen von Mobilfunksystemen vor und dient als Abgrenzung zu den Nahbereichs-Netzwerken. Mobilfunksysteme der x. Generation werden mit xG[38] abgekürzt.

Zu den Mobilfunksystemen der 1. Generation (1G) gehören das A-, B- und Teile des C-Netzes. Alle drei Netze verfügen über eine analoge Sprachübertragung (AMPS[39]) auf der Funkschnittstelle zwischen Mobilfunktelefon und Basisstation. **1G**

Der GSM-Standard[40] setzte erstmals ein digitales Übertragungsverfahren zur Sprachübertragung ein. Hierdurch wurde die Kapazität der Funkschnittstelle besser ausgelastet. GSM gehört zu den Mobilfunksystemen der 2. Generation (2G). **2G**

Als Zwischenversionen auf dem Weg zum Mobilfunksystem der 3. Generation (3G) wurden für die Datenübertragung HSCSD[41] und GPRS eingeführt. Beide **3G**

---

[35]L3NET = Low Power Low Cost Low Datarate-**NET**work
[36]SAN = **S**ensor **A**ctor **N**etworks
[37]M2M = **M**achine **T**o **M**achine
[38]xG = x**G**eneration
[39]AMPS = **A**dvanced **M**obile **P**hone **S**ystem
[40]GSM = **G**lobal **S**ystem **F**or **M**obile **C**ommunication

Verfahren wurden als 2.5G eingeordnet – als Zwischenschritt zwischen GSM (2G) und UMTS[42] (3G). In vielen Dokumentationen wird EDGE[43] bereits zur 3. Generation zugeordnet. Der Datendienst reicht allerdings in Verbindung mit GSM nicht an UMTS heran. Aus diesem Grund wird EDGE eher als 2.75G eingeordnet. HSDPA[44] gehört ebenfalls zur 3. Generation. Hauptbestandteil von Mobilfunksystemen der 3. Generation (3G) sind Datendienste, wie zum Beispiel Videotelefonie und der mobile breitbandige Internet-Zugang.

4G Mobilfunksysteme der 4. Generation befinden sich im Aufbau (siehe auch [KK08]). Hierzu gehört auch WiMAX.

Tabelle 2.6 zeigt die verschiedenen Mobilfunk-Generationen.

Generation	Standard	Übertragung	Datenrate [Bit/s]
1G	AMPS	analog, leitungsvermittelt	k. A.
2G	GSM	digital, leitungsvermittelt	9,6 kBit/s
2.5G	HSCSD	digital, leitungsvermittelt	57,6 kBit/s
	GPRS	digital, paketvermittelt	115 kBit/s
2.75G	EDGE	digital, paketvermittelt	384 kBit/s
3G	UMTS	digital, paketvermittelt	217,6 kBit/s
	HSDPA	digital, paketvermittelt	7,2 MBit/s
4G	WiMAX	digital, paketvermittelt	20 MBit/s

Tabelle 2.6: Mobilfunk-Generationen. Die Abkürzung „k. A.“ steht für keine „Angabe“ [EK08].

Aufgabe: Was versteht man unter Leitungs- und was unter Paketvermittlung?

WiMAX WiMAX[45] wird einerseits als stationäre Funkalternative zum Festnetz-DSL[46] gesehen [WiM08]. Gerne wird es als W-DSL[47] bezeichnet. Im Gegensatz zu

---

[41]HSCSD = High Speed Circuit Switched Data
[42]UMTS = Universal Mobile Telecommunication System
[43]EDGE = Enhanced Data Rate For The GSM Evolution
[44]HSDPA = High Speed Downlink Packet Access
[45]WiMAX = Worldwide Interoperability For Microwave Access
[46]DSL = Digital Subscriber Line
[47]engl.: Wireless-DSL

WLAN ermöglicht WiMAX einen erheblich größeren Durchmesser des Versorgungsbereichs einer Basisstation. Mehrere Kilometer Reichweite lassen die letzte Meile zwischen Netzbetreiber und Kunden schrumpfen. Vor allem in Gegenden, wo DSL oder Kabel keinen Internet-Zugang bieten können, ist WiMAX eine Alternative und wird dort auch schon vermarktet.
Weiterführende Literatur zum Thema Mobilfunk-Generationen findet man unter [Wol05, KK08].

Merksatz: **LTE[a]-Standard**
zählt zur 4. Mobilfunk-Generation (4G[b]). Die fünfte Mobilfunk- und Netzwerk-Generation befindet sich in Planung.

---

[a]LTE = Long Term Evolution
[b]Funk-Generation

2.2.5.3 Topologien

Der Duden erklärt das Wort Topologie als räumliche Ausdehnung. Bei Netzwerken versteht man darunter die Verbindungen zwischen zwei Knoten (Stationen). Die Netzwerk-Struktur ist abhängig von Kosten, Zuverlässigkeit sowie der Anzahl an benötigten Verbindungen.
Bei drahtlosen[48] Netzwerken unterscheidet man zwischen den Verbindungsarten ([BGF03], S. 148 ff.; [Jöc01], S. 20 ff.): **drahtlos**

- Punkt-zu-Punkt[49]: stellt die einfachste Form dar und ist die direkte Verbindung zwischen zwei Knoten[50]. Die Sternnetze (siehe auch Abbildung 2.28): a) setzen sich aus mehreren P2P-Verbindungen zusammen.

Mehrpunkt[51]: Diese Netze verbinden eine Zentrale mit mehreren Außenstellen. Man unterscheidet zwischen Ansprechen einer definierten Gruppe[52] und dem Rundspruch[53], wie z. B. beim Rundfunk.

- Stern: Das Sternnetz verbindet alle Knoten mit einer übergeordneten zentralen Station (siehe Abbildung 2.28: a)).

- Baum: Diese Netze haben einen zentralen Ursprung (siehe Abbildung 2.28: b)). Die Knoten am Ursprung sind wieder Ausgangspunkte für weitere Verzweigungen.

---

[48]engl.: Wireless
[49]P2P = **Point To** Point
[50]engl.: Unicast
[51]engl.: Point-To-Multipoint
[52]engl.: Multicast
[53]engl.: Broadcast

- Maschen: stellen die Verbindung jedes Knotens mit jedem anderen dar (siehe Abbildung 2.29: a)). Diese Verbindungsart wird auch als vollständiger Graph bezeichnet. Maschennetze ermöglichen eine optimale Nachrichtenübermittlung, da im Falle eines Ausfalles Alternativwege zur Verfügung stehen.

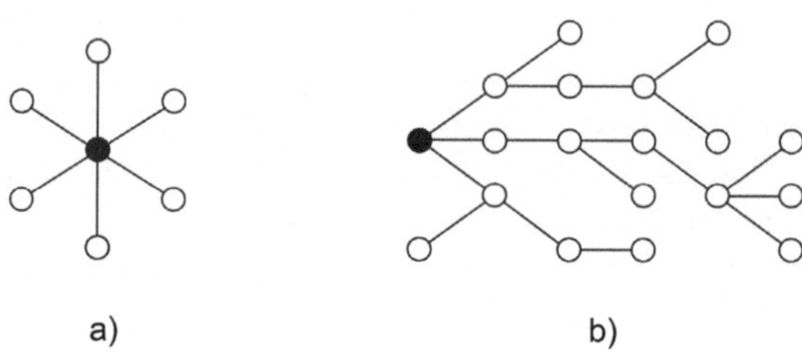

a)   b)

Abbildung 2.28: a) Stern- und b) Baumnetz

draht-gebunden

Bei kabelgebundenen Netzwerken kommen folgende Arten hinzu:

- Liniennetz und Busstruktur: verfügen über jeweils eine Verbindungen zwischen den Knoten. Die Kommunikation erfolgt hierbei von Knoten zu Knoten (siehe Abbildungen 2.30: a) und 2.30: b))

- Ring: Ringnetze bestehen aus P2P-Verbindungen, die einen geschlossenen Ring bilden (siehe Abbildung 2.29: b)). Sie können als Liniennetze mit verbundenen Endpunkten angesehen werden.

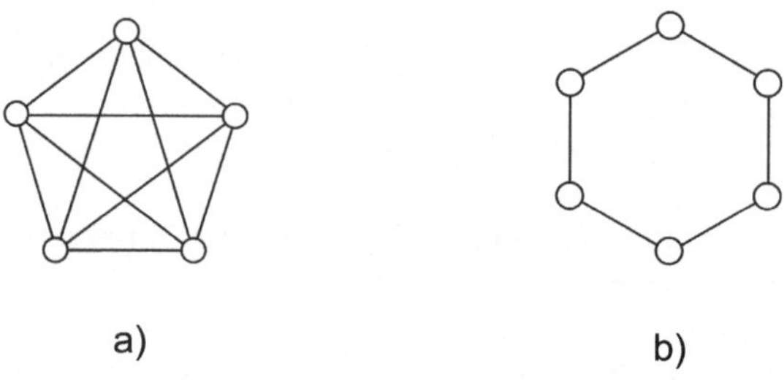

a)   b)

Abbildung 2.29: a) Maschen- und b) Ringnetz

Definition: **Netzwerk-Topologie**
beschreibt die Struktur der Übertragungswege zwischen den Knoten eines Netzes ([Jöc01], S. 148 ff.).

Abbildung 2.30: a) Liniennetz und b) Busstruktur

Aufgaben:

1. Was sind die Vor- und Nachteile eines Maschennetzes gegenüber einem Sternnetz?

Tabelle 2.7 vergleicht die unterschiedlichen Arten von Netzwerken. Tabelle 2.8 vergleicht die drahtgebundenen mit den drahtlosen Standards und gibt hierfür Beispiele. Im Folgenden Erläuterungen zu folgenden Abkürzungen: PCB[54], P2P[55], GAN[56], RFID[57], LON[58], ATM[59], FDDI[60] und DQDB[61]

Netz	**Vorteil**	**Nachteil**
Liniennetz	relativ geringe Anzahl von Leitungsbündeln notwendig	kein Ersatz bei Ausfall von Knoten oder von Leitungsbündeln
Sternnetz	übersichtliche Netzgestaltung, relativ geringe Anzahl an Leitungsbündeln	bei Ausfall des zentralen Knotens fällt das gesamte Netz aus
Maschennetz	bei Ausfall eines Leitungsbündels kann der Verkehr über andere Wege umgeleitet werden	umfangreiches (und unübersichtliches) Netzwerk

Tabelle 2.7: Vergleich der Netzwerke ([Göb99], S. 789 ff.)

---

[54]PCB = Printed Circuit Board *(deutsch: Leiterkarte)*
[55]P2P = Point To Point
[56]GAN = Global Area Networks
[57]RFID = Radio Frequency Identification
[58]LON = Local Operating Network
[59]ATM = Asynchronous Transfer Mode
[60]FDDI = Fiber Distributed Data Interface
[61]DQDB = Distributed Queue Dual Bus

Entferung	Drahtgebundene Netzwerke	Verfahren	Drahtlose Netzwerke	Verfahren
System: 1 m	P2P	seriell, USB	WBAN	RFID, proprietär
Raum: 10 m	PAN	RS 485	WPAN	Bluetooth, IEEE 802.15.4 & ZigBee, proprietär
Gebäude: 100 m; Campus 1 km	LAN	IEEE 802.3, LON	WLAN	IEEE 802.11, (HomeRF)
Stadt: 10 km	MAN	IEEE 802.3, (FDDI, DQDB)	WMAN	IEEE802.16 (WiMAX), proprietär
Stadt: 100 km; Kontinent: 1000 km	WAN	IEEE 802.3, ATM	WWAN	GSM, GPRS, UMTS
Planet: 10.000 km	GAN	Internet	WGAN	Satelliten

Tabelle 2.8: Vergleich von drahtgebundenen mit drahtlosen Standards [Sik05, KK05]

Merksatz: **Client/Server-Modell**
Bei diesem Modell werden die Daten in leistungsstarken Computern gespeichert – dem Server. Dieser ist oft an einem zentralen Ort angeordnet und wird vom Systemadministrator verwaltet. Die Mitarbeiter greifen mit einfachen Rechnern, den Clients, auf die entfernten Daten zu.

Simplex, Halbduplex und Duplex

Simplex[62] Der Informationsaustausch erfolgt jeweils nur in eine Richtung. Die **Simplex**
Endgeräte sind jeweils reine Empfänger oder Sender. Für einen zweikanaligen
Gegenverkehrbetrieb werden zwei vollständige Systeme benötigt.

Beim Halbduplex[63] findet abwechselnd eine zweiseitige Übertragung statt. Die **Halbduplex**
Endgeräte sind sowohl als Sender wie auch als Empfänger mit Umschalter aus-
geführt.

(Voll)duplex[64] Für den zweiseitigen Austausch von Informationen wird nur ein **Duplex**
Übertragungskanal benötigt. Die Endgeräte beinhalten Sender und Empfänger
mit einer Weiche.

2.2.5.4 ISO/OSI-Referenzmodell

Die Grundlage für heutige Netze bildet das von der ISO[65] publizierte OSI[66]-
Referenz-Modell. Es stellt das zentrale Ordnungselement für die in Kapitel 3
vorgestellten Verfahren und für den späteren besseren Vergleich in Kapitel 4
dar. Die einzelnen Schichten sind wie folgt definiert ([BGF03], S. 77):

- 7 - Anwendungsschicht[67]: Anwendungsdienste, wie elektrische Post und
  Datentransfer

- 6 - Darstellungsschicht[68]: Überwindung von Heterogenität bei kommuni-
  zierenden Rechnern

- 5 - Sitzungsschicht[69]: Sicherstellung von kooperativen Beziehungen

- 4 - Transportschicht[70]: medienunabhängige Steuerung und Überwachung
  der korrekten Übertragung von Dateneinheiten

- 3 - Vermittlungsschicht[71]: Vermittlung von Datenpaketen durch Netze

- 2 - Sicherungsschicht[72]: Steuerung von Dateneinheiten auf Vermittlungs-
  abschnitten zwischen Knoten; Fehlererkennung und -korrektur

- 1 - Physikalische Schicht[73]: Übertragung von Bitströmen: Kanalcodie-
  rung, Modulation/Demodulation

---

[62] Richtungsverkehr
[63] Wechselverkehr
[64] Gegenverkehr
[65] ISO = International Standard Organisation
[66] OSI = Open System Interconnection
[67] engl.: Application Layer
[68] engl.: Presentation Layer
[69] engl.: Session Layer
[70] engl.: Transport Layer
[71] engl.: Network Layer

Schicht	Aufgabe	Analogie
7	Anwendungen (Web-Browser, FTP)	Uhr senden
6	Datencode (ASCII, TIFF, MPEG)	Päckchen packen
5	Verbindungsaufbau/-abbau (SQL)	Paketkarte
4	Flusskontrolle (ACK, Window, Duplex)	Fahrplan
3	Routing, Protokolle (IP)	Container, Pakete
2	**LLC:** Übertragungsarten (LLC-Frames) **MAC:** Adressen + Netze (Ethernet)	LKW, Flugzeug
1	**PHY:** Kabel + Stecker, elektrische + optische Signale (Bits)	Straße

Tabelle 2.9: Aufgaben und Analogie der OSI-Schichten ([BGF03], S. 16)

Tabelle 2.9 (mit den Abkürzungen FTP[74] und SQL[75]) zeigt die Aufgaben der unterschiedlichen Schichten und eine Analogie zum Postversand einer Uhr. Im Folgenden werden die einzelnen Schichten im Detail erläutert.

Merksatz: **Modellvorstellung**

Die Anwenderdaten kommen in einen Briefumschlag (Schicht 7). Dieser Briefumschlag kommt in den Briefumschlag der folgenden Schicht 6 etc. Nach der Bitübertragung wird der Umschlag ausgehend von Schicht 1 entpackt.

Physikalische Schicht

Die physikalische Schicht oder Bitübertragungsschicht (PHY[76]) stellt die Aufbereitung und Übertragung von Bits über ein Übertragungsmedium[77] dar. Hierbei werden die mechanische und elektrische Beschreibung des Mediums, die Anschlüsse und die Randbedingungen spezifiziert. Randbedingungen sind zum

---

[72]engl.: Datalink Layer
[73]engl.: Physical Layer
[74]FTP = **F**ile **T**ransfer **P**rotocol
[75]SQL = **S**tructured **Q**uery **L**anguage
[76]PHY = **PHY**sikalische Schicht
[77]Kanal

Beispiel Kanalkapazität (siehe Abschnitt 2.2.2), maximale Übertragungsrate und die Teilnehmer. In Funknetzen sind keine Stecker oder Kabel vorhanden. Deshalb definiert diese Schicht 1 die Luftschnittstelle.

Funknetze

Beispiele:

1. Drahtgebundene Übertragungen: Übertragung im Basisband

2. Drahtlose Übertragungen: Optische und Funk-Schnittstelle

Sicherungsschicht

Die Sicherungsschicht hat die Aufgabe, Datenrahmen von einem Ende eines Kanals[78] zum anderen zu transportieren. Zu den Aufgaben gehören: Zugriffssteuerung auf Kanal, Erstellen von Systemverbindungen und Datenrahmen, Sicherung der Datenpakete durch Prüfsummen, Dienste vom Senden und Empfangen von Paketen.

Im Basisband wird zwischen den beiden physikalischen Datenkanälen Leitungs- und Paketvermittlung unterschieden. Die Leitungsvermittlung wird üblicherweise bei Sprachübertragung einsetzt (Telefonie). Ist ein leitungsvermittelter Datenkanal (synchroner Datenkanal) eingerichtet, so kann kein anderer Teilnehmer die Übertragung beeinflussen. Von Vorteil ist die definierte Bandbreite, die hierbei exklusiv verfügbar ist. Bei der Paketvermittlung werden Datenpakete mit Zieladresse versandt. Diese Übertragungsart setzt die Speicherung der Pakete bei den Übertragungsgeräten voraus. Das Internet ist ein bekanntes Netz mit Paketvermittelung. Bei der Paketvermittelung kann keine definierte Zeit für die Paketankunft beim Empfänger angegeben werden. Man spricht deshalb von asynchroner Kommunikation.

Leitungs-vermittlung

Paket-vermittlung

Vermittlungsschicht

In der Sicherungsschicht werden Daten von einem Ende der Leitung zum anderen Ende übertragen. Bei der Vermittlungsschicht geht es um die Vermittlung von Netzteilnehmern. Der Schwerpunkt liegt beim Routing[79].

Man unterscheidet hierbei zwischen den beiden Diensten:

- verbindungsorientiert

- verbindungslos

---

[78]Übertragungsmedium
[79]deutsch: Wegfindung

verbindungs-orientiert

Verbindungsorientierte Dienste verwenden einen festen Übertragungskanal während der Dauer einer Übertragung. Zu Beginn der Kommunikation wird die Dienstgüte zwischen den Teilnehmern vereinbart.

> *Beispiele:*
>
> 1. TCP[a]: verbindungsorientiertes Transportprotokoll
>
> 2. UDP[b]: verbindungsloses Transportprotokoll
>
> ---
> [a]TCP = **T**ransmission **C**ontrol **P**rotocol
> [b]UDP = **U**ser **D**ata **P**rotocol

verbin-dungslos

Die verbindungslosen Dienste basieren auf der Annahme, dass nur Bit-Ströme über Netze transportiert werden und diese Übertragungen unzuverlässig sind. Die Hostrechner übernehmen die Fehlerüberwachung. Dies hat eine Verschiebung der Komplexität in Richtung der Transportschicht zur Folge.

> *Beispiele:*
>
> 1. verbindungsorientiert: ist in Analogie zum Telefonsystem konzipiert. Um mit einer Person zu sprechen, nimmt man den Hörer ab, wählt die Nummer, spricht mit dem Teilnehmer und legt im Anschluss auf. Anwendungen sind die Echtzeitübertragung von Audio und Video.
>
> 2. verbindunslos: ist in Analogie zum Postsystem entworfen. Die Nachricht (Brief) enthält die vollständige Adresse und wird unabhängig von allen anderen Nachrichten durch das Kommunikationssystem versandt.

Transportschicht

Die Schicht liefert dem Nutzer Dienstleistungen, die eine bestimmte Qualität der Übertragung gewährleisten. Diese Dienste beziehen sich auf den Verbindungsaufbau, die Übertragungsrate und -verzögerung. Transport- und Vermittlungsschicht ähneln einander. Tabelle 2.10 zeigt die QoS[80] für Multimedia.

---
[80]QoS = **Q**uality **O**f **S**ervice

Art	Datenrate [MBit/s]	Bitfehler-rate	Paketfehler-rate
Sprache	0,064	$< 10^{-1}$	$< 10^{-1}$
Video (TV-Qualität)	100	$< 10^{-2}$	$< 10^{-3}$
Kompr. Video	2 - 10	$< 10^{-6}$	$< 10^{-9}$
Datentransfer	2 - 100	0	0
Echtzeit	< 10	0	0
Festbild	2 - 10	$< 10^{-4}$	$< 10^{-9}$

Tabelle 2.10: „QoS-Anforderungen" bei Multimedia ([Wol02], S. 190)

> *Beispiele:*
>
> 1. verbindungslos: Verschicken von Postkarte: die Postkarte wird abgegeben und man geht davon aus, dass sie ankommt (keine Empfangsbestätigung)
>
> 2. verbindungsorientiert: Versenden von Einschreibbrief mit Rückmeldung. Der Empfänger bestätigt den fehlerfreien Erhalt ([Jöc01], S. 19 ff).

Sitzungsschicht

Die Steuerung der Kommunikation wird in Form einer Sitzung beschrieben. Die Schicht wird ebenfalls als Kommunikationsschicht bezeichnet.

Darstellungsschicht

Diese Schicht führt eine Formatkonvertierung, Verschlüsselung und Komprimierung von diversen Rechnern durch. Oft werden diese Dienste auch auf der Anwendungsschicht ermöglicht.
Die Sitzungs- und Darstellungsschicht entfallen beim TCP/IP-Modell.

Verschlüsselung, Komprimierung

Anwendungsschicht

Das HTTP[81] stellt das Basisprotokoll auf der Anwendungsschicht dar. Ein weiteres Protokoll in dieser Schicht speziell für drahtlose Kleingeräte, wie zum Beispiel Mobiltelefone oder PDAs, ist WAP. OBEX[82] stellt einen weitgehend geräteunabhängigen Standard zum spontanen Austausch von Daten dar.

---

[81] HTTP = HyperText Transfer Protocol
[82] OBEX = OBject Exchange Protocol

> *Definition:* **Angepasste Protokolle[a]**
> Hierunter versteht man die aus der Informationstechnik bekannten Protokolle – Schichten 3,4 des ISO-OSI-Modells. Sie gewährleisten Interoperabilität und Integration in eine vorhandene Infrastruktur. Beispielhaft ist das Internetprotokoll zu nennen.
>
> ---
> [a]engl.: Adopted Protocolls

Vorteilhaft bei der Verwendung der obigen „Angepassten Protokolle" ist die optimale Verbindung mit der vorhandenen IT-Infrastruktur.
Das OSI-Modell basiert auf folgenden drei Konzepten [Tan03]:

- Dienste: definieren, was die jeweilige Schicht macht

- Schnittstellen: teilen den Zugriff den darüber liegenden Schichten mit.

- Protokolle: einer Schicht sind die private Angelegenheit der jeweiligen Schicht.

Zuordnung Im Folgenden wird der Bezug zwischen den einzelnen Schichten und den nachrichten- und kommunikationstechnischen Methoden hergestellt:

- Physikalische Schicht: nachrichtentechnische Methoden wie Funktechnik, Modulation etc. (siehe Abschnitte 2.3.1.2, 2.3.2)

- Sicherungsschicht: kommunikationstechnische Methoden aus Kanal- und Quellencodierung (siehe Abschnitte 2.2.2, 2.2.1)

- Darstellungsschicht: kommunikationstechnische Methoden wie Quellencodierung und Verschlüsselung (siehe Abschnitte 2.2.1, 2.2.4)

TCP/IP-Referenzmodell

Im Folgenden ein Vergleich des ISO/OSI-Modells mit dem TCP/IP-Referenzmodell:

- Physikalische und Sicherungsschicht: zusammengefasst in der „Host-zu-Netz"-Schicht

- Vermittlungsschicht: Internet-Schicht

- Transport- und Anwendungsschicht: siehe ISO/OSI-Modell

- Sitzungs- und Darstellungsschicht: entfallen

> *Merksatz:* **Eingebettete Systeme**
> Die Entwicklung von Eingebetteten Systemen stellt eine Gratwanderung zwischen Miniaturisierung auf der einen und Leistungsfähigkeit auf der anderen Seite dar.

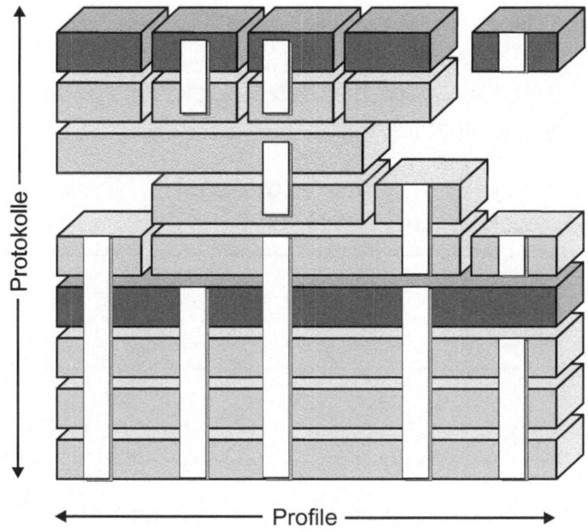

Abbildung 2.31: Protokolle und Profile ([Wol02], S. 223)

Abbildung 2.31 zeigt Protokolle und Profile.
Im Folgenden einige wichtige Definitionen [BGF03]:

Definition: **Protokollstapel[a]**
Hierunter versteht man die Architektur für eine Kommunikation, zum Beispiel TCP/IP.

---

[a]engl.: Stack

Definition: **Protokoll**
Menge von Vereinbarungen, mit denen eine Kommunikation ausgeführt wird.

Definition: **Dienste**
für die Erbringung eines Dienstes kann es mehrere Protokolle geben.

Definition: **Profile**
Kommunikationsarchitektur mit einer bestimmten Menge aufeinander abgestimmter Protokolle und Dienste. Bei „Eingebetteten Systemen" macht es wenig Sinn, alle Protokolle in allen Geräten zu implementieren. Es kommen unterschiedliche Profile zum Einsatz.

> *Beispiele:*
>
> 1. der Dienst File Transfer hat das Protokoll FTP und setzt auf dem TCP/IP-Protokollstapel auf.
>
> 2. der Dienst WWW hat das Protokoll HTTP und setzt auf dem TCP/IP-Protokollstapel auf ([BGF03], S. 87).

> *Aufgaben:*
>
> 1. Nennen und beschreiben Sie die Schichten des ISO/OSI-Modells.
>
> 2. Was versteht man unter Protokollen, was unter Profilen?

2.2.5.5 Protokolle

Der Abschnitt stellt Protokolle der oberen Schichten (ab Schicht 3) des ISO/OSI-Modells vor.

Internet-protokolle

Im folgenden werden die Internetprotokolle kurz erläutert:

- TCP[83]: Transportschicht (ISO/OSI-Schicht 4) → stellt ein verbindungsorientiertes Protokoll dar.

- UDP[84]: Transportschicht (ISO/OSI-Schicht 4) → verbindungsloses Protokoll; UDP hat weniger Overhead und erlaubt einen schnelleren Verbindungsaufbau als TCP. UDP ist jedoch nicht so zuverlässig und robust wie das TCP-Protokoll.

- IP[85]: Vermittlungsschicht (ISO/OSI-Schicht 3) ermöglicht den netzübergreifenden Datenverkehr, das „routen" der Daten und die globale Adressierung (erforderlich bei Internetworking). Die Hauptanwendung ist das Internet.

- PPP[86]: Punkt-zu-Punkt-Verbindung (unterhalb IP) – zum Beispiel bei Internet-Zugang via Computer oder PDA[87].

---

[83] TCP = Transmission Control Protocol
[84] UDP = User Data Protocol
[85] IP = Internet Protocol
[86] PPP = Point To Point Protocol
[87] engl.: Personal Data Assistent

Es folgt die Erläuterung einiger Protokolle für mobile Applikationen:

- WAP[88]: Anwendungsprotokoll (ISO/OSI-Schicht 7) – Anbindung von mo- **mobile**
  bilen Endgeräten an das Internet. WAP ermöglicht, spezielle Internetsei- **Protokolle**
  ten auf mobile Geräte, wie Mobiltelefone oder PDAs zu übertragen.

- OBEX[89]: Anwendungsprotokoll (ISO/OSI-Schicht 7) – Austausch von
  Daten und Objekten. OBEX stellt einen bewährten Standard dar, bekannt
  von IrDA.

> *Beispiel:* Abbildung 2.32 zeigt beispielhaft den IP-Aufbau. Weitere Details
> und Erläuterungen siehe ([BGF03], S. 91)

0	8	16	24	31
Vers	Hlen	Type of Service	Total Length	
Identification			Flags	Fragment Offset
Time to live		Protocol	Header Checksum	
Source IP Address				
Destination IP Address				
Options			Padding	
Payload				

Abbildung 2.32: Aufbau des Internet Protocols ([BGF03], S. 91)

Weiterführende Literatur zum Thema „Netzwerke" findet man unter [Tan03].

2.2.5.6 Standards

Das Normungsgremium „802" entwickelt Standards für LAN[90] und MAN[91], **IEEE 802**
hauptsächlich aber Ethernet-Techniken. Die Standards beschreiben im Wesent-
lichen die beiden Schichten physikalische (PHY: Schicht 1) und Sicherungs-
schicht (Schicht 2) im ISO/OSI-Modell (siehe Abschnitt 2.2.5.4).

---

[88]WAP = Wireless Application Protocol
[89]OBEX = OBject Exchange Protocol
[90]LAN = Local Area Networks
[91]MAN = Metropolitan Area Networks

Die Sicherungsschicht wird hierbei unterteilt in MAC[92] und Logische Verbindungssteuerung (LLC[93]). Die MAC-Teilschicht[94] umfasst die Steuerung des Zugriffs auf das Übertragungsmedium und ist somit für den fehlerfreien Transport der Daten verantwortlich. Die LLC-Teilschicht[95] hingegen ist für die Übertragung und den Zugriff auf die logische Schnittstelle zuständig (siehe Abbildung 2.33).

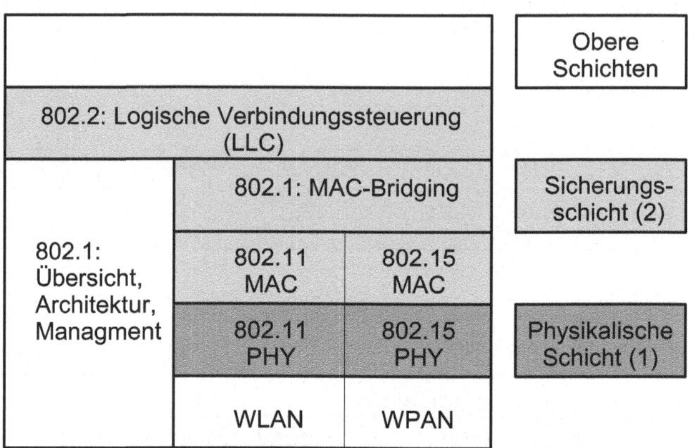

Abbildung 2.33: Übersicht „IEEE 802-Standards" mit physikalischer Schicht, Sicherungsschicht und oberen Schichten (ISO-OSI-Modell) für WPAN und WLAN

Neben der Standardisierung neuer Übertragungstechniken hat das IEEE 802 die Aufgabe, bestehende Techniken und aufkommende Anwendungen zu optimieren. Einige Standards bauen deshalb aufeinander auf oder hängen voneinander ab. Momentan liegen die drahtlosen Standards, wie 802.11 und 802.15, im Trend.

Definition: **IEEE**
Das IEEE[a] ist eine Organisation von Experten und Fachleuten aus der Elektrotechnik und den Ingenieurwissenschaften (siehe [IEE08b]). Sie ist vergleichbar mit dem deutschen VDE[b].

---

[a]Institute of Electrical and Electronics Engineers
[b]Verband der Elektrotechnik Elektronik Informationstechnik e.V.

---

[92]MAC = Media Access Control
[93]LLC = Logical Link Control
[94]Schicht 2a
[95]Schicht 2b

Im Folgenden werden einige wichtige Standards des IEEE-Projektes 802 vorge-
stellt (siehe Tabelle 2.11 und Abbildung 2.33).

Bezeichnung	Beschreibung
802.1	Übersicht, Architektur, Management, MAC-Bridging
802.2	Logische Verbindungssteuerung (LLC)
802.3	Ethernet (10Base5) und CSMA/CD-Zugriffsverfahren
802.10	Sicherheit
802.11	Wireless LAN (WLAN) / Drahtlose Netze
802.15	Wireless Personal Area Network (WPAN)
802.15.1	Bluetooth
802.15.3a	UWB - Ultra Wideband Wireless
802.15.4	ZigBee
802.16	WiMAX

Tabelle 2.11: Einige wichtige „IEEE 802-Standards" im Überblick

> *Merksatz:* **Standardisierung**
> Die wesentlichen Spezifikationen beziehen sich auf die beiden Schichten 1
> und 2 des ISO/OSI-Modells.

Tabelle 2.12 zeigt einige wichtige nationale und internationale Normierungsbe-
hörden. Im Folgenden Abschnitt als Fußnoten die Bedeutung der Abkürzungen
ITU[96], ISO[97], IEC[98], ETSI[99], CENELEC[100], IEEE[101], DKE[102] und DIN[103]. Die
drahtlosen Verfahren im Nahbereich basieren hauptsächlich auf der IEEE-Norm.

**Normierungs-
behörden**

IEEE

2.2.5.7 Kanalzugriffs-Verfahren

Der Abschnitt stellt CSMA[104] im Allgemeinen und die beiden Ausprägungen
CSMA/CD[105] und CSMA/CA[106] detailliert vor.

---

[96]ITU = International Telecommunications Union
[97]ISO = International Standard Organisation
[98]IEC = International Electrotechnical Commission
[99]ETSI = European Telecommunications Standards Institute
[100]CENELEC = Comité Européen de Normalisation ELECtrotechnique
[101]IEEE = Institute of Electrical And Electronic Engineers
[102]DKE = Deutsche Kommission Elektrotechnik
[103]DIN = Deutsches Institut für Normung
[104]CSMA = Carrier Sense Multiple Access
[105]CSMA/CD = Carrier Sense Multiple Access/Collision Detection
[106]CSMA/CA = Carrier Sense Multiple Access/Collision Avoidance

Normung Tele-kommunikation	Allgemeine Normung	Normung Elektrotechnik	Bereich
ITU	ISO	IEC	international
ETSI	CEN	CENELEC	regional (Europa)
		IEEE	national (USA)
DKE	DIN	DKE	Deutschland

Tabelle 2.12: Einige Normierungsbehörden ([BGF03], S. 569)

> *Definition:* **Kanalzugriffs-Verfahren**
> sind Vorschriften/Algorithmen zur Vergabe des Kanals an sendewillige Stationen. Sie sind Teil der OSI-Schicht zwei, genauer der MAC-Subschicht.

CSMA/CD-Verfahren

draht-gebunden
Dieses Verfahren wird in der drahtgebundenen Übertragungstechnik angewandt. Die Abkürzungen stehen für

- CS: Carrier Sense

- MA: Multiple Access

- CD: Collision Detection

Carrier Sense
Bevor sich eine Station als Sender auf einen Übertragungskanal schaltet, wird überprüft, ob dieser belegt ist (= Carrier Sense). Nur wenn der Kanal frei ist, wird der Sender eingeschaltet, denn sonst würde die auf dem belegten Kanal gerade durchgeführte Datenübertragung gestört werden.

Multiple Access
Ein Zugriffskonflikt kann trotz dieser „Carrier Sense"-Prüfung nicht ausgeschlossen werden. Wenn zwei oder weitere Stationen die „Carrier Sense"-Prüfung eines freien Kanals zeitgleich durchführen, erkennt jede Station, dass der Kanal frei ist und belegt ihn (= Multiple Access).

Collision Detection
Das Ergebnis ist eine Kollision, die zur Folge hat, dass die Datenübertragung aller beteiligten Stationen gestört bzw. unmöglich wird. Es ist deshalb erforderlich, dass eine Kollision erkannt wird (= Collision Detect), damit sie aufgelöst werden kann.

Nun könnte man meinen, dass eine absolut zeitgleiche Abprüfung eines Kanals durch zwei unterschiedliche Stationen extrem selten sei. Das ist wohl auch so. Doch wenn eine Station die Belegung des Übertragungskanals erkennt, wartet sie, dass der Kanals frei wird. Dazu wird die Kanalbelegung ständig abgefragt (Abbildung 2.34). Da dies auch von den anderen wartenden Stationen gemacht würde, wird das Freiwerden aller wartenden Stationen zeitgleich erkannt, und

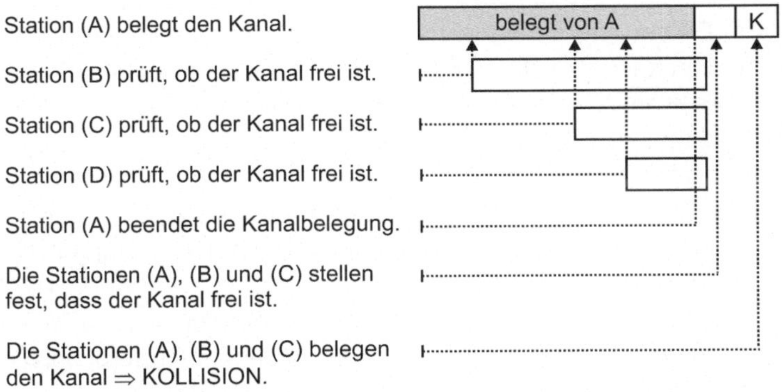

Abbildung 2.34: Kollisionsentstehung beim CSMA-Verfahren

eine Kollision ist die Folge. Es gibt in der drahtgebunden Übertragungstechnik mehrere Verfahren zur Kollisionsauflösung. Beim Ethernet hat eine erkannte Kollision zur Folge, dass sich alle beteiligten Stationen vom Übertragungskanal zurückziehen (abschalten) und erst nach einer von jeder Station für sich berechneten Zufallszeit (Aloha-Prinzip) wieder versuchen, auf den Kanal zuzugreifen. **Aloha-Prinzip** Eine andere Möglichkeit besteht darin, dass in der Schicht 1 (ISO/OSI-Referenzmodell, siehe Abschnitt 2.2.5.4) auf dem Kanal ein dominanter und ein rezessiver Pegel definiert sind. Bei einer Kollision setzt sich der dominante Pegel durch.

In der Regel befindet sich bei den Übertragungsprotokollen im Kopf ein Adressfeld, in dem sich alle Stationen voneinander in mindestens einem Bit unterscheiden. Wenn es zu einer Kollision kommt, da zum Beispiel zwei Stationen gleichzeitig senden, so wird dies spätestens bei der Aussendung des Adressfeldes erkannt. Da jede Station ihre eigene Aussendung mitliest, erkennt sie durch die Nichtübereinstimmung von ausgesendetem und empfangenem Bit, dass eine Kollision vorliegt. Sie stellt dann sofort jede weitere Aussendung ein.

Eine mögliche Realisierung eines dominanten und rezessiven Pegels ist die „Open Collector"-Endstufe der TTL-Technik. Dort setzt sich bei einer Kollision stets der „Low"-Pegel durch.

CSMA/CA-Verfahren

Dieses Verfahren ist eine Weiterentwicklung des CSMA/CD-Verfahrens für die drahtlose Übertragungstechnik. **drahtlos**

> *Merksatz:* **Erkennung Belegung**
> In der Funktechnik sind die Verhältnisse für die Erkennung der Belegung eines (Funk-)Kanals und für eine Kollisionserkennung völlig anders als in der drahtgebundenen Technik.

Carrier Sense

1) Vor jeder Aussendung prüft die Sendestation, ob der Kommunikationskanal (Sendefrequenz) belegt ist (= Carrier Sense). Diese Prüfung unterliegt aber stets einer gewissen Unsicherheit:

a) Wenn zwei Stationen den gleichen Kanal benutzen wollen und sie dessen Belegung exakt zeitgleich abprüfen, erhalten beide als Prüfergebnis, dass der Kanal frei sei, und so beginnen beide mit ihren Aussendungen.

b) Die Abprüfung eines Kanals auf Belegung durch eine Station (A), die an eine Station (B) senden möchte, erfolgt natürlich am Senderstandort von (A). Dort kann eventuell die Aussendung einer dritten Station (C) im gleichen Übertragungskanal durch die lokalen Gegebenheiten nicht empfangbar sein. Fälschlicherweise wird der Kanal als frei erkannt, und (A) beginnt mit ihren Aussendungen.

Während der Fall 1a) eher selten auftritt, kommt der Fall 1b) häufiger vor. Beide Fälle erzeugen nicht erkennbare Kollisionen, denn wenn eine Station sendet, ist deren gleichzeitiger Empfang auf der gleichen Frequenz (fast) unmöglich. Da dies jedoch Voraussetzung für eine Kollisionserkennung ist, ist diese damit ausgeschlossen.

2) Ohne besondere Maßnahmen steigt das Risiko einer unerwünschten Kollision auch dann, wenn ein Kanal korrekt als belegt erkannt wurde. Wenn mehrere Stationen auf einen bereits belegten Kanal zugreifen möchten, werden sie abwarten, bis dieser frei ist, ehe sie den Zugriff durchführen (siehe Abbildung 2.34). Da dies dann zeitgleich durch alle wartenden Stationen geschieht, entsteht eine Kollision (wie beim CSMA/CD-Verfahren bzw. wie oben unter 1a) beschrieben).

Collision Avoidance

Beim CSMA/CA-Verfahren versucht man daher solche nicht erkennbaren Kollisionen zu vermeiden, indem auf einen als belegt erkannten Kanal nicht sofort zugegriffen wird, wenn dieser frei wird. Erst nach dem Ablauf einer für jede Station zufällig bestimmten Zeit (Aloha-Prinzip) wird erneut geprüft, ob der Kanal frei ist, worauf der Vorgang von Neuem beginnt (= CA: Collision Avoidance). In der Vorschrift IEEE 802.11 ist ein CSMA/CA-Verfahren für WLAN standardisiert (siehe Abschnitt 3.2.3).

2.3 Nachrichtentechnik

In diesem Kapitel werden die Vorgänge und Prinzipien bei der drahtlosen Nachrichtenübertragung behandelt.

Die Übertragung analoger Daten (analoge Nachrichtentechnik) wird dabei nur tangiert. Das zentrale Thema der Nahbereichs-Kommunikation dieses Buches ist die Übertragung digitaler Daten. Das schließt jedoch einen Analogbetrieb nicht gänzlich aus, denn analoge Daten können digitalisiert werden, bevor sie einem digitalen Kommunikationssystem übergeben werden. Auf der Empfangsseite müssen sie dann mit einem Digital/Analog-Wandler wieder in analoge Signale rückgewandelt werden.

digitale Übertragung

2.3.1 Einführung und Überblick

Abbildung 2.35 zeigt das allgemeine Schema einer Kommunikation, unabhängig vom Medium im Übertragungskanal. Die von der Quelle erzeugte Nachricht wird in verschiedenen Codierungsebenen möglichst optimal den physikalischen Bedingungen des Nachrichtenkanals angepasst. Optimal heißt hier: fehlerfreie und schnelle Datenübertragung. Die Aufgaben von Quell-, Kanal- und Leitungscodierern und -decodern wurden im Abschnitt 2.2 behandelt.

allgemeines Schema

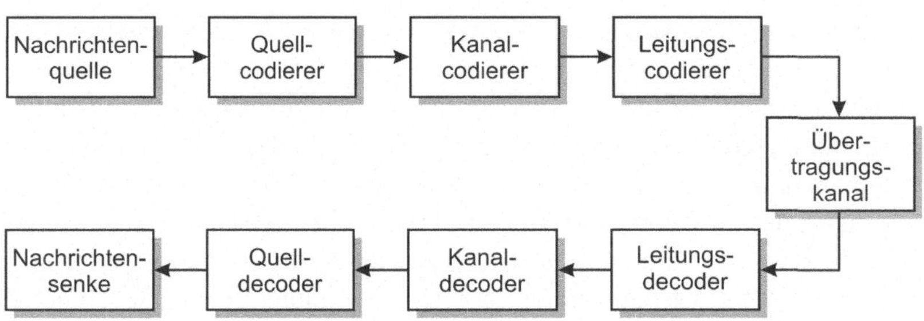

Abbildung 2.35: Allgemeine Struktur eines Kommunikationssystems

2.3.1.1 Drahtlose Sende- und Empfangstechniken

Drahtlose Sende- und Empfangstechniken sind schon aus dem Altertum bekannt. Die hochentwickelte Technik der Buschtrommeln diverser Naturvölker sei hier erwähnt. Signalfeuer, Rauchzeichen und die Zeigertelegraphen (Semaphore) aus der Neuzeit sind optische Verfahren, die eine drahtlose Kommunikation ermöglichen.

Geschichte

Beide Verfahren gibt es im Prinzip auch heute noch in der drahtlosen Nahbereichs-Kommunikation. Es sei hier nur die Ultraschallfernbedienung für Fernsehgeräte genannt. Diese ist allerdings heutzutage bei den audiovisuellen Gerätschaften im Heimbereich weitgehend durch Infrarotfernbedienungen abgelöst worden.

2.3.1.2 Funktechnik

ISO/OSI

Der folgende Abschnitt stellt die wichtigsten Elemente der Physikalischen Schicht (siehe Abschnitt 2.2.5.4) vor.

Wenn man jedoch von drahtlosen Sende- und Empfangstechniken in der Nahbereichs-Kommunikation spricht, impliziert das in der Regel eine Funkkommunikation, d. h. ein Nachrichtenaustausch mittels modulierter elektromagnetischer Wellen (Felder).

elektromagnetische Wellen

Um eine solche Funkkommunikation zu realisieren, benötigt man bei der Datenquelle eine Sendeanlage[107] und bei der Datensenke eine Empfangsanlage[108]. Wenn der Nachrichtenaustausch in beiden Richtungen stattfinden soll, muss an beiden Endpunkten des Kommunikationspfades jeweils eine Sende- und eine Empfangsanlage zur Verfügung stehen.

Die Abbildung 2.36 gibt einen Überblick über die Anordnung der Komponenten eines Funkkommunikationssystems für Daten von einer Quelle zu einer Senke.

Die Signalaufbereitung von der Quelle bis zum Modulator erfolgt in einem Rechner und umfasst die Quell- und Kanalcodierung. Diese Themen wurden im Abschnitt 2.2 behandelt.

Basisbandsignal

Das vom Kanalcodierer erzeugte Basisbandsignal wird der Sendeanlage zugeführt. Dort erfolgt zunächst die Anpassung der Daten an die Eigenschaften des Funkkanals bzw. an das Trägersignal. Diesem Vorgang entspricht bei der leitungsgebundenen Kommunikation der „Leitungscodierung". Bei einer Funkkommunikation bezeichnet man es als Modulation. Beim Vorgang der Modulation werden einem im Sender erzeugten Hochfrequenzträger Basisbandsignale

Modulation

aufgeprägt. Es werden dabei die Betriebsparameter des Hochfrequenzträgers in Abhängigkeit vom Basisbandsignal variiert (= moduliert). Im Abschnitt 2.3.2 wird dieses Thema behandelt.

Der prinzipielle Aufbau einer Sende- und Empfangsanlage wird im Abschnitt 2.3.3 behandelt.

Die Komponenten Quellcodierer und -decoder, Leitungscodierer und -decoder und Sende- und Empfangsanlage müssen aufeinander abgestimmt sein. Sie arbeiten aber letztlich separat voneinander ohne weiteren Datenverkehr untereinander und zusätzlich zu den Nutzdaten.

ISO/OSI

Beim Kanalcodierer und -decoder ist das anders. Wenn zur sicheren Datenübertragung eine Rückwärtskorrektur implementiert ist (ISO/OSI-Schicht 2), müssen neben den reinen Nutzdaten noch Protokolldaten, wie Informationen über die Korrektheit der empfangenen Daten, Quittungen usw., ausgetauscht werden. Diese Zusatzinformationen werden vom Kanalcodierer erzeugt und zusammen mit den Ausgangsdaten des Quellcodierers als Basisbandsignal dem Modulator des Senders (Leitungscodierer) übergeben.

---

[107]engl.: Transmitter
[108]engl.: Receiver

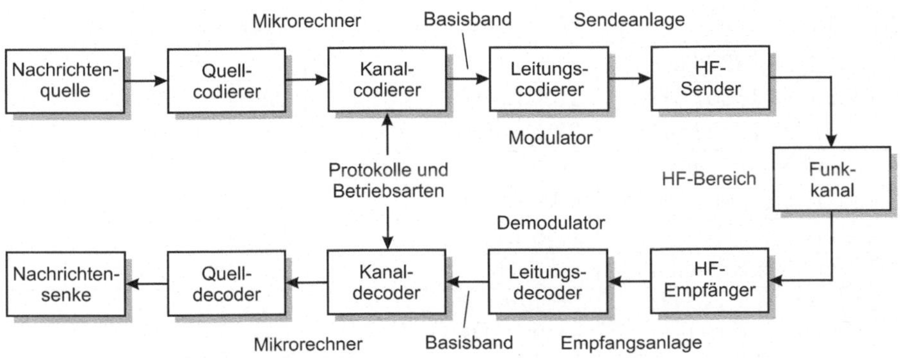

Abbildung 2.36: Struktur eines Funkkommunikationssystems

Auf der Empfängerseite werden diese Zusatzinformationen zur Protokollabwicklung im Kanaldecoder benötigt. Wenn die empfangenen Nutzdaten geprüft und als korrekt erkannt sind, werden sie (ohne Protokolldaten) an den Quelldekodierer weitergegeben.

2.3.1.3 ISM-Band

Das ISM[109]-Band kann für Applikationen in den Bereichen Industrie, Wissenschaft und Medizin weltweit lizenzfrei genutzt werden. Im Frequenzspektrum 2,4 GHz findet ein Wettbewerb zwischen zahlreichen Standards und proprietären Funktechniken von unterschiedlichen Anwendungen und Herstellern statt. Dies gilt auch für Geräte des täglichen Gebrauchs, wie z. B. Mikrowellenherde und schnurlose Telefone. In der Praxis wird jedoch verhältnismäßig verantwortungsvoll mit den Frequenzbereichen umgegangen. Dies zeigt sich beim relativ störungsfreien Betrieb von Garagentüröffnern, Autozentralverriegelungen, kabellosen Kopfhörern etc.. Entscheidend beim ISM-Band ist die gleichmäßige Ausnutzung des Bandes. Mechanismen hierfür sind das Frequenzsprung-Verfahren oder ein frequenzwechselnder Code (siehe Abschnitt 2.3.5.1). Im 2,4-GHz-Band stehen die hier diskutierten Verfahren, wie WLAN, ZigBee, Bluetooth, HomeRF, im Wettbewerb. Weitere freie Frequenzbereiche sind 433 MHz, 868 MHz und 5,7 GHz (siehe auch Frequenzbänder in Tabellen 2.13 und 4.2 von Kapitel 4). Das Frequenzband um 13,56 MHz wird bevorzugt für passive RFID[110](Logistik) verwendet.

ohne Lizenz

> *Beispiel:* Tabelle 2.13 zeigt ISM-Frequenzbereiche.

---

[109]ISM = Industrial Scientific Medical
[110]RFID = Radio Frequency Identification

Frequenzband	Mittenfrequenz	Wellenlänge
6765 bis 6795 kHz	6,78 MHz	44,25 m
13553 bis 13567 kHz	13,56 MHz	22,12 m
26957 bis 27283 kHz	27,12 MHz	11,06 m
40,66 bis 40,7 MHz	40,68 MHz	7,37 m
433,05 bis 434,79 MHz	433,92 MHz	69,13 cm
2,4 bis 2,5 GHz	2,45 GHz	12,24 cm
5,725 bis 5,875 GHz	5,8 GHz	5,17 cm
24,0 bis 24,25 GHz	24,125 GHz	1,24 cm
61,0 bis 61,5 GHz	61,25 GHz	4,9 mm
122 bis 123 GHz	122,5 GHz	2,45 mm
244 bis 246 GHz	245,0 GHz	1,22 mm

Tabelle 2.13: ISM-Frequenzbereiche

2.3.1.4 Leistungsbilanz

Die Leistungsbilanz[111] (siehe auch Abschnitt A.4) beschreibt die gesamte nachrichtentechnische Strecke vom Sender zum Empfänger (siehe Abbildung 2.37). Für die Empfängerleistung gilt:

$$P_R = P_T - C_T + G_T - L_{Fs} - L_{Div} + G_R - C_R$$

Hierbei sind:

- P_R, P_T : Empfangs[112]- und Sendeleistung[113]

- G_R, G_T : Gewinn[114] der Empfangs- und Sendeantenne

- C_R, C_T : Antennenanbindung[115] von Empfänger und Sender

- L_{Fs} : Dämpfung[116] des freien Raumes (siehe Abschnit 2.3.1.5)

- L_{Div} : Diverse Dämpfungen wie Abschirmung, Regen etc.

Vorzeichen Mit den Vorzeichen „+" werden Zuwächse (Gewinne) und mit den Vorzeichen „-" werden Verluste (Dämpfungen) gekennzeichnet. P_R wird in dB[117] angeben (siehe Anhang A.1). Zur Vereinfachung können $C_R = C_T = L_{Div} = 0$ gesetzt werden (siehe auch Abschnitt A.4).

---

[111]engl.: Link Budget
[112]engl.: Receive
[113]engl.: Transmit
[114]engl.: Gain
[115]engl.: Connection
[116]engl.: Loss
[117]dB = DeziBel

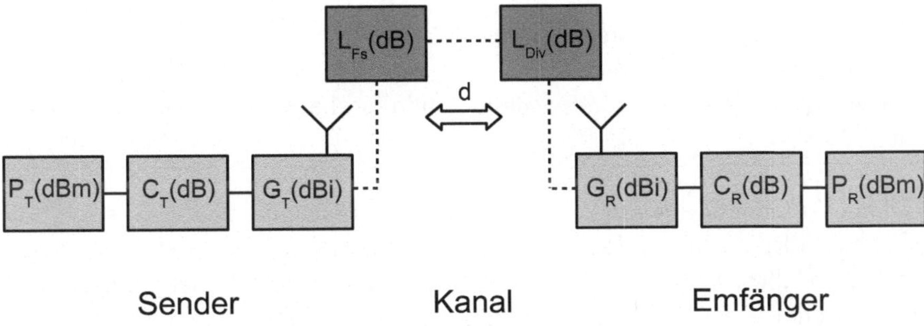

Abbildung 2.37: Leistungsbilanz: $P_R = P_T - C_T + G_T - L_{Fs} - L_{Div} + G_R - C_R$

Definition: **Empfänger-Empfindlichkeit**

Die Empfindlichkeit gibt eine Schwelle (Grenze) für die Sendeleistung am Emfänger an, ab der die Leistung nicht mehr ausreicht. Diese Empfangsleistung (P_R) wird typischerweise mit einer Bit- (BER[a]) oder Paketfehlerrate (PER[b]) angegeben. Typisch ist ein BER von 10^{-3} (Freifeldausbreitung) – jedes tausendste Bit wird falsch übertragen [Wol07b].

[a]BER = Bit Error Rate
[b]PER = Packet Error Rate

Beispiele:

1. Der IEEE 802.15.4-Standard verlangt mind. -85 dBm Empfindlichkeit bei 1% PER.

2. Die für alle GSM-Handys vorgeschriebene Mindest-Empfindlichkeit ist gleich -102 dBm, was etwa $63 \cdot 10^{-15}$ Watt entspricht. Diese Empfangsleistung darf für eine störungsarme Verbindung nicht unterschritten werden.

Der Antennengewinn gibt an, in welcher Höhe die Antenne im bevorzugten Winkelsegment die Leistung abgibt beziehungsweise aufnimmt. Hierbei wird ein Vergleich zum isotropen Kugelstrahler hergestellt. Es stellt sich die Frage: „Wieviel Leistung benötigt der isotrope Kugelstrahler, um dieselbe Strahlungsleistung in Vorzugsrichtung abzugeben?".

Antennengewinn

isotroper Kugelstrahler

> *Merksatz:* **Isotroper Kugelstrahler**
> Er stellt eine in der Realität nicht vorkommende verlustfreie Antenne dar.
> Sie strahlt die elektromagnetische Leistung in alle Richtungen gleichmäßig
> ab.

Wird der Antennengewinn auf den isotropen Kugelstrahler bezogen, erfolgt die Angabe in dBi[118]. In der Nachrichtentechnik wird hingegen vorzugsweise der Bezug zu Halbwellendipolen (siehe auch Abschnitt 2.3.3.3) hergestellt (z. B. Fernsehtechnik). Hierbei kommt die Einheit dBd[119] zum Einsatz. Die Umrechnung erfolgt nach der Formel: dBi-Wert = dbd-Wert + 2,15 dB.

Apertur-Antennen

Der Antennengewinn ist unabhängig von der Antennenform (Apertur-Antennen[120]):

$$G = G_{max} = 4 \cdot \pi \cdot A_a / \lambda^2$$

Hierbei stellt A_a die geometrische Aperturfläche dar, bezogen auf einen isotropen Kugelstrahler.

> *Merksatz:* **Antennentechnik**
> Zur Abstrahlung elektromagnetischer Wellen muss ein Dipol der Länge der
> beiden Drahtelemente der halben Wellenlänge ($\lambda/2$) entsprechen (siehe
> auch Abschnitt 2.3.3.3).

> *Beispiel:* $\lambda/2$-Antennen haben somit bei einer Frequenz von 2,4 GHz eine
> Länge von 6,14 cm und bei einer Frequenz von 5 GHz eine Länge von
> $\approx$ 2,75 cm (siehe auch Abbildung 2.68).

> *Merksatz:* **Stabantenne**
> Für eine kurze Stabantenne, auch Marconi-Antenne genannt, gilt für die
> Bauhöhe: $h = \lambda/4$ (siehe auch Abbildung 2.73). Somit ist h proportional
> zu 1/f – je größer die Frequenz, desto kleiner die Bauhöhe ([Sch78], S. 250
> ff).

---

[118]dBi = **dB** isotrop
[119]dBd = **dB** dipolar
[120]flächenhaft ausgedehnte Antennen

> *Beispiel:* Die $\lambda/2$-Antennen werden vorzugsweise als stationäre Antennen eingesetzt. In mobilen Systemen werden aufgrund der geringen Länge $\lambda/4$-Antennen als Alternative verwendet. $\lambda/4$-Antennen gehören zu den sogenannten „Groundplane"-Antennen. Sie benötigen eine leitende Fläche als elektrisches Gegengewicht, um die nötige Länge und Funktionsfähigkeit zu gewährleisten (siehe auch Abbildung 2.73).

Sende-leistung

Die maximale effektive Sendeleistung (EIRP[121]) ist für die einzelnen Regionen definiert. In Europa gilt für das 2,4 GHz-Frequenzband eine Obergrenze von 20 dBm und für 5 GHz ein Grenzwert von 30 dBm.
Die Leistungsflussdichte wird nach der Formel:

$$S = \underbrace{P_T \cdot G_T}_{EIRP}/(4 \cdot \pi \cdot d^2)$$

ermittelt.

> *Merksatz:* **Gesundheit**
> Die ZigBee-Technologie kommt aufgrund ihrer strahlungsarmen Funktechnologie auch in der Medizintechnik zum Einsatz. Beispielsweise wird ZigBee bei Armmanschetten der Firma BodyMedia verwendet. ZigBee gilt im Vergleich zu anderen Datenübertragungs-Technologien als äußerst sicher und strahlungsarm.
> Ähnlich wie Bluetooth ist auch bei der ZigBee-Technologie die Strahlungsintensität im Vergleich zu einem Handy (ein bis zwei Watt) 1000-fach schwächer. Verglichen mit anderen Umwelteinflüssen kann die Wirkung von ZigBee vernachlässigt werden (siehe auch [Bfs08]).

EIRP

Die EIRP stellt die Strahlungsleistung dar, die ein fiktiver Kugelstrahler mit $G_T=1$ abgeben müsste, um dieselbe Leistungsflussdichte im Betrachtungspunkt zu erzeugen.

> *Beispiel:* Gegeben ist eine 2,4 GHz WLAN-Einheit mit einer Sendeleistung von $P_T=14$ dBm und einem Antennengewinn G_T von 14dBi. Um die maximale Sendeleistung nicht zu überschreiten, ist der Einsatz eines Dämpfungsgliedes mit $C_T=14$ dBm + 14 dBi - 20 dBm = 8 dBm nötig. Als Dämpfungsglied können das Antennenkabel, der Blitzschutz o. ä. verwendet werden.

Dämpfungs-faktoren

Weitere wichtige Dämpfungsfaktoren sind (siehe L_{Div} in Abbildung 2.37):

---

[121]EIRP = Equivalent Isotronic Radiated Power

- Fresnel-Zone: Berücksichtigung von Hindernissen, die nicht direkt zwischen der Sichtverbindung von Funkzellen liegen (siehe Abbildung 2.38)

- Schwund[122]-Reserve: Kompensation der Wirkungen von Mehrwegeausbreitung (siehe Abschnitt 2.3.4.1)

- Gebäudedämpfung: In Abhängigkeit von Baustoffen, Größe und Bauart des Gebäudes ist es notwendig, in Gebäuden zusätzlich eine bestimmte Dämpfung einzuplanen (siehe Abschnitt 2.3.1.5).

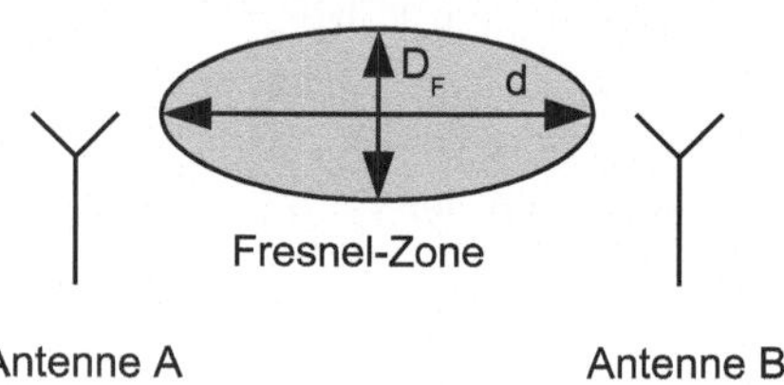

Abbildung 2.38: Fresnel-Zone

Bei der Realisierung von Richtfunkstrecken ist zu beachten, dass die erreichbare Reichweite der Funkzellen auch von Hindernissen beeinflusst wird, die nicht direkt zwischen der Sichtverbindung stehen.

Fresnel-Zone Fresnel[123] hat deshalb gefordert, dass zwischen zwei Richtanntennen eine direkte Sichtverbindung vorhanden und ein zusätzlicher Bereich (um diese Sichtverbindung) ebenfalls frei von Hindernissen sein muss. Diese Fresnel-Zone ist ellipsenförmig um die Sichtverbindung zweier Antennen angeordnet (siehe Abbildung 2.38). Der größtmögliche Durchmesser D_F bei d/2 kann mit der Formel

$$D_F = \sqrt{d \cdot \lambda}$$

ermittelt werden. Als Richtwert sollten mindestens 80% der Fresnel-Zone verfügbar sein.

> *Beispiel:* Gegeben ist eine WLAN 802.11b-Einheit (2,4 GHz) mit:
> Max. Sendeleistung (EIRP): 20 dBm
> Sendeleistung: 14 dBm
> Antennengewinn: 14 dBi
> Empfangsempfindlichkeit: -82 dBm (bei 11 MBit/s)
> Dämpfungsglied: 8 dBm
> Hieraus ergibt sich für die Freiraumdämpfung (Leistungsbilanz):
> L_{Fs} = 20 dBm + 14 dBi -8 dB -(-82 dBm) = 108 dB.

---

[122]engl.: Fading
[123]Augustin Jean Fresnel: französischer Physiker

2.3.1.5 Reichweiten-Abschätzung

Grundsätzlich dämpft der Funkkanal (siehe Abbildung 2.37) das Ausgangssignal **Funkkanal**
vom Sender zum Empfänger. Hinzu kommt, dass vom Sender zum Empfän-
ger nicht immer eine direkte Sichtverbindung (LOS[124]) besteht. Reflektions-,
Beugungs-[125] und Abschattungseffekte sind die Folge.

Durch Reflektionen bilden sich Mehrwegeausbreitungen; hierdurch erreichen die
Funkwellen den Empfänger zu unterschiedlichen Zeiten. Schwundeffekte sind **Schwund-**
schnelle Fluktuationen des Signals am Emfpänger über sehr kurze Distanzen **effekte**
(in Bezug zur Wellenlänge). Abschnitt 2.3.4.1 liefert hierzu weitere Details.

Die Basis der meisten Ausbreitungsmodelle ist die Ausbreitung der Funkwelle im
freien Raum. Hierzu dient die Freiraumformel nach Friis. Die Gleichung stellt **Freiraum-**
die Empfänger-Signalleistung als Funktion der Entfernung d vom Empfänger **formel**
dar: hierbei bedeutet:

$$P_R(d) = P_T \cdot G_T \cdot G_R \cdot \lambda^2 / ((4 \cdot \pi \cdot d)^2 \cdot L)$$

- d : Distanz zwischen Sender und Empfänger

- $\lambda = c/f$: Wellenlänge
  Lichtgeschwindigkeit im Vakuum $c_0 = 2,997925 \cdot 10^8 m/s$

- L : Systemverlust (unabhängig von der Wellenausbreitung)

Folgende Annahmen können zur Vereinfachung getroffen werden: $G_R=G_T=1$
und $L = 1$ (kein Hardware-Verlust). Hieraus resultiert die vereinfachte Glei-
chung:

$$P_R(d) = P_T \cdot (\lambda / (4 \cdot \pi \cdot d))^2$$

oder als Pfadverlust (L_{Fs}):

$$L_{Fs} = 10 \cdot log(P_T/P_R) = 10 \cdot log((4 \cdot \pi \cdot d)/\lambda)^2 \ [dB] \qquad (2.1)$$

$$\frac{L_{Fs}}{dB} = 32,44 + 20 \cdot log(\frac{d}{km}) + 20 \cdot log(\frac{f}{MHz}) \qquad (2.2)$$

Abschnitt A.1 gibt eine Einführung in die dB-Rechnung.

Aufgabe: Leiten Sie Gleichung (2.2) aus Gleichung(2.1) her.

Der Pfadverlust stellt die Signalabschwächung als Verhältnis Ausgangsleistung
(Sender) zu Eingangsleistung (Empfänger) in Dezibel dar. Hierbei ist zu beach-
ten, dass die Freiraumformel nur im Fernfeld bzw. innerhalb der „Fraunhofer- **Fernfeld**

---

[124]engl.: Line Of Sight
[125]Ablenkung von Wellen an einem Hindernis

Region" $(r_f = (2 \cdot D_a^2)/\lambda))$ gültig ist.
Für die Fernfeld-Bedingung muss gelten:
$r_f \gg D_a$ (Antennendimension) und $r_f \gg \lambda$ (Wellenlänge).

Aufgaben:

1. Bestimmen Sie für die Freiraumdämpfung L_{Fs}= 108 dBm (siehe vorheriges Beispiel) die erreichbare Reichweite.

2. Ist die Reichweite realistisch? Begründen Sie Ihre Aussage.

3. Leiten Sie die Formel für den Pfadverlust aus der Freiraumformel nach Friis ab.

Merksatz: **Freiraum-Reichweite**
Die Reichweite (n = 2) mit Tabelle 2.15 beträgt bei f = 900 MHz 1050 m und bei f = 2,45 GHz 175 m (nur ein Sechstel).

Pfadverlust-exponent

Um den Umgebungseinflüssen (wie Reflexion, Beugung und Abschattung) bei der Ausbreitung gerecht zu werden, wird der Pfadverlustexponent n eingeführt. Hieraus ergibt sich (siehe auch Gleichung (2.1) und (2.2)) ein (allgemeiner) Pfadverlust (L) von:

$$L = 10 \cdot log(P_T/P_R) = 10 \cdot log(\frac{4 \cdot \pi \cdot d}{\lambda})^n \qquad (2.3)$$

$$L = 10,99 \cdot n + 10 \cdot n \cdot log(d) + 10 \cdot n \cdot log(1/\lambda) \qquad (2.4)$$

Tabelle 2.14 zeigt die Pfadverlustexponenten für unterschiedliche Umgebungen.

Umgebung	Pfadverlust n
Freiraum (freie Sichtverbindung)	2,0
Städtische Umgebung	2,7 - 3,5
Abgeschattete städtische Umgebung	3,0 - 5,0
Innerhalb von Gebäuden, mit Sichtbehinderung	4,0 - 6,0
Innerhalb von Fabriken, mit Sichtbehinderung	2,0 - 3,0

Tabelle 2.14: Pfadverlustexponenten für verschiedene Umgebungen

Aufgaben:

1. Bestimmen Sie die Reichweiten für f = 900 MHz und f = 2,45 GHz bei n = 2.

2. Bestimmen Sie die Reichweiten für f = 900 MHz bei n = 2,4 und für f = 2,45 GHz bei n = 2,7.

Tabelle 2.15 fasst die Ergebnisse für die Frequenzbänder 900 MHz und 2,45 GHz zusammen.

Eigenschaft	900 MHz	2,45 GHz
Empfohlene Sendeleistung [dBm]	0	0
Minimale Empfindlichkeit [dBm] (IEEE 802.15.4)	-92	-85
LOS-Reichweite bei 0 dBm Sendeleistung [m] (Theorie)	1050	175
Innerhalb von Fabriken, mit Sichtbehinderung [m] (Theorie)	180	14
Applikation	proprietäre	WLAN, Bluetooth

Tabelle 2.15: Vergleich der Frequenzbänder 900 MHz und 2,45 GHz [Wal05]

Merksatz: **Büro-Reichweite**
Für bestimmte Büroumgebungen wurden durch Messreihen folgende Werte für n ermittelt: n = 2,4 (f = 900 MHz), n = 2,7 (f = 2,45 GHz). Somit ergeben sich mit Tabelle 2.15 Reichweiten von 180 m (f = 900 MHz) und 14 m (f = 2,45 GHz). Das Ergebnis zeigt, dass in Fabrik-Gebäuden f = 900 MHz bezüglich der Reichweite günstiger ist als f = 2,45 GHz [Wal05].

2.3.2 Modulation

Als Modulation bezeichnet man den Vorgang, bei dem ein Trägersignal mit einem niederfrequenten Informationssignal verknüpft wird. Eine modulierte Signalform besteht daher aus der Trägersignalform und aus der modulierenden Signalform des Informationssignals.

Trägersignale können hochfrequente (sinusförmige) Schwingungen oder Impulsfolgen sein. Im Falle der Funkkommunikation im Nahbereich werden hier ausschließlich hochfrequente sinusförmige Wechselspannungen betrachtet. **Nahbereich**
Abschnitt 2.3.3 zeigt die Realisierung in Sende- und Empfangsmodulen.

2.3.2.1 Einführung und Überblick

sinusförmige Wechselspannung

Das Trägersignal liegt sowohl bei digitalen als auch analogen Modulationsverfahren der Funkkommunikation im Nahbereich stets als sinusförmiges Wechselspannungssignal vor. Die allgemeine Funktion einer sinusförmigen Wechselspannung u_T in Abhängigkeit von der Zeit (t) lautet:

$$u_T(t) = \widehat{u}_T \cdot \cos(2 \cdot \pi \cdot f_T \cdot t \pm \varphi_T) \qquad (2.5)$$

$$= \widehat{u}_T \cdot \cos(\omega_T \cdot t \pm \varphi_T). \qquad (2.6)$$

Die in dieser Funktion enthaltenen konstanten Parameter sind:
$\widehat{u}_T$: Spitzenwert der Wechselspannung
f_T : Frequenz der Wechselspannung
φ_T : Phasenverschiebung der Wechselspannung
ω_T : Kreisfrequenz $(= 2 \cdot \pi \cdot f_T)$
Die Kreisfrequenz ω_T ist keine unabhängige Konstante. Sie wird bei Berechnungen gerne benutzt, um den etwas längeren Ausdruck $(2 \cdot \pi \cdot f_T)$ zu vereinfachen.

Alle drei Konstanten $\widehat{u}_T$, f_T und φ_T können zur Übertragung von Information herangezogen werden, indem man sie durch Variable ersetzt, die wiederum Funktionen des zu übertragenden Informationssignals $u_S(t)$ sind.
Die folgenden Abschnitte stellen analoge und digitale Modulationsverfahren vor.

2.3.2.2 Analoge Modulationsverfahren

Bei analogen Modulationsverfahren liegt das Informationssignal $u_S(t)$ in analoger Form vor. Je nach Modulationsart werden die oben (siehe Abschnitt 2.3.2.1) angeführten konstanten Parameter der sinusförmigen Trägerspannung mit dem Informationssignal $u_S(t)$ wie folgt verändert:

- Amplitudenmodulation: $\widehat{u}_T$ wird variiert

- Frequenzmodulation: f_T wird variiert

- Phasenmodulation: φ_T wird variiert.

Amplitudenmodulation
Das Informationssignal, also das Signal, mit dem der Träger moduliert wird, lautet (mit $\varphi_S = 0$):

$$u_S(t) = \widehat{u}_S \cdot \cos(2 \cdot \pi \cdot f_S \cdot t \pm \varphi_S) \qquad (2.7)$$

$$= \widehat{u}_S \cdot \cos(\omega_S \cdot t). \qquad (2.8)$$

Die Zeitfunktion des Trägersignals lautet nach Gleichung (2.6):

$$u_T(t) = \widehat{u}_T \cdot \cos(\omega_T \cdot t), \qquad (2.9)$$

wobei hier und bei Gleichung (2.8) auf die Angabe der Phasenverschiebung der beiden Cosinussignale verzichtet wird, denn sie spielen bei der Amplitudenmodulation keine Rolle.

Bei der Amplitudenmodulation (AM[126]) schwankt die Amplitude $\hat{u}_T$ des Träger- **Zeitbereich** signals $u_T(t)$ in Abhängigkeit von der Amplitude des modulierenden Informationssignals $u_S(t)$. Damit erhält man die Zeitfunktion des amplitudenmodulierten Trägersignals $u_{AM}(t)$ ([Peh01], S. 79 ff.): **Ansatz**

$$\begin{aligned} u_{AM}(t) &= \hat{u}_T(t) \cdot cos(\omega_T \cdot t) \\ &= (\hat{u}_T + u_S(t)) \cdot cos(\omega_T \cdot t) \end{aligned} \qquad (2.10)$$

mit $u_S(t) = \hat{u}_S \cdot cos(\omega_S \cdot t)$ (siehe auch Gleichung (2.8))

$$\begin{aligned} u_{AM}(t) &= (\hat{u}_T + \hat{u}_S \cdot cos(\omega_S \cdot t)) \cdot cos(\omega_T \cdot t) \\ &= \hat{u}_T \cdot (1 + m \cdot cos(\omega_S \cdot t)) \cdot cos(\omega_T \cdot t) \end{aligned} \qquad (2.11)$$

> *Merksatz:* **Amplitudenmodulation**
> Das Signal $u_{AM}(t)$ (siehe Gleichung (2.11)) lässt sich in der Praxis einfach durch eine Addition eines Gleichanteils zum Informationssignal und der Multiplikation mit dem Trägersignal erzeugen.

Ein Maß für die relative Stärke der Trägersignaländerung durch das Informationssignal ist der Modulationsgrad. Er gibt das Verhältnis von Informationssig- **Modulations-** naländerung zur Trägersignaländerung an: **grad**
Modulationsgrad (m):

$$m = \hat{u}_S / \hat{u}_T, \qquad (2.12)$$

bzw. als Prozentangabe:

$$m = \hat{u}_S / \hat{u}_T \cdot 100 \ [\%] \qquad (2.13)$$

Abbildung 2.39 zeigt das sinusförmige Informationssignal $u_S(t)$, das Trägersignal $u_T(t)$ und das amplitudenmodulierte Ausgangssignal $u_{AM}(t)$ des Modulators. Alle Signale sind im Zeitbereich dargestellt.
Nach einer Umformung gemäß der Beziehung:

$$cos\alpha \cdot cos\beta = 1/2 \cdot cos(\alpha + \beta) + 1/2 \cdot cos(\alpha - \beta) \qquad (2.14)$$

erhält man mit Gleichung (2.11) **Frequenz-**
bereich

$$\begin{aligned} u_{AM}(t) = \ &\hat{u}_T \cdot cos(\omega_T \cdot t) + \\ &m/2 \cdot \hat{u}_T \cdot cos((\omega_T + \omega_S) \cdot t) + \\ &m/2 \cdot \hat{u}_T \cdot cos((\omega_T - \omega_S) \cdot t) \end{aligned} \qquad (2.15)$$

---

[126]AM = AmplitudenModulation

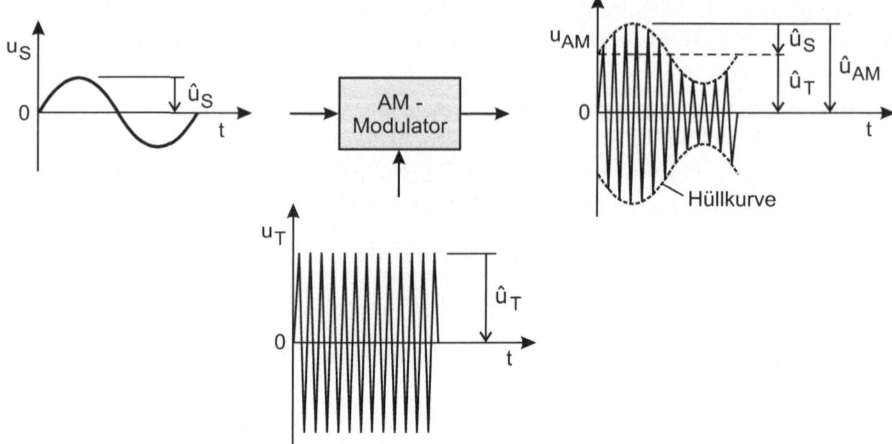

Abbildung 2.39: Amplitudenmodulation eines Trägers mit einen Sinussignal, Darstellung der Signale im Zeitbereich

Doppel-seitenband-signal mit Träger

Dieses Signal $u_{AM}(t)$ bezeichnet man als Doppelseitenbandsignal mit Träger. Es enthält die Trägerfrequenz f_T, die Differenz zwischen Trägerfrequenz und Signalfrequenz $(f_T - f_S)$ und die Summe von Trägerfrequenz und Signalfrequenz $(f_T + f_S)$. Abbildung 2.40 ist die dazugehörige Darstellung im Frequenzbereich. Das modulierte Trägersignal $u_{AM}(t)$ weist rechts und links vom Träger f_T im Abstand von $|f_T - f_S|$ je einen Seitenträger auf.

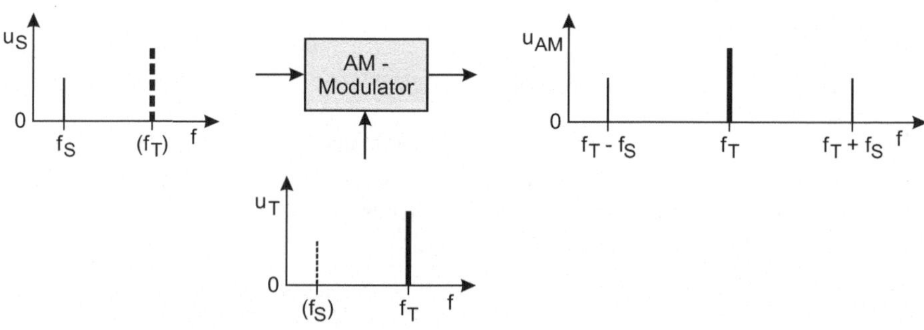

Abbildung 2.40: Amplitudenmodulation eines Trägers mit einen Sinussignal, Darstellung der Signale im Frequenzbereich

Das Informationssignal $u_S(t)$ ist selten sinusförmig, sondern es besteht entsprechend der zu übertragenden Information aus einem Signalamplitudenverlauf, der sich aus vielen Sinussignalen unterschiedlicher Amplituden zusammensetzt.

Dieses zusammengesetzte Informationssignal bezeichnet man als Basisband-
signal. Ein Basisbandsignal umfasst einen Frequenzbereich (Bandbreite), der
durch untere und obere Schranken (f_{Smin} und f_{Smax}) begrenzt wird. Beim Vor-
gang der Modulation wird dieses Basisfrequenzband in zwei Seitenbänder, rechts
und links vom Träger, umgesetzt (siehe Gleichung (2.15) und Abbildung 2.41).

**Basisband-
signal**

Das untere Seitenband (LSB[127]) bezeichnet man auch als Kehrlage (oder Fre-
quenzinversion), denn hier werden die hohen Frequenzanteile des Basisbandes
auf den niedrigen Frequenzbereich des unteren Seitenbandes abgebildet (und
entsprechend die niedrigen Frequenzanteile des Basisbandes auf den hohen Fre-
quenzbereich des oberen Seitenbandes), wie auch in Abbildung 2.41 zu erkennen
ist. Beim oberen Seitenband (USB[128]) ist das nicht der Fall. Deshalb wird hier
von einer Normallage gesprochen.
Den Aufbau beider Seitenbänder zeigt die Abbildung 2.41.

Seitenbänder

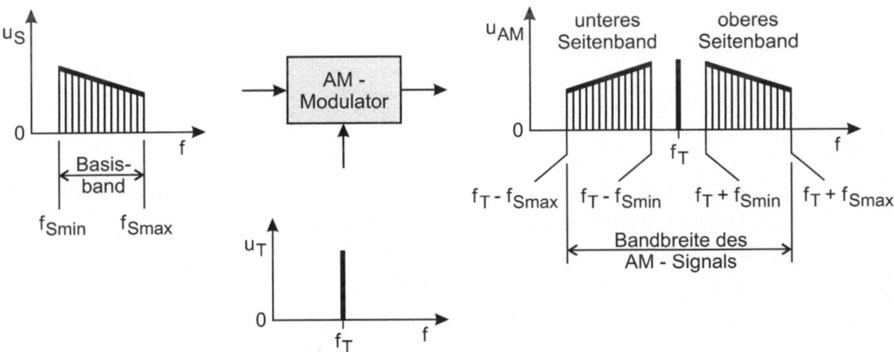

Abbildung 2.41: Amplitudenmodulation eines Trägers mit einen Basisband-
spektrum von f_{Smin} bis f_{Smax}, Darstellung der Signale im
Frequenzbereich

Die Bilanz der einfachen Amplitudenmodulation ist im Hinblick auf Leistungs-
effizienz und Bandbreiteneffizienz sehr schlecht.
Auch wenn kein Informationssignal vorliegt, wird z. B. trotzdem ein Trägersignal
abgestrahlt (natürlich ohne Seitenbandsignale). Der Trägerleistungsanteil beim
AM-Signal beträgt bei einem Modulationsgrad von 100% immerhin 50%.
Wie man der Abbildung 2.41 entnehmen kann, wird das Basisband je einmal
oberhalb und unterhalb des Trägers als Seitenband abgebildet. Die von einem
amplitudenmodulierten Signal belegte Bandbreite beträgt damit mehr als das
Doppelte (maximale Basisbandfrequenz f_{Smax} multipliziert mit 2).

Effizienz

---

[127]LSB = **L**ower **S**ide **B**and *(deutsch: unteres Seitenband)*
[128]engl.: Upper Side Band

Doppel-
seitenband

Beim Sonderfall der Doppelseitenbandmodulation wird der Träger unterdrückt (Gleichung (2.15) mit $\widehat{u}_T = 0$). Die Leistungsbilanz ist dann etwas besser, die Bandbreiteneffizienz ist jedoch ebenso schlecht wie bei der einfachen Amplitudenmodulation.

ISB

Eine spezielle Modulationsart ist die unabhängige Seitenband-Modulation (ISB[129]-Modulation). Hier werden das obere und das untere Seitenband mit getrennten und von einander unabhängigen Basisbandsignalen moduliert. Bei unterdrücktem Träger ist die Leistungsbilanz sehr gut. Die von einem ISB-Signal belegte Bandbreite ($2 \cdot f_{Smax}$) ist nur geringfügig größer als die zweier unabhängiger Basisbandsignale ($2 \cdot [f_{Smax} - f_{Smin}]$). Diese Modulationsart erfordert jedoch spezielle Demodulatoren im Empfänger. Deshalb bleibt der Einsatz auf Spezialfälle beschränkt.

SSB

Die effizienteste Modulationsart in Hinblick auf Bandbreitenbelegung und Leistungsverbrauch ist die Einseitenband-Modulation (SSB[130]-Modulation). Hier werden z. B. durch Filterung oder auf anderem Wege der Trägeranteil und ein Seitenband des amplitudenmodulierte Signal unterdrückt (siehe auch Gleichung (2.15)):

$$u_{USB}(t) \;=\; \widehat{u}_S/2 \cdot cos((\omega_T + \omega_S) \cdot t) \tag{2.16}$$

Abbildung 2.42 zeigt den Aufbau eines SSB-Signals im Frequenzbereich (hier ein USB-Signal). Man erkennt, dass der modulierte HF-Träger eines SSB-Signals exakt die gleiche Bandbreite wie das Basisband benötigt. Liegt kein Basisbandsignal am Modulator an, entsteht auch kein HF-Signal am Ausgang des Modulators.

Dass Amplitudenmodulation heute noch im Einsatz ist, hat historische Gründe. Eine Umstellung auf effizientere Modulationsarten würde bedeuten, dass zeitgleich auch alle Empfänger ausgetauscht werden müssten. Das ist zurzeit (noch) nicht durchsetzbar.

Frequenzmodulation

Bei der Frequenzmodulation (FM[131], oft auch als Winkelmodulation bezeichnet) schwankt die Frequenz f_T des Trägersignals in Abhängigkeit von der Amplitude des modulierenden Informationssignals (mit $\omega_T = 2 \cdot \pi \cdot f_T$):

Ansatz

$$\omega_T(t) = \omega_T + k_F \cdot u_S(t)$$

k_F: FM-Konstante

Für das modulierte Trägersignal gilt: $\widehat{u}_T \cdot cos(\varphi_T(t))$ und $\omega_T(t) = d\varphi_T(t)/dt$.

---

[129]ISB = Independant Side Band *(deutsch: unabhängiges Seitenband)*
[130]SSB = Single Side Band *(deutsch: Einseitenband)*
[131]FM = FrequenzModulation

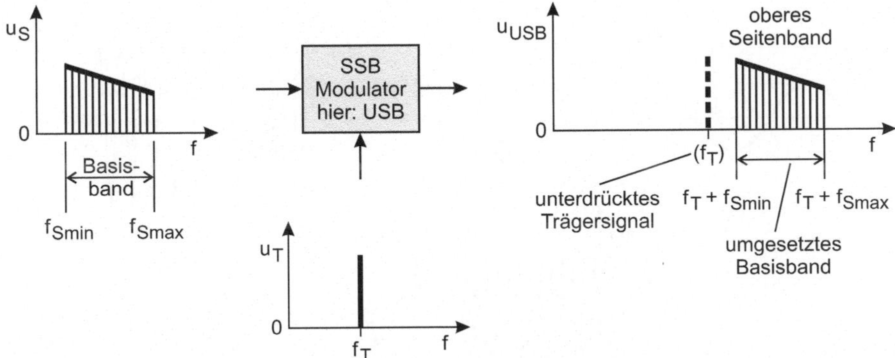

Abbildung 2.42: Einseitenbandmodulation eines Trägers (USB) mit einem Basisbandspektrum von f_{Smin} bis f_{Smax}, Darstellung der Signale im Frequenzbereich

Hieraus folgt allgemein für das frequenzmodulierte Signal $u_{FM}(t)$ ([Peh01], S. 113 ff.): **allgemein**

$$u_{FM}(t) \; = \; \widehat{u}_T \cdot \cos\left(\int_{t_0=0}^{t} \omega_T(\tau)d\tau\right) \qquad (2.17)$$

mit $u_S(t) = \widehat{u}_S \cdot \cos(\omega_S \cdot t + \varphi_S)$ folgt für $\varphi_T(t)$

$$\begin{aligned} \varphi_T(t) \; &= \; \int_0^t \omega_T(\tau)d\tau \\ &= \; \omega_T \cdot t + k_F \cdot 1/\omega_S \cdot \widehat{u}_S \cdot \sin(\omega_S \cdot t + \varphi_S) \end{aligned}$$

und für das frequenzmodulierte Signal $u_{FM}(t)$:

$$u_{FM}(t) = \widehat{u}_T \cdot \cos(\omega_T \cdot t + k_F \cdot 1/\omega_S \cdot \widehat{u}_S \cdot \sin(\omega_S \cdot t + \varphi_S)) \qquad (2.18)$$

Die Amplitude des frequenzmodulierten Signals $u_{FM}(t)$ bleibt dabei konstant, denn deren Größe ist unabhängig vom Informationssignal $u_S(t)$ (siehe Abbildung 2.43).

Als Hub bezeichnet man die Auslenkung der Trägerfrequenz bei Ansteuerung des FM-Modulators durch $u_S(t)$. Da der Hub Δf_T nur die Auslenkung in eine **Hub** Richtung bezeichnet, erfolgt die Angabe als

$$Hub = \Delta f_T = 1/(2 \cdot \pi) \cdot k_F \cdot \widehat{u}_S \qquad (2.19)$$

Der Modulationsindex M ist der Quotient aus Hub und maximaler Signalfrequenz: **Modulationsindex**

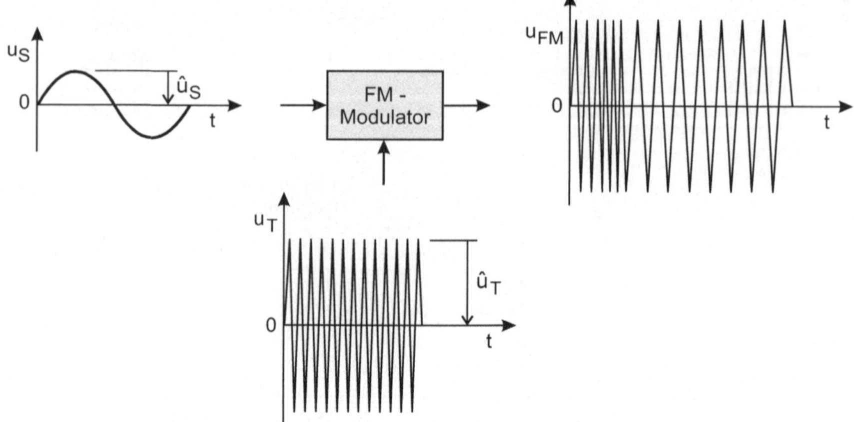

Abbildung 2.43: Frequenzmodulation eines Trägers mit einem Sinussignal, Darstellung der Signale im Zeitbereich

$$M = \Delta f_T / f_{Smax} \tag{2.20}$$
$$= \Delta \omega_T / \omega_{Smax}$$

Bandbreiten-effizienz

Die benötigte Bandbreite B eines frequenzmodulierten Signals wird vom Hub und der maximalen Frequenz des Basisbandes bestimmt und ist theoretisch unendlich groß. Das genaue Spektrum eines FM-modulierten Signals lässt sich mit der Besselfunktion bestimmen. Als gute Näherungswerte gelten: Schmalband-FM:

$$B \approx 2 \cdot f_{Smax} \tag{2.21}$$

Breitband-FM:

$$B \approx 2 \cdot (\Delta f_T + f_{Smax}) \tag{2.22}$$

Leistungs-effizienz

Auch die Leistungseffizienz ist bei der Frequenzmodulation sehr ungünstig. Unabhängig von der Amplitude oder der Frequenz des Modulationssignals $u_S(t)$ wird stets die maximale Sendeleistung vom Sender abgestrahlt.

Dieser schlechten Leistungsbilanz steht ein gravierender Vorteil gegenüber: In einem FM-Empfänger kann leicht eine sehr effiziente Störunterdrückung durchgeführt werden. Störungen in einem Übertragungskanal sind meist Amplitudenstörungen. Wie oben gezeigt, sind jedoch die Informationsinhalte bei FM-Betrieb in der Frequenz des Trägers enthalten bzw. in dessen Nulldurchgängen. Damit können empfangene FM-Signale in ihren Amplituden begrenzt (limitiert) werden, denn diese haben, solange eine Mindestspannung nicht unterschritten wird, keinen Einfluss auf die Qualität des demodulierten Signals.

Durch eine Amplitudenbegrenzung im Empfänger werden Störungen sehr effizient ausgeblendet. Damit ist ein FM-Empfang wesentlich unempfindlicher gegen Amplitudenstörung als ein AM-Empfang, bei dem ja gerade das Informationssignal als Amplitudenänderung übertragen wird.

Phasenmodulation

Bei der Phasenmodulation (PM[132], oft auch als Winkelmodulation bezeichnet) schwankt die Phase φ_T des Trägersignals $u_T(t)$ in Abhängigkeit von der Amplitude des modulierenden Informationssignals $u_S(t)$ ([Peh01], S. 116 ff.):   **Ansatz**

$$\varphi_T(t) \;=\; \omega_T \cdot t + k_P \cdot u_S(t)$$

k_P: PM-Konstante

Hieraus ergibt sich allgemein das folgende phasenmodulierte Signal $u_{PM}(t)$:   **allgemein**

$$\begin{aligned} u_{PM}(t) &= \widehat{u}_T \cdot cos(\varphi_T(t)) \\ &= \widehat{u}_T \cdot cos(\omega_T \cdot t + k_P \cdot u_S(t)) \end{aligned} \qquad (2.23)$$

für $u_S(t) = \widehat{u}_S \cdot cos(\omega_S \cdot t + \varphi_S)$ gilt:

$$\varphi_T(t) \;=\; \omega_T \cdot t + k_P \cdot \widehat{u}_S \cdot cos(\omega_S \cdot t + \varphi_S)$$

hieraus ergibt sich für $u_{PM}(t)$:

$$u_{PM}(t) \;=\; \widehat{u}_T \cdot cos(\omega_T \cdot t + k_P \cdot \widehat{u}_S \cdot cos(\omega_S \cdot t + \varphi_S)) \qquad (2.24)$$

Phasen- und Frequenzmodulation sind voneinander abhängig: **Übergang FM, PM**

$$\varphi = \int \omega \, dt = 2 \cdot \pi \cdot \int f \, dt \qquad (2.25)$$

Jede Phasenveränderung hat ihre Ursache in einer Frequenzänderung, d. h. jede Frequenzveränderung hat eine Phasenänderung zur Folge. Der Zusammenhang ist in Abbildung 2.44 dargestellt.
Die Leistungseffizienz und die Bandbreiteneffizienz entsprechen weitgehend den Werten der Frequenzmodulation.   **Effizienz**

Aufgabe: Vergleichen sie die drei analogen Modulationsverfahren AM, FM und PM bezüglich Leistungs- und Bandbreiteneffizienz.

---

[132]PM = PhasenModulation

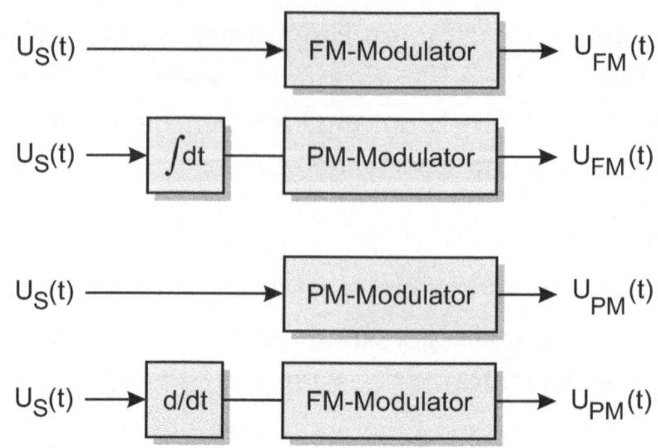

Abbildung 2.44: Zusammenhang zwischen Frequenzmodulation und Phasenmodulation

2.3.2.3 Digitale Modulationsverfahren

Bei den digitalen Modulatonsverfahren werden wie bei den analogen Modulationsverfahren die Kennwerte einer sinusförmigen Trägerschwingung moduliert. Im Gegensatz zu den analogen Modulationsverfahren kann hier das Signal, welches einen Träger modulieren soll, nur diskrete Werte (Kennzustände) annehmen. Die Tabelle 2.16 zeigt die Beziehungen zwischen analogen und digitalen Modulationsverfahren. Tabelle 2.16 gibt hierzu einen Überblick:

sinusförmiger Träger

Modulierendes Signal	analog	digital
Beeinflussung der Amplitude des Trägersignals	AM	ASK
Beeinflussung der Frequenz des Trägersignals	FM	FSK
Beeinflussung der Phase des Trägersignals	PM	PSK
Kombination von grundlegenden Modulationsarten		APSK (QAM)

Tabelle 2.16: Zusammenfassung der grundlegenden Modulationsarten mit sinusförmiger Trägerschwingung (auch Cosinusschwingung)

Im Folgenden die Bedeutung der Abkürzungen: AM[133], ASK[134], FM[135], FSK[136],

---

[133] AM = **A**mpliduden**M**odulation
[134] ASK = **A**mplitude **S**hift **K**eying *(deutsch: Amplitudenumtastung)*
[135] FM = **F**requenz**M**odulation
[136] FSK = **F**requency **S**hift **K**eying *(deutsch: Frequenzumtastung)*

PM^{137}, PSK^{138}, $APSK^{139}$ und QAM^{140}.

Bei digitalen Modulationsverfahren nimmt das Signal, welches einen Träger modulieren soll, nur diskrete Werte (Kennzustände) an. Interessant ist dabei, wie viel Information (Bits) pro Zeiteinheit in Abhängigkeit von der Schrittdauer (Schrittgeschwindigkeit) und der Anzahl der Kennzustände übertragen werden kann. Deshalb werden hier zunächst die Kennwerte digitaler Basisbandsignale vorgestellt.

Kennwerte

Basisband

Weiterführende Literatur zum Thema Modulationsverfahren findet man unter [MG02, Fre00, HL00, Rop06].

Schrittgeschwindigkeit

Die Schrittgeschwindigkeit V_s gibt die Anzahl der Einzelschritte mit der Schrittdauer T_S pro Sekunde an.

$$V_S = 1/T_S \ [Baud] \tag{2.26}$$

Dieser Begriff kommt aus der Fernschreibtechnik und bezeichnet dort die Einheit für die Telegrafiegeschwindigkeit Baud. Ein Baud bedeutet „ein Schritt pro Sekunde".

Baud-Rate

Kennzustände

Im binären System gibt es die logischen Werte „logisch Null" und „logisch Eins". Diesen beiden Werten werden zwei physikalischen Kennzuständen zugeordnet, zum Beispiel der Spannungsbereich zwischen 0 und 0,8 Volt dem Wert „logisch Null" und der Spannungsbereich vom 2,0 bis 5,0 Volt dem Wert „logisch Eins". Die Dauer eines Symbols entspricht hier der Übertragungsdauer eines Bit.

Hat man nun vier Kennzustände, wie zum Beispiel in Tabelle 2.17 dargestellt, so kann man jedem Kennzustand einen Zwei-Bit-Wert zuordnen.

Das heißt, pro Schritt werden zwei Bits übertragen. Hat man „n" Kennzustände,

Kennzustände [V]	Bits
-12 bis -9	00
-5 bis -2	01
+2 bis +5	10
+9 bis +12	11

Tabelle 2.17: Kennzustände I

---

[137] PM = PhasenModulation
[138] PSK = Phase Shift Keying *(deutsch: Phasenumtastung)*
[139] APSK = Amplitude Phase Shift Keying *(deutsch: Amplituden-Phasen-Umtastung)*
[140] QAM = Quadrature Amplitude Modulation

so werden pro Schritt (ld^{141} n) Bits übertragen. Mit der Beziehung

$$ld\ n = lg\ n / lg\ 2 \qquad (2.27)$$

kann man den Informationsgehalt eines Schrittes in [Bit] in Abhängigkeit von den Kennzuständen bestimmen.
Die Tabelle 2.18 zeigt den Informationsgehalt eines Schrittes in Abhängigkeit von den Kennzuständen zwei bis zehn.

Kennzustände [V]	Bits
1	-
2	1,0
3	1,585
4	2,0
5	2,322
6	2,585
7	2,807
8	3,0
9	3,17
10	3,322
usw.	usw.

Tabelle 2.18: Kennzustände II

Übertragungsgeschwindigkeit

Bit-Rate Die Übertragungsgeschwindigkeit V_{UE} (oder Bit-Rate) gibt an, wie viel Bits pro Sekunde übertragen werden. Sie ist das Produkt aus Schrittgeschwindigkeit und Anzahl der übertragenen Bits pro Schritt:

$$V_{UE} = V_S \cdot ld\ n\ [Bit/s] \qquad (2.28)$$

> *Merksatz:* **Baud-Rate**
> Bei einem System mit nur zwei Kennzuständen ist die Baud-Rate gleich dem Wert der Bitübertragungsrate.

Symboldauer

In der Übertragungstechnik gibt die Symboldauer (oder Symbollänge) den Zeitraum an, in dem einem Trägersignal die gleichen Daten aufmoduliert werden. Sie entspricht damit der oben definierten Schrittdauer. Wenn dabei nur zwischen zwei Kennzuständen unterschieden wird, beträgt die übertragende Information

---

[141] Logarithmus zur Basis 2

während der Dauer eines Symbols, also pro Symboldauer (pro Symbollänge, pro Schritt) genau ein Bit.

Aufgabe: Bei einem ternären digitalen Signal unterscheidet man auf der Leitung zwischen den drei Kennzuständen, zum Beispiel zwischen (+U), (0) und (-U). Die Schrittdauer beträgt 0,1 ms. Wie hoch ist die Übertragungsgeschwindigkeit (Bit-Rate)?

Pro Schritt werden ld 3 = 1,585 Bits übertragen. Es werden pro Sekunde **Lösung** 1s / (0,1 ms) = $10 \cdot 10^3$ Schritte durchgeführt. Die Bit-Rate beträgt somit $1,585 \cdot 10 \cdot 10^3 = 15,85$ kBit/s.

Aufgabe: In einem QAM[a]-16-System wird zwischen 16 Kennzuständen unterschieden. Die Symboldauer beträgt 0,1 μs. Wie viele Bits werden pro Sekunde übertragen?

[a]QAM = **Q**uadrature **A**mplitude **M**odulation

Pro Schritt werden ld 16 = 4 Bits übertragen. Es werden pro Sekunde **Lösung** 1s / (0,1 μs) = $10 \cdot 10^6$ Schritte durchgeführt. Es werden somit $4 \cdot 10 \cdot 10^6 = $ 40 MBit/s übertragen.

Frequenzbereich des Basisbandsignals (Bandbreite)

Eine binäre Folge hat ihre maximale Frequenz, wenn sie bei jedem Schritt ihren Kennzustand wechselt. Die Periodendauer ist in diesem Fall gleich der Dauer von zwei Schritten (mit den Kennzuständen für „logisch Eins" und „logisch Null"). Die Grundfrequenz $f_0 = 1 / T_0$ mit $T_0 = 2 \cdot T_S$ beträgt dann

$$f_0 = 1/(2 \cdot T_S) \tag{2.29}$$

Wenn hier von der „Grundfrequenz" gesprochen wird, heißt das, dass auch noch andere Frequenzen auftreten. Eine unendlich lange „1-0-1-0-Folge" ist ein Rechtecksignal, wie es in Abbildung 2.45 zu sehen ist.

Abbildung 2.45a) zeigt den zeitlichen Verlauf der „1-0-1-0-Folge" in der logischen Ebene. Aus der Schrittdauer von $T_S = 5$ ms erhält man die Periodendauer **Zu 2.45a)** von $T_0 = 2 \cdot T_S$ mit der $T_0 = 10$ ms. Daraus ergibt sich die Frequenz $f_0 = 1/T_0$ des Rechtecksignals mit $f_0 = 100$ Hz.

Abbildung 2.45b) zeigt die dazugehörige Abbildung auf einer physikalischen Ebe- **Zu 2.45b)**

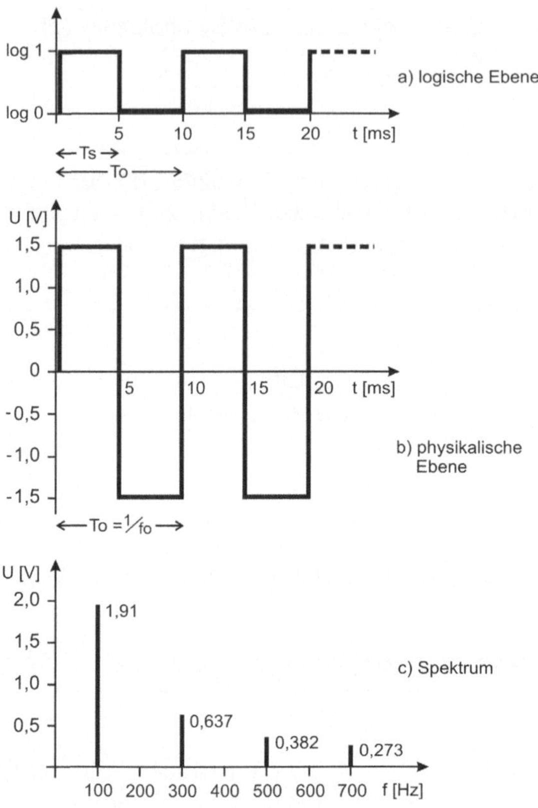

Abbildung 2.45: Darstellung einer „1-0-1-0-Folge" in verschiedenen Ebenen

ne. Der logischen Null ist der Spannungswert - 1,5 Volt zugeordnet und der logischen Eins der Spannungswert + 1,5 Volt, das entspricht einem Amplitudenspitzenwert von U_S=1,5V (oder einem Spitzen-Spitzenwert von U_{SS}=3V). Abbildung 2.45c) zeigt das Spektrum des Signals. Das Spektrum eines Rechtecksignals ist theoretisch unbegrenzt. Die Grundschwingung des Rechtecksignals muss bei 100 Hz liegen. Deren Amplitude, die Frequenzen der Oberschwingungen und die Amplitudenwerte der Oberschwingungen kann man folgender Beziehung entnehmen:

Zu 2.45c)

$$u(\omega t) = U_S \cdot \frac{4}{\pi} \cdot (\sin \omega t + \frac{1}{3}\sin 3\omega t + \frac{1}{5}\sin 5\omega t + \frac{1}{7}\sin 7\omega t \ldots)$$

Für das obige Beispiel ergeben sich damit die folgenden Amplitudenwerte (siehe Tabelle 2.19) für die ersten fünf Spektren eines Rechtecksignals (mit der Frequenz von f_0 = 100 Hz und einer Amplitude von U_S = 1,5 V).
Der Fall einer „1-0-1-0-Folge", also eines Rechtecksignals mit dem Tastverhältnis 1:1, wäre ein Sonderfall der Datenübertragung. Binäre Datensignale beste-

f [Hz]	U [V]
100	1,910
300	0,637
500	0,382
700	0,273
900	0,212
usw.	usw.

Tabelle 2.19: Amplitudenwerte für die ersten fünf Spektren nach Abbildung 2.45

hen in der Realität selten aus Schritten gleicher Dauer (T_S). Sie stellen dabei keinen periodischen Vorgang dar, denn die Datenbits ändern unregelmäßig ihre Werte. Eine weitgehend zufällige zusammengesetzte Bitfolge mit der Schrittdauer T_S = 5ms (d. h. T_0 = 10 ms bzw. f_0 = 100 Hz) erzeugt das in Abbildung 2.46 dargestellte Amplitudenspektrum.

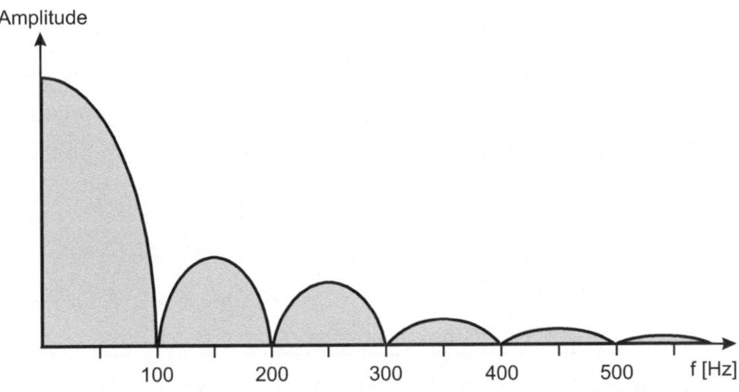

Abbildung 2.46: Amplitudenspektrum eines pseudozufälligen binären Datensignals

Amplitudenumtastung

Bei der Amplitudenumtastung (ASK[142]) wird das digitale Informationssignal **ASK**
u_S(t) auf die Amplitude eines Trägersignals u_T(t) abgebildet. Das Ergebnis dieser Multiplikation zeigt Abbildung 2.47.

ASK-Modulation ist, historisch betrachtet, die erste Modulationsart, die in der Funktechnik zum Einsatz kam. In der Morsetelegraphie (CW[143]) mussten die beiden Signalzustände „Ein" und „Aus" übertragen werden, was bei ASK den

---

[142]ASK = **A**mplitude **S**hift **K**eying *(deutsch: Amplitudenumtastung)*
[143]engl.: Continues Wave

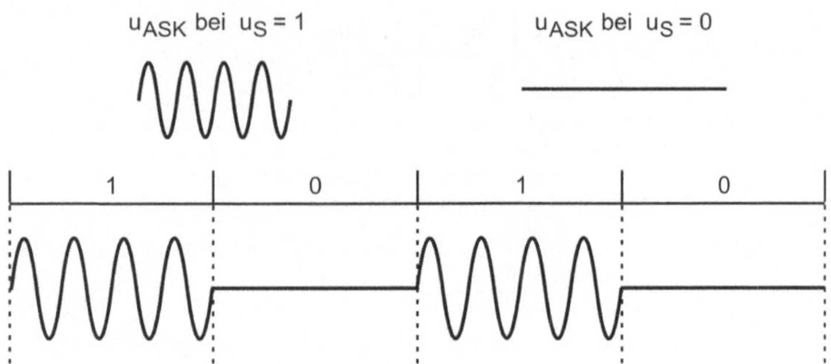

Abbildung 2.47: Abbildung der binären Werte „1" und „0" auf die Amplitude eines Trägers

Bit-Zuständen „1" und „0" entspricht. ASK bzw. CW kommen heute nur selten zum Einsatz. In Kombination mit der PSK-Modulation wird sie jedoch bei Modulationsverfahren für mehrwertige Codes eingesetzt (QAM).

Frequenzumtastung

FSK

Bei der Frequenzumtastung (FSK[144]) wird das digitale Informationssignal $u_S(t)$ auf die Frequenz eines Trägersignals $u_T(t)$ abgebildet. Das Ergebnis zeigt Abbildung 2.48. Bei Frequenzumtastmodulation werden den beiden logischen Kenn-

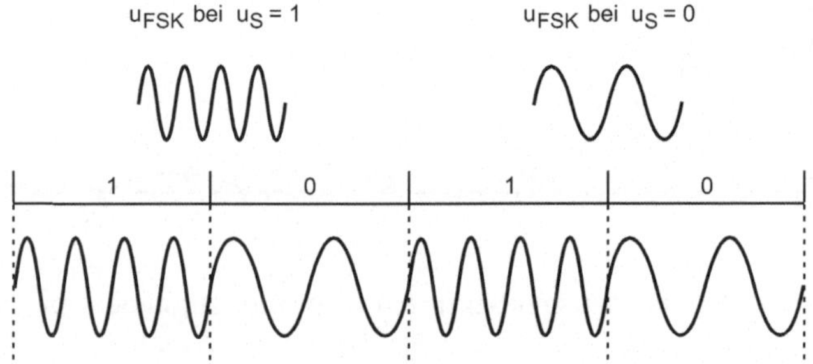

Abbildung 2.48: Abbildung der binären Werte „1" und „0" auf die Frequenz eines Trägers

zuständen „0" und „1" zwei verschiedene Frequenzen zugeordnet. Liegt dieses Frequenzpaar innerhalb des Sprachfrequenzbandes (0,3 bis 3,4 kHz), können vorhandene Sprachkommunikationseinrichtungen, wie z. B. das internationale Telefonnetz, für den digitalen Datenverkehr genutzt werden. Die ersten Telefonmodems arbeiteten nach diesem Prinzip, und heute wird dieses Verfahren

---

[144]FSK = **F**requency **S**hift **K**eying *(deutsch: Frequenzumtastung)*

noch bei einigen Diensten mit der Funkfernschreibtechnik eingesetzt.

Phasenumtastung

Bei der Phasenumtastung (PSK[145]) wird das digitale Informationssignal $u_S(t)$ **PSK**
auf die Phasenlage eines Trägersignals $u_T(t)$ abgebildet. Das Ergebnis zeigt Abbildung 2.49 für eine 2-PSK-Modulation. Die „2" steht für die Anzahl der Kennzustände. In diesem Fall wird zwischen den zwei Phasenlagen 0° und 180° unterschieden, denen die logischen Werte „0" und „1" des Informationssignal $u_S(t)$ zugeordnet sind. Andere Bezeichnungen dafür sind BPSK[146] oder PRK[147].

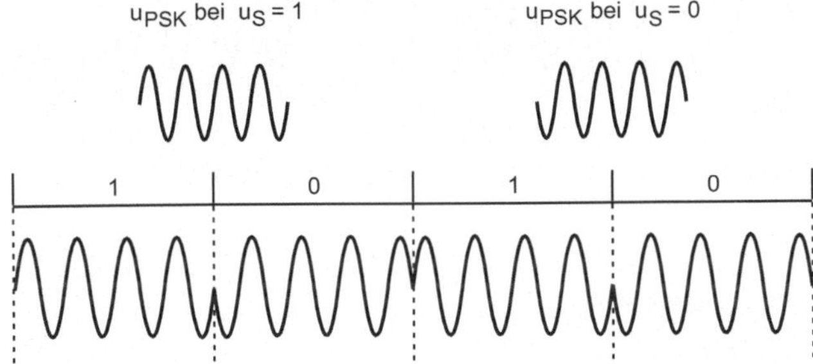

Abbildung 2.49: Abbildung der binären Werte „1" und „0" auf die Phase eines
Trägers

Senderseitig wird eine 2-PSK-Modulation wie eine ASK-Modulation durch die Multiplikation des digitalen Informationssignals $u_S(t)$ mit dem Trägersignal $u_T(t)$ erzeugt.

Bei der ASK-Modulation werden jedoch die beiden logischen Bit-Werte „1" und „0" auf die diskreten Spannungswerte „1" und „0" des Informationssignals $u_S(t)$ abgebildet. Das hat zur Folge, dass bei der Multiplikation mit dem Bit-Wert „0" eine Auslöschung des modulierten Trägersignals $u_{ASK}(t)$ stattfindet.

Bei der PSK-Modulation dagegen werden die logischen Bit-Werte „1" und „0" auf die diskreten Spannungswerte „+1" und „-1" des Informationssignals abgebildet. Damit bleibt bei der Multiplikation mit dem Bit-Wert „1" der Träger unverändert, während er beim Bit-Wert „0" invertiert wird, was einer Phasendrehung des Trägersignals $u_{PSK}(t)$ um 180° entspricht.

Die Demodulation eines PSK-Signals beim Empfänger ist kritisch, denn es wird ja keine Referenzphase mit gesendet, mit der entschieden werden kann, ob gerade eine 0°-Phase (= logisch „1") oder eine 180°-Phase (= logisch „0") empfangen wurde. Dieses Problem kann durch einen geeigneten Leitungscode gelöst wer-

---

[145]PSK = Phase Shift Keying *(deutsch: Phasenumtastung)*
[146]BPSK = Binary Phase Shift Keying
[147]PRK = Phase Reversal Keying

den. Beim Differentialcode wird z. B. einer log. „1" ein Phasenwechsel während eines Schrittes zugeordnet und einer log. „0" kein Phasenwechsel während eines Schrittes (siehe Abbildung 2.50).

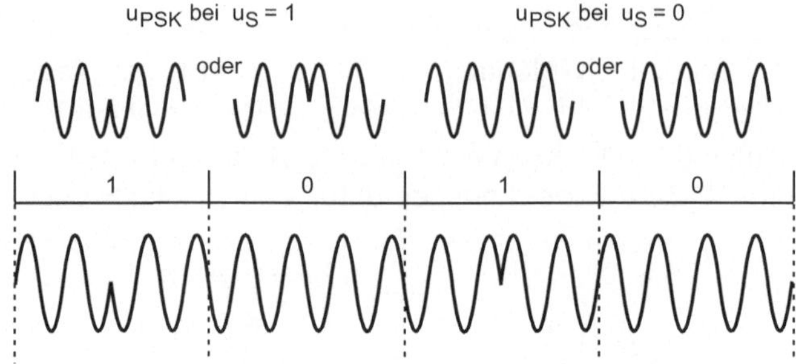

Abbildung 2.50: Differentielle PSK-Modulation

Ein anderes Problem bei der PSK-Modulation sind die steilen Flanken beim Wechsel der Phasenlagen (siehe Abbildung 2.51).

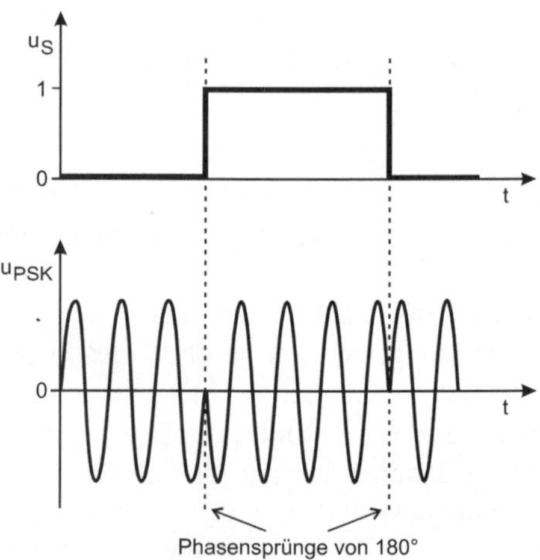

Abbildung 2.51: Phasensprünge bei der PSK-Modulation

Diese Flanken erzeugen Signale weit außerhalb des Übertragungsfrequenzbandes des Kanals und können dort (wie in den Abschnitten 2.2.2 und 2.2.3 bereits erwähnt) andere Kommunikationsverbindungen stören. Abhilfe schafft eine Filterung des Basisbandsignals und dessen Synchronisation mit dem Trägersignal. Dies bezeichnet man als MSK[148].

---

[148]MSK = Minimum Shift Keying

Beim GMSK[149]-Verfahren werden durch geeignete Tiefpassfilter die Flanken bei den ursprünglich rechteckförmigen „0-1"- und „1-0"-Übergängen des digitalen Informationssignals $u_S(t)$ verschliffen. Damit erfolgen auch die Übergänge beim PSK-Signal $u_{PSK}(t)$ nicht mehr abrupt, sondern kontinuierlich.

Eine andere Lösung ist die Absenkung der Trägeramplitude vor einem Phasenwechsel und die anschließende Wiederanhebung. In Abbildung 2.52 oben ist dies dargestellt. In der zeitgedehnten Darstellung in Abbildung 2.52 unten erkennt man den Phasenwechsel beim Nulldurchgang der Hüllkurve. Dieses Verfahren kommt vorwiegend bei der differentiellen PSK-Modulation zum Einsatz.

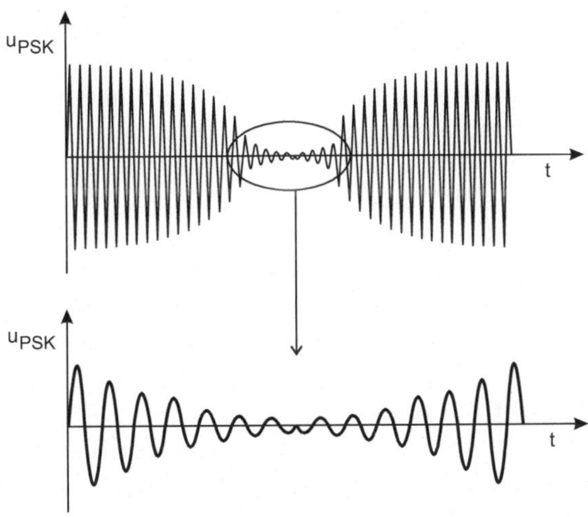

Abbildung 2.52: Dämpfung der Amplitude beim Phasensprung

In einem Schritt kann auch mehr als ein Bit übertragen werden. Abbildung 2.53 zeigt die möglichen Phasenlagen einer 2-PSK, einer 4-PSK und einer 8-PSK-Modulation. Pro Schritt werden hier ein, zwei oder drei Bits übertragen (siehe dazu Gleichung (2.27)).

Quadratur-Amplitudenmodulation
Eine andere Möglichkeit, mehr Bits pro Schritt zu übertragen, ist die Kombination von Phasen- und Amplitudenmodulation. Ein QAM-16-Signal ist z. B. aus 16 Kennzuständen aufgebaut. Damit werden pro Schritt vier Bits übertragen. Im oberen Teil der Abbildung 2.54 sieht man in der Phasenebene 16 diskrete Punkte, die jeweils einem 4-Bit-Wert zugeordnet sind. Jeder Zeiger auf einen der 4-Bit-Werte wird durch seinen Winkel zur 0°-Achse und durch seine Länge bestimmt.

---

[149]GMSK = **G**aussian **M**inimum **S**hift **K**eying

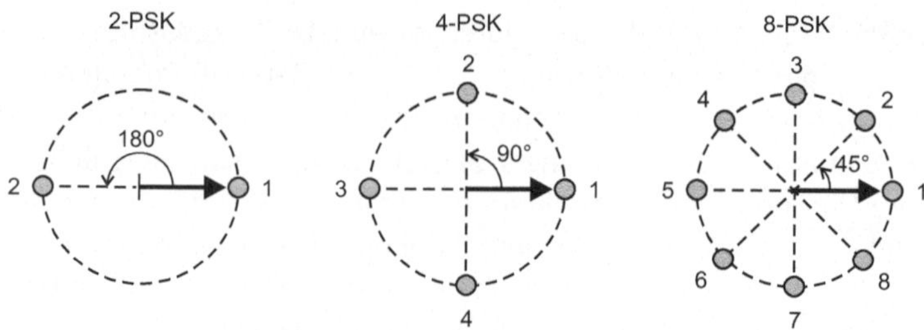

Abbildung 2.53: Mehrbit-PSK mit 1- 2- oder 3-Bit pro Schritt

Man erkennt ferner, dass hier drei unterschiedliche Amplitudenbeträge und 12 verschiedene Phasenlagen möglich sind. Von den damit möglichen 36 verschiedenen Kombinationen (= möglichen Zeigern) werden jedoch nur 16 genutzt. Dies dient der Störsicherheit bzw. der Fehlertoleranz. Um jeden gültigen Endpunkt eines Zeigers (also einer gültigen Kombination aus Phasenlage und Amplitudenbetrag) wird eine Umgebung definiert. Wenn durch einen Übertragungsfehler Phase und/oder Amplitudenbetrag vom Sollwert abweichen, sie aber dennoch innerhalb der definierten Umgebung um einen gültigen Endpunkt liegen, werden sie diesem zugeordnet. In Abbildung 2.54 ist dies am Zeiger „4" für den Wert „1010" aufgezeigt.

In Abbildung 2.55 sind noch einmal die grundlegenden Merkmale digitaler Modulationsarten als Übersicht zusammengefasst und in der Zeit-, Frequenz- und Phasenebene dargestellt.

2.3.3 Sender- und Empfängertechnik

Einige Komponenten (z. B. Frequenzaufbereitung, Antennenanpassung) werden sowohl bei der Sende-, als auch bei der Empfangsanlage benötigt. Sie sind deshalb in einer kombinierten Sende-/Empfangsanlage auch nur einmal vorhanden. Für solche kombinierten Anlagen hat sich die Bezeichnung Transceiver[150], eine Wortkombination aus den englischen Bezeichnungen „Transmitter" und „Receiver", eingebürgert.

2.3.3.1 Senderaufbau

Die Aufgabe eines Funksenders ist die drahtlose Übermittlung elektrischer Signale. Die ausgesendeten elektrischen Signale können in ihrer Amplitude, ihrer

---

[150]Transceiver = **TransmitterReceiver**

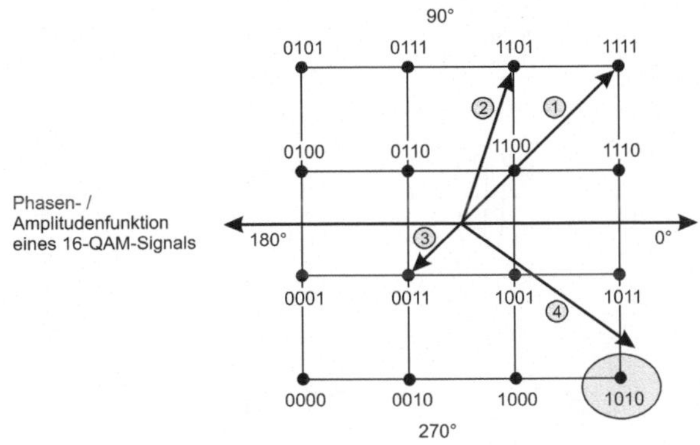

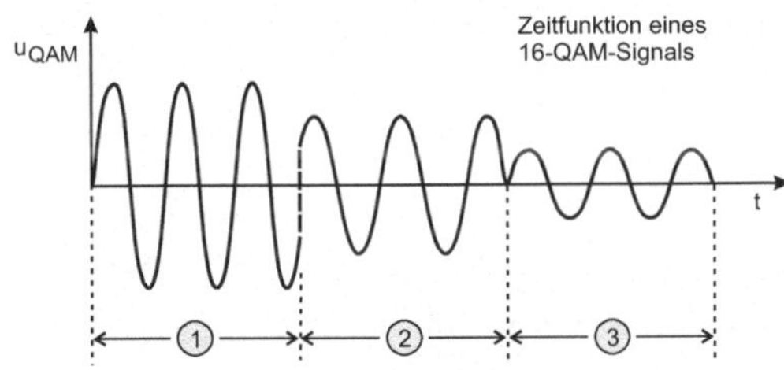

Abbildung 2.54: 16-QAM-Verfahren mit ASK- und PSK-Modulation

Frequenz und/oder ihrer Phase moduliert werden, um eine Information zu übertragen.

Zur Durchführung einer Kommunikation benötigt der Funksender einen Funkempfänger, der die ausgesendeten Funksignale empfängt und demoduliert. Abbildung 2.56 zeigt das Blockschaltbild eines Hochfrequenzsenders.

Frequenzaufbereitung

Das „Herz" eines Senders ist dessen Oszillator. Er erzeugt eine sehr präzise Wechselspannung konstanter Frequenz und konstanter Amplitude. Als Frequenzreferenz kommt ein Schwingquarz zum Einsatz, wobei häufig Oszillatorschaltung und Schwingquarz als ein Bauteil in einem Gehäuse angeordnet sind. **Oszillator**

Die moderne Form der Frequenzerzeugung erfolgt durch die direkte digitale Synthese (DDS[151]). Damit lassen sich beliebige Frequenzen sehr genau und rauscharm erzeugen. Moderne DDS-Schaltkreise besitzen ein Interface zur Kopplung mit Mikrocontrollern. **DDS**

Mikrocontroller

Bei einer direkten digitalen Synthese wird aus einem Takt ein digitaler Da-

---

[151]DDS = **D**irect **D**igital **S**ynthesis

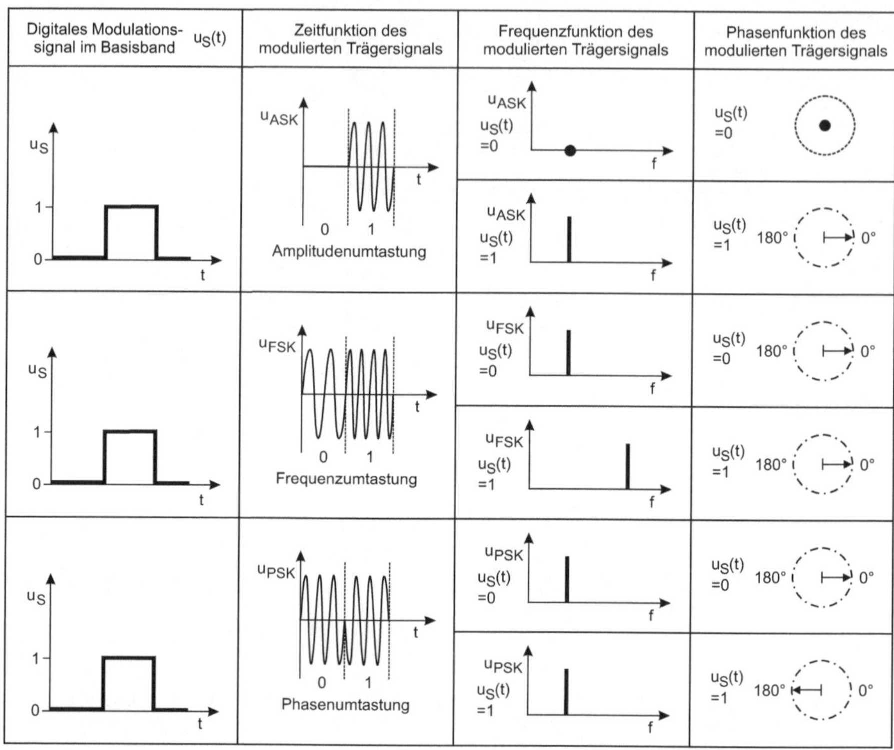

Abbildung 2.55: Modulation eines Trägers mit einem binären Basisbandsignal, Darstellung von AM (ASK), FM (FSK) und PM (PSK)

tenwert erzeugt, der einen Speicher adressiert. In diesem Speicher[152] sind die Amplitudenwerte eines Sinussignals abgelegt. Ein nachfolgender Digital-Analog-Wandler mit anschließender Filterung erzeugt daraus ein präzises Sinussignal. Der vom Mikrocontroller gelieferte Soll-Wert bestimmt die Frequenz des Ausgangssignals. Durch Mischung mit anderen Oszillatorfrequenzen wird die gewünschte Sendefrequenz erzeugt.

Die theoretische maximale Ausgangsfrequenz eines DDS-Generators beträgt 1/2 der Taktfrequenz. DDS-Schaltkreise mit integriertem D/A-Wandler sind heute mit Taktfrequenzen bis ca. 1000 MHz verfügbar.

Pufferstufe Eine nachgeschaltete Pufferstufe dient dazu, Rückwirkungen von der dann folgenden Modulationsstufe auf die Frequenzaufbereitungsstufe auszuschließen.

Der gesamte Vorgang der Frequenzaufbereitung kann rein digital in integrierten Schaltungen erfolgen. Dies schließt auch die Funktion des nachfolgenden Mo-

---

[152] engl.: Look-Up-Table

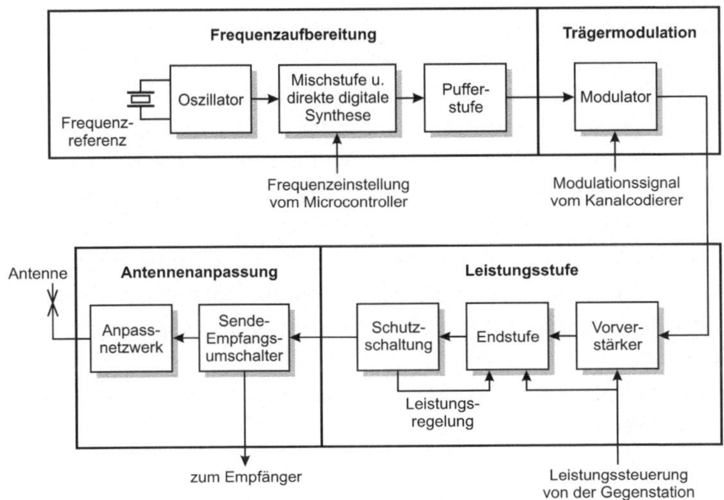

Abbildung 2.56: Vereinfachtes Blockschaltbild eines Hochfrequenzsenders

dulators mit ein. Da die Funktion der digitalen Bausteine programmierbar ist, können damit wesentliche Komponenten eines Hochfrequenzsenders per Software konfiguriert werden.

Trägermodulation

Im Modulator werden die Daten in geeigneter Form dem Trägersignal aufgeprägt. Diesen Vorgang bezeichnet man als Modulation. Näheres dazu ist im Abschnitt 2.3.2 beschrieben.

Leistungsstufe

Aufgabe der Leistungsstufe ist es, das modulierte Trägersignal vom Oszillator zu verstärken. Das verstärkte Ausgangssignal wird in die Antennenanlage eingespeist und von dort als Hochfrequenzenergie in Form von elektromagnetischen Feldern abgestrahlt. Voraussetzung dafür ist eine funktionsfähige Antenne. Ist die Antenne nicht angeschlossen oder durch mechanische Veränderungen nicht korrekt auf die Sendefrequenz abgestimmt, kommt es zu einer Fehlanpassung. Fehlanpassung heißt, dass die Sendeenergie nicht mehr vollständig abgestrahlt werden kann und daher in der Endstufe zur Erwärmung führt. Das kann im Extremfall zur Zerstörung von Leistungskomponenten (Endstufentransistoren) führen. Deshalb ist eine Leistungsregelung vorgesehen. Diese basiert auf einer thermischen Schutzschaltung und/oder einer Stehwellenmesseinrichtung.

Fehl- anpassung

Bei einer Stehwellenmessung wird die Leistung, die zur Antenne geschickt wird, und die Leistung, die von dort reflektiert wird, gemessen. Wird mehr als ein bestimmter prozentualer Teil von der Antenne reflektiert, so wird die Ausgangs-leistung der Endstufe herunter geregelt.

Unabhängig von der Leistungsregelung wird in vielen drahtlosen Systemen auch eine Leistungssteuerung eingesetzt. Damit wird sichergestellt, dass nur die Sendeenergie erzeugt und abgestrahlt wird, die für eine sichere Kommunikation nötig ist. Die Steuerung erhält dabei ihre Sollwerte von der Gegenstation. Dort wird die Empfangsfeldstärke gemessen und dem Sender übermittelt. Das geschieht natürlich stets mit einer gewissen Zeitverzögerung, denn dieser Messwert kann erst dann übertragen werden, wenn die Datenflussrichtung wechselt.

Gründe

Drei wesentliche Gründe sind für die Implementierung einer Leistungssteuerung ausschlaggebend:

a) Es wird Energie eingespart. Da drahtlose Kommunikationssysteme oft mobil eingesetzt werden, ist die maximale Betriebsdauer bei einer vorgegebenen Batteriekapazität ein wichtiges Einsatzkriterium.

b) Wenn man mit der geringst möglichen Sendeleistung arbeitet, wird die Ausstrahlung entsprechend räumlich begrenzt. Damit können in benachbarten Funkzellen die durch die eigene Kommunikation genutzten Frequenzen bereits neu belegt werden, ohne dass Störungen erfolgen.

c) Es gibt Übertragungsverfahren, bei denen eine sehr exakte Leistungssteuerung Voraussetzung für einen störungsfreien Betrieb ist (siehe dazu CDMA, Abschnitt 2.3.4.3).

Antennenanpassung

In der Regel wird bei der drahtlosen Nahbereichs-Kommunikation über die gleiche Antenne gesendet und empfangen. Es muss daher eine Antennenweiche oder ein Antennenumschalter vorgesehen sein, der je nach momentaner Datenflussrichtung den Sende- oder den Empfangsteil des Transceivers mit der Antenne verbindet.

Aufgaben

Die eigentliche Antennenanpassung hat zwei Aufgaben:

a) Im Resonanzfall stellt die Antenne einen realen (ohmschen) Widerstand dar. Wenn man die Verluste vernachlässigt, wird die in diesen Widerstand eingespeiste Leistung als Hochfrequenzenergie abgestrahlt. Deshalb wird dieser (virtuelle) Widerstand auch als Strahlungswiderstand bezeichnet.

Um eine maximale Leistung in diesen Widerstand einzuspeisen, muss eine Leistungsanpassung vorliegen, d. h. der Innenwiderstand R_i des Generators (= der Endstufe) muss gleich dem Lastwiderstand R_L (= Strahlungswiderstand der Antenne) sein. Da das in der Regel nicht der Fall ist, muss hier eine Widerstandstransformation (= Widerstandsanpassung) durchgeführt werden.

b) Eine Antenne wird selten genau mit ihrer Resonanzfrequenz betrieben. Oberhalb oder unterhalb der Resonanzfrequenz enthält der Ersatzwiderstand induktive oder kapazitive Blindkomponenten. Durch Reihen- oder Parallelschal-

tung von Spulen und Kondensatoren sind diese Blindkomponenten kompensierbar, und die von der Antenne reflektierte Leistung wird minimiert.
Die Aufgaben a) und b) werden zusammengefasst und durch ein Anpassnetzwerk aus mehreren induktiven und kapazitiven Komponenten gelöst.

2.3.3.2 Empfangsprinzipien

Die Aufgabe eines Empfängers ist es, die von der Antenne gelieferten hochfrequenten Signale zu selektieren, zu verstärken und in das Basisband zu transformieren.
In Abbildung 2.57 sind diese Aufgaben anhand eines Geradeausempfängers verdeutlicht. Von der Antenne kommt ein breitbandiges Hochfrequenzsignal, welches sich aus den Signalen aller am Empfängerstandort empfangbaren Sender zusammensetzt. Durch einen Vorkreis wird nur der Frequenzbereich durchgelassen, der empfangen werden soll. Im nachfolgenden Hochfrequenzverstärker wird das Signal auf einen Pegel angehoben, der eine Demodulation (z. B. bei AM die Umsetzung eines Seitenbandes in das Basisband) ermöglicht. Das Basisbandsignal wird dann verstärkt und im Beispiel von Abbildung 2.57 auf einem Lautsprecher ausgegeben.

**Geradeaus-
empfänger**

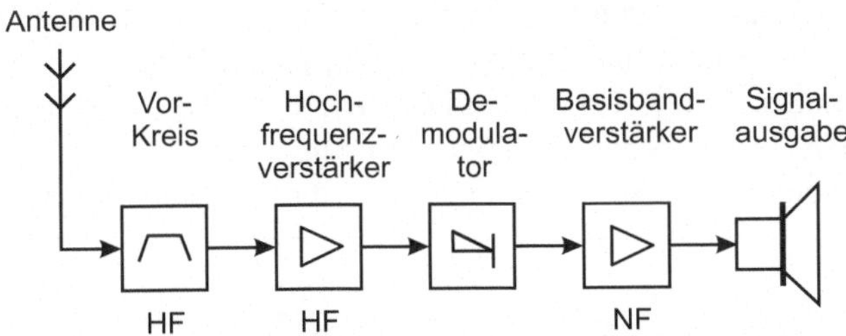

Abbildung 2.57: Prinzipielles Blockschaltbild eines Empfängers

Mit dem in Abbildung 2.57 dargestellten Prinzip eines Geradeausempfängers wurden die ersten Rundfunkempfänger in den 20er Jahren des vorigen Jahrhunderts gebaut. Heute kommt es nur noch bei Spezialempfängern zum Einsatz, denn es hat gravierende Nachteile.
Um die erforderliche Selektivität zu erzielen, d. h. a) die Sperrung (Dämpfung) aller nicht gewünschten Frequenzbereiche und b) das Durchlassen des gewünschten Frequenzbereiches, müssen mehrere Filter hintereinander geschaltet werden. Bei einem Frequenzwechsel müssten dann alle diese Filter auf den neuen Frequenzbereich abgestimmt werden, was kaum praktikabel ist.

**Rundfunk-
emfänger**

Ein weiterer Nachteil liegt darin, dass beim Geradesausempfänger der Empfangsfrequenzbereich direkt verstärkt werden muss. Je höher das Frequenzband ist, welches verstärkt werden soll, desto komplexer und teurer werden die Verstärkerkomponenten. Bei den Frequenzbereichen, die in der Nahbereichskommunikation per Funk benutzt werden, wäre das unökonomisch.

> *Beispiel:* Funkuhrtechnik – Die Senderfrequenzen liegen unterhalb von 100 kHz, also in einem Frequenzband, welches leicht beherrschbar ist. Funkuhren empfangen in Mitteleuropa in der Regel nur den Zeitzeichensender DCF77 und damit ist kein Frequenzwechsel erforderlich (wobei es aber durchaus noch andere Zeitzeichenstationen gibt, z. B. MSF in Anthorn, Großbritannien, WWVB in Fort Collins, USA, und JJY40 in Tokio, Japan).

Die Nachteile eines Geradeausempfängers umgeht man mit einem Superheterodynempfänger (oder Superhet oder einfach nur Super genannt). Dabei wird das empfangene Sendersignal zunächst auf eine niedrige Zwischenfrequenz (ZF, IF[153]) umgesetzt, auf der es dann leicht weiterverarbeitet werden kann.

Mischung Diesen Vorgang der Umsetzung bezeichnet man als (Frequenz-) Mischung. Das von der Antenne kommende und gefilterte Frequenzband wird in der Mischstufe mit einer Oszillatorfrequenz multipliziert. Es entstehen dabei zwei Mischfrequenzbereiche, einmal die Summe ($f_O + f_e$) aus Empfangsfrequenz f_e und Oszillatorfrequenz f_O und einmal die Differenz ($f_O - f_e$). In Abbildung 2.58 ist dies dargestellt. Der Vorgang der Mischung entspricht dem einer Doppelseitenbandmodulation, wie sie im Abschnitt 2.3.2.2 beschrieben wurde.

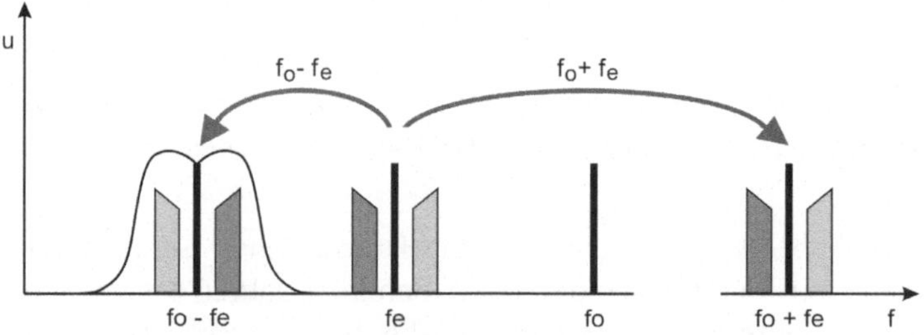

Abbildung 2.58: Prinzip einer Frequenzmischung

In Abbildung 2.59 wird das Prinzip eines Empfängers nach dem Superheterodynprinzip gezeigt. Die von der Antenne empfangenen HF-Signale werden nach

---

[153]IF = Intermediate Frequency

einem Vorfilter verstärkt und zur Mischstufe[154] geleitet. Dort erfolgt die Multiplikation mit dem Ausgangssignal eines in der Frequenz einstellbaren Oszillators (f_O). Das entstehende Frequenzdifferenzsignal ($f_O - f_e$) fällt genau in den Durchlassbereich des Zwischenverstärkers. Das ebenfalls entstehende Frequenzsummensignal ($f_O + f_e$) wird nicht weiter verstärkt, da es hier nicht benötigt wird.

**Super-
heterodyn-
prinzip**

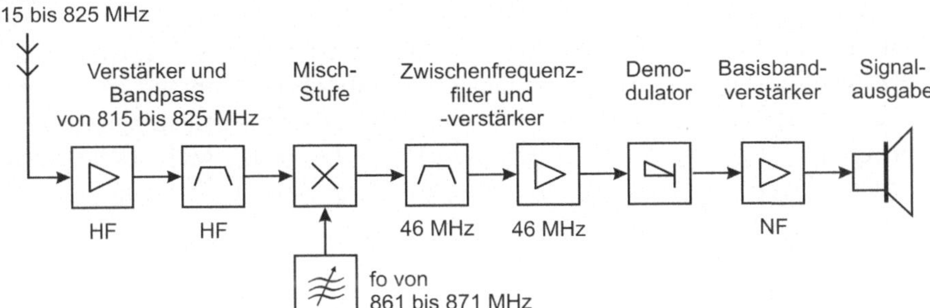

Abbildung 2.59: Blockschaltbild eines Superheterodynempfängers für das 800 MHz-Band

Die Eigenschaften eines Empfängers werden ganz wesentlich von dem Zwischenfrequenzverstärker bestimmt, denn die eigentliche Verstärkung des empfangenen Signals und die Bandbreitenbegrenzung (Selektion) erfolgen dort. Die Bandbreite des ZF-Verstärkers sollte dabei das Frequenzband des modulierten Trägersignals nicht oder nur unwesentlich überschreiten, denn sonst werden Störungssignale, die nicht zum Nutzsignal gehören (oder Rauschen) verstärkt. Die Bandbreite sollte aber auch keinesfalls kleiner als das Frequenzband des modulierten Trägersignals sein, denn sonst gingen Informationsanteile des Nutzsignals verloren.
Die Abstimmung auf die Empfangsfrequenz erfolgt bei diesem Empfangskonzept nur durch Veränderung der Oszillatorfrequenz.

> *Beispiel:* Um ein Eingangssignal der Frequenz $f_e = 820$ MHz auf die Mittenfrequenz des ZF-Verstärkers $f_{ZF} = 46$ MHz umzusetzen, muss die Oszillatorfrequenz f_O auf den Wert $f_O = f_e + f_{ZF}$ (= 866 MHz) abgestimmt werden. Soll der Empfänger auf eine Empfangsfrequenz von $f_e = 821$ MHz abgestimmt werden, so muss der Oszillator auf den Wert $f_O = 867$ MHz eingestellt werden.

---

[154]engl.: Mixer

Hinweis

Natürlich wäre auch eine Oszillatorfrequenz unterhalb der Empfangsfrequenz möglich. Um dann ein Eingangssignal der Frequenz f_e = 820 MHz auf die Mittenfrequenz des ZF-Verstärkers f_{ZF} = 46 MHz umzusetzen, muss die Oszillatorfrequenz f_O auf den Wert $f_O = f_e - f_{ZF}$ (= 774 MHz) abgestimmt werden. Soll der Empfänger auf eine Empfangsfrequenz von f_e = 821 MHz abgestimmt werden, so muss der Oszillator auf den Wert f_O = 775 MHz eingestellt werden. In beiden Fällen erfolgt eine Frequenzinversion, wie sie auch im Abschnitt 2.3.2.2, unteres Seitenband, erläutert wurde.

Geht man dagegen von einer eingestellten Oszillatorfrequenz von z. B. f_O = 866 MHz (siehe Beispiel oben) aus, so gibt es zwei mögliche Empfangsfrequenzen, die, gemischt mit dieser Oszillatorfrequenz, ein Zwischenfrequenzsignal von 46 MHz ergibt: a) $f_O - f_{ZF}$ = 820 MHz und b) $f_O + f_{ZF}$ = 912 MHz. Diese zweite mögliche (aber unerwünschte) Empfangsfrequenz wird als Spiegelfrequenz[155] bezeichnet (siehe Abbildung 2.60).

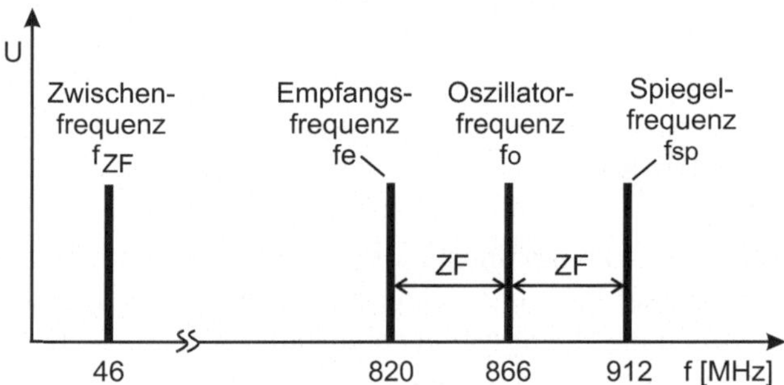

Abbildung 2.60: Frequenzschema beim Spiegelfrequenzempfang

Ohne weitere Vorkehrungen wird eine Sendestation auf der Spiegelfrequenz den Empfang des Trägersignals mit den Nutzdaten stören oder sogar verhindern können. Es muss deshalb mit einer Vorselektion verhindert werden, dass ein Signal, welches auf Spiegelfrequenz gesendet wird, auf den Eingang der Mischstufe gelangt. Im einfachsten Fall kann dies durch einen Tiefpass (oder einen Bandpass) geschehen, was aus Kostengründen besonders dann gerne gemacht wird, wenn im Spiegelempfangsbereich nur selten Sendestationen zu erwarten sind.

Ist jedoch der Emfangsbereich, den der Empfänger abdecken soll, größer als die doppelte Spiegelfrequenz ($f_{emax} - f_{emin} > 2 \cdot f_{ZF}$), muss eine mitlaufende Vorselektion implementiert werden. Mitlaufend heißt hier, dass außer der Oszillatorfrequenz f_O auch mindestens ein Vorkreis synchron abgestimmt werden muss. Der Abstand zwischen der Oszillatorfrequenz und der Mittenfrequenz der

---

[155]engl.: Image Frequency

110

Vorkreise ist gleich der Zwischenfrequenz.

Der Demodulator ist auf die Modulationsart des Trägers zugeschnitten. Er trennt das Basisbandsignal vom (modulierten) Träger und leitet es einem Verstärker zu. In Abbildung 2.59 ist für die Ausgabe des analogen Signals ein Lautsprecher vorgesehen. Dieser elektroakustische Wandler hat hier die Funktion des Quelldecodierers.

Ein Empfängerkonzept, welches erst in den letzten Jahren mit vertretbarem Aufwand realisiert werden kann, ist das Prinzip der Direktmischung[156] (siehe Abbildung 2.61).

Direkt- mischung

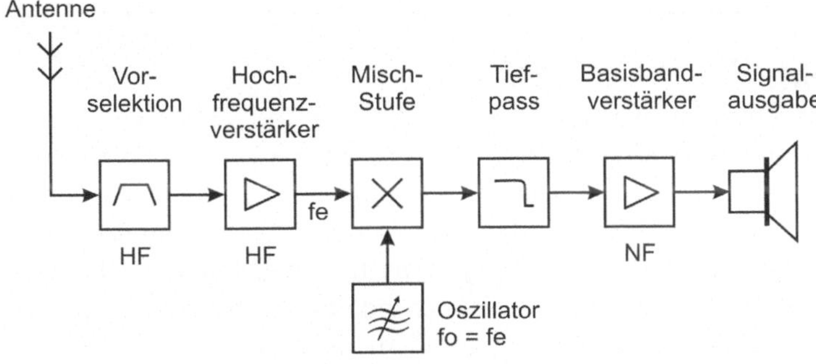

Abbildung 2.61: Empfängerschaltung mit Direktmischung

Dieses Empfängerprinzip erfordert sehr präzise und frequenzstabile Oszillatoren, die in der erforderlichen Qualität nicht zu einem akzeptablen Preis zur Verfügung standen. Erst durch die DDS[157]-Technik (siehe Abschnitt 2.3.3.1, Frequenzaufbereitung) ist es praktikabel, Empfänger nach diesem Prinzip zu bauen.

DDS

Wie in Abschnitt 2.3.2.2, Einseitenbandmodulation, gezeigt wurde, wird das Basisbandsignal beim Vorgang der Modulation in einen anderen Frequenzbereich transferiert. Dieser Vorgang wird bei einem Direktmischer rückgängig gemacht, indem das Empfangssignal f_e mit einem Oszillatorsignal gleicher Frequenz gemischt wird. „Gleiche Frequenz" heißt hier, dass der Oszillator genau auf die Frequenz des Trägers (oder bei SSB-Modulation des unterdrückten Trägers) abgestimmt wird. Die entstehenden Mischprodukte bestehen aus der Summe der Frequenzen ($f_e + f_O = f_e + f_e$), also doppelte Trägerfrequenz und der Differenz der Frequenzen, d. h. ($f_e - f_O = f_e - f_e$), 0 Hz bzw. eine Gleichspannung.

---

[156] engl.: Direct Conversion
[157] DDS = **D**irect **D**igital **S**ynthesis

> *Aufgabe:* Gegeben ist ein SSB-Signal im oberen Seitenband mit einem unterdrückten Träger bei $f_T = 10$ MHz (Basisband bei 0,3 bis 3,4 kHz).
> a) Welchen Frequenzbereich belegt dieses Einseitenbandsignal im HF-Bereich?
> b) Was passiert, wenn das HF-Signal aus a) mit einem Oszillator der Frequenz $f_O = 10$ MHz $(= f_T)$ gemischt wird?
> c) Was passiert, wenn das HF-Signal aus a) mit einem Oszillator gemischt wird, dessen Frequenz geringfügig von f_T abweicht? Welche prozentuale Frequenzabweichung ergibt sich für ein Basisbandsignal von $f_S = 1$ kHz, wenn es mit der Oszillatorfrequenz $f_O' = f_T + 0,001\%$ demoduliert wird?

Lösungen

Zu a)
Es belegt den Frequenzbereich von 10,0003 bis 10,0034 MHz.

Zu b)
Es wird einmal das Mischprodukt $f_e + f_O$ erzeugt, also eine Umsetzung von 10,0003 bis 10,0034 MHz nach 20,0003 bis 20,0034 MHz. Dieses Mischprodukt wird nicht weiter verarbeitet bzw. durch Filterung unterdrückt. Das andere Mischprodukt $f_e - f_O$ hat die gewünschte Umsetzung des HF-Bandes von 10,0003 bis 10,0034 MHz in das Basisband von 0,3 bis 3,4 kHz zum Ergebnis. Diese Umsetzung bezeichnet man als Demodulation.

Zu c)
Der Oszillator mit $f_O' = f_T + 0,001\%$ weicht von der Frequenz des unterdrückten Trägers $f_T = 10$ MHz um 100 Hz nach oben ab. Damit erfolgt die Umsetzung des HF-Bandes von 10,0003 bis 10,0034 MHz in das Basisband von 0,2 bis 3,3 kHz. Ein senderseitiges Basisbandsignal von 1000 Hz wird im Empfänger als 900 Hz-Signal demoduliert. Diese Abweichung beträgt - 10%.

> *Aufgabe:* Gegeben ist ein SSB-Signal im oberen Seitenband mit einem unterdrückten Träger bei $f_T = 10$ MHz (Basisband bei 0,3 bis 3,4 kHz).
> a) Was passiert, wenn ein Signal im Spiegelfrequenzbereich des Empfängers gesendet wird? Zeigen Sie die Umsetzung eines Empfangssignals von 9,999 MHz in den Basisbandbereich, wenn $f_O = 10$ MHz $(= f_T)$ beträgt.
> b) Was passiert, wenn ein SSB-Signal im oberen Seitenband (mit einem unterdrückten Träger bei $f_T = 10$ MHz, Basisband bei 0,3 bis 3,4 kHz) mit einem Oszillator der Frequenz $f_O = 10,0037$ MHz gemischt wird?

Lösungen

Zu a)
Bei einem Oszillatorsignal von $f_O = 10$ MHz wird das Empfangssignal $f_e = 9,999$ MHz im Basisband als 1 kHz demoduliert. Eine Ausblendung des Spiegelfrequenzbereiches von 9,9966 bis 9,9997 MHz ist wegen der erforderlichen Flankensteilheit der benötigten Filter nicht oder nur mit sehr hohem Aufwand möglich.

Es tritt eine Frequenzinversion bei der Demodulation auf, d. h. eine hohe Fre- **Zu b)**
quenz im ausgesendeten Basisbandsignal, z. B. von 3 kHz, wird als tiefe Fre-
quenz von 700 Hz demoduliert und umgekehrt (siehe Tabelle 2.20).

	Basisband (Quelle) [Hz]	HF-Bereich [MHz]	Oszillatorfrequenz [MHz]	Basisband (Senke) [Hz]
$f_{S-unten}$	300	10,0003	10,0037	3400
f_{S1}	1000	10,001	10,0037	2700
f_{S2}	1850	10,00185	10,0037	1850
f_{S3}	3000	10,003	10,0037	700
f_{S-oben}	3400	10,0034	10,0037	300

Tabelle 2.20: Aufgabe SSB-Signal

Wie man beim Lösen der Aufgabe a) sieht, wird ein durchstimmbarer Empfänger
jedes Signal zweimal empfangen: einmal direkt und einmal als Spiegelfrequenz.
Die Unterdrückung des Spiegelfrequenzempfangs ist wegen des geringen Fre-
quenzabstandes zwischen dem originalen Signal und dem Spiegelfrequenzsignal
durch eine Vorfilterung des Antennensignals kaum möglich, denn diese müssten
extrem steilflankig sein.
Neuere Techniken nutzen bei einem Empfänger mit Direktmischung ein anderes
Demodulationsprinzip, wie es in Abbildung 2.62 dargestellt ist.

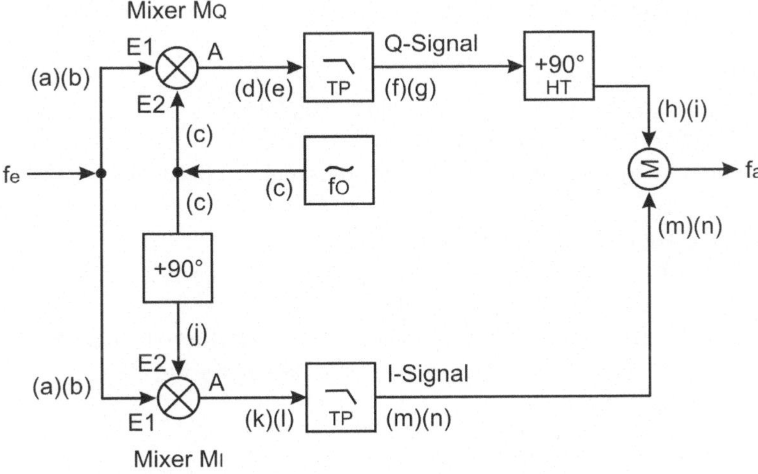

Abbildung 2.62: Quadraturdemodulatorschaltung

Um die unerwünschten Spiegelfrequenzen zu unterdrücken, wird das Empfangssignal in zwei getrennten Mischstufen mit der lokalen Oszillatorfrequenz f_O gemischt. Die eine Mischung erfolgt mit dem Signal $U_{OI}(t)$ und die andere mit dem Signal $U_{OQ}(t)$. $U_{OI}(t)$ und $U_{OQ}(t)$ sind zueinander um 90° phasenverschoben. Der Oszillator liefert das Signal

$$U_{OQ}(t) = \widehat{u} \cdot sin(\omega_O t) \text{ (Q-Signal[158])},$$

mit dem der obere Mischer angesteuert wird. Der untere Mischer wird mit dem um 90° phasenverschobenen Ausgangssignal des Oszillators angesteuert[159]:

$$U_{OI}(t) = \widehat{u} \cdot cos(\omega_O t) \text{ (I-Signal[160])}.$$

Aufgabe: Am Eingang der Schaltung aus Abbildung 2.62 liegen die Signale $U_{e1}(t) = \widehat{u} \cdot cos(\omega_0 t + \omega_1 t)$ im oberen Seitenband und $U_{e2}(t) = \widehat{u} \cdot cos(\omega_0 t + \omega_2 t)$ im unteren Seitenband an. Damit steht am Eingang der Schaltung ein Signal an, welches sich aus den zwei Frequenzen zusammensetzt: $f_{e1} = (\omega_0 - \omega_1)$ und $f_{e2} = (\omega_0 - \omega_2)$.

Die Generatorfrequenz sei gleich $f_O = \omega_0$.

Zeigen Sie, dass es mit dieser Schaltung möglich ist,

a) nur Signale mit $f_e < \omega_0$ bzw.

b) nur Signale mit $f_e > \omega_0$

zu demodulieren, d. h. ins Basisband umzusetzen.

Lösungen

Am Eingang E1 der Mischstufe M_Q liegen an:

(a): $\widehat{u} \cdot cos(\omega_0 t + \omega_1 t)$

und

(b): $\widehat{u} \cdot cos(\omega_0 t + \omega_2 t)$,

sowie am Eingang E2 von M_Q das Oszillatorsignal

(c): $U_{OQ}(t) = \widehat{u} \cdot sin(\omega_0 t)$.

Zur Vereinfachung sei hier angenommen, dass der Amplitudenwert $\widehat{u} = 1V$ betrage.

Am Ausgang A der Mischstufe M_Q erhält man

(d): (a) · (c)

$\widehat{u} \cdot cos(\omega_0 t + \omega_1 t) \cdot sin(\omega_0 t)$

Gemäß $cos\alpha \cdot sin\beta = 1/2 \cdot [sin(\alpha + \beta) - sin(\alpha - \beta)]$ erhält man dann:

$$1/2 \cdot [sin(\omega_0 t + \omega_1 t + \omega_0 t) - sin(\omega_0 t + \omega_1 t - \omega_0 t)]$$

Da $f_O = \omega_0$ erhält man:

---

[158]Q-Signal = **Quadrature-Signal**

[159]In der Literatur werden mit dem Begriff „Quadratur-Signal" häufig beide Komponenten (also das I- und das Q-Signal) bezeichnet.

[160]I-Signal = **Inphase-Signal**

(d): $1/2 \cdot [\sin(2 \cdot \omega_0 t + \omega_1 t) - \sin(\omega_1 t)]$.

Und entsprechend erhält man mit (b):

(e): (b) $\cdot$ (c)

$\qquad \cos(\omega_0 t - \omega_2 t) \cdot \sin(\omega_0 t) = 1/2 \cdot [\sin(2 \cdot \omega_0 t - \omega_2 t) - \sin(-\omega_2 t)]$

Gemäß der Beziehung $\sin(-\alpha) = -\sin(\alpha)$ erhält man für (e)

(e): $1/2 \cdot [\sin(2 \cdot \omega_0 t - \omega_2 t) + \sin(\omega_2 t)$

Mit dem Tiefpass werden Signalfrequenzen $>> \omega_0$ ausgeblendet. Damit erhält man aus (d):

(f): $-1/2 \cdot \sin(\omega_1 t)$.

Und entsprechend erhält man aus (e):

(g): $+1/2 \cdot \sin(\omega_2 t)$.

Gemäß der Beziehung $\sin(\alpha + 90°) = \cos(\alpha)$ erhält man durch die nachfolgende Phasenverschiebung um $+90°$ aus (f) und (g):

(h): $-1/2 \cdot \sin(\omega_1 t + 90°) = -1/2 \cdot \cos(\omega_1 t)$

und

(i): $+1/2 \cdot \sin(\omega_2 t + 90°) = +1/2 \cdot \cos(\omega_2 t)$

Für die untere Mischstufe aus Abbildung 2.62 ergibt sich entsprechend:

Am Eingang E1 der Mischstufe M_I liegen an

(a): $\hat{u} \cdot \cos(\omega_0 t + \omega_1 t)$

und

(b): $\hat{u} \cdot \cos(\omega_0 t - \omega_2 t)$

sowie am Eingang E2 von M_I das um $90°$ phasenverschobene Oszillatorsignal

(j): $U_{OI}(t) = \hat{u} \cdot \cos(\omega_O t)$

Zur Vereinfachung sei auch hier angenommen, dass der Amplitudenwert $\hat{u} = $ 1V betrage.

Am Ausgang der Mischstufe erhält man dann

(k): (a) $\cdot$ (j)

$\qquad \hat{u} \cdot \cos(\omega_0 t + \omega_1 t) \cdot \cos(\omega_O t)$

Gemäß $\cos\alpha \cdot \cos\beta = 1/2 \cdot [\cos(\alpha - \beta) + \cos(\alpha + \beta)]$ erhält man dann:

$\qquad 1/2 \cdot [\cos(\omega_0 t + \omega_1 t - \omega_O t) + \cos(\omega_0 t + \omega_1 t + \omega_O t)]$

Da $f_O = \omega_0$ erhält man:

(k): $1/2 \cdot [\cos(\omega_1 t) + \cos(2 \cdot \omega_0 t + \omega_1 t)]$

Und entsprechend erhält man mit (b):

(i): (b) $\cdot$ (j)

$\qquad \cos(\omega_0 t - \omega_2 t) \cdot \cos(\omega_0 t) = 1/2 \cdot [\cos(-\omega_2 t) + \cos(2 \cdot \omega_2 t - \omega_2 t)]$

Gemäß $\cos(-\alpha) = \cos(\alpha)$ erhält man

(i): $1/2 \cdot [\cos(\omega_2 t) + \cos(2 \cdot \omega_0 t - \omega_2 t)]$.

Auch hier werden mit dem Tiefpass die Signalfrequenzen $>> \omega_0$ ausgeblendet. Damit erhält man aus (k):

(m): $+1/2 \cdot \cos(\omega_1 t)$

Und entsprechend erhält man aus (i):

(n): $+1/2 \cdot \cos(\omega_2 t)$.

Werden nun die Signale (h), (i), (m) und (n) addiert, so erhält man:
$-1/2 \cdot cos(\omega_1 t) + 1/2 \cdot cos(\omega_2 t) + 1/2 \cdot cos(\omega_1 t) + 1/2 \cdot cos(\omega_2 t) = cos(\omega_2 t)$
Man sieht, das Signal ω_1 im oberen Seitenband ist ausgeblendet worden, d. h. das Ausgangssignal $U_a(t)$ enthält nur die Frequenzanteile von $f_e < \omega_0$.
Werden die Signale (h) und (i) subtrahiert, erhält man:
$-[-1/2 \cdot cos(\omega_1 t) + 1/2 \cdot cos(\omega_2 t)] + 1/2 \cdot cos(\omega_1 t) + 1/2 \cdot cos(\omega_2 t) = cos(\omega_1 t)$
In diesem Fall wird das Signal ω_2 im unteren Seitenband ausgeblendet. Das Ausgangssignal $U_a(t)$ enthält nur die Frequenzanteile von $f_e > \omega_0$.
Wenn man nach dem in Abbildung 2.62 dargestellten Prinzip einen durchstimmbaren Empfänger aufbaut, wird hier jedes Signal beim Durchstimmen des Oszillators nur einmal empfangen (im Gegensatz zur Schaltung nach Abbildung 2.61). Durch die Trennung in ein I- und Q-Signal wird der Spiegelfrequenzempfang unterdrückt und je nach Addition oder Subtraktion der I- und Q-Signale erhält man die Frequnzanteile unterhalb oder oberhalb von ω_0.
Kritisch ist die Realisierung des Phasenschiebers, der im Q-Zweig von Abbildung 2.62 angeordnet ist. Das Berechnungsbeispiel wurde hier nur für die diskreten Frequenzen $f_{e1} = (\omega_0 + \omega_1)$ und $f_{e2} = (\omega_0 - \omega_2)$ durchgeführt. Tatsächlich tritt aber am Eingang der Schaltung ein ganzer Frequenzbereich auf: das im Modulator des Senders in den HF-Bereich umgesetzte Basisbandsignal.
Damit muss hier ein breitbandiger Phasenschieber zum Einsatz kommen, d. h. nicht ein Signal, welches aus einer einzelnen Frequenz besteht, muss phasenverschoben werden, sondern ein ganzer Frequenzbereich. So etwas ist in analoger Technik nicht einfach zu realisieren, denn bei phasenverschiebenden Bauteilen ist die Höhe der Phasenverschiebung eine Funktion der Frequenz.
Eine Lösung stellt die doppelte Umsetzung nach der Methode Weaver dar, die in Abbildung 2.63 dargestellt ist. Die hier zum Einsatz kommenden Phasenschieber müssen nur jeweils eine Frequenz (f_{O1} und f_{O2}) um 90° in der Phase verschieben.

Hilbert-Trans-formation

Einfacher ist es, einen breitbandigen 90°-Phasenschieber arithmetisch mit der Hilbert-Transformation zu realisieren. Die Hilbert-Transformation, angewandt auf Sinus- bzw. Cosinussignale lautet:
$$HT[cos(\alpha)] = sin(\alpha)$$
$$HT[sin(\alpha)] = -cos(\alpha)$$
$$= + cos(\alpha)$$

Aufgabe: Zeigen Sie auf, dass auch in der Schaltung nach Abbildung 2.63 die Spiegelfrequenzen ausgeblendet werden!

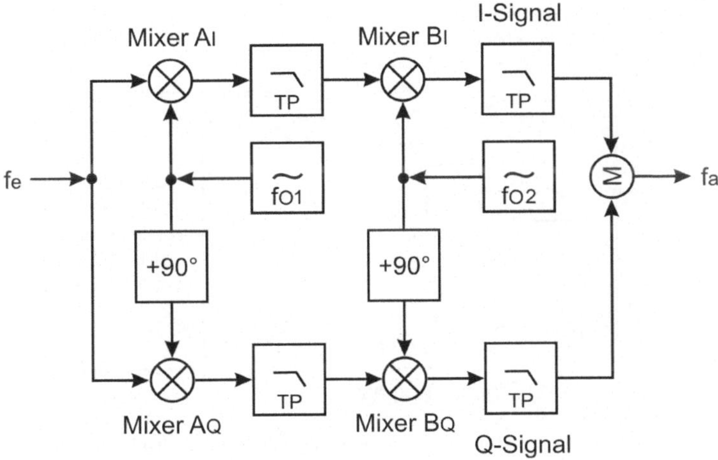

Abbildung 2.63: Demodulatorschaltung nach Weaver

Dazu müssen die I- und Q-Anteile des Empfangssignals digitalisiert werden, um anschließend in einem Mikrocontroller, DSP, FPGA oder sonstigen eingebettetem System auf arithmetischem Wege weiterverarbeitet zu werden. Abbildung 2.64 zeigt diese Variante einer Empfängerschaltung mit Direktmischung. Dieses Empfängerprinzip bezeichnet man als „Software Defined Radio"[161], weil ein wesentlicher Teil der Demodulation und Filterung per Software erfolgt. **Software Defined Radio** Die hier maximal mögliche Eingangsfrequenz ist stark technologieabhängig. Deshalb wird derzeit überwiegend eine Kombination aus dem Superheterodynprinzip und der Schaltung nach Abbildung 2.64 eingesetzt. Die Zwischenfrequenz des Superheterodynempfängers ist dann die Eingangsfrequenz fe der obigen Schaltung. Es ist natürlich auch denkbar, dass die Oszillatorfrequenz direkt auf die gewünschte Empfangsfrequenz abgestimmt wird. Das wäre ein wichtiger Schritt zu einem voll digitalen Empfänger. Zurzeit ist diese Technik zumindest für zivile Anwendungen noch unrentabel. Im Kapitel 6 sind die zu erwartenden Trends bei der Transceiverentwicklung auf diesem Gebiet beschrieben.

Aufgabe: Nennen Sie jeweils drei Vor- und Nachteile der dargestellten Empfangsprinzipien.

---

[161]SDR = **Software Defined Radio**

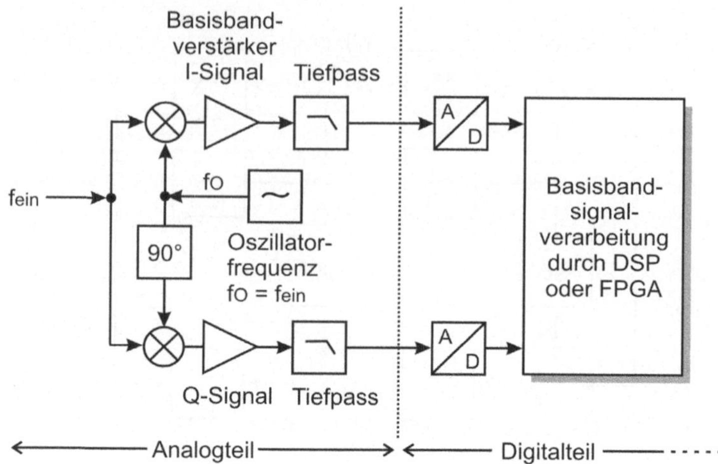

Abbildung 2.64: Demodulatorschaltung für ein Software Defined Radio

2.3.3.3 Antennentechnik

Aufgabe

Die Aufgabe einer (Empfangs-) Antenne ist es, die Energie eines elektromagnetischen Feldes in eine Wechselspannung oder einen Wechselstrom zu wandeln.

H-, E-Feld-komponente

Dieser Vorgang ist reversibel. Mit einer (Sende-) Antenne wird elektrische Energie in ein elektromagnetisches Feld gewandelt.

Jedes elektromagnetische Feld besteht aus einer magnetischen (H-) und einer elektrischen (E-) Feldkomponente (siehe Abbildung 2.65).

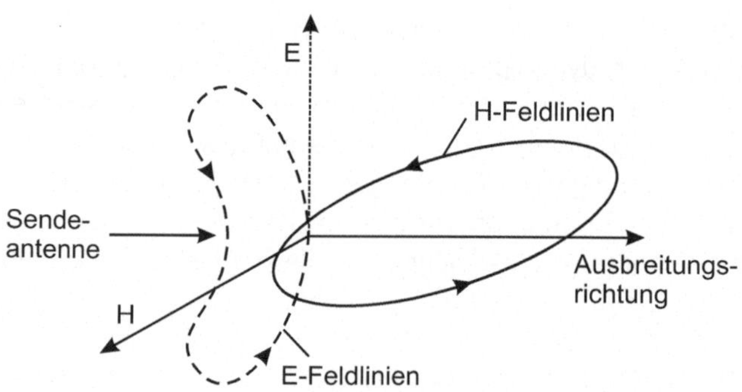

Abbildung 2.65: E- und H-Feld um eine Dipolantenne

Fernfeld

Im Fernfeld stehen diese Komponenten senkrecht aufeinander (siehe Abbildung 2.66). Je nachdem, welche Komponente des Feldes gewandelt werden soll, gibt es Antennen für die magnetische oder für die elektrische Feldkomponente des elektromagnetischen Feldes.

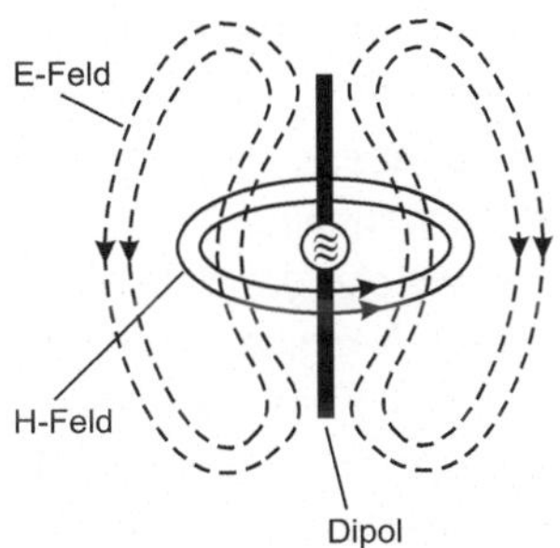

Abbildung 2.66: Elektromagnetisches Feld und Ausbreitungsrichtung

Für Antennen, welche die magnetischen Komponenten (H-Feld) des elektromagnetischen Feldes wandeln, hat sich der Begriff „magnetische" Antenne eingebürgert. Diese Bezeichnung ist natürlich nicht ganz korrekt, denn diese Antennen sind ja keinesfalls „magnetisch". Sie bestehen aus einer niederohmigen Schleife[162], die Teil eines Serienresonanzkreises ist (Abbildung 2.67). Beim Empfang wird durch das magnetische Wechselfeld in der Schleife eine Spannung induziert. Oft erfolgt durch einen integrierten Transformator gleich die Anpassung an die Leitung bzw. den Senderausgang oder den Empfängereingang.

Magnetische Antennen kommen senderseitig nur in Spezialfällen zum Einsatz. Sie haben zwar im Vergleich zu elektrischen Antennen sehr geringe mechanische Abmessungen, jedoch sind die notwendigen hohen Schleifenströme nicht leicht beherrschbar.

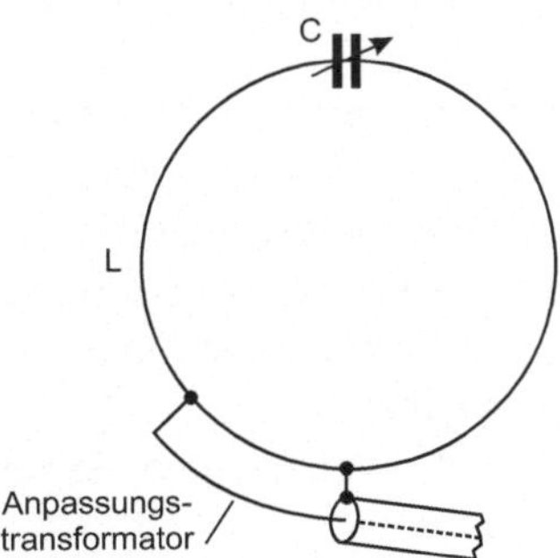

Abbildung 2.67: Magnetische Antennen mit Anpassungstransformator

Die in der drahtlosen Nahfeldkommunikation genutzten Frequenzbereiche sind so hoch, dass die mechanischen Abmessungen kein Entscheidungskriterium bei

---

[162]engl.: Loop Antenna

der Wahl zwischen magnetischer oder elektrischer Antenne sind (siehe Tabelle 2.13). Da die meisten Antennen sowohl für Sende- als auch für Empfangszwecke genutzt werden, kommen daher überwiegend Antennen zum Einsatz, welche die elektrische Feldkomponente wandeln.

Die Grundform einer Antenne, welche die elektrische Feldkomponente (E-Feld) wandelt, ist ein Halbwellendipol[163]. Seine mechanischen Abmessungen richten sich nach der gewünschten Betriebsfrequenz, bei der er resonant sein soll.

Resonanz-betrieb

Resonanzbetrieb heißt, dass die Antenne mit einer Frequenz betrieben wird, bei der sie sich wie ein ohmscher Widerstand (Fußpunktwiderstand) verhält. Das Verhältnis von Wellenlänge λ der Betriebsfrequenz und den mechanischen Abmessungen der Antenne bestimmen, ob die Antenne in Resonanz ist oder nicht. Die Resonanzfrequenz einer Antenne ist daher von deren mechanischer Abmessung abhängig.

Die Wellenlänge bestimmt sich aus Ausbreitungsgeschwindigkeit der Welle c = 300000000 m/s multipliziert mit der Periodendauer T_P der Welle:

$$\lambda = c \cdot T_P$$
$$= 300000000 \; / \; f$$

Bei einer Frequenz vom 1000 MHz ist dann λ = 0,3 m bzw. bei 2,4 GHz beträgt λ = 12,4 cm. Da im Antennenmaterial (Draht) die Ausbreitung geringer als mit Lichtgeschwindigkeit (c) erfolgt, ist auch die Wellenlänge entsprechend kleiner. Man muss deshalb bei der Dimensionierung einer realen Antenne einen Verkürzungsfaktor von etwa 0,7 bis 0,9 berücksichtigen.

In Abbildung 2.68 sieht man Spannungs- und Stromverteilung bei der Dipolantenne, wenn sie in Resonanz betrieben wird. An den Enden der beiden Dipoläste befinden sich jeweils Spannungsmaxima und Stromminima. Die Wellenausbreitung erfolgt senkrecht zu den beiden Dipolästen (Vergleiche Abbildung 2.66).

Resonanz-frequenz

In Nähe seiner Resonanzfrequenz verhält sich ein Dipol wie ein Serienschwingkreis. Wird er nicht resonant betrieben, enthält der Fußpunktwiderstand induktive oder kapazitive Blindkomponenten. Durch geeignete Anpassschaltungen (Kompensationsglieder) können Blindanteile kompensiert werden. Dies ist jedoch immer mit einer Verschlechterung der Abstrahlung verbunden (siehe auch Abschnitt 2.3.3.1, Antennenanpassung).

Dieser Fußpunktwiderstand darf nicht mit dem Strahlungswiderstand verwechselt werden.

---

[163]engl.: Dipole Antenna

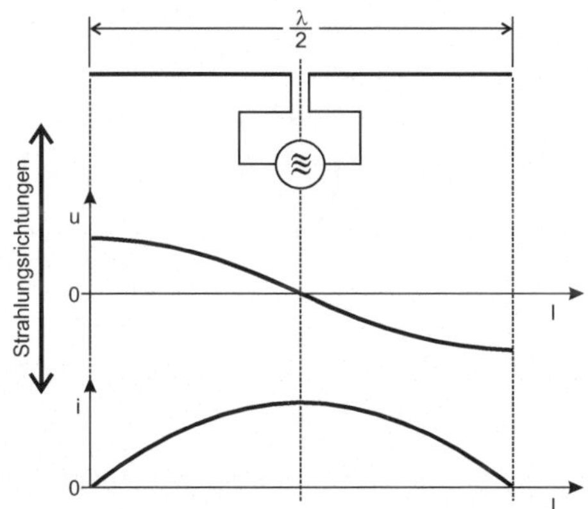

Abbildung 2.68: Spannungs- und Stromverteilung auf einem Halbwellendipol

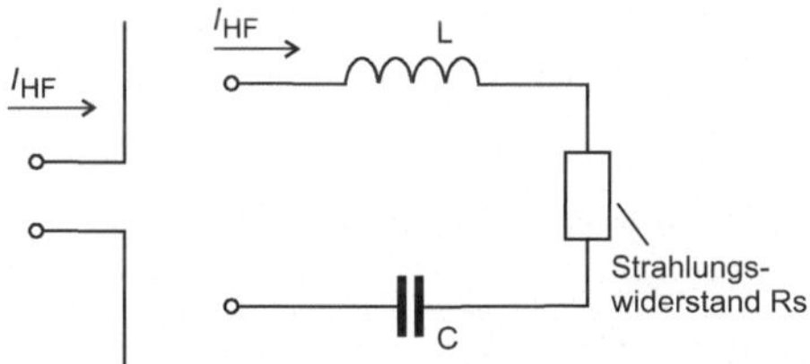

Abbildung 2.69: Ersatzbild einer Dipolantenne in Nähe ihrer Resonanzfrequenz

> *Definition:* **Strahlungswiderstand**
> Da in der Antennenkonstruktion noch Verluste auftreten (z. B. durch den
> ohmschen Widerstand des Antennenmaterials) wird nur ein Teil der in den
> Fußpunktwiderstand eingespeisten Hochfrequenzenergie in Strahlungsener-
> gie umgesetzt. Man hat deshalb den Strahlungswiderstand eingeführt. Er
> stellt den (Ersatz-) Widerstand dar, dessen eingespeiste elektrische Leistung
> vollständig als elektromagnetische Wellen abgestrahlt wird.

Ortskurve

In Abbildung 2.70 ist die Ortskurve des Fußpunktwiderstandes einer Antenne über den Frequenzbereich f_{min} bis f_{max} abgebildet. Unterhalb der Resonanzfrequenz $f < f_0$ zeigt die Antenne kapazitives Verhalten. Im Resonanzfall $f = f_0$ enthält der Fußpunktwiderstand keine Blindkomponente, er ist ein ohmscher Widerstand. Die Ortskurve schneidet bei den Resonanzfrequenzen die Abszisse, d. h. der (imaginäre) Wert der Ordinate beträgt Null. Oberhalb von f_0 treten noch weitere Resonanzstellen f_1, f_2, f_3 usw. auf, an denen aber ein anderer reeller Fußpunktwiderstand als bei f_0 auftritt. In Abbildung 2.70 sind nur die drei Resonanzstellen f_0 bis f_2 dargestellt.

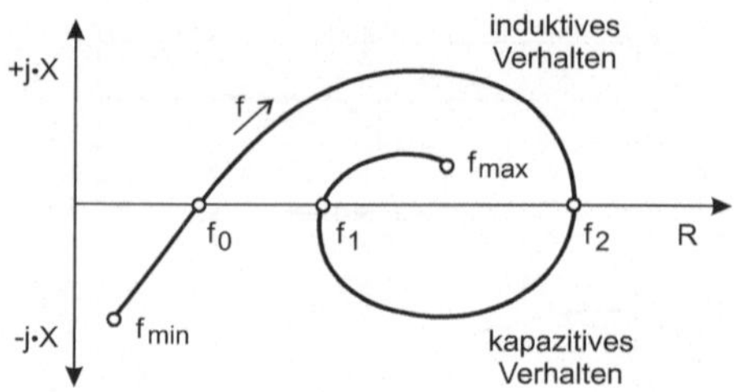

Abbildung 2.70: Verlauf des Fußpunktwiderstandes über die Betriebfrequenz

Abbildung 2.71 zeigt die Strom- und Spannungsverteilung für resonante Dipole verschiedener Längen. Man erkennt, dass bei allen Resonanzstellen an den Enden der Dipoläste der Strom gleich Null ist. Das ist leicht einzusehen, denn dort endet der elektrische Leiter, also kann kein Strom mehr fließen. Wenn die erste Resonanzstelle bei f_0 ($l = \lambda_0 / 2$) liegt, spricht man von einem Halbwellendipol. Die zweite Resonanzstelle liegt dann bei f_1 ($l = \lambda_0$), die dritte bei f_2 ($l=3/2·\lambda_0$) usw.

**Resonanz-
stellen**

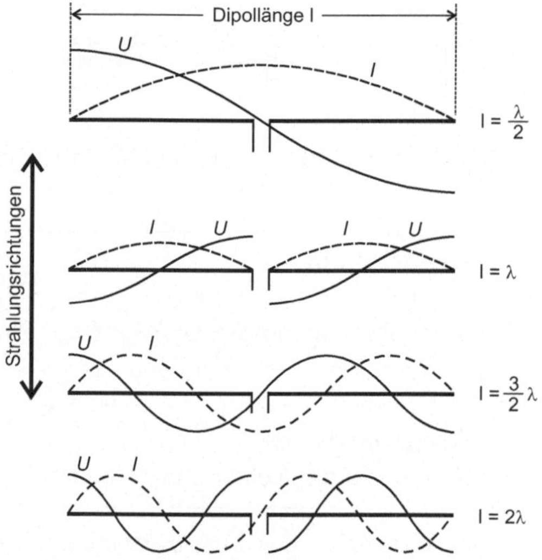

Abbildung 2.71: Strom- und Spannungsverteilung für resonante Dipole verschiedener Längen

An den verschiedene Resonanzstellen zeigt die Dipol-Antenne unterschiedliche Strahlungsdiagramme. In Abbildung 2.72 sind die Strahlungsdiagramme für einen Halbwellendipol (links) und einen Vollwellendipol (rechts) dargestellt. Man kann leicht erkennen, dass die der Antenne zugeführte Energie nicht in alle

**Strahlungs-
diagramme**

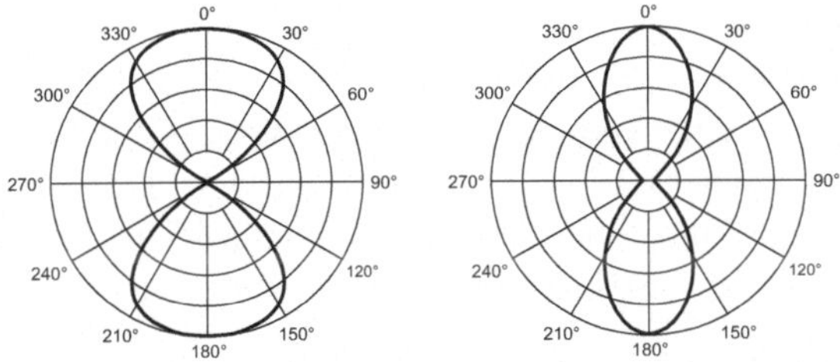

Abbildung 2.72: Links: Strahlungsdiagramm eines Halbwellendipols (l=λ/2); rechts: Strahlungsdiagramm eines Vollwellendipols (l=λ)

Richtungen gleichstark abgestrahlt wird. Die Hauptstrahlung erfolgt senkrecht zu den Dipolästen, parallel zu den Dipolästen erfolgt keine Abstrahlung. Die Ausprägung der Richtwirkung ist stark von der Antennenbauform abhängig. Im Beispiel Abbildung 2.72 erkennt man, dass die Richtwirkung eines Vollwellendipols deutlich stärker ausgeprägt ist als die eines Halbwellendipols.

> *Definition:* **Richtantennen**
> Wenn das von einer Antenne ausgestrahlte elektromagnetische Feld in eine Richtung (oder mehrere Richtungen) stärker ausgestrahlt wird als in andere, spricht man von einer Richtwirkung der Antenne. Die Ausprägung der Richtwirkung kann man dem Strahlungsdiagramm einer Antenne entnehmen, welches genaugenommen für alle Raumwinkel erstellt werden müsste. Von einer Richtantenne spricht man, wenn die Ausstrahlung überwiegend in eine Hauptstrahlrichtung erfolgt. Im Vergleich zu einer Antenne, die in alle Richtungen gleichstark abstrahlt, haben Richtantennen in ihrer Hauptstrahlrichtung eine Antennenverstärkung.
> Dieses Verhalten einer (passiven) Antenne ist reziprok, d. h. die Antennenverstärkung ist sowohl bei Sende- als auch bei Empfangsantennen wirksam.

Richtantennen sind bei Punkt-zu-Punkt-Verbindungen vorteilhaft. Beim Empfänger können nicht erwünschte Empfangsrichtungen ausgeblendet und damit eventuelle Störungen aus diesen Richtungen unterdrückt werden. Sendeseitig wird durch eine Richtantenne die maximale Sendeenergie zielgerichtet zur Empfangsstelle ausgesandt. Damit wird nicht nur eine bessere Energiebilanz erzielt, sondern auch unerwünschtes Mithören an anderen Positionen als der Empfangsstelle erschwert (bzw. der belegte Übertragungsfrequenzbereich kann an diesen anderen Positionen bereits wieder für andere Zwecke genutzt werden).
Bei der Kommunikation von Mobilstationen müsste eine Richtantenne ständig nachgeführt werden. Techniken, eine Antenne rein elektronisch ohne mechanische Bewegung in die gewünschte Sende- oder Empfangsrichtung auszurichten, sind in Entwicklung (Smart Antennas).

Zur Angabe der Antennenverstärkung (auch als Antennengewinn bezeichnet) wird die Strahlungsleistung P_S der Richtantenne in Hauptstrahlrichtung mit der Strahlungsleistung P_i einer isotropen Antenne (siehe unten) verglichen, wenn in beide Antennen die gleiche Leistung eingespeist wird. Der Antennengewinn G_i gibt an, um welchen Faktor die Strahlungsleistung der Richtantenne in Hauptstrahlrichtung höher ist, als die einer isotropen Antenne.

isotrope Antenne

$$G_i = P_S/P_i$$

Entsprechend dem Reziprozitätsprinzip (siehe unten) gilt diese Definition sowohl für den Empfangs- als auch für den Sendefall. Die Angabe ist dimensionslos und erfolgt oft in dB.

$$g_i = 10 log P_S/P_i \ [dB]$$

Da als Vergleichsantenne ein verlustloser isotroper Kugelstrahler (siehe unten) nicht so ohne weiteres realisierbar ist, kommt in der Praxis oft auch ein Halbwellendipol als Messantenne zum Einsatz. Entweder wird dann der Gewinn bezüglich des Halbwellendipols (Gd bzw. g_d) angegeben oder er wird auf den Gewinn eines isotropen Strahlers umgerechnet. Der Gewinn eines Halbwellendipols bezüglich eines verlustlosen isotropen Kugelstrahlers beträgt $g_i = 2{,}15$ dB.

Beispiel: Die Vergleichsmessung einer Antenne mit einem Halbwellendipol ergibt einen Antennengewinn von $g_d = 5$ dBd. Der Antennengewinn g_i bezüglich eines isotropen Strahlers beträgt dann $g_i = 7{,}15$ dBi.

Wenn die in eine Antenne eingespeiste Leistung und ihr Antennengewinnfaktor G_i bekannt sind, kann die in Hauptstrahlungsrichtung abgegebene Wirkleistung P_S bestimmt werden. Wenn die Weglänge r zwischen Sender und Empfänger bekannt ist (und $r < 4 \cdot \lambda$), können am Empfangsort (im Fernfeld die Strahlungsdichte S (oder Leistungsflussdichte (LDF)), und die Stärke des E- und H-Feldes) bestimmt werden (siehe unten).

Definition: **Isotroper Kugelstrahler**
Der isotrope Kugelstrahler ist eine theoretische Modellantenne, die nicht realisiert werden kann. Sie hat eine punktförmige mechanische Ausdehnung und strahlt in alle Richtungen gleichstark (omnidirektional). Wenn der isotrope Kugelstrahler im Mittelpunkt einer Kugel angeordnet wäre, könnte man an jeder Stelle der Kugeloberfläche die gleiche Strahlungsdichte messen. Der isotrope Kugelstrahler wird als Vergleichsantenne herangezogen, wenn der Antennengewinn angegeben werden soll.

Während der isotrope Kugelstrahler senderseitig nicht realisierbar ist, kann für Empfangszwecke eine solche omnidirektionale Antenne in gewissen Grenzen durch drei aktive Dipolantennen (siehe unten), die in den Raumkoordinaten x, y, und z orthogonal zueinander angeordnet sind, nachgebildet werden. Um die Ersatzfeldstärke E_r[164] richtungsunabhängig zu messen, müssen die von den drei Antennen gemessenen Feldstärkewerte vektoriell addiert werden (vergleiche Abschnitt 5.5.1, Feldstärkemessgerät). Der Betrag des Feldstärkevektors ergibt sich dann aus

$$E_r = \sqrt{E_x^2 + E_y^2 + E_z^2}$$

Eine omnidirektionale Empfangsantenne wird als Messantenne eingesetzt, denn sie muss zur Feldstärkebestimmung nicht auf die Position des Senders ausgerichtet werden.

> *Definition:* **Aktivantenne**
> Als aktive Antenne bezeichnet man die mechanische Einheit aus Empfangsantenne (passiv) und einem integrierten Verstärker (aktiv). Der Verstärker ist optimiert auf die elektrischen Eigenschaften der Antenne und kompensiert deren Frequenzgang. Man erhält so ein kleines, hochempfindliches, breitbandiges, nichtreziprokes Antennensystem, welches für den Verstärkerteil eine separate Stromversorgung benötigt. Mit Hilfe geeigneter Weichen erfolgt die Stromversorgung oft über die Antennenzuleitung.

Feldstärkenbestimmung im Fernfeld

Im Nahfeld einer Antenne stehen, bedingt durch die mechanische Antennenkonstruktion, die elektrischen und magnetischen Feldlinien nicht senkrecht aufeinander. Die Feldstärke ist deshalb in diesem Bereich schwierig berechenbar. Im Fernfeld (siehe unten) geht man davon aus, dass diese Bedingung erfüllt ist, bzw. der Fehler vernachlässigbar klein ist. H- und E-Feld befinden sich in Phase, und es wird mit dem strahlenden Feld eine Wirkleistung abgestrahlt.

Die Strahlungsdichte S (auch als Leistungsflussdichte[165] bezeichnet) ist eine gerichtete Größe. Sie ist proportional zur der von der Antenne in den Raum abgegebenen Wirkleistung P_S und nimmt mit dem Faktor $1/r^2$ ab (r: Abstand der Antenne zum Messpunkt):

$$S = P_S/(4 \cdot \pi \cdot r^2)$$

Auch die elektrischen und magnetischen Komponenten des elektromagnetischen Feldes beschreiben die Intensität des elektromagnetischen Feldes:

$$S = E \cdot H$$

Da sich H- und E-Feld in Phase befinden, gilt die Beziehung:

$$E = H \cdot Z_0$$

Z_0 ist der Freiraum-Feldwellenwiderstand, oft auch nur als Feldwellenwiderstand bezeichnet:

$$Z_0 = \sqrt{\mu_0/\epsilon_0} = 376{,}68\ \Omega$$

Wellenwiderstand

---

[164]engl.: Resultant Field Strength
[165]engl.: Power Flux Density (PFD)

Damit erhält man für die elektrische Feldstärke E:

$$E = \sqrt{S \cdot Z_0},$$
$$= (1 / 2 \cdot r) \cdot \sqrt{P_S \cdot Z_0/\pi},$$

und für die magnetische Feldstärke H entsprechend:

$$H = \sqrt{S/Z_0}$$
$$= (1 / 2 \cdot r) \cdot \sqrt{P_S/(Z_0 \cdot \pi)},$$

Die elektrische und die magnetische Feldstärke nehmen mit dem Faktor 1/r ab. Die oben angeführten Berechnungen gelten für den verlustfreien Raum. Für eine reale hindernisfreie Verbindung muss das Freiraum-Dämpfungsmaß α_0 berücksichtigt werden, dessen Wert von der Wellenlänge λ und der zu überbrückenden Distanz d abhängig ist: $\alpha_0 = 20 \cdot log[(4 \cdot \pi \cdot d)/\lambda]$ dB

Aufgabe: Eine Antenne strahlt eine Leistung von P_S = 1 W auf einer Frequenz von f = 800 MHz ab. Bestimmen Sie die Strahlungsdichte, die elektrische und die magnetische Feldstärke in r = 1000 m Entfernung!

Lösungen

Überprüfung der Fernfeldbedingung:

$$\lambda = c / (800 \cdot 10^6) = 37,5 \text{ cm}.$$

Da (r >> 4·λ) ist, gilt hier die Fernfeldbedingung.

Die Leistungsflussdichte S ergibt sich aus:

$$S = P_S/(4 \cdot \pi \cdot r^2)$$
$$= 1 / (4 \cdot \pi \cdot 10^6)$$
$$= 79,6 \text{ nW/m}^2$$

In 1000 m Entfernung stehen somit pro Quadratmeter Empfangsfläche 79,6 nW zur Verfügung. Wenn diese verfügbare Leistung nicht für einen Empfang ausreicht, muss entweder die wirksame Antennenfläche am Empfangsort vergrößert oder die Sendeleistung erhöht werden.

Entsprechend zu oben errechnet sich die elektrische Feldstärke E (ohne Berücksichtigung des Freiraum-Dämpfungsmaßes):

$$E = (1 / 2 \cdot r) \cdot \sqrt{P_S \cdot Z_0/\pi}$$
$$= 5,476 \cdot \sqrt{P_S} / r$$
$$= 5,475 \text{ mV/m}.$$

Die magnetischen Feldstärke H bestimmt sich aus:

$$H = (1 / 2 \cdot r) \cdot \sqrt{P_S/(Z_0 \cdot \pi)}$$
$$= 14,53 \cdot 10^{-3} \cdot \sqrt{P_S}/r$$
$$= 14,53 \ \mu \text{ A/m}.$$

Es gibt verschiedene Definitionen für den Beginn des Fernfeldbereiches. Sie sind abhängig von den mechanischen Abmessungen der Antenne. Die deutsche Bundesnetzagentur (ehemals Regulierungsbehörde für Post und Telekommunikation

(RegTP)) geht bei ihren Berechnungen der Grenzwerte von gesundheitsschädlichen elektromagnetischen Feldstärken vom Beginn des Fernfeldes bei Entfernungen von mehr als $(4 \cdot \lambda)$ zwischen strahlender Antenne und dem Messpunkt aus. Danach beginnt das Fernfeld für

> f = 1000 MHz bei 1,2 m
> f = 2,4 GHz bei 0,5 m

(vergleiche hierzu Abschnitt 2.3.1.5).

Wird eine Antenne als Sendeantenne betrieben und ist in deren Fernfeld eine zweite Antennen als Empfangsantenne installiert, so stellt diese Anordnung, von ihren Anschlussklemmen her betrachtet, einen Vierpol dar. Der Vertauschungssatz der Vierpoltheorie besagt hier, dass es keine Rolle spielt, welche Antenne als Sende- und welche als Empfangsantenne betrieben wird, das Verhalten des Gesamtsystems ist davon unabhängig.

Definition: **Reziprozitätsprinzip**

Das Reziprozitätsprinzip bedeutet, dass die Verstärkung durch eine Antenne (Richtantenne) sowohl senderseitig als auch empfangsseitig erfolgen kann. Das gilt nicht für Aktivantennen, also Antennen mit einem eingebauten Hochfrequenzverstärker. Auch die auftretenden Feldstärken können natürlich unterschiedlich sein.

$\lambda/4$-Antenne

Wenn ein Ast eines Dipols senkrecht über einer elektrisch leitenden Fläche angeordnet ist (Abbildung 2.73, Links), verhält er sich elektrisch so, als wäre ein zweiter Ast spiegelbildlich vorhanden. Diese Antennenform bezeichnet man als Monopol, als Vertikalstrahler oder als $\lambda/4$-Strahler.

Sie wird gern für Sende- und Empfangszwecke eingesetzt, denn wenn eine elektrisch gut leitende Fläche vorhanden ist (z. B. eine Kfz-Karosserie), beträgt ihre mechanische Abmessung nur $\lambda/4$. Wenn eine gut leitende Fläche nicht zur Verfügung steht, z. B. wenn die Antenne auf dem Erdboden platziert wird, kann ein „künstliches Gegengewicht" geschaffen werden. Dazu wird z. B. im Erdboden eine elektrisch leitende Fläche durch dort verlegte Drähte geschaffen (siehe Abbildung 2.73, Mitte).

Eine Weiterentwicklung dieser Antennenform ist die Groundplane-Antenne (Abbildung 2.73, rechts). Hier wird das Gegengewicht durch wenige $\lambda/4$-Leiterstücke, so genannte Radials, geschaffen. Bei der Dimensionierung des Vertikalstrahlers und der Radials ist der Verkürzungsfaktor V (siehe oben) zu berücksichtigen.

Groundplane-Antenne

Weiterführende Literatur zum Thema Antennentechnik findet man unter [RK02].

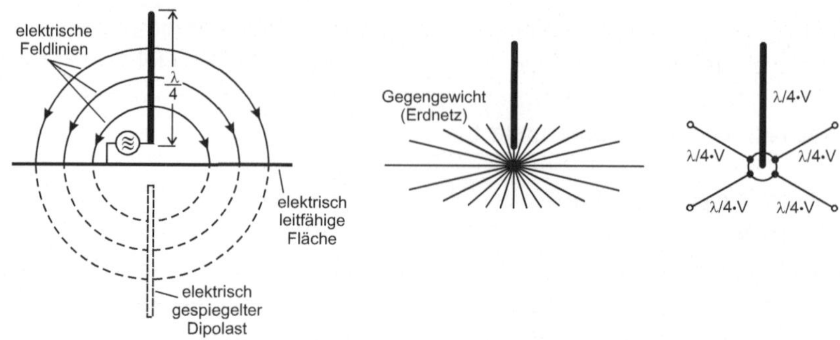

Abbildung 2.73: Links: Monopol über leitender Fläche; Mitte: $\lambda/4$-Monopolstrahler mit Gegengewicht; Rechts: Groundplane-Antenne

2.3.4 Betriebsarten

Im nachfolgenden Teil werden verschiedene Betriebsarten behandelt. Ziel der hier vorgestellten Techniken ist es stets, die Übertragungssicherheit zu erhöhen. Diese wird bei Funkübertragungsstrecken durch den Mehrfachempfang und die daraus resultierenden Interferenzzonen mit Schwunderscheinungen[166] der Signalstärke beeinträchtigt.

2.3.4.1 Mehrwege-Empfang und Schwund

Die Verhältnisse sind selten so, dass den Empfänger nur ein Signal direkt vom Sender erreicht. Die Regel ist der Mehrfachempfang, bedingt durch Reflexionen des Sendesignals. Im Frequenzbereich unter 30 MHz ist dies häufig erwünscht. Abbildung 2.74 zeigt, wie erst durch Reflexionen in der Ionosphäre ein weltweiter Rundfunkempfang möglich wird.

Mehrwege-empfang

Unmittelbar um den Sender, jedoch bereits außerhalb der Sichtweite, existiert eine „Tote" Zone, in der, bedingt durch die Erdkrümmung, kein Empfang möglich ist. Weitere „Tote" Zonen, wie man nach der Abbildung 2.74 vermuten könnte, sind durch die instabile Reflexionsschicht in der Ionosphäre selten (siehe Abbildung 2.75). Die Reflexionen erfolgen in verschiedenen Schichten der Ionosphäre etwa zwischen 150 und 400 km Höhe. Die verschiedenen Höhen bewirken auf der Erdoberfläche Interferenzzonen, in denen ein Mehrfachempfang erfolgt.

Fading

Da sich die reflektierenden Schichten auch noch zeitlich ändern, führt das zu zeitlich stark schwankenden Feldstärkewerten im Bereich der Interferenzzone. Dies bezeichnet man als „Schwund".

---

[166] engl.: Fading

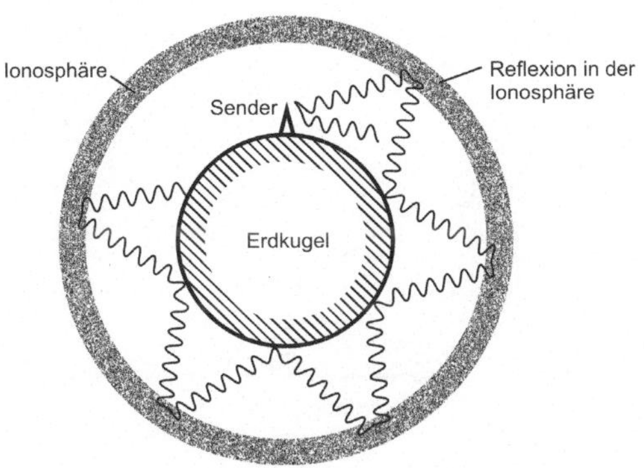

Abbildung 2.74: Fernempfang bei Frequenzen unter 30 MHz Interferenzzonen

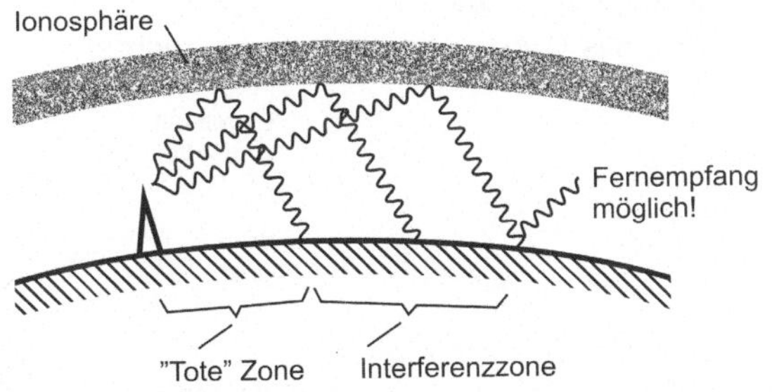

Abbildung 2.75: Interferenzzonen

Diese Effekte treten prinzipiell auch bei Nahbereichs-Kommunikation auf. Hier erfolgt eine Reflexion jedoch nicht in der Ionosphäre, sondern an elektrisch leitenden Objekten (in der Regel an Metallflächen) in der Umgebung der Sende- und Empfangseinrichtungen. Ein Mehrfachempfang ist hier die Regel (siehe Abbildung 2.74). In Extremfällen kann es zu Signalverdoppelungen und Signalauslöschungen kommen, die stabil bleiben, wenn sich die Weglängen und Sendefrequenzen nicht ändern. Eine „Tote" Zone hingegen gibt es selten. Wenn keine direkte Sichtverbindung zwischen Sender und Empfänger besteht, ist häufig dennoch eine Kommunikationsverbindung möglich. Diese erfolgt dann zum Beispiel über Reflexionen an metallischen Objekten.

Am Empfänger treffen zwei Signale des Senders ein (siehe Abbildung 2.76), eines auf direktem Weg (S_D) und eines über eine Reflexion (S_R). Die Phasendifferenz zwischen diesen beiden Signalen kann je nach Verzögerung durch den Umweg zwischen 0° und 180° betragen. Vernachlässigt man die Dämpfung entlang der Übertragungsstrecke, kann es so bei Gleichphasigkeit zur einer Amplitudenverdopplung kommen (siehe Abbildung 2.77, links) oder im ande-

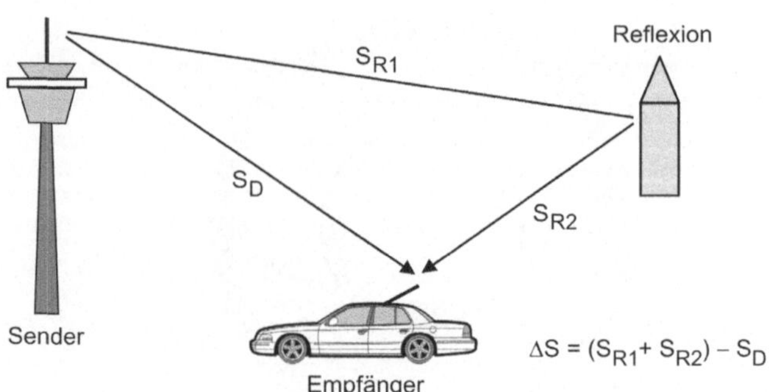

Abbildung 2.76: Doppelempfang durch Reflexion

ren Extremfall bei Gegenphasigkeit (180° Phasendifferenz) zu einer kompletten Auslöschung des Signals (siehe Abbildung 2.77, rechts).

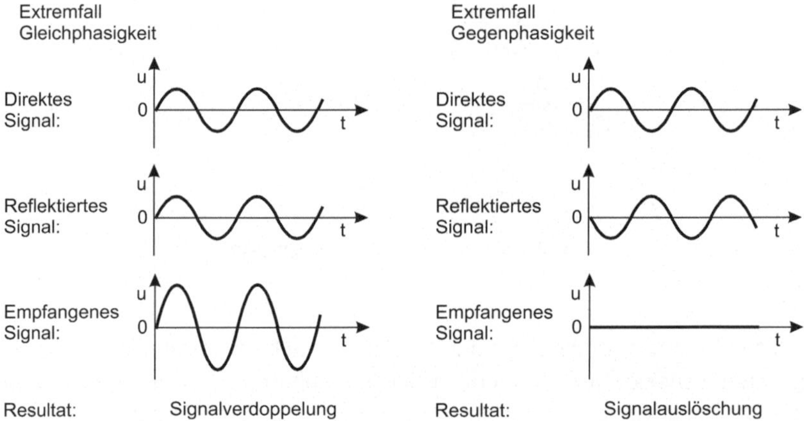

Abbildung 2.77: Auswirkungen des Doppelempfangs

Ob einer der Extremfälle eintritt oder ein Wert dazwischen, hängt von den Parametern der Nachrichtenstrecke ab. Die Phasendifferenz berechnet sich wie folgt:

$$\varphi_{Rad} = 2 \cdot \pi \cdot [mod^{167}(\Delta s/\lambda_s)]/\lambda_s, \text{ bzw.}$$
$$\varphi_{Grad} = 360 \cdot [mod(\Delta s/\lambda_s)]/\lambda_s \ [°]$$

mit

Δs: Streckendifferenz zwischen der direkten Verbindung zwischen Sender (S_D) und Empfänger und Weglänge des reflektierten Signals ($S_R = S_{R1} + S_{R2}$), $\Delta s = S_R - S_D$

---

[167] Mod = **Modulo**

f_s: Sendefrequenz [Hz]

λ_s: Wellenlänge des Sendesignals,

$\lambda_s = c/f_s$ [m] mit $c \approx$ 300 km/s $= 300 \cdot 10^6/f_s$ [m]

T_s : Periodendauer des Sendesignals, $T_s = 1/f_s$ [s]

Beispiel: Signalverdoppelung durch Interferenz:

Ein Sender arbeitet auf der Frequenz f_s=1000 MHz, das entspricht einer Wellenlänge von λ_s=0,3 m. Die Weglänge des direkten Signals betrage S_D=10 m, die Weglänge des reflektierten Signals betrage S_R=13 m. Somit ist die Streckendifferenz Δs=3 m. Daraus berechnet sich die Phasendifferenz zwischen direktem Signal und reflektiertem Signal zu

$$\varphi_{Grad} = 360 \cdot [mod(3/0,3)]m/0,3m \; [°]$$
$$= 0°$$

Erläuterung

Die beiden Signale am Empfängereingang treffen dort gleichphasig ein, d. h. ihre Amplitudenwerte addieren sich. Es kommt gegenüber der Amplitude des direkt empfangenen Signals zu einer Amplitudenverdoppelung, wenn man eine gleiche Streckendämpfung für beide Signale annimmt.

Beispiel: Signalauslöschung durch Interferenz:

Ein Sender arbeitet auf der Frequenz f_s = 1000 MHz, das entspricht einer Wellenlänge von λ_s = 0,3 m Die Weglänge des direkten Signals betrage S_D = 10 m, die Weglänge des reflektierten Signals betrage S_R = 13,45 m. Somit ist die Streckendifferenz Δs = 3,15 m. Daraus berechnet sich die Phasendifferenz zwischen direktem Signal und reflektiertem Signal zu

$$\varphi_{Grad} = 360 \cdot [mod(3,45/0,3)]m/0,3m \; [°]$$
$$= 360 \cdot 0,15m/0,3m \; [°] = 180°$$

Erläuterung

Die beiden Signale am Empfängereingang treffen dort mit einer Phasendifferenz von 180°, also gegenphasig, ein, d. h. ihre Amplitudenwerte subtrahieren sich. Es kommt gegenüber der Amplitude des direkt empfangenen Signals zu einer Signalauslöschung, wenn man eine gleiche Streckendämpfung für beide Signale annimmt.

> *Beispiel:* Signalauslöschung durch Interferenz:
> Ein Sender arbeitet auf der Frequenz f_s = 1050 MHz, das entspricht einer Wellenlänge von λ_s = 0,2857 m. Die Weglänge des direkten Signals betrage S_D = 10 m, die Weglänge des reflektierten Signals betrage S_R = 13 m. Somit ist die Streckendifferenz Δs = 3 m.
> Daraus berechnet sich die Phasendifferenz zwischen direktem Signal und reflektiertem Signal zu $\varphi_{Grad} = 360 \cdot [mod(3/0,2857)]m/0,2857m$ [°]
> $= 360 \cdot 0,143m/0,2857m$ [°] $= 180°$

Erläuterung

Die beiden Signale am Empfängereingang treffen dort mit einer Phasendifferenz von 180°, also gegenphasig, ein, d. h. ihre Amplitudenwerte subtrahieren sich. Es kommt gegenüber der Amplitude des direkt empfangenen Signals zu einer Signalauslöschung, wenn man eine gleiche Streckendämpfung für beide Signale annimmt.

Wenn sich, wie in Abbildung 2.76 dargestellt, der Empfänger bewegt, kommt es auf Grund der sich ständig ändernden Weglängendifferenz zwischen dem direkten und dem reflektierten Signal zu Schwankungen der Empfangsfeldstärke entlang der Fahrtstrecke. Diese würden auch entstehen, wenn sich der Sender bewegt oder der Reflektor. Letzteres ist bei Schwankungen der Reflexionsschicht in der Ionosphäre der Fall (Abbildung 2.75).

Aus den Beispielen (1) bis (3) ist leicht zu entnehmen, dass es in Abhängigkeit von der Weglängendifferenz und der Sendefrequenz bei sonst gleichen Bedingungen in den Extremfällen zu einer Amplitudenverdoppelung oder zu einer Signalauslöschung kommen kann. Damit ist auch bereits gezeigt, mit welchen Maßnahmen eine unerwünschte Signalauslöschung verhindert werden kann: Man diversifiziert die Signalübertragung auf unterschiedliche Weglängen, unterschiedliche Betriebsfrequenzen oder bei bewegtem Sender, Empfänger oder Reflektor auf unterschiedliche Zeiten. Man spricht in diesem Fällen vom Diversity-Betrieb.

2.3.4.2 Diversity-Verfahren

Im Folgenden wird auf die drei Diversity-Betriebsarten Raum, Frequenz und Zeit einzeln eingegangen.

Raum-Diversity

- Raum-Diversity[168]:
  Beim Raumdiversity-Betrieb werden zwei Sende-Empfangs-Wege mit unterschiedlichen Weglängen parallel betrieben. Eine Signalauslöschung ist, wie oben gezeigt, von der Weglängendifferenz abhängig. Damit ist zu

---

[168]engl.: Space Diversity

erwarten, dass bei der Auslöschung des Signals eines Weges das andere keine Auslöschung zeigt. Auf der Empfangsseite wird dazu ständig geprüft, welcher der beiden Signalwege am Empfänger eine höhere Feldstärke bewirkt. In der Praxis wird ein Raum-Diversity durch zwei räumlich getrennte Empfangsantennen realisiert. Der Empfänger schaltet zwischen diesen beiden Antennen (oder weiteren Antennen) hin und her, misst deren Empfangssignalstärke und wählt das stärkere Signal aus. Der Abstand zwischen den beiden Empfangsantennen sollte idealerweise 2 bis 5 λ betragen. Aus Platzgründen ist dies nicht immer realisierbar. In diesem Fall kann auf den Frequenz-Diversity-Betrieb zurückgegriffen werden

- Frequenz-Diversity[169]:
  Hierbei senden zwei Sender gleichzeitig, jedoch auf zwei unterschiedlichen Frequenzen. Eine Signalauslöschung ist, wie oben gezeigt, von der Wellenlänge und damit von der benutzten Sendefrequenz abhängig. Damit ist zu erwarten, dass bei der Auslöschung einer Sendefrequenz die andere keine Auslöschung zeigt. Auf der Empfangsseite wird dazu ständig geprüft, welcher der beiden Sendefrequenzen am Empfänger eine höhere Feldstärke bewirkt. Entsprechend hoch ist der senderseitige Aufwand, denn man muss einen zweiten Sender parallel betreiben und einen zweiten Übertragungskanal (Sendefrequenz) belegen. In der früheren Kurzwellen-Fernübertragungstechnik hat man das in Kauf genommen. In der heutigen digitalen Nahbereichs-Kommunikation geht man jedoch einen anderen Weg. Man realisiert einen Frequenz-Diversity-Betrieb durch das „Frequency-Hopping"-Verfahren. Im Abschnitt 2.3.5.1 wird es näher beschrieben.

Frequenz-Diversity

- Zeit-Diversity[170]:
  Beim Empfang eines direkten und eines reflektierten Signals und gleichzeitiger Bewegung des Senders, des Empfängers oder des Reflektors verändern sich die Phasenlagen der beiden am Empfänger eintreffenden Signale in Abhängigkeit von der Änderung der Weglängen. Am Empfangsort nimmt man das als zeitabhängige Schwankungen der Empfangsfeldstärke wahr. Beim Zeit-Diversity-Betrieb wird deshalb eine Aussendung nach einer gewissen Zeit einmal oder mehrfach wiederholt. Es ist zu erwarten, dass bei einer der Wiederholungen keine Auslöschung auftritt und so die zu übertragende Information übermittelt werden kann. Der Aufwand beim Sender und beim Empfänger ist so am niedrigsten. Die Informationen müssen jedoch für die Wiederholungen auf der Senderseite und für die Auswertungen auf der Empfangseite zwischengespeichert werden. Je

Zeit-Diversity

---

[169]engl.: Frequency Diversity
[170]engl.: Time Diversity

nach Wahl der Zeit zwischen den Wiederholzyklen ist dieses Verfahren nur bedingt echtzeitfähig. Dies ist bei einer Datenübertragung eher unkritisch, kann jedoch zum Beispiel eine Sprachübertragung stark behindern.

In der Praxis werden in der Regel Mischformen der verschiedenen Diversity-Betriebsarten eingesetzt. Sie bieten nicht nur Schutz gegen das Fading, sondern auch gegen sonstige kurzzeitige Störungen in einem Übertragungskanal.

Mobilität und Portabilität

Es ist aus den oben angeführten Gründen sinnvoll, zwischen den Begriffen „Mobilität" und „Portabilität" in der Nahbereichs-kommunikation zu unterscheiden.

Merksatz: **Mobiles Kommunikationssystem**

Ein mobiles Kommunikationssystem muss während einer Ortsveränderung betriebsbereit sein. Das auf Grund der Bewegung übertragungstechnisch bedingte Fading kann durch eine optimierte Kanalcodierung abgefangen werden.

Eine Signalauslöschung durch Fading ist zeitlich begrenzt. Die Informationsmenge, die während einer Signalauslöschung verloren geht, ist abhängig von der Datenübertragungsrate im Kanal. Die Fehlerkorrektureigenschaften des Kanaldecodierers müssen so mächtig sein, dass die während der Signalauslöschung nicht übertragenen Informationen regeneriert werden können.

Der zeitliche Zyklus zwischen den Auslöschungen ist wiederum abhängig von der Bewegungsgeschwindigkeit. Unterschreitet dieser ein unteres Limit, treten mehr Fehler auf, als der Kanaldecodierer korrigieren kann, und die Kommunikation bricht ab.

Das heißt, ein mobiles Kommunikationssystem kann in Abhängigkeit von der Datenübertragungsrate und seinen Fehlerkorrektureigenschaften nur bis zu einer maximalen Bewegungsgeschwindigkeit betrieben werden. Beim Mobilfunkstandard GSM beträgt diese etwa 220 km/h.

Merksatz: **Portables Kommunikationssystem**

Ein portables Kommunikationssystem ist ortsungebunden, solange sich der Empfänger in Reichweite des Senders befindet. Auch die Energieversorgung ist oft für einen stromnetzunabhängigen Betrieb ausgelegt (siehe Abschnitt 2.4).

Während der Aussendung oder des Empfanges von Daten darf jedoch der Standort nicht gewechselt werden, oder wenn doch, dann nur mit einer so kleinen Geschwindigkeit, dass die durch Fading bedingte Signalauslöschung vernachlässigbar ist.

2.3.4.3 Multiplex-Verfahren

Eine häufige Anforderung an einen Übertragungskanal ist dessen Möglichkeit zur Mehrfachnutzung. In der klassischen Fernmeldetechnik war es aus Effizienzgründen erforderlich, mehrere Telefongespräche über ein Kabel (Kanal) zu übertragen. Bei der drahtlosen Übertragungstechnik bedeutet dies, dass ein Funkkanal (Frequenzband) von mehreren Quellen unabhängig voneinander genutzt wird. Auf der Empfangsseite müssen die verschiedenen Signale wieder voneinander getrennt werden. Man unterscheidet dabei drei Grundprinzipien:

Grundprinzipien

- SDMA[171]

- TDMA[172]

- FDMA[173]

Darüber hinaus sind auch Kombinationen dieser Verfahren möglich. Weiterentwicklungen mit besonderen Eigenschaften sind:

Weiterentwicklungen

- CDMA[174]

- OFDM[175]

Raummultiplex

In der Funktechnik wird beim Raummultiplexverfahren um jeden Sender eine Zone eingerichtet, in der kein anderer Sender auf der gleichen Frequenz sendet. Damit können die benutzten Frequenzen (Kanäle) mehrfach vergeben werden, denn gegenseitige Störungen sind ausgeschlossen (siehe Abbildung 2.78).

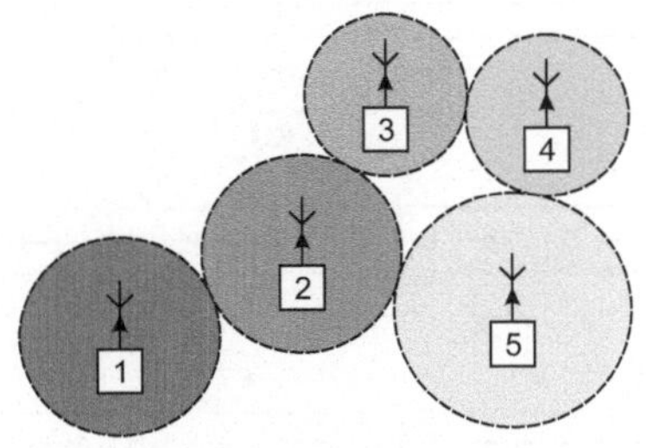

Abbildung 2.78: Raummultiplex

---

[171]SDMA = Space Division Multiplex Access *(deutsch: Raummultiplex)*
[172]TDMA = Time Division Multiplex Access *(deutsch: Zeitmultiplex)*
[173]FDMA = Frequency Division Multiple Access *(deutsch: Frequenzmultiplex)*
[174]CDMA = Code Division Multiple Access *(deutsch: Codemultiplex)*
[175]OFDM = Orthogonal Frequency Division Multicarrier

Zeitmultiplex

Beim Zeitmultiplexverfahren wird jeder Quelle ein „Zeitschlitz" zugewiesen. Zeitlich nacheinander bekommt jede Quelle für eine vorgegebene Zeit das gesamte Übertragungsfrequenzband (Kanal) zugeteilt. Diese Zuweisungen müssen natürlich zwischen Sender und Empfänger zeitlich synchronisiert sein (siehe Abbildung 2.79). Eine besondere Form des Zeitmultiplexbetriebs ist das TDD[176]-Verfahren. Hier wird zwischen den zwei Stationen A und B eine „Quasi"-Vollduplexverbindung geschaltet, die jedoch durch zwei Zeitscheiben, einmal in die Richtung A ' B und dann in Richtung B ' A realisiert wird. Dieser Semiduplex-betrieb erspart die aufwendigen Filter (Duplexweiche) zwischen Senderausgang, Empfängereingang und der gemeinsamen Sende- / Empfangsantenne. Abbildung 2.80 zeigt den zeitlichen Ablauf. Bevor ein Datenpaket von der Station A auf dem Kanal ausgesendet wird, muss es so komprimiert werden, dass es den Kanal nur während der halben seiner ursprünglichen Übertragungszeit belegt.

Duplex-betrieb

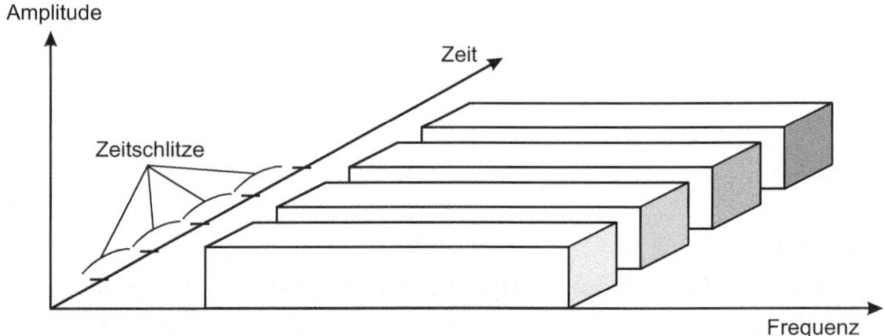

Abbildung 2.79: Zeitmultiplex

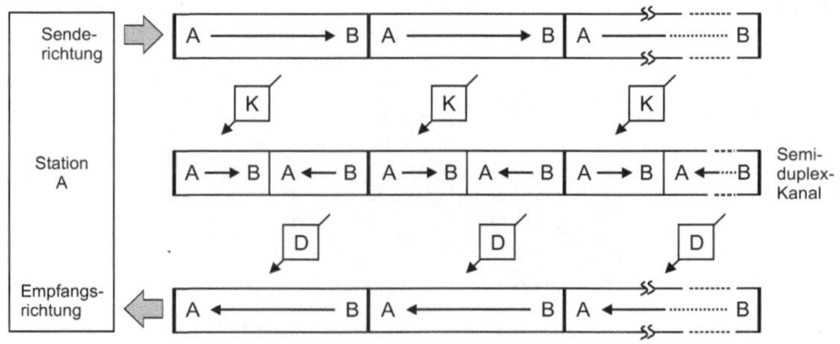

Abbildung 2.80: Semiduplex-Verfahren; [K]: Komprimierer, [D]: Dekomprimierer

---

[176]TDD = Time Division Duplex

Die so gewonnene freie Übertragungszeit des Kanals wird für die ebenfalls (von der hier in Abbildung nicht dargestellten Station B) komprimierten Datenpakete von der Station B nach A genutzt. Station A muss die komprimierten Datenpakete dekomprimieren. Die Komprimierungs- und Dekomprimierungsvorgänge kosten Zeit und müssen zwischen den beteiligten Stationen synchronisiert werden.

Frequenzmultiplex

Beim Frequenzmultiplex-Verfahren beansprucht jeder Sender einen Teil der Gesamtübertragungsbandbreite (in Abbildung 2.81 dargestellt als Bandbreiten B_1 bis B_5 der Unterkanäle). Der Abstand der Trägerfrequenzen muss so groß sein, dass sich auf der Empängerseite die durch die Modulation entstehenden Seitenbänder nicht überlagern und somit stören.

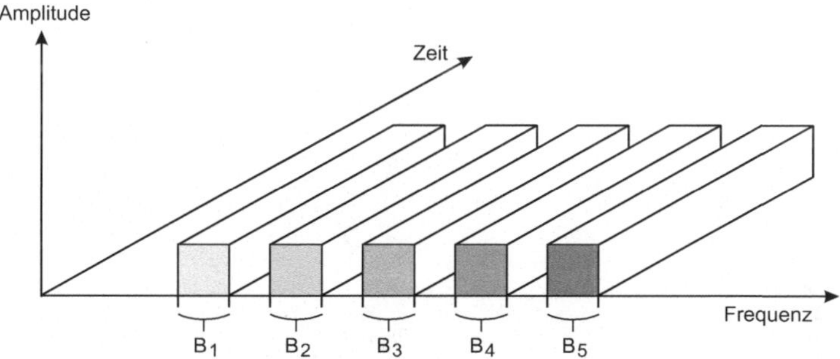

Abbildung 2.81: Frequenzmultiplex

Beispiel: Anwendungen

- Raummultiplex: Kabelinfrastruktur (mehrere Adern pro Kabel)

- Zeitmultiplex: GSM (D- und E-Netz, acht Sprachkanäle)

- Frequenzmultiplex: Hörfunk

- Codemultiplex: Spreizspektrumtechnik

Codemultiplex

Nach einem ganz anderen Prinzip arbeitet das Codemultiplex-Verfahren. Es basiert auf dem Prinzip der Spreizspektrumtechnik (siehe Abschnitt 2.3.5.2). Alle Sender teilen sich gleichzeitig das gleiche Übertragungsfrequenzband. Die Unterscheidung erfolgt durch unterschiedliche Spreizcodes (Chip-Sequenzen).

Beispiel: Erzeugung eines Codemultiplexsignals. Abbildung 2.82 zeigt in den Zeilen a) bis d) die Generierung eines gespreizten Signals A_S aus der Nachrichtenbitfolge

$A_N = [1, 0, 1, 1, 0]$

und der Pseudozufallsbitfolge

$A_C = [1,0,1,0,1,1,0,0,1,0,0,1,1,1,1,1,1,0,1,0]$.

Dieser Vorgang wurde bereits im Abschnitt 2.3.5.1 beschrieben. In den Zeilen e) bis h) wird die Generierung eines gespreizten Signals B_S aus der Nachrichtenbitfolge $B_N = [1, 0, 0, 0, 1]$

und der Pseudozufallsbitfolge

$B_C = [1,1,0,0,1,0,1,0,1,1,1,1,1,0,0,1,0,0,1,1]$

gezeigt.

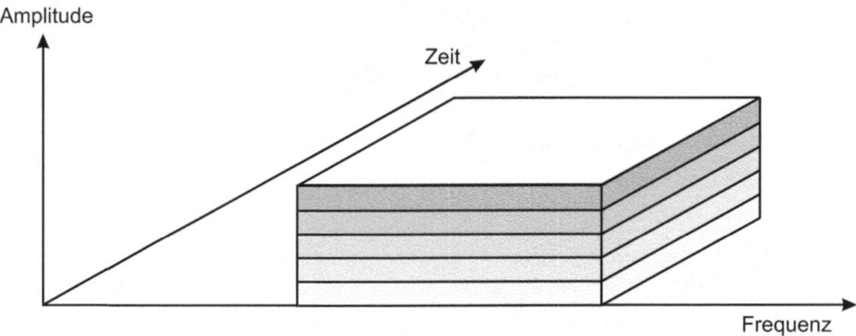

Abbildung 2.82: Codemultiplex

Erläuterung

Beide Spreizfolgen werden einem Träger aufmoduliert und im gleichen Frequenzbereich (zur gleichen Zeit) abgestrahlt. Die besonderen Anforderungen an die Spreizfolgen werden unten unter „Anforderung an die Modulation beim CDMA-Verfahren" beschrieben.

An einem Empfänger im Empfangsbereich der beiden Sender wird daher das Summensignal aus A_S und B_S eintreffen (siehe Abbildung 2.83, Zeile i)).

Zeile a): Darstellung der zu spreizenden Nachrichtenbitfolge A_N = [1,0,1,1,0], hier kombiniert als logische und binäre Signalfolge.

Zeile b): Darstellung der Spreizsequenz A_C, hier kombiniert dargestellt als logische und binäre Signalfolge.

Zeile c): Gespreiztes Nachrichtensignal A_S im Basisband, hier dargestellt als logische Signalfolge und erzeugt durch bitweise Verknüpfung der Zeilen a) und b): $A_S = A_N \otimes A_C$ (siehe dazu Tabelle 2.25).

Zeile d): Diese Zeile entspricht der Zeile c), jedoch ist das gespreizte Nachrichtensignal A_S als binäre Signalfolge dargestellt.

Zeile e): Darstellung der zu spreizenden Nachrichtenbitfolge B_N = [1,0,0,0,1], hier kombiniert als logische und binäre Signalfolge

Zeile f): Darstellung der Spreizsequenz B_C, hier kombiniert dargestellt als logische und binäre Signalfolge.

Zeile g): Gespreiztes Nachrichtensignal B_N im Basisband, hier dargestellt als logische Signalfolge und erzeugt durch bitweise Verknüpfung der Zeilen e) und f): $B_S = B_N \otimes B_C$ (siehe dazu Tabelle 2.25).

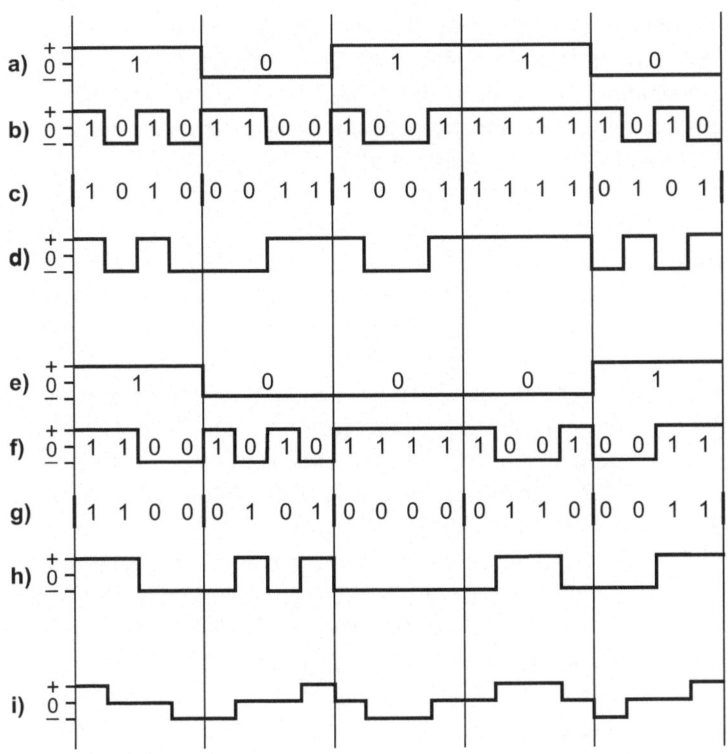

Abbildung 2.83: Beispiel für Codemultiplex

Zeile h): Diese Zeile entspricht der Zeile g), jedoch ist das gespreizte Nachrichtensignal B_S als binäre Signalfolge dargestellt.

Zeile i): Summensignal (siehe Tabelle 2.21) aus den Zeilen d) und h), welches bei einem Doppelempfang der Aussendungen der gespreizten Signalfolgen A_S und B_S am Empfängereingang anliegt ($[A_N \otimes A_C] \oplus [B_N \otimes B_C]$).

$\oplus$	+	-
+	+	0
-	0	-

Tabelle 2.21: $\oplus$-Funktion für die Addition binärer Pegel

Beispiel: Decodierung der Nachrichtensequenz aus einem Codemultiplexsignal. Beim Empfänger muss die Pseudozufallsfolge bekannt sein, damit er eine erfolgreiche De-Spreizung durchführen kann. In den Abbildungen 2.84 und 2.85 wird gezeigt, wie aus dem Summensignal $[A_N \otimes A_C] \oplus [B_N \otimes B_C]$ (Abbildung 2.83, Zeile i) durch Verknüpfung mit der entsprechenden Spreizsequenzen die Nachrichtenbitfolgen A_N (siehe Abbildung 2.83) und B_N (Abbildung 2.85) decodiert werden.

Erläuterung

Zeile a) Summensignal, welches bei einem Doppelempfang der Aussendungen der gespreizten Signalfolgen A_S und B_S am Empfängereingang anliegt: ($[A_N \otimes A_C] \oplus [B_N \otimes B_C]$).

Zeile b): Darstellung der Spreizsequenz A_C als binäre Signalfolge.

Zeile c): Verknüpfung des Summensignals aus Zeile a) mit der Spreizsequenz A_C aus Zeile b). Hier kommt die $\otimes$-Funktion (Tabelle 2.22) zur Anwendung, was einer Multiplikation entspricht (Vorzeichen beachten!).

Zeile d): Das Signal aus Zeile c) wird bitweise integriert (kohärente Demodulation). Am Ende des Integrationsintervalls erfolgt die Bewertung, d. h. die Zuordnung zu einem logischen Pegel: $<1 \to$ „logisch Eins" und $>1 \to$ „logisch Null".

Zeile e): De-spreiztes Nachrichtensignal A_N im Basisband, hier kombiniert dargestellt als logische und binäre Signalfolge. Die Folge $A_N = [1, 0, 1, 1, 0]$ ist identisch mit der Folge in Zeile a) in Abbildung 2.83.

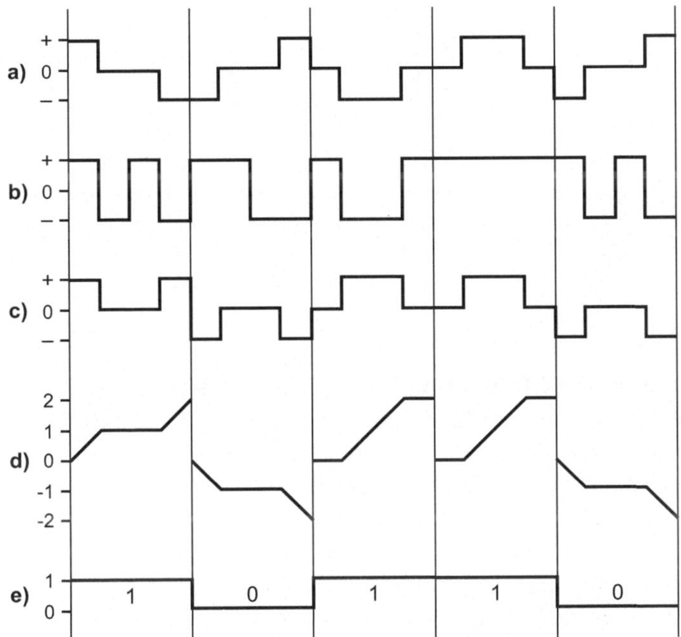

Abbildung 2.84: De-Spreizung der Nachricht A_N

Erläuterung

Zeile a): Summensignal. welches bei einem Doppelempfang der Aussendungen der gespreizten Signalfolgen A_S und B_S am Empfängereingang anliegt: $([A_N \otimes A_C] \oplus [B_N \otimes B_C])$.

Zeile b): Darstellung der Spreizsequenz B_C als binäre Signalfolge.

Zeile c): Verknüpfung des Summensignals aus Zeile a) mit der Spreizsequenz B_C aus Zeile b). Hier kommt die $\otimes$-Funktion (Tabelle 2.22) zur Anwendung, was einer Multiplikation entspricht (Vorzeichen beachten!).

Zeile d): Das Signal aus Zeile c) wird bitweise integriert (kohärente Demodulation). Am Ende des Integrationsintervalls erfolgt die Bewertung, d. h. die Zuordnung zu einem logischen Pegel: (< 1) $\rightarrow$ „logisch Eins" und (> 1) $\rightarrow$ „logisch Null".

Zeile e): De-spreiztes Nachrichtensignal B_N im Basisband, hier kombiniert dargestellt als logische und binäre Signalfolge. Die Folge $B_N = [1, 0, 0, 0, 1]$ ist identisch mit der Folge in Zeile e) in Abbildung 2.83.

$\otimes$	+	0	−
+	+	0	−
0	0	0	0
−	−	0	+

Tabelle 2.22: $\otimes$-Funktion für analoge Pegel (Vorzeichenregel der Multiplikation, entspricht der Tabelle 2.21, jedoch ergänzt um den Eingangswert "0")

Anforderung an die Modulation beim CDMA-Verfahren

Während es bei der direkten Spreizspektrumtechnik (Abschnitt 2.3.5.2, DSSS) nur darum geht, das Basisbandsignal mit einem Pseudozufallscode zu spreizen und auf der Empfangsseite die De-Spreizung durchzuführen, sind beim Code-Division-Multiple-Access-Verfahren die Anforderungen höher. Eine erfolgreiche De-Spreizung muss auch für mehrere gleichzeitig im gleichen Frequenzband empfangene Nachrichten durchführbar sein. In den Beispielen der Abbildungen 2.84 und 2.85 wurde dies für die Nachrichtensignale A_N und B_N beispielhaft gezeigt. Die Rückgewinnung der Basisbandsignale A_N und B_N durch den Vorgang der De-Spreizung ist nur möglich, wenn einige Voraussetzungen an das eingesetzte Modulationsverfahren, an die Empfangspegel der empfangenen Signale und an die verwendeten Spreizsequenzen erfüllt sind.

Additive Überlagerung

Eine Voraussetzung für die Dekodierbarkeit eines CDMA-Signals bei Mehrfachempfang ist, dass sich verschiedene Spreizspektrumsignale additiv überlagern und in dieser Form auch im Basisbandbereich zur Verfügung stehen.

Die tatsächliche Überlagerung der Signalpegel erfolgt auf dem Übertragungsweg, also im Hochfrequenzbereich. Es dürfen deshalb nur Modulationsverfahren zum Einsatz kommen, bei denen eine Addition zweier modulierter Träger im HF-Bereich auch eine Addition der Nutzsignale zur Folge hat. Nach der Demodulation müssen die Nutzsignale im Basisband additiv überlagert zur Verfügung stehen. Dies ist zum Beispiel bei der BPSK-Modulation der Fall.

Leistungsregelung

In CDMA-Systemen erfolgt nach der Integration die Bewertung des analogen Signals und damit die Zuordnung zu einem logischen Pegel (Zeile d) in den Abbildungen 2.84 und 2.85.

Für eine korrekte Bewertung ist es erforderlich, dass alle zeitgleich im gleichen Frequenzband ausgestrahlten Spreizspektrumsignale am Antenneneingang des Empfängers mit dem gleichen Pegel zu empfangen sind. Nur dann kann die Ab-

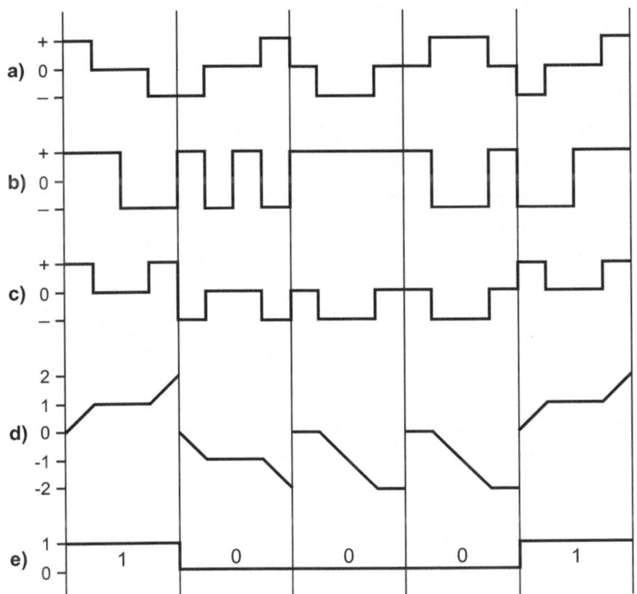

Abbildung 2.85: De-Spreizung der Nachricht B_N

bildung vom analogen Signal auf ein logisches Signal fehlerfrei erfolgen. Ist das nicht der Fall, kann dies die Teilnehmerkapazität, also die Anzahl der gleichzeitig in einem Frequenzbereich arbeitenden und dekodierbaren Stationen, erheblich mindern.

Erreicht wird dies durch eine genaue Leistungsregelung, d. h. die Empfangsstation teilt den Sendern mit, wie stark sie senden dürfen. Bei einem Mobilfunknetz gibt daher die Feststation vor, wie stark eine Mobilstation senden darf.

Anforderung an die Spreizsequenzen

Damit aus gleichzeitig empfangenen CDMA-Signalen die ursprünglichen Informationen zurückgewonnen werden können, müssen die zum Spreizen eingesetzten Pseudozufallssequenzen zueinander orthogonal sein.

> *Definition:* **Orthogonale Vektoren**
> Zwei Vektoren [A] und [B] mit [A] = $(a_1, a_2, a_3, ...a_n)$ und [B] = $(b_1, b_2, b_3, ...b_n)$ sind zu einander orthogonal, wenn ihr Skalarprodukt gleich Null ist, wenn [A] $\neq$ [B]. Geometrisch betrachtet stehen die Vektoren, deren Skalarprodukt gleich Null ist, senkrecht aufeinander.

Definition: **Skalarprodukt**

Das Skalarprodukt ist die Summe aus den Produkten der korrespondieren-
den Komponenten jedes Vektors.

Beispiel: Wenn A = $(a_1, a_2, a_3, \ldots a_n)$ und B = $(b_1, b_2, b_3, \ldots b_n)$, ist das Ska-
larprodukt S aus [A] und [B]: S = $(a_1 \cdot b_1 + a_2 \cdot b_2 + a_3 \cdot b_3 + \ldots a_n \cdot b_n)$.

Erzeugung von orthogonalen Spreizsequenzen

Walsh-Hadamard

Es ist relativ einfach, mit Hilfe der diskreten Walsh-Hadamard-Transformation
zueinander orthogonale Spreizsequenzen zu erzeugen.

Ausgehend von der Matrix H_2 für die Transformation zweiter Ordnung

$$H_2 = 2^{-0,5} \cdot \begin{bmatrix} +1 & +1 \\ +1 & -1 \end{bmatrix} \equiv \begin{bmatrix} 1 & 1 \\ 1 & 0 \end{bmatrix}$$

kann durch rekursives Ersetzen eine neue Matrix vierter Ordnung erzeugt wer-
den (Der Normierungsfaktor $2^{(-1/N)}$ mit N = Ordnung der Matrix wurde hier
weggelassen.).

$$H_4 = \begin{bmatrix} +1 & +1 & +1 & +1 \\ +1 & -1 & +1 & -1 \\ +1 & +1 & -1 & -1 \\ +1 & -1 & -1 & +1 \end{bmatrix} \equiv \begin{bmatrix} 1 & 1 & 1 & 1 \\ 1 & 0 & 1 & 0 \\ 1 & 1 & 0 & 0 \\ 1 & 0 & 0 & 1 \end{bmatrix}$$

Die Spalten- oder Zeilenvektoren einer Hadamard-Matrix sind zueinander ortho-
gonal. Die Zuordnung der Matrixwerte zu den logischen Werten erfolgt durch
die Beziehungen (-1) $\equiv$ „0" und (+1) $\equiv$ „1".

Beispiel: Die Sequenz in der dritten Zeile [A] = (+1 +1 -1 -1) und die
Sequenz in der vierten Zeile [B] = (+1 -1 -1 +1) sind zueinander orthogonal,
denn das Skalarprodukt ist Null.

$[A] \cdot [B] = ((+1) \cdot (+1) + (+1) \cdot (-1) + (-1) \cdot (-1) + (-1) \cdot (+1))$
$= ((+1) + (-1) + (+1) + (-1)) = 0$

In der Erzeugung vorteilhafter Spreizsequenzen, die orthogonal sind und auch
den Bedingungen eines Zufallscodes genügen, liegt eine Menge Wissen, vor al-
lem, wenn es darum geht, ein Signal für Dritte „unentschlüsselbar" zu machen.

Gold-Codes

Oft kommt hier ein Code aus der Familie der „Gold"-Codes zum Einsatz, der
aus der Modulo-2-Addition mehrerer Pseudozufallscodes erzeugt wird.

Beispiel für die De-Spreizung beim Mehrfachempfang

Für das folgende Beispiel wird zur Vereinfachung nur von einem Spreizfaktor
m = 4 ausgegangen, das heißt, ein Bit des Nutzsignals wird um den Faktor
vier gespreizt. Für eine Spreizung sollen die zueinander orthogonalen Chip-
Sequenzen [R] und [S] verwendet werden mit

$[R] = (+1\ +1\ -1\ -1\ )$ und
$[S] = (+1\ -1\ -1\ +1\ )$.

Wegen der Orthogonalität von [R] und [S] gilt (wenn $[R] \neq [S]$):

$[S] \cdot [S] = 0;\ [S] \cdot [S] = „1"$

$[R] \cdot [\overline{S}] = 0;\ [S] \cdot [\overline{S}] = „1"$

Zur Übertragung einer logischen „1" wird vom Sender A die Chipsequenz [R] und vom Sender B die Chipsequenz [S] ausgesandt. Zur Übertragung einer logischen „0" wird vom Sender A die negierte Chipsequenz [R] und vom Sender B die negierte Chipsequenz [S] ausgesandt. Damit erhält man Tabelle 2.23.

	Ausgesandte Chipsequenz
Sender A sendet eine „1"	(+1 +1 -1 -1)
Sender A sendet eine „0"	(-1 -1 +1 +1)
Sender B sendet eine „1"	(+1 -1 -1 +1)
Sender B sendet eine „0"	(-1 +1 +1 -1)

Tabelle 2.23: Beispiel De-Spreizung I

Zur De-Spreizung auf der Empfängerseite muss das Skalarprodukt aus der empfangen Chip-Sequenz [E] und der entsprechenden Spreizsequenz [R] oder [S] gebildet werden. Das Skalarprodukt wird anschließend durch den Spreizfaktor m dividiert, um den ursprünglich ausgesandten logischen Wert zu erhalten. (-1) entspricht dann einer logischen „0" und (+1) einer logischen „1" bzw.

$([E] \cdot [S]) / m > 1 \equiv$ log. Wert = 1

$([E] \cdot [S]) / m < 1 \equiv$ log. Wert = 0

Wird zur De-Spreizung nicht die passende Spreizsequenz verwendet, hat das Skalarprodukt wegen der Orthogonalität den Wert 0.

Die Empfangssequenz E ist abhängig von den verschiedenen ausgesandten Bits der Sender A und B. Wegen der additiven Überlagerung addieren sich die gleichzeitig am Empfängereingang anliegenden Signale linear (siehe Tabelle 2.24).

Wie oben bereits gezeigt, muss zur De-Spreizung der Aussendung von A der

A sendet	B sendet	Ausgesandte Chipsequenz
0	0	$[E_{00}] = (-2\ 0\ +2\ 0\ )$
0	1	$[E_{01}] = (0\ -2\ 0\ +2\ )$
1	0	$[E_{10}] = (0\ +2\ 0\ -2\ )$
1	1	$[E_{11}] = (+2\ 0\ -2\ 0\ )$

Tabelle 2.24: Beispiel De-Spreizung II

Empfänger die empfangene Sequenz $[E_{XX}]$ mit der Chip-Sequenz $[R]$ multiplizieren. (Entsprechend muss zur De-Spreizung von B die Multiplikation mit der Spreiz-Sequenz $[S]$ erfolgen.)

Zur De-Spreizung von A aus $[E_{00}]$ erhält man:

$$[E_{00}] \cdot [R] = (\overline{A} + \overline{B}) \cdot [R]$$
$$= [\overline{A}] \cdot [R] + [\overline{B}] \cdot [R]$$

Das Skalarprodukt $[\overline{B}] \cdot [R]$ ergibt wegen der Orthogonalität den Wert Null. Daher ist

$$[E_{00}] \cdot [R] = (\ {-2}\ 0\ {+2}\ 0\ ) \cdot (\ {+1}\ {+1}\ {-1}\ {-1}\ )$$
$$= (\ {-2}\ 0\ {-2}\ 0\ ) = (\ {-4}\ )$$

Den logischen Wert „0" erhält man durch die Division des Ergebnisses durch den Spreizfaktor m = 4 und die Zuordnung $(-1) \equiv$ „0" und $(+1) \equiv$ „1".

Entsprechend gilt für die De-Spreizung von A aus $[E_{01}]$:

$$[E_{01}] \cdot [R] = (\overline{A} + B) \cdot [R]$$
$$= [\overline{A}] \cdot [R] + [B] \cdot [R]$$

Das Skalarprodukt $[B] \cdot [R]$ ergibt wegen der Orthogonalität den Wert Null. Daher ist

$$[E_{01}] \cdot [R] = (\ 0\ {-2}\ 0\ {+2}\ ) \cdot (\ {+1}\ {+1}\ {-1}\ {-1}\ )$$
$$= (\ 0\ {-2}\ 0\ {-2}\ ) = (\ {-4}\ )$$

Den logischen Wert „0" erhält man wieder durch die Division des Ergebnisses durch den Spreizfaktor m = 4 und die Zuordnung $(-1) \equiv$ „0" und $(+1) \equiv$ „1".

Abschließend soll die De-Spreizung von A aus $[E_{11}]$ gezeigt werden:

$$[E_{11}] \cdot [R] = (A + B) \cdot [R]$$
$$= [A] \cdot [R] + [B] \cdot [R]$$

Das Skalarprodukt $[B] \cdot [R]$ ergibt wegen der Orthogonalität den Wert Null. Daher ist

$$[E_{11}] \cdot [R] = (\ {+2}\ 0\ {-2}\ 0\ ) \cdot (\ {+1}\ {+1}\ {-1}\ {-1}\ )$$
$$= (\ {+2}\ 0\ {+2}\ 0\ ) = (\ {+4}\ )$$

Den logischen Wert „1" erhält man auch hier durch die Division des Ergebnisses durch den Spreizfaktor m = 4 und die Zuordnung $(-1) \equiv$ „0" und $(+1) \equiv$ „1".

Orthogonal Frequency Division Multiplexing

In Abbildung 2.86 ist die Situation beim Mehrwegeempfang dargestellt. Er kann Eigenstörungen verursachen. Die zum Empfang nutzbare Symboldauer wird unter Umständen drastisch verkürzt.

In Abbildung 2.86 ist in der unteren Zeile die zeitliche Abfolge der (ungestört) empfangenen Symbole 1 bis 3 dargestellt. In der mittleren Zeile sieht man den Verlauf des reflektierten, um die Zeit T_b verzögerten Signals (b).

Das erste Drittel (T_b) des direkt empfangenen Symbols 2 wird durch das zeitgleich empfangene letzte Drittel des (verzögerten) Symbols 1 gestört. Ungestört

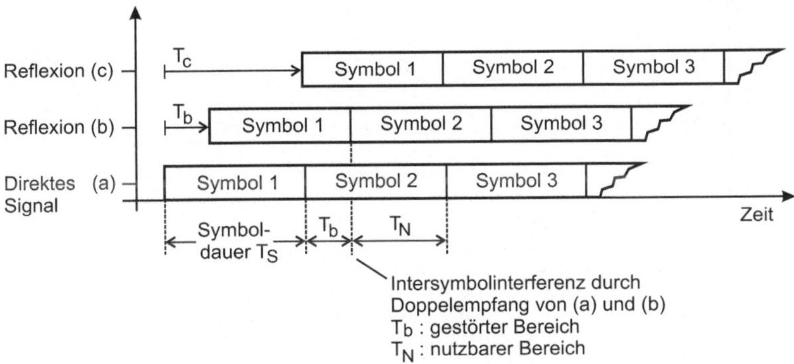

Abbildung 2.86: Intersymbolinterferenzen durch Mehrwegeempfang

ist das Symbol 2 daher nur während der Zeit T_N empfangbar. Die tatsächlich nutzbare Symboldauer ist vom Umweg des reflektierten Signals (b) abhängig. Die nutzbare Symboldauer T_N ist um die Dauer der Verzögerungszeit T_b gekürzt ($T_N = T_S - T_b$).

Im Falle des gleichzeitigen Empfangs des direkten (a) und des um T_c verzögerten Signals (c), ist kein ungestörter Empfang mehr möglich, denn die Verzögerungszeit T_c ist gerade so groß wie die Symboldauer T_S .

Eine Lösung dieses Problems ergibt sich durch die Einfügung von Schutzintervallen[177] zwischen den Symbolen (siehe Abbildung 2.87, untere Zeile: GI-Bereiche). Schutzintervalle sind Zeiten, in denen keine Aussendungen erfolgen. Ein Schutzintervall erhöht die effektive Symboldauer um die Dauer des Schutzintervalls T_G. Seine Dauer wird durch die maximal zulässige (Um-)Weglänge eines reflektierten Signals und damit durch dessen maximale Verzögerungszeit bestimmt. Da dies ist ein Teil der Systemspezifikationen des Kommunikationssystems ist, kann der Wert variiert werden.

In Abbildung 2.87 ist leicht erkennbar, dass gleichzeitiger Empfang des direkten Signals (a) und des reflektierten Signals (b) nicht zu Störungen führt. Am Beispiel des Symbols 2 kann man sehen, dass der Beginn des Symbols 2 sich mit dem Schutzintervall am Ende des Symbols 1 im reflektierten Signalpfad (b) überlappt. Die effektiv nutzbare Symboldauer erhöht sich in diesem Fall sogar, da sich in den Pfaden (a) und (b) entweder ein Schutzintervall und das Symbol 2 überlappen oder über beide Pfade das Symbol 2 empfangen wird. Der kritische, zu Störungen führende Fall, die Überlappung unterschiedlicher Symbole, ist durch die Schutzintervalle ausgeschlossen worden. Ob die Eigenstörungen, also der doppelte Empfang des Symbols 2 zu Störungen führt, hängt von der eingesetzten Modulationsart ab.

---

[177]engl.: Guard Interval, GI

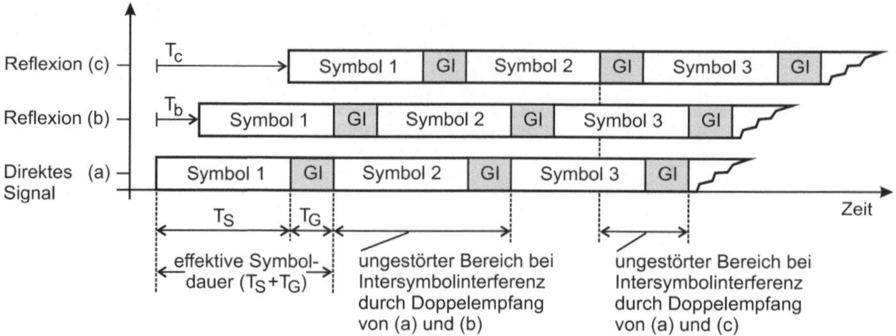

Abbildung 2.87: Intersymbolinterferenzen durch Mehrwegeempfang bei Signalen mit Schutzintervall

Selbst im Falle des gleichzeitigen Empfangs des direkten Signals (a) und des um eine komplette Symboldauer ($T_C = T_S$) verzögerten reflektierten Signals (c) ist noch ein Bereich mit ungestörtem Empfang möglich, wie dem obigen Bild am Beispiel des Symbols 3 zu entnehmen ist.

Da die Dauer eines Schutzintervalls ungenutzte Übertragungszeit und damit ungenutzte Kanalkapazität bedeutet, sollte sie möglichst klein gehalten werden. Andererseits soll die Schutzintervallsdauer möglichst groß sein, um auch die Auswirkungen größerer Verzögerungszeiten bzw. Umweglängen eines reflektierten Signals kompensieren zu können.

Die maximal zulässige Umweglänge ist, wie oben bereits erwähnt, durch die Systemspezifikationen vorgegeben und kann nicht verändert werden. Um dennoch den Verlust an Kanalkapazität klein zu halten, wird der Nutzinformationsfluss in mehrere Subkanäle mit deutlich höherer Symboldauer unterteilt.

Beispiel: Es soll die Informationsmenge von 10.000 Bits übertragen werden.

Es steht eine binäre Datenstrecke (Bitdauer = Symboldauer) mit einer Übertragungsrate von 1000 Baud zur Verfügung. Die Dauer eines Datenbits beträgt dann $T_{Bit} = 1/1000$ s. Die Übertragungsdauer von 10.000 Bits beträgt somit $10.000/1000 = 10$ Sekunden. Die maximal auftretende Frequenz des Rechtecksignals (also einer 0-1-Datenfolge) bestimmt die notwendige Kanalbandbreite. Sie ermittelt sich aus der kürzest möglichen Periodendauer $T_P = 2\,T_{Bit}$ mit $B = 1/(2\,T_{Bit})$ als $B = 500$ Hz.

Für die Übertragung von 10.000 Bits benötigt man also 10 Sekunden bei einer Bandbreite von 500 Hz.

> *Beispiel:* Es soll die Informationsmenge von 10.000 Bits übertragen werden. Steht eine binäre Datenstrecke mit einer Übertragungsrate von 100 Baud zur Verfügung, ergibt sich nach obiger Rechnung für die Übertragung von 10.000 Bits eine Übertragungsdauer von 100 Sekunden bei einer Bandbreite von 50 Hz.

Das Produkt aus Übertragungsdauer und benötigter Übertragungsbandbreite ist bei einer vorgegebenen Informationsmenge konstant. In Abbildung 2.88 ist das in den Skizzen

a): kurze Symboldauer T_S bei großer Bandbreite B_S und   **Zu a) und b)**

b): lange Symboldauer T_S bei kleiner Bandbreite B_S dargestellt.

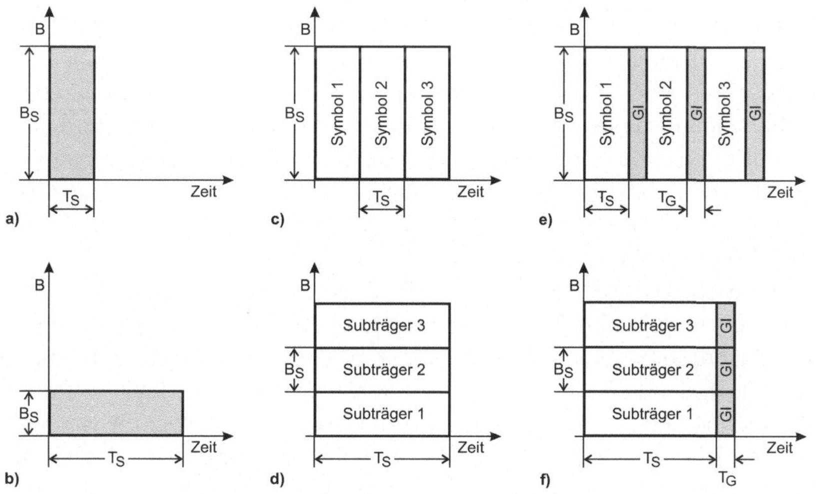

Abbildung 2.88: Auswirkungen der Schutzintervalle: T_S: Symboldauer; B_S: Signalbandbreite; G_I: Schutzintervall; T_G: Schutzintervalldauer

Im Abbildungsteil c) werden die Symbole 1 bis 3 mit jeweils kurzer Symboldauer T_S nacheinander übertragen. Die gesamte Übertragungsdauer beträgt $3 \cdot T_S$. Die kurze Symboldauer T_S bedeutet eine hohe Baud-Rate und zugleich eine große benötigte Bandbreite B_S.   **Zu c)**

Im Abbildungsteil d) ist der Informationsgehalt der drei Symbole aus c) auf die drei Subträger 1 bis 3 aufgeteilt. Jeder Subträger benötigt für sich eine kleinere Bandbreite als die Symbole im Fall c). Da die Baud-Rate jedes Subträgers geringer ist als bei c), muss die Symboldauer T_S entsprechend größer sein. Diese Verteilung auf drei Subträger entspricht dem Frequenzmultiplexverfahren   **Zu d)**

(FDMA[178]), wie es in Abschnitt 2.3.4.3 beschrieben wurde. Jeder Sender (Subträger) beansprucht einen Teil der Gesamtübertragungsbandbreite (in Abbildung 2.81 dargestellt als Bandbreiten B_1 bis B_5 der Unterkanäle). Der Abstand der Trägerfrequenzen muss so groß sein, dass sich auf der Empfängerseite die durch die Modulation entstehenden Seitenbänder nicht überlagern und somit stören. Die gesamte Übertragungsdauer und die gesamte benötigte Bandbreite ist in den Fällen c) und d) gleich groß, denn es wird ja in beiden Fällen die gleiche Informationsmenge übertragen.

Um die Übertragung robust gegen Eigenstörungen durch Reflexionen zu machen, wird, wie oben bereits gezeigt, nach jedem Symbol ein Schutzintervall (GI) der Dauer T_G eingefügt. Diese Verlängerung der Symboldauer T_S um die Schutzintervalldauer T_G verringert die nutzbare Datenrate.

Zu e) Im Fall e) erhöht sich daher die gesamte Übertragungsdauer um die Dauer der drei eingefügten Schutzintervalle.

Zu f) Im Fall f) werden dagegen drei Symbole zeitgleich auf mehreren Übertragungsstrecken (Subträgern) übertragen. Damit muss nur ein Schutzintervall am Ende der Symbole in jedem Subkanal eingefügt werden. Die daraus resultierende Gesamtübertragungsdauer ist daher im Falle f) deutlich geringer als im Falle e).

Bandbreite Die benötigte Bandbreite für einen modulierten Subträger ist abhängig von der Bandbreite des Nutzsignals im Basisband. Bei einem nichtorthogonalen Frequenzmultiplexverfahren müssen die Frequenzen f_0, f_1 und f_3 der Subträger (siehe Abbildung 2.89) so gewählt werden, dass sich die Seitenbänder nicht gegenseitig stören bzw. , dass sie im Empfänger noch separiert und demoduliert werden können. Das bedingt Mindestschutzabstände zwischen den Subträgerfrequenzen, was eine Erhöhung der belegten Bandbreite zur Folge hat. Durch eine besondere Anordnung der Subträgerfrequenzen kann auf die Mindestschutzabstände zwischen den Subträgerfrequenzen verzichtet werden.

Durch das Einfügen des Schutzintervalls haben die Subträger das Frequenzspektrum der „si"-Funktion [sin $(x)/x$], die in Abbildung 2.90 dargestellt ist. Werden jetzt Subträgerfrequenzen so gewählt, dass ihr Abstand voneinander gerade gleich dem Kehrwert der Symboldauer T_S ist (also gleich der reinen Nutzsignaldauer ohne Berücksichtigung der Schutzintervalldauer), so löschen sich die Ränder der „si"-Funktion gegenseitig aus. Eine solche Wahl der Subträgerfrequenzen bezeichnet man als orthogonale Anordnung, und deshalb spricht man hier auch von OFDM[179]. In Abbildung 2.91 ist das Frequenzspektrum eines OFDM-Systems mit drei Subträgerfrequenzen dargestellt. Man erkennt, dass beim Amplitudenmaximum eines Subträgers alle anderen Subträger gerade einen Nulldurchgang haben und daher nicht stören können.

Das Spektrum eines OFDM-Signals erstreckt sich von f_0 bis $f_0 + N/T_S$, wobei

---

[178]FDMA = **F**requency **D**ivision **M**ultiple **A**ccess *(deutsch: Frequenzmultiplex)*
[179]OFDM = **O**rthogonal **F**requency **D**ivision Multicarrier

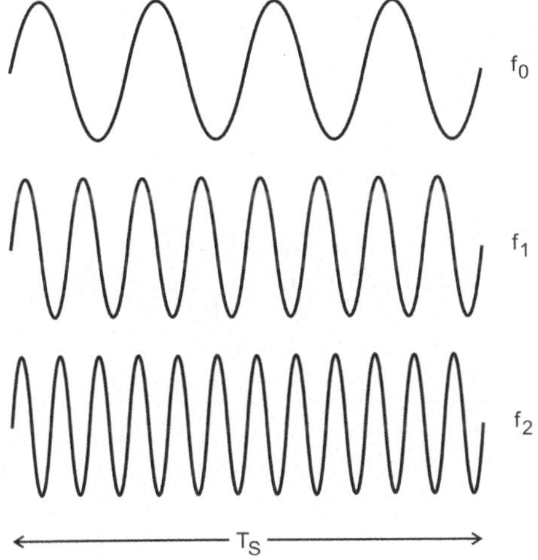

Abbildung 2.89: Subträger f_0, f_1 und f_3 mit der Symboldauer T_S

T_S die Symboldauer ist und N die Anzahl der Subträger. Die benötigte Bandbreite B_{OFDM} eines OFDM-Signals ergibt sich daher als $B_{OFDM} = N/T_S$.
Das typische Leistungsspektrum eines OFDM-Signals ist im Abbildung 2.92 dargestellt. Die einzelnen Subträger sind nicht mehr unterscheidbar. An den Rändern sind noch spektrale Anteile der „si"-Funktion erkennbar, die von den Subträgern an den Bandgrenzen herrühren.

2.3.5 Frequenzspreiz-Verfahren

Der folgende Abschnitt stellt verschiedene Frequenzspreiz-Verfahren wie Frequenzsprung, Spreizspektrum und Codemultiplex vor.

2.3.5.1 Frequenzsprung

Dieses Verfahren ist eine Weiterentwicklung des Frequenz-Diversity-Verfahrens, **Frequenz-** angepasst an den Digitalbetrieb. Hierbei wechselt der Sender in kurzen Abstän- **Diversity** den seine Sendefrequenz. Synchron dazu wird auf Empfangsseite die Empfangsfrequenz abgestimmt.
Die Frequenzwechselfolgen und die Umschaltzeitpunkte müssen Sender und Empfänger bekannt sein. Die Frequenzwechselfolgen basieren auf einem vorher vereinbarten (pseudo-) Zufallscode.

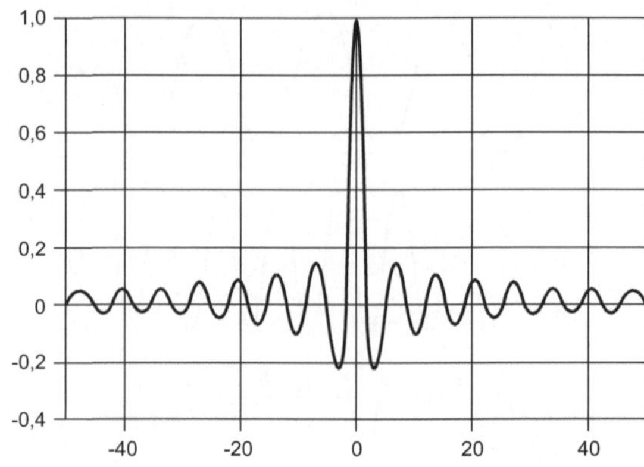

Abbildung 2.90: sin(x)/x-Funktion

Voraussetzung für den sicheren Betrieb des Frequenzsprungverfahrens (FHSS[180]) ist eine einwandfreie Synchronisation zwischen Sender und Empfänger.

Jedes Kästchen in Abbildung 2.93 stellt die Dauer der Aussendung auf einer **SFH** Frequenz (in einem Übertragungskanal) dar. Wenn während der Aussendung auf einer Frequenz (während eines Kästchens) mehrere Bits übertragen werden, spricht man vom SFH[181] (siehe Abbildung 2.94).

FFH Wird dagegen nur ein Bit übertragen oder erfolgt sogar während der Übertragungsdauer eines Bits bereits ein Frequenzsprung, spricht man vom FFH[182]. Beim Mobilfunkstandard GSM wird „Slow Frequency Hopping" eingesetzt.

Das Frequenzsprung-Verfahren geht auf ein Patent der österreichischen Hollywood-Schauspielerin Hedwig Kiesler (Künstlername: Hedy Lamarr) und ihres Lebensgefährten George Antheil zurück. Das System sollte bei der Funkfernsteuerung von Torpedos zum Einsatz kommen. Die ständigen Wechsel der Übertragungsfrequenz erschweren eine gezielte Störung, wenn die Folge der Frequenzwechsel einem potentiellen Störer vorher nicht bekannt ist.

Der Schutz gegen gezielte Störungen ist nur ein Aspekt. Durch die schnellen Frequenzwechsel ist es möglich, die Auswirkungen des Fading-Effektes aufzuheben oder zumindest zu verringern. Eine Auslöschung tritt zu einer Zeit immer nur auf einer Frequenz (einem Kanal) auf. Da sich die benutzten Frequenzen (Kanäle) ständig ändern, ist der Datenverlust bei einer Signalauslöschung auf die Informationen beschränkt, die während der Benutzung des gestörten Kanals ausgesandt wurden. Ein in der Kanalcodierung implementiertes Fehlerkorrekturverfahren kann diesen Informationsverlust kompensieren.

---

[180]FHSS = Frequency Hoping Spread Spectrum
[181]SFH = Slow Frequency Hopping
[182]FFH = Fast Frequency Hopping

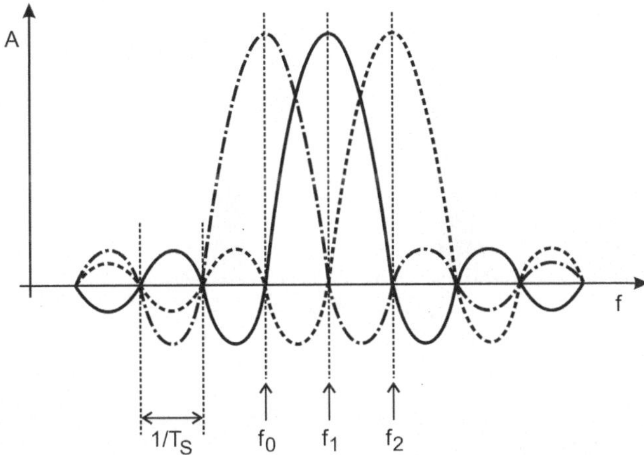

Abbildung 2.91: Anordnung der OFDM-Subträger f_0, f_1 und f_3 im Frequenzbereich

Die Weiterentwicklung ist ein adaptives Frequenzsprung-Verfahren. Bei häufigen Störungen auf einer Frequenz (einem Kanal) kann diese bei weiteren Sprung-Sequenzen ausgeblendet werden, d. h. sie wird nicht mehr angesprungen und der Fehlerkorrekturmechanismus wird damit entlastet. Dazu bedarf es jedoch eines Rückmeldeverfahrens im Protokoll zwischen Sender und Empfänger.

Eine gezielte Störung im Sinne der Sabotage einer Kommunikationsverbindung ist beim Frequenzsprung nicht ausgeschlossen. Es muss dazu zum Beispiel ein breitbandiger Störträger (Störsender) erzeugt werden, der gleichzeitig mehrere Frequenzen (Kanäle) so stört, dass das Fehlerkorrekturverfahren an seine Grenzen stößt. Nach den geltenden fernmeldetechnischen Gesetzen in Industriestaaten ist das natürlich illegal und strafbar.

Ein weiterer Nebeneffekt ist Abhörsicherheit. Nur wenn der Mithörer die Sprungfolge kennt, ist ein Mithören ohne weiteres möglich. Dieser Aspekt tritt jedoch bei dem hier betrachteten Nahbereichs-Kommunikationssystem in den Hintergrund, denn eine Abhörsicherheit kann auch durch geeignete Kryptoverfahren sichergestellt werden.

Durch die ständigen Frequenzwechsel wird für die Übertragung ein größeres Frequenzband benötigt. Der Frequenzsprung führt zu einer Quasi-Spreizung des genutzten Übertragungsfrequenzbandes. Man bezeichnet deshalb dieses Verfahren auch als „Spread-Sprectrum"-Technik, da im Vergleich zu einem Einkanalverfahren die ursprünglich benötigte Bandbreite aufgespreizt wurde (Abbildung 2.93). Die Spreizung eines modulierten Trägers kann auch anders realisiert werden; wie die Spreizspektrumtechnik dabei vorgeht, zeigt der folgende Abschnitt.

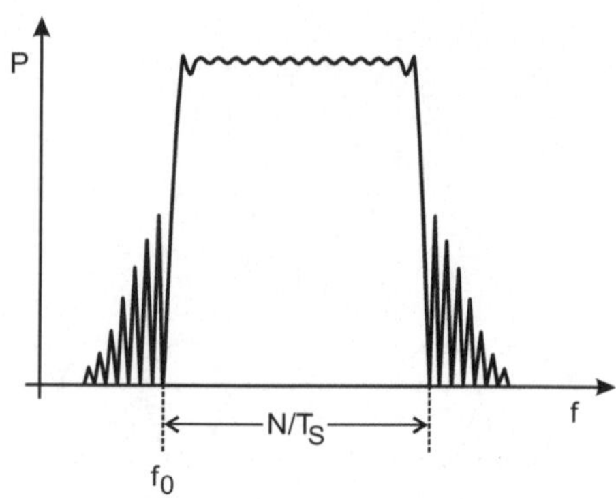

Abbildung 2.92: Leistungsspektrum der OFDM-Subträger über den Frequenz-
bereich f_0 bis $N \cdot 1/T_s$

2.3.5.2 Direkte Spreizspektrum

Auch bei der Direkten Spreizspektrumtechnik oder DSSS[183] wird die zu übertra-
gende Information auf ein breites Frequenzband (Übertragungskanal) gespreizt.
Dies geschieht jedoch nicht durch einen Wechsel der Sendefrequenz, sondern
durch Spreizung des Basisbandsignals vor der Modulation des Trägers. Ein
(frequenz-) verbreitertes Basisbandsignal hat auch größere Bandbreiten des mo-
dulierten (HF-) Signals zur Folge.

Spreizung des Spektrums eines Basisbandsignals
Abbildung 2.95 zeigt den prinzipiellen Ablauf bei der Erzeugung eines Spreiz-
spektrumsignals. Das Spektrum SN einer binären (nichtperodischen) Datenbit-
folge ist hier mit den negativen Frequenzanteilen dargestellt (siehe auch Abb-
Mischstufe 1   bildung 2.46 im Abschnitt 2.3.2.3). Diese Nachrichtenbitfolge wird mit einer
Spreizsequenz gemischt (Mischstufe 1). Für eine sichere Decodierung müssen
beim Empfänger nur die Amplitudenanteile innerhalb des Frequenzbereichs der
Bandbreite B_N zur Verfügung stehen.
Die Spreizsequenz S_C besteht aus einem Zufallscode, der auch der Empfangs-
station bekannt sein muss, um dort die Decodierung zu ermöglichen. Es können
Pseudo-   deshalb in der Praxis nur Zufallscodes zum Einsatz kommen, bei denen sich die
zufallscode   Zufallswerte berechnen lassen. Damit sind das keine echten zufälligen Bitfolgen.
Man spricht hier deshalb von einem Pseudozufallscode (PN-Sequenz[184]). Eine

---

[183]DSSS = Direct Sequence Spread Spectrum
[184]PN = Pseudo Random Noise

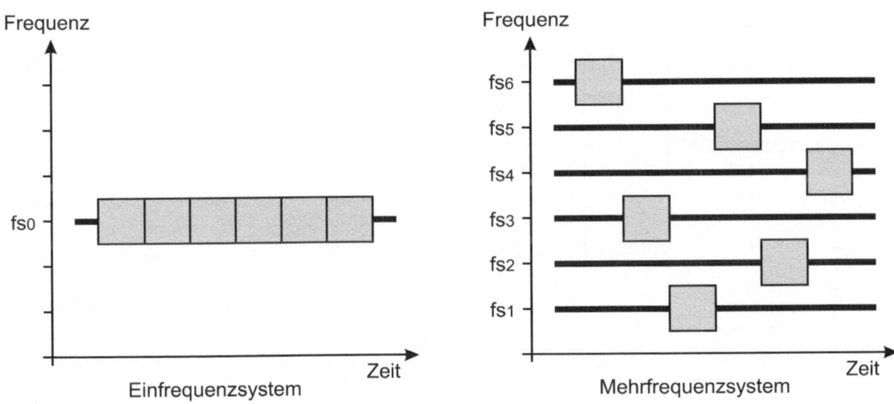

Abbildung 2.93: Gegenüberstellung von Einfrequenzsystem (links) und Mehr-
frequenzsystem (rechts)

PN-Sequenz hat alle Eigenschaften eines echten Zufallcodes, jedoch lässt sich
aus einem bekannten Wert (N) der nächste Wert (N+1) berechnen.
Beim Spreizvorgang werden Teile der Pseudozufallsfolge in Abhängigkeit von
den zu übertragenden Datenbits invertiert. Die Pseudozufallsfolge bleibt des-
halb unverändert eine Pseudozufallsfolge. Wenn daher ein konventioneller Emp-
fänger die Pseudozufallsfolge empfängt, wird vor und nach der Modulation mit
der Datenfolge nur ein Rauschen empfangen. Auch die Bandbreite des Spek-
trums wird durch diese Modulation kaum verändert ($B_C = B_S$). Erst wenn
dem Empfänger die Pseudozufallsfolge bekannt ist und er damit phasengenau
demoduliert (De-Spreizung), kann er die ursprüngliche Datenbitfolge zurückge-
winnen.

Die Schrittdauer dieser pseudozufälligen binären Datenfolge bezeichnet man **Schrittdauer**
auch als Chipdauer. Für eine wirksame Spreizung des Basisbandsignals werden
Spreizfaktoren von 10 bis 1000 realisiert. Damit darf die Chipdauer maximal
1/10 bis max. 1/1000 der Schrittdauer der Nachrichtenbitfolge betragen (d. h.
die Bitfolgefrequenz des Zufallscodes soll mindestens 10 bis 1000 Mal so hoch,
wie die Bitfolgefrequenz der Nutzdaten (Nachricht) sein). Damit benötigt das
gespreizte Signal etwa die 10- bis 1000fache Bandbreite des Basisbandsignals
B_N.

Das gespreizte Basisbandsignal SS wird in einer Modulatorstufe (Mischstufe 2) **Mischstufe 2**
auf den Träger f_T moduliert. Das so entstandene breitbandige Hochfrequenz-
signal wird dann von der Sendeantenne abgestrahlt.

Im Folgenden die Legende zu den Abbildungen 2.95 und 2.96: **Legende**

S_N: Amplitudenspektrum des Nachrichtensignals im Basisband

S_c: Amplitudenspektrum der Chipsequenz (Pseudozufallscode, PN-Sequenz)

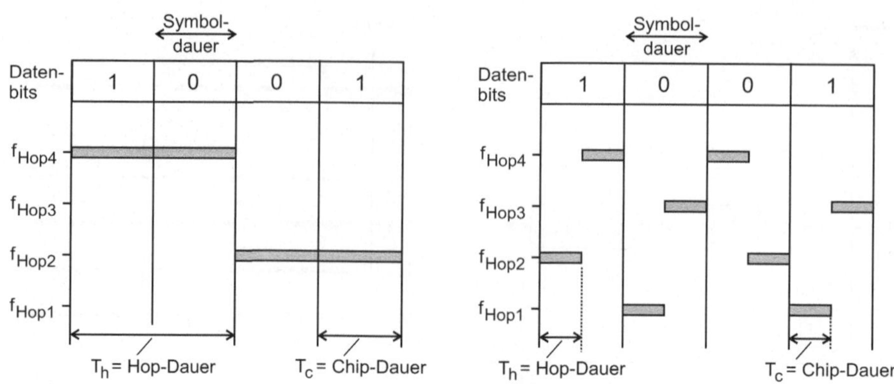

Abbildung 2.94: Slow (links) und Fast (rechts) Frequency Hopping

S_S: Amplitudenspektrum des gespreizten Nachrichtensignals
S_T: Spektrum des Träger (Sinussignal mit der Frequenz f_T)
S_A: Spektrum des von der Antenne abgestrahlten Hochfrequenzsignals
B_N: Bandbreite des Nachrichtensignals
B_C: Bandbreite des Spreizsignals (Chip)
B_S: Bandbreite des gespreizten Nachrichtensignals
B_A: Bandbreite des Hochfrequenzsignals
f_T: Frequenz des Hochfrequenzträgers (Mittenfrequenz HF-Signals)
f_{St}: Störträger

Komprimierung eines Spreizspektrumsignals

Im Abbildung 2.96 ist der Komprimierungsablauf auf der Empfangsseite dargestellt. Das von der Antenne empfangene Spreizspektrumsignal wird in der ersten Mischstufe (1) (Demodulator) in den Basisbandbereich (herunter) gemischt. Das so entstandene Signal S_S ist aber noch gespreizt und belegt die Bandbreite B_A.

De-Spreizung Erst in der zweiten Mischstufe findet die Komprimierung (De-Spreizung) statt, indem es mit der Spreizsequenz S_C, die beim Sender zur Spreizung verwendet wurde, phasensynchron gemischt wird. Am Ausgang der Mischstufe (2) erhält man das übertragene Nachrichtensignal.

> *Beispiel:* Spreizung einer Nachrichtenbitfolge. In Abbildung 2.97 ist die Spreizung der zu übertragenden Datenbitfolge 1-0-1-1 dargestellt.

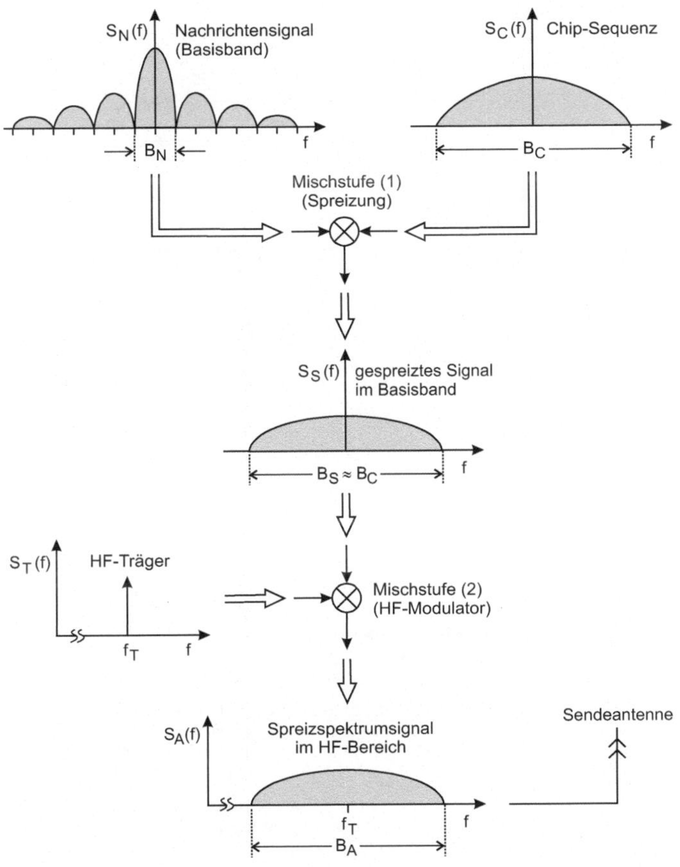

Abbildung 2.95: Übersicht über die Bandbreiten bei der Erzeugung eines Spreizspektrumsignals

Erläuterung

Zeile a): Zu spreizende Nachrichtenbitfolge 1-0-1-1 als logische Signalfolge.

Zeile b): Darstellung der Nachrichtenbitfolge als binäre Pegel (physikalische Pegel) „logisch Eins" → [+] und „logisch Null" → [-].

Zeile c): Zufallsbitfolge als logische Signalfolge.

Zeile d): Darstellung der Zufallsbitfolge als binäre Pegel (physikalische Pegel) „logisch Eins" → [+] und „logisch Null" → [-].

Zeile e): Gespreiztes Nachrichtensignal im Basisband, hier dargestellt als logische Signalfolge und erzeugt durch bitweise Verknüpfung der Zeilen a) und c) durch die $\otimes$-Funktion (Äquivalenz-Funktion oder „Nicht"-EX-OR-Funktion, siehe dazu Tabelle 2.25 für die logischen Signale).

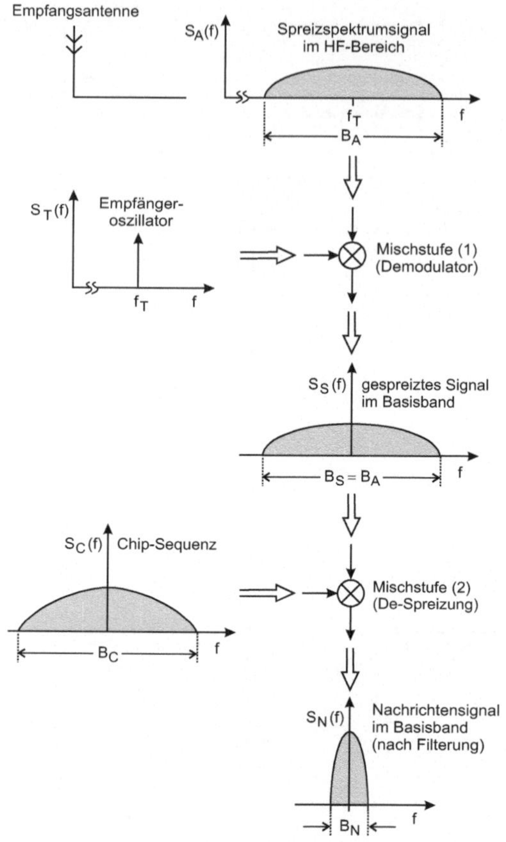

Abbildung 2.96: Übersicht über die Bandbreiten beim Empfang und der De-Spreizung eines Spreizspektrumsignals

Zeile f):   Gespreiztes Nachrichtensignal im Basisband, hier dargestellt mit physikalischen Pegeln. Diese Darstellung entspricht der Darstellung von Zeile e). Erzeugt wird das Signal durch die bitweise Verknüpfung der Zeilen b) und d) mittels der $\otimes$-Funktion (Äquivalenz-Funktion oder „Nicht"-EX-OR-Funktion, siehe dazu Tabelle 2.26 für die physikalischen Pegel).

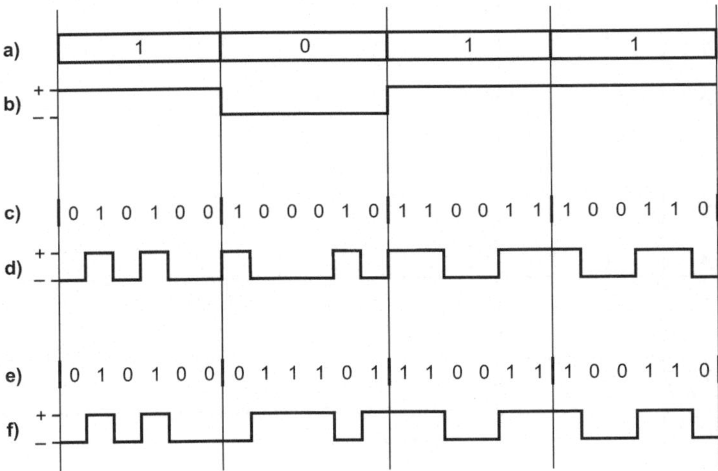

Abbildung 2.97: Erzeugung eines gespreizten Nachrichtensignals im Basisband

$\otimes$	0	1
0	1	0
1	0	1

Tabelle 2.25: $\otimes$-Funktion für logische Signale (Äquivalenz-Funktion oder „Nicht"-EX-OR-Funktion)

Beispiel: De-Spreizung (Komprimierung) eines Spreizspektrumsignals: In Abbildung 2.98 ist die De-Spreizung eines Spreizspektrumsignals dargestellt. Der Vorgang der De-Spreizung ist identisch zum Vorgang der Spreizung. Beide Abläufe setzen die Kenntnis der Pseudozufallsfolge und deren phasenrichtige Anwendung voraus. Man spricht hier auch von einer kohärenten Demodulation.

$\otimes$	-	+
-	+	-
+	-	+

Tabelle 2.26: $\otimes$-Funktion für binäre Pegel (physikalische Pegel) (entspricht den Vorzeichenregeln bei der Multiplikation)

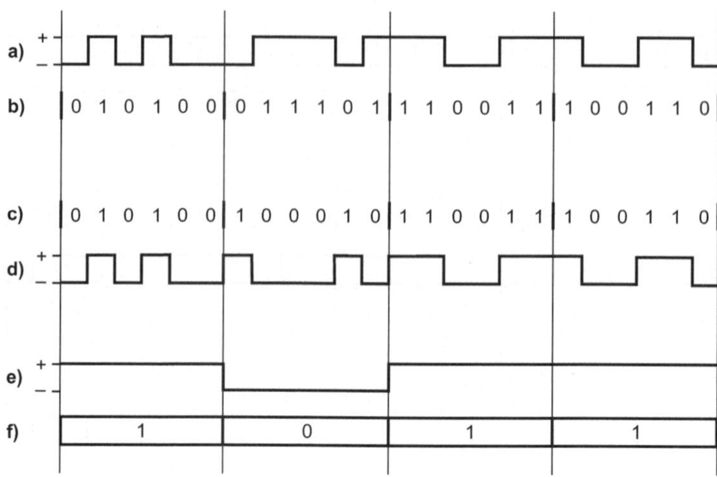

Abbildung 2.98: Rückgewinnung der Nachrichtenbitfolge aus einem Spreizspektrumsignal (De-Spreizung)

Erläuterung

Zeile a):   Zu despreizende Spreizspektrumfolge als binäre Signalfolge.

Zeile b):   Darstellung des Spreizspektrumsignal als logische Pegel [+] → „logisch Eins" und [-] → „logisch Null".

Zeile c):   Zufallsbitfolge als logische Signalfolge.

Zeile d):   Darstellung der Zufallsbitfolge als binäre Pegel (physikalische Pegel) „logisch Eins" → [+] und „logisch Null" → [-].

Zeile e):   Komprimierte binäre Spreizspektrumfolge, entstanden durch die bitweise Verknüpfung der Zeilen a) und d) durch die $\otimes$-Funktion (siehe Tabelle 2.26 für binäre Signale). Dies ist die ursprüngliche Signalfolge aus Abbildung 2.98, Zeile b).

Zeile f):   Hier ist die Darstellung der Zeile e) als logische komprimierte Spreizspektrumfolge, entstanden durch die bitweise Verknüpfung der Zeilen b) und c) mittels der $\otimes$-Funktion (siehe Tabelle 2.25 für die logischen Signale). Dies ist die ursprüngliche Signalfolge aus Abbildung 2.97, Zeile a).

Vorteile   Die Spreizspektrumtechnik bietet eine Reihe von Vorteilen:

- Robustheit gegen frequenzselektives Fading
  Durch die große Bandbreite kann eine Signalauslöschung (Fading) immer nur einen Teil des Spektrums betreffen. Damit weist dieses System im Vergleich zu einem Schmalbandsystem eine geringere Anfälligkeit gegen Schwunderscheinungen durch Mehrwegeempfang auf.

- Systembedingte Chiffrierung
  Ein Spreizspektrumsignal kann nur dann entspreizt werden, wenn die Zufallsfolge (der Spreizcode) dem Empfänger bekannt ist. Damit ist eine relative hohe Hürde gegen ein Mithören geschaffen, was diese Technik z. B. für militärische Anwendungen sehr interessant macht.

- Erschwerte Erkennung einer Nachrichtenaussendung
  Durch die Spreizung wird die Sendeenergie auf einen weiten Frequenzbereich verteilt. Durch diese geringe spektrale Leistungsdichte ist eine Aussendung ohne besondere Maßnahmen im Empfänger nicht mehr erkennbar. Man registriert nur eine (geringe) Erhöhung des Rauschpegels. Ein nicht erkennbares Signal ist auch schwerer gezielt störbar.

- Robustheit gegen Störträger im Übertragungsband
  Durch den Vorgang des De-Spreizens beim Empfang wird ein möglicher Störträger selbst gespreizt. Seine Sendeleistung wird auf ein breites Spektrum verteilt, während das Nutzsignal auf die kleine Bandbreite der Nachrichtbitfolge komprimiert wird. Dieses Signal hat einen deutlich höheren Signalpegel als der gespreizte Störträger, so dass dieser keine Störungen verursachen kann (siehe auch die Abbildungen 2.99 und 2.100).

- Robust gegen Gleichkanalinterferenzen
  Durch besondere Spreizfolgen können in einem Übertragungsband zeitgleich mehrere Spreizspektrumsignale ausgestrahlt und in einem Empfänger wieder komprimiert werden (CDMA[185]). Dieser Betrieb ist im Abschnitt 2.3.4.3 in den Abbildungen 2.83 bis 2.85 beschrieben.

Nachteile

Nachteilig bei der Spreizspektrumtechnik ist der hohe Aufwand für die Synchronisierung der Zufallsfolgen beim Sender und Empfänger. Bei gleichzeitigem Empfang mehrerer Spreizspektrumsignale gibt es besondere Anforderung an die Spreizfolge und an eine genaue Sendeleistungsregelung (siehe dazu Abschnitt 2.3.4.3, CDMA).

Abbildung 2.99 zeigt das Auftreten eines Störträgers f_{St} im Bereich des gespreizten Nachrichtenbandes. Bei der De-Spreizung (Abbildung 2.100) wird dasselbe Verfahren wie bei der Spreizung durchgeführt. Nach der Mischstufe (2) ist der Störträger f_{St} gespreizt und das Nutzsignal entspreizt. Das Nutzsignal hat durch die De-Spreizung ein höheres Leistungsspektrum als das gespreizte Störsignal. Der Signal-Rauschabstand wird durch einen Filter (Integrator bzw. Tiefpassfilter) weiter verbessert.

---

[185] CDMA = **C**ode **D**ivision **M**ultiple **A**ccess *(deutsch: Codemultiplex)*

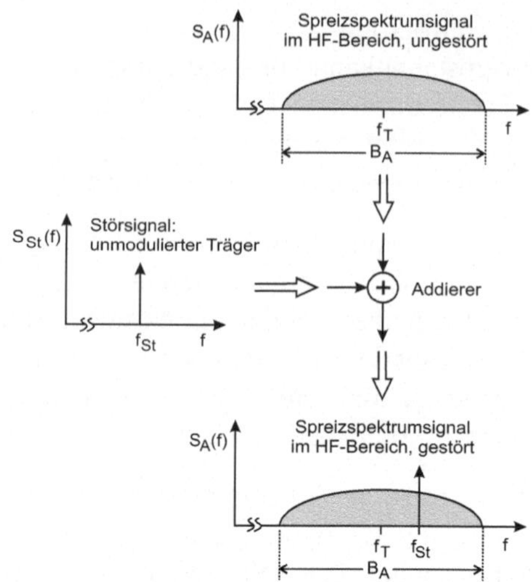

Abbildung 2.99: Störung des Spreizspektrumsignals durch einen Träger innerhalb der Übertragungsbandbreite

---

Beispiele:

1. FHSS setzt zum Beispiel Bluetooth ein (siehe Abschnitt 3.2.1).

2. DSSS kommt bei WLAN (siehe Abschnitt 3.2.3), UMTS, UWB, Zig-Bee (siehe Abschnitt 3.2.2) und WirelessUSB zum Einsatz.

Beispiel: Der Spreizcode (Chip-Sequenz) lautet: „1 1 0 0 0 1 1 1". Acht Chips, das heißt ein Bit muss durch 8 Chips codiert werden. Dies geschieht mittels einer XOR-Verknüpfung. Das zu sendende Nutzsignal sei die Bitfolge „1 0".

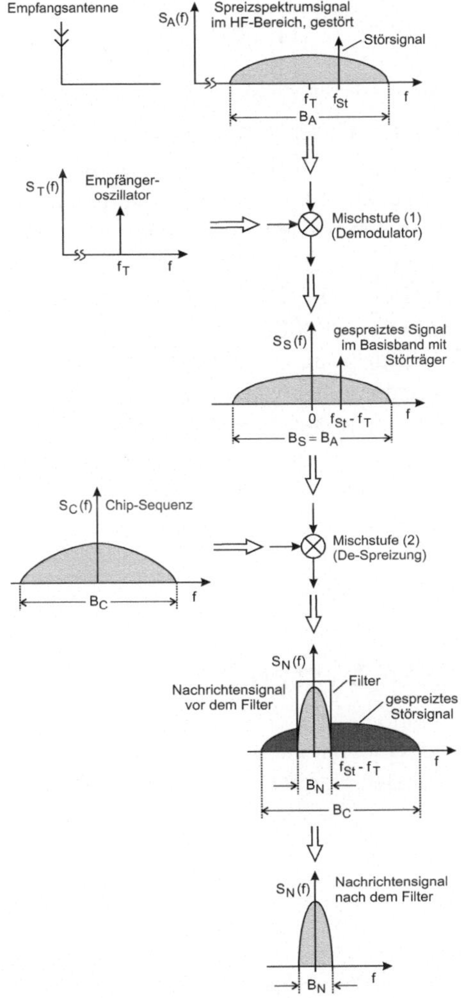

Abbildung 2.100: Ablauf bei Empfang eines gestörten Spreizspektrumsignals

```
Signal:      1            0
Chip-Seq.:   11000111     11000111
XOR:         00111000     11000111
```

Lösung Es würde das Ergebnis der XOR-Operation mit einer nun um den Faktor acht erhöhten zu übertragenden Datenmenge übermittelt. Es ergibt sich also eine niedrigere nutzbare Datenrate auf dem Übertragungsweg.

Der Empfänger kennt die Chipfolge und ist synchron zum Sender, wodurch er die ursprünglichen Daten wieder decodieren kann [Wik08]:

```
Signal:      00111000     11000111
```
Chip-Rate
```
Chip-Seq.:   11000111     11000111
```
Die Bezeichnung Chip-Rate wurde
```
XOR:         11111111     00000000
```

in den technischen Sprachgebrauch eingeführt zur Unterscheidung zwischen den Bitraten an Ein- und Ausgang des Kanalcodierers. Die Chip-Rate ist die Bitrate am Ausgang und somit gleich der Bitrate auf dem Übertragungskanal. Für die Bitrate am Eingang wird unverändert der Begriff Bitrate benutzt. Die Chip-Rate wird in CPS[186] angegeben. Die Nutzbitrate ist immer kleiner als die Chip-Rate (Bitrate des Spreizcodes).

2.4 Eingebettete Systeme

Die Eingebetteten Systeme bilden die Plattform zur Implementierung eines Wireless-Netzwerkes für den Nahbereich.

2.4.1 Definition

Wenn man von Computern spricht, denkt man zunächst an Geräte wie PCs, Laptops, Workstations[187] oder Großrechner. Aber es gibt auch noch andere, **Eingebettete** weiter verbreitete Rechnersysteme: die eingebetteten Systeme[188]. Das sind Re-**Systeme** chenmaschinen, die in elektrischen Geräten „eingebettet" sind, z. B. in Kaffeemaschinen, CD-, DVD-Spielern oder Mobiltelefonen.

Unter eingebetteten Systemen verstehen wir alle Rechensysteme außer den Desktop-Computern. Verglichen mit Millionen produzierter Desktop-Systeme werden Milliarden eingebetteter Systeme pro Jahr hergestellt. Vielfach findet man bis zu 50 Geräte pro Haushalt und Automobil [VG00]. Im Folgenden gilt diese Definition:

---

[186] engl.: Chips Per Second
[187] Arbeitsplatzrechner mit hoher Rechenleistung
[188] engl.: Embedded Systems

> *Definition:* **Eingebettete Systeme**
> Rechenmaschinen, die für den Anwender weitgehend unsichtbar in einem elektrischen Gerät „eingebettet" sind.

Eingebettete Systeme weisen folgende Merkmale auf:

Merkmale

1. Ein eingebettetes System führt eine Funktion (wiederholt) aus.

2. Es gibt strenge Randbedingungen bezüglich Kosten, Energieverbrauch, Abmessungen usw.

3. Sie reagieren auf ihre Umwelt in Echtzeit[189].

> *Beispiel:* Eine Digitalkamera
>
> 1. führt die Funktion „Fotografieren" aus,
>
> 2. soll wenig Strom verbrauchen, kompakt und leicht sein und kostengünstig herzustellen sein,
>
> 3. soll das Foto innerhalb einer definierten Zeitschranke erstellen und abspeichern.

> *Beispiel:* Die „Ulmer Zuckeruhr" ist ein portables System zur Messung und Regelung des „Zuckers" (Glukose) im Unterhautfettgewebe (subkutan). Die Einstellung des Blutzuckers ist essentiell bei der im Volksmund als „Zucker" bekannten Krankheit Diabetes mellitus [Ges00].

> *Aufgaben:*
>
> 1. Warum ist ein portabler MP3-Player ein eingebettetes System?
>
> 2. Warum ist die Elektronik einer Kaffeemaschine ein eingebettetes System?
>
> 3. Nennen Sie drei eingebettete Systeme aus Ihrem Alltagsleben.

---

[189]innerhalb einer definierten Zeitschranke

2.4.2 Entwicklung

Für die Entwicklung eingebetteter Systeme gibt es – wie für jede Entwicklung – einen Anlass: Kunden haben ein Bedürfnis, z. B. nach kleinen, leistungsfähigen MP3-Spielern, das wir durch unser eingebettetes System befriedigen. Am Ausgangspunkt der Entwicklung steht die Marktnachfrage, das Problem des Kunden. Unsere Aufgabe ist es nun, das Problem des Kunden zu lösen. Um diesen Auftrag ausführen zu können, wollen wir die verschiedenen, in Abbildung 2.101 dargestellten Facetten der Entwicklung eingebetteter Systeme betrachten.

Problem

Die Abkürzungen KDS[190] und VDS[191] stehen für (fest) verdrahtete und konfigurierbare digitale Schaltungen. VDS kommen vorzugsweise bei ASICs[192] zum Einsatz. Die Abkürzung DS*[193] umfasst VDS und KDS.

Die Herausforderung in der Entwicklung besteht darin:

1. die relevanten Randbedingungen zu identifizieren

2. die Aufgabe oder Problemstellung zu verstehen

3. die „beste" Lösung für die gegebene Aufgabe unter den gegebenen Randbedingungen zu erarbeiten

Das Kapitel 4 im Buch [GM07] geht ausführlich auf die Anforderungsanalyse ein. In dieser Analyse werden die funktionalen Anforderungen herausgearbeitet und die Randbedingungen an die Entwicklung des eingebetteten Systems deutlich. Solche Randbedingungen sind beispielsweise:

Randbedingungen

- technische Randbedingungen an

  - Verzögerungszeit (Latenz): Zeit zwischen dem Starten und dem Beenden einer Aufgabe[194]

  - Datendurchsatz[195]: verarbeitete Datenmenge pro Zeit

  - Ressourcenverbrauch: Speicher, Logikgatter, Anschlüsse[196] usw.

  - Energieverbrauch

  - Abmessungen und Gewicht

---

[190] KDS = **K**onfigurierbare **D**igitale **S**chaltung
[191] VDS = **V**erdrahtete **D**igitale **S**chaltung
[192] ASIC = **A**pplication **S**pecific **I**ntegrated **C**ircuit (*deutsch: Anwendungsspezifische Integrierte Schaltung*)
[193] DS* = **D**igitale **S**chaltungen aus VDS und KDS
[194] engl.: Task
[195] Aus einer Forderung an den Datendurchsatz können sich weitere Forderungen ableiten lassen, z. B. an die Taktfrequenz oder an die Anzahl der verarbeiteten Befehle pro Sekunde.
[196] engl.: Pins

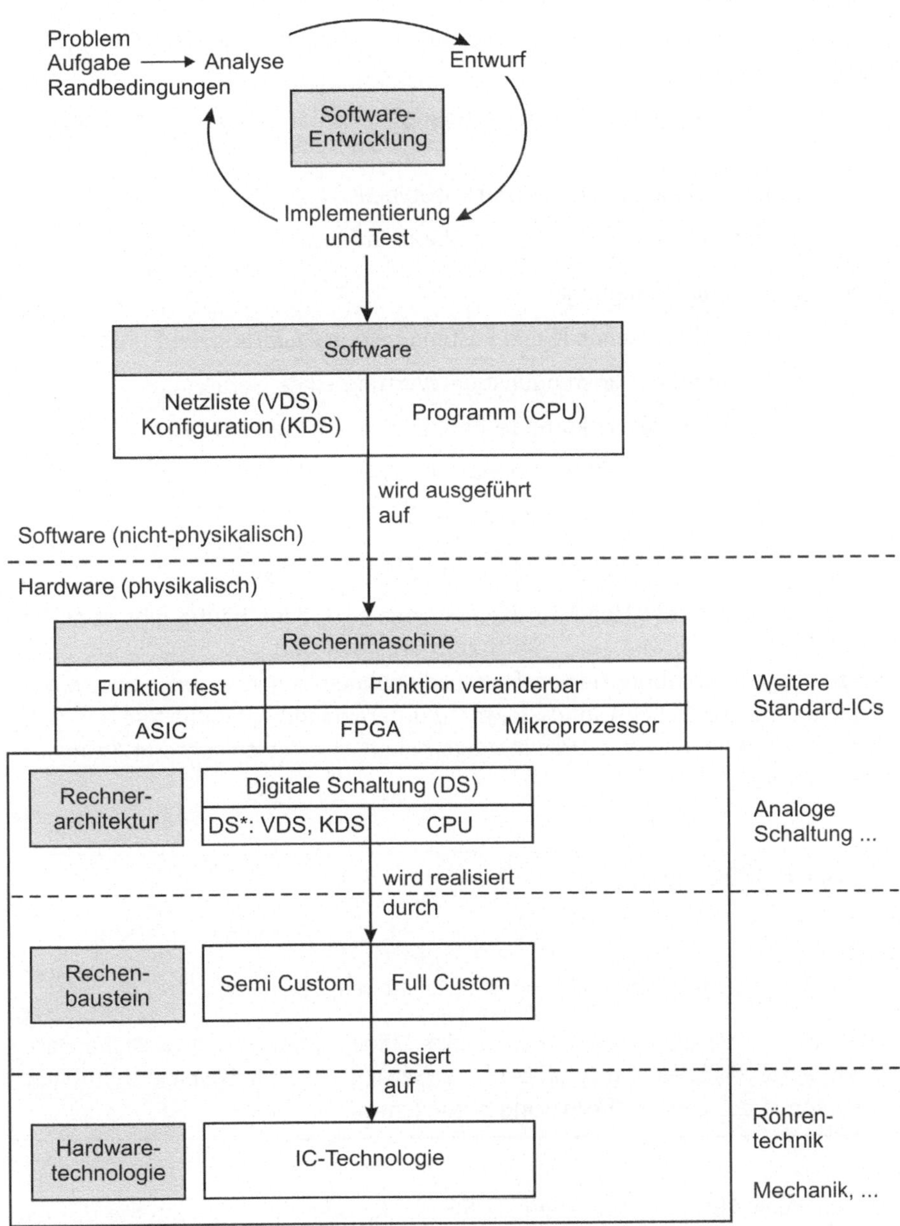

Abbildung 2.101: Entwicklung eingebetteter Systeme

- ökonomische Randbedingungen

  - einmalige Kosten der Fertigungseinrichtung oder der Entwicklung (NRE[197])

  - Stückkosten: laufende Fertigungskosten zur Duplizierung eines Systems

  - Entwicklungsdauer eines Prototypen

  - Entwicklungsdauer bis zur Markteinführung

- weitere Randbedingungen

  - Flexibilität: schnelle und kostengünstige Änderung der Funktionalität

  - Pflegbarkeit: kostengünstige Wartung eines Gerätes

  - Zuverlässigkeit: korrekte Funktion und sicherer Betrieb

  - Verfügbakeit: Ausfuhrbeschränkungen

  - Markt- und Konkurrenzsituation

  - juristische Randbedingungen, Patente

Kompromiss Die Lösung wird in der Regel ein Kompromiss sein, denn häufig gibt es technische Anforderungen, die einen Spielraum erlauben und sich gegenseitig beeinflussen. Es gilt, die priorisierten Randbedingungen gegeneinander abzuwägen. Da die unterschiedlichen Einflussfaktoren untereinander gekoppelt sein können, kann die Verbesserung einer Produkteigenschaft zur Verschlechterung einer anderen führen.

Beispiel: MP3-Spieler

1. Der MP3-Spieler soll möglichst lange spielen (mindestens 20 h).

2. Der MP3-Spieler soll möglichst leicht sein (höchstens 100 g).

Die erste Forderung könnte man erfüllen, indem man eine zusätzliche Batterie einsetzt. Dies würde jedoch das Gewicht des MP3-Spielers erhöhen und somit der zweiten Forderung entgegenwirken.

Ein ähnliches Abwägen gilt ebenfalls für die Auswahl der Subsysteme des eingebetteten Systems, z. B. für Prozessoren, Speicher, Platinen, die häufig als fertige Komponenten (COTS[198]) gekauft und dem System hinzugefügt werden.

---

[197]NRE = **N**on **R**ecurring **E**ngineering *(deutsch: Einmalige Entwicklungskosten)*
[198]COTS = **C**ommercial **O**ff-**T**he-**S**helf *(deutsch: Kommerzielle Produkte aus dem Regal)*

Im Folgenden unterscheiden wir die drei in Abbildung 2.101 gezeigten Technologien, die für die Entwicklung eingebetter Systeme eine besondere Rolle spielen:

1. Software-Entwicklung (siehe [GM07], Kapitel 4 und 5) : Analyse der Anforderungen, Entwurf der Lösung unter Berücksichtigung verschiedener Randbedingungen, Implementierung und Test der Lösung.

2. Rechnerarchitektur (siehe [GM07], Kapitel 3) : Die Software (inklusive digitaler Schaltung) wird auf einer Hardware, dem Rechenbaustein, ausgeführt. Die Rechenbausteine unterscheiden sich in ihren Rechnerarchitekturen.

3. Hardware-Technologie: Die Rechenbausteine werden auf Grundlage einer Hardware-Technologie (hier IC-Technologie) hergestellt.

Diese Technologien werden in den folgenden drei Abschnitten näher beschrieben.

2.4.2.1 Software-Entwicklung

In der Vergangenheit haben sich die Methoden in der Software-Entwicklung für Mikroprozessoren einerseits und des Schaltungsentwurfs für programmierbare Logikbausteine andererseits weitgehend unabhängig voneinander entwickelt. Dabei verbindet doch beide Disziplinen eine zentrale Aufgabe: die Lösung für ein technisches Problem zu liefern. Dazu müssen das Problem analysiert und die Lösung entworfen, implementiert und getestet werden. Anforderungsanalyse, Software-Entwurf, Testverfahren und die gesamte Vorgehensweise während der Entwicklung sind zum Großteil unabhängig davon, auf welcher Rechenmaschine die entstehende Software schließlich ausgeführt wird. **Analyse, Entwurf, Implementierung**

Die einzelnen Phasen der Software-Entwicklung sollten in den allermeisten Fällen iterativ-inkrementell abgearbeitet werden. Der Kreiszyklus in der Abbildung 2.101 hebt diese wichtige Forderung hervor: komplexe System entstehen nicht wasserfallartig, sondern evolutionär. **iterativ-inkrementelle Entwicklung**

Kapitel 4 aus [GM07]behandelt den in Abbildung 2.101 unter der Rubrik „Software-Entwicklung" dargestellten Themenkomplex anhand der Software-Entwicklung für Mikroprozessoren. Die Software-Entwicklung für digitale Schaltungen wird in Kapitel 5 aus [GM07] vorgestellt.

2.4.2.2 Rechnerarchitekturen

Die Rechnerarchitektur legt den inneren Aufbau einer Rechenmaschine[199] fest. Eine Rechenmaschine kann eine Rechenaufgabe entweder sequentiell oder — falls die Rechenaufgabe es erlaubt — auch parallel verarbeiten (siehe Abbildung 2.102). Ein Mikroprozessor arbeitet sequentiell (CIT[200]). Er kann verschiedene Teile eines parallelisierbaren Algorithmus nicht parallel ausführen, ein programmierbarer Logikbaustein dagegen schon. Verschiedene Teile des Algorithmus werden gleichzeitig an verschiedenen Stellen des Chips ausgeführt (CIS[201]).

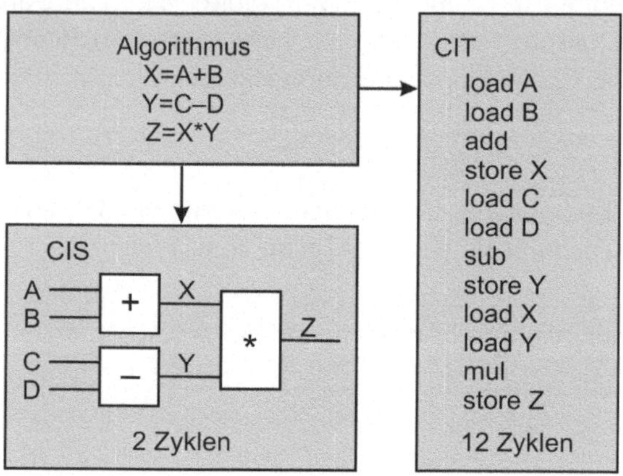

Abbildung 2.102: Ein parallelisierbarer Algorithmus kann parallel (CIS) oder sequentiell (CIT) ausgeführt werden [Rom01].

Abbildung 2.103 zeigt die drei prinzipiell möglichen Rechnerarchitekturen in Bezug auf ihre Universalität:

- CPU (CPU[202]): siehe CIT-Architektur in Abbildung 2.102

- Digitale Schaltung: die Architektur ist für eine Aufgabe „maßgeschneidert" (single purpose), siehe CIS-Architektur in Abbildung 2.102.

Die in der Abbildung 2.103 durch den oberen Kreis symbolisierten Anforderungen lassen sich durch die drei Rechnerarchitekturen (CPU, KDS, VDS), die ebenfalls durch geometrische Objekte symbolisiert werden, mehr oder weniger präzise überdecken. Bei der vollständigen Abdeckung durch das Quadrat (CPU) bleibt jedoch ein Teil der Fläche des Quadrats ungenutzt — und damit ein Teil

---

[199]kurz Rechner oder Prozessor
[200]CIT = Computing In Time
[201]CIS = Computing In Space
[202]CPU = Central Processing Unit *(deutsch: Zentrale Verarbeitungseinheit)*

der Funktionalität der CPU. Dafür lässt sich mit dem großen Quadrat leichter eine beliebige Anforderungsfläche überdecken.

Applikationsspezifische Architekturen (ASIP[203]) sind eine Mischform zwischen CPU und Digitaler Schaltung. **ASIP**

> *Aufgabe:* Welche Vor- und Nachteile hätte die CPU- und DS-Rechnerarchitektur für die Entwicklung eines MP3-Spielers?

Die verschiedenen Rechnerarchitekturen werden ausführlicher in Kapitel 3 in [GM07] miteinander verglichen.

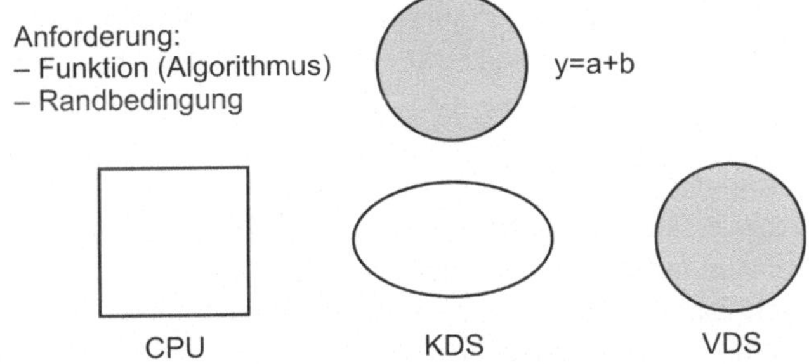

Abbildung 2.103: Geometrische Metapher für die Abdeckung von Anforderungen durch verschiedene Rechnerarchitekturen

2.4.2.3 Rechenbaustein und Hardware-Technologie

Die Transistoranzahl von integrierten Schaltungen (IC) hat sich in den letzten Jahrzehnten im Mittel alle 18 Monate verdoppelt. Diese als „Moore's Gesetz" bekannte Gesetzmäßigkeit hat bereits Intel-Gründer Gordon Moore im Jahr 1965 vorhergesagt: „Die Transistoranzahl von integrierten Schaltungen verdoppelt sich alle 18 Monate". Diese Vorhersage traf in den letzten Dekaden stets zu. Abbildung 2.104 zeigt, welch kleinen Teil ein Chip aus dem Jahr 1981 auf einem Chip des Jahres 2008 einnehmen würde. Die Chip-Kapazität aus dem Jahr 2008 würde für ≈ 260.000 Chips des Jahres 1981 ausreichen. **Moore's Gesetz**

Je nachdem, *wer* eine Schaltung *wann* auf einem Chip integriert hat, unterscheiden wir zwischen zwei IC-Technologien:

---

[203]ASIP = **A**pplication **S**pecific **I**nstruction **S**et **P**rocessor

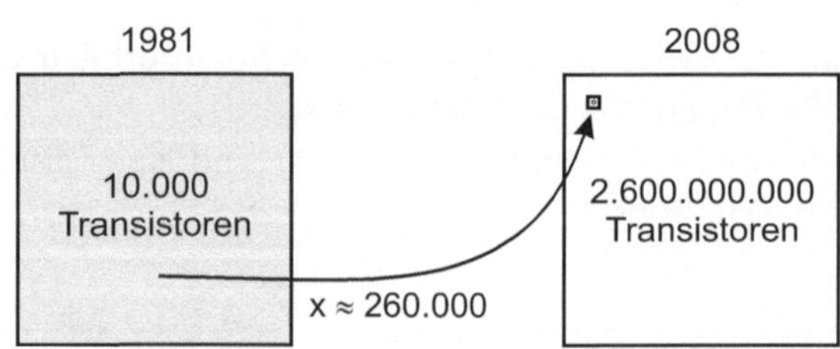

Abbildung 2.104: Moore's Gesetz: „Verdoppelung der Transistoren je Chip alle 18 Monate" [GS98]

Full Custom

1. Voll nach Kundenwunsch (Full Custom): hierbei sind alle Verdrahtungen der Schaltung und die Konfiguration der Transistoren den spezifischen Anforderungen optimal angepasst. Diese Flexibilität bietet eine sehr gute Leistungsfähigkeit bei geringer Chipfläche und niedrigem Energieverbrauch. Die einmaligen Einrichtungskosten (Größenordnung: mehrere 100 kEuro) sind jedoch hoch, und der Markteintritt dauert lange. Anwendungsgebiete sind Applikationen mit hohen Stückzahlen (Größenordnung mehrere Hunderttausend). Beispiel: Rechenbausteine für MP3-Spieler. Die hohen Einrichtungskosten amortisieren sich durch hohe Stückzahlen und senken so die Stückkosten.

Semi Custom

2. Teilweise nach Kundenwunsch (Semi Custom): hier sind Schaltungsebenen ganz oder teilweise vorgefertigt. Dem Entwickler bleibt die Verdrahtung und teilweise die Platzierung der Schaltung auf dem Chip. Diese Bausteine bieten eine gute Leistungsfähigkeit bei kleinen Chipflächen und geringeren Entwicklungskosten als bei einem voll nach Kundenwunsch gefertigten Rechenbaustein (Größenordnung: mehrere 10 kEuro). Die Entwicklungszeit liegt jedoch immer noch im Bereich von Wochen bis Monaten.

Die IC-Technologien werden in Abschnitt 3.2 in [GM07] detaillierter dargestellt.

2.4.2.4 Rechenmaschine

Abbildung 2.105 vergrößert einen Ausschnitt aus Abbildung 2.101: die Realisierung einer Rechnerarchitektur auf Basis einer bestimmten Hardware-Technologie (hier IC-Technologie). Diese Realisierung nennen wir Rechenbaustein!

> *Definition:* **Rechenmaschine**
> Die Rechenmaschine besteht aus einer Rechnerarchitektur, die auf einem Rechenbaustein abgebildet wird. Der Rechenbaustein basiert auf einer Hardware-Technologie (hier IC-Technologie).

Die Darstellung konzentriert sich auf die beiden Rechenmaschinen Mikroprozessor und FPGA.

Rechnerarchitektur und Rechenmaschinen sind in der Zuordnung unabhängig voneinander. Die verschiedenen Kombinationsmöglichkeiten sind in Abbildung 2.105 gezeigt.

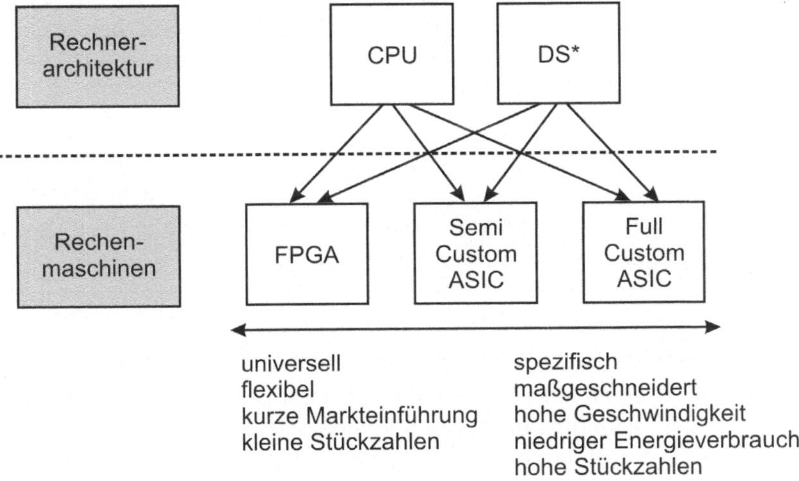

Abbildung 2.105: Die Rechnerarchitektur lässt sich auf verschiedene Rechenmaschinen abbilden.

> *Beispiele:*
>
> 1. Eine CPU kann sowohl auf einem FPGA als eingebettetes System als auch als separater Baustein in Form eines Mikroprozessors realisiert werden (siehe „Ein-Bit-Rechner" [Stu06], S. 15 ff).
>
> 2. Hersteller von Prozessoren entwerfen CPUs kundenspezifisch (Full Custom oder Semi Custom ASIC).

FPGA

Bei den FPGAs sind alle Schaltungsebenen vorgefertigt. Der Entwickler eines eingebetteten Systems kauft ein fertiges IC, bestehend aus Logikgattern und Kanälen zur Verdrahtung, bildet die digitale Schaltung auf die vorhandenen Logikgatter ab (Platzierung) und verbindet die Gatter untereinander. Aus Sicht des Entwicklers eines eingebetteten Systems sind die Entwicklungskosten einer FPGA-basierten Lösung gegenüber einem full custom ASIC gering, da der Baustein für den Entwickler unmittelbar verfügbar ist und er nur noch die gewünschte Schaltung aufprägen muss – eine reine Software-Tätigkeit. Diese Flexibilität und Anpassbarkeit eines FPGAs auf spezielle Anforderungen führt jedoch dazu, dass für eine konkrete Applikation in der Regel nicht alle Funktionalitäten des FPGAs genutzt werden können, ein Teil der Hardware also „verschwendet" wird. Gegenüber einer Schaltung mit einem maßgenschneiderten Full Custom ASIC bietet ein FPGA eine geringere Verarbeitungsgeschwindigkeit bei einer höheren elektrischen Leistung. Außerdem sind die Stückkosten eines FPGAs höher (Größenordnung: mehrere 10 Euro).

> *Aufgabe:* Wie unterscheiden sich Full und Semi Custom ASICs bezüglich Leistungsfähigkeit, einmaliger Kosten der Fertigungseinrichtung und der Entwicklungsdauer bis zur Markteinführung?

Der Trend von eingebetteten Systemen geht in Richtung „Ubiquitous Computing" – der Allverfügbarkeit von Rechenmaschinen [Wei91]. Diese Systeme stehen in enger Verbindung zu drahtlosen Technologien. Weiterführende Literatur zu eingebetteten Systemen findet der Leser bei [GM07, VG02].

2.4.3 Mikroprozessoren

Abbildung 5.3, Kapitel 5 zeigt eine Zwei-Chip-Lösung mit Schnittstellen, bestehend aus Transceiver und Mikroprozessor. Der Mikroprozessor beinhaltet hierbei den Protokollstapel.

2.4.3.1 Grundlegende Funktionsweise

Mikroprozessoren sind ein zentrales Bauelement jedes Mikrocomputer-Systems. Der Kern eines Computers ist die zentrale Verarbeitungseinheit (siehe Abbildung 2.106). Sie besteht aus den Komponenten

- Steuerwerk,

- Rechenwerk,

- Register und

- Verbindungssystem zur Ankopplung von Speicher und Peripherie.

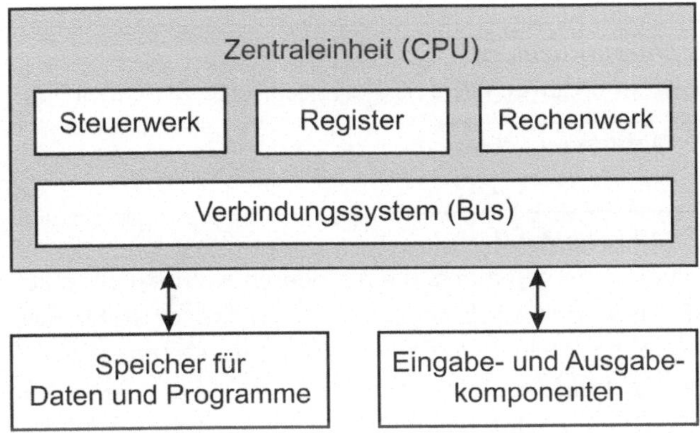

Abbildung 2.106: Prinzipieller Aufbau eines Mikroprozessors [BH01]

Der Programmspeicher (ROM[204]) sichert das Programm und der Datenspeicher (RAM[205]) die Daten. Der Zugriff erfolgt über den Adress- und Datenbus.

Zur Ankopplung der CPU an die Außenwelt dient ein Verbindungssystem. Typisch ist die Einteilung der Leitungen (ausgenommen Betriebsspannungszuführung) in ein Drei-Bus-System[206] aus: **Bus**

- Datenbus: Wortbreite des Mikroprozessors

- Adressbus: Ein Bündel von meistens 16 Leitungen bei den 8-Bit-Prozessoren oder 24 Leitungen bei 16-Bit-Prozessoren. Der Mikroprozessor gibt über diesen Bus die Adresse eines Speicherplatzes oder Ein-/Ausgaberegisters aus. Der Prozessor liest oder schreibt dann die adressierten Daten (hierzu gehört auch das Programm).

- Steuerbus: Hierunter sind alle übrigen Leitungen zusammengefasst, die der Steuerung der Peripherie dienen. Die Anzahl dieser Leitungen ist variabel. Die Leitungen sind nicht so streng parallel geordnet wie die der anderen beiden Sammelschienen. Steuerleitungen sind beispielsweise $\overline{CS}$(„logisch 0 aktiv")[207], $\overline{RD}$[208] und $\overline{WR}$[209].

---

[204]ROM = **R**ead **O**nly **M**emory
[205]RAM = **R**andom **A**ccess **M**emory
[206]Bus = Sammelschiene
[207]CS = Chip Select
[208]RD = Read *(engl.:)* = lesen
[209]WR = Write *(engl.:)* = schreiben

**Mikro-
prozessor-
technik**

Die Mikroprozessortechnik befasst sich mit der Architektur, der Entwicklung, der Implementierung, dem Bau, der Programmierung und dem Einsatz von Mikroprozessoren. Rechner oder Computer, bei denen Mikroprozessoren zum Einsatz kommen, werden als Mikrorechner oder Mikrocomputer bezeichnet.

> *Definition:* **Mikroprozessor**[a]
>
> auf einem integrierten Schaltkreis (IC) realisierte Zentraleinheit
>
> ---
> [a]MP = MikroProzessor (μP)

> *Definition:* **Mikrocontroller**
>
> Mitte der 70er Jahre gelang es, die peripheren Komponenten zusätzlich auf einem Chip zu integrieren. Es entstand der Mikrocontroller (MC[a]). Mikrocontroller beinhalten ein vollständiges Computersystem (siehe 2.4.3.1 Minimalsystem) auf einem Chip. Neben den Daten- und Programmspeichern sind Peripheriekomponenten wie Ein- und Ausgabe, Zeitgeber, Analog-/Digitalwandler (ADC[b]) integriert. Mikrocontroller werden z. B. bei eingebetteten Systemen zur Steuerung von Waschmaschinen oder des Motormanagements in Kraftfahrzeugen genutzt.
>
> ---
> [a]MC = MikroController
> [b]ADC = Analog Digital Converter *(deutsch: Analog-Digital-Wandler)*

Im Folgenden werden elementare Begriffe definiert:

- Mikrocomputer, auch Mikrorechner genannt, sind Systeme, bestehend aus Mikroprozessoren und Peripherie.

- Die Mikroprozessortechnik befasst sich mit der Architektur, der Entwicklung, der Implementierung, dem Bau und der Programmierung von Mikroprozessoren

**Minimal-
system**

Zu einem funktionsfähigen System gehören außer dem eigentlichen Mikroprozessor noch weitere Schaltkreise. Eine arbeitsfähige Minimalkonfiguration besteht gewöhnlich aus:

- Mikroprozessor mit Taktversorgung

**Mikro-
computer**

- Nur-Lese-Speicher (ROM) für das Programm

- Schreib-/Lesespeicher (RAM) für variable Daten

- Ein-/Ausgabebaustein (Interface) von und zur Peripherie

- Stromversorgung

Ein derartig komplettes System nennt man einen Mikrocomputer.

Aufgaben:

1. Was ist der Unterschied zwischen Mikrocomputer und Mikroprozessor?

2. Nennen und beschreiben Sie die Funktion der Komponenten einer CPU.

3. Skizzieren Sie den prinzipiellen Aufbau eines Mikroprozessors.

4. Welche Elemente gehören zu einer Minimalkonfiguration?

Das Computerprogramm bestimmt durch eine Folge von Anweisungen oder **Programm**
Befehlen die Arbeitsweise der CPU und der Ein- und Ausgabekomponenten.

Aufgaben:

1. Skizzieren Sie ein Computersystem aus CPU, Speicher und Bussen.

2. Der Adressbus der CPU ist 16 Bit breit. Wie viele Adressen können damit angesprochen werden?

3. Im System werden Speicherbausteine mit jeweils 8K Speicherzellen verwendet. Wie viele Adressleitungen werden zur Auswahl der Speicherzellen benötigt?

4. Skizzieren Sie mit NAND- Bausteinen eine Dekodierschaltung für zwei Speicherbausteine (alle Steuereingänge der Speicher sind „logisch 0 aktiv").

Das Steuerwerk koordiniert die Operationsausführung. Die Befehlsverarbeitung **Steuerwerk**
erfolgt in diesen Schritten:

1. Laden des Befehls in das Befehlsregister[210]

2. Dekodierung des Befehls durch das Steuerwerk

**Befehls-
verarbeitung**

3. Erzeugung von Steuersignalen für die ALU, Multiplexer, Speicher und Register

---

[210]IR = Instruction Register *(engl.:)* = Befehlsregister

4. ALU[211] verknüpft Operanden

5. Ergebnisse in Register schreiben

6. bei Lade- und Speicheroperationen Adressen erzeugen

7. Statusregister aktualisieren, die Flags für bedingte Sprünge setzen

8. Befehlszähler[212] neu schreiben

> *Beispiel:* Der Assemblerbefehl ADD #10, R5 steuert das Rechenwerk des MSP430, so dass zum Register R5 der Wert 10 hinzuaddiert wird.

2.4.3.2 Arten

In der Vergangenheit wurden Mikroprozessoren hauptsächlich für numerische Berechnungen eingesetzt. Heute gibt es viele neue Applikationen, zum Beispiel im Bereich der Kommunikations- und Automatisierungstechnik, in Kraftfahrzeugen und bei Chipkarten. Diese eingebetteten Systeme wurden erst durch den Einsatz von hochintegrierten elektrischen Bauelementen möglich. Für bestimmte Anwendungsgebiete ist eine Spezialisierung von Mikroprozessoren erkennbar, was sich in unterschiedlichen Architekturen bemerkbar macht.

Eingebettete Systeme

Architekturen Die zunehmende Dezentralisierung (verteilte Systeme) der Mikrocomputeranwendungen und die Fortschritte bei der Hochintegration führten zu einer Spezialisierung der Mikroprozessoren für verschiedene Anwendungsbereiche:

Standardprozessor

- Standardprozessoren (auch Universalprozessoren genannt, GPP[213]) werden beispielsweise in PCs eingesetzt.

Mikrocontroller

- Mikrocontroller (MC[214]): Mitte der 70er Jahre gelang es, die peripheren Komponenten zusätzlich auf einem Chip zu integrieren. Es entstand der Mikrocontroller. Mikrocontroller beinhalten ein vollständiges Computersystem (siehe 2.4.3.1 Minimalsystem) auf einem Chip. Neben den Daten- und Programmspeichern sind Peripheriekomponenten wie Ein- und Ausgabe, Zeitgeber, Analog-/Digitalwandler (ADC[215]) integriert. Mikrocontroller werden z.B. bei eingebetteten Systemen zur Steuerung von Waschmaschinen oder des Motormanagements in Kraftfahrzeugen genutzt.

---

[211]ALU = **A**rithmetical **L**ogical **U**nit *(deutsch: Arithmetische Logische Einheit)*
[212]PC = **P**rogram **C**ounter *(engl.:)* = Befehlszähler
[213]GPP = **G**eneral **P**urpose **P**rocessor *(deutsch: Universalprozessor)*
[214]MC = **M**ikro**C**ontroller
[215]ADC = **A**nalog **D**igital **C**onverter *(deutsch: Analog-Digital-Wandler)*

- Digitale Signalprozessoren (DSP[216]) sind Spezialprozessoren zur sehr schnellen Verarbeitung von mathematischen Algorithmen und kommen z.B. in der Sprach- und Bildverarbeitung zum Einsatz.

  Signalprozessor

- Hochleistungsprozessoren finden beispielsweise in Großrechnern Verwendung.

  Hochleistungsprozessor

Während bei Mikrocontrollern die funktionale Integration auf einem Chip im Vordergrund steht, ist bei Hochleistungsprozessoren und digitalen Signalprozessoren deren Verarbeitungsgeschwindigkeit von entscheidender Bedeutung ([BH01], S. 18 ff).

Beispiel: Mikrocontroller-Familie MSP430 von TI[a]: Anwendungsgebiete sind unter anderem portable Messgeräte für Wasser, Gas, Heizung, Energie und Sensorik. Die Familie hat folgende Eigenschaften: sehr geringe Leistungsaufnahme, $0,1\mu A$ Power down („Schlafmodus"), $0,8\mu A$ Bereitschaftsbetrieb, $250\mu A/1MIPS^b$ bei 3V, 4 Low power modi (Stromsparmodi), $< 50nA$ Port Leckstrom (Verluste), Spannungsbereich 1,8 bis 3,6 V, Temperaturbereich -40 bis +85 °C, 16-bit RISC[c], Peripheriemodule: E/A-Leitungen, Zeitgeber, LCD-Controller[d], ADC, DAC[e], USART[f] usw. [Stu06]. Der Stückpreis liegt für den kleinsten Baustein <1 Euro (Abnahmemenge von 1000).

---

[a]TI = **T**exas **I**nstruments
[b]MIPS = **M**illion **I**nstructions **P**er **S**econd
[c]RISC = **R**educed **I**nstruction **S**et **C**omputer
[d]LCD = **L**iquid **C**ristal **D**isplay
[e]DAC = **D**igital **A**nalog **C**onverter *(deutsch: Digital-Analog-Wandler)*
[f]USART = **U**niversal **S**ynchronous **A**synchronous **R**eceiver **T**ransmitter

---

Weiterführende Literatur findet man unter [Sik04b], [Ste04].

Einstieg: **Starter Kit**
Das eZ430 ist ein Entwicklungswerkzeug, bestehend aus USB-Stick mit IAR-Kickstart IDE (limitierte C-Entwicklungsumgebung) für circa 20 Euro [TI06].

---

[216]DSP = **D**igital **S**ignal **P**rocessor

> *Aufgaben:*
>
> 1. Was versteht man unter Mikrocontrollern?
>
> 2. Wo werden DSPs eingesetzt?

Tabelle 2.27 zeigt die „Artenvielfalt" eingebetteter Systeme.

	Wasch-ma-schine	**Maus**	**Druk-ker**	**Handy**	**Key-board**	**Tele-fon-anlage**	**Auto**	**Werk-zeug-ma-schine**
Prozes-sor	μC	ASIC	μP, ASIP	DSPs	μP, DSPs	μP, DSP	$\approx$100 μC, μP, DSP	μC, ASIP
Bus [Bit]	8	k. A.	16.. 32	32	32	32	8.. 64	.. 32
Spei-cher [Bit]	<8k	<1k	1.. 64M	1.. 64M	<512M	8.. 64M	1k.. 10M	<64M
Netz-werk	k. A.	RS232	diverse Schnitt-stellen	GSM	MIDI	V.90	CAN,..	I^2C,...
Echtzeit	keine	weich	weich	hart	weich	hart	hart	hart
Zuver-lässig-keit	mittel	keine	gering	gering	gering	gering	hoch	hoch

Tabelle 2.27: Artenvielfalt eingebetteter Systeme [TAM03]. Die Abkürzung „k. A." steht für „keine Angabe".

2.4.4 Energieverbrauch

Der Energieverbrauch stellt eine der wichtigen Randbedingungen bei der Entwicklung von Eingebetteten Systemen (siehe Abschnitt 2.4.2) dar. Der Abschnitt dient als Grundlage für die Kapitel 3 und 4.

Für batteriebetriebene portable Systeme ist ein niedriger Energieverbrauch besonders wichtig. Er setzt sich zum einen aus der abgestrahlten Energie der

Sendeeinheit und zum anderen aus dem Verbrauch des Eingebetteten Systems, bestehend aus Mikroprozessoren, weiteren ICs etc., zusammen. Der Energieverbrauch der Sendeeinheit geht unmittelbar in die Reichweite ein und unterliegt gegensätzlichen Anforderungen und Abhängigkeiten wie [Neu07]:

Sendeeinheit

- Zyklische/azyklische Kommunikation versus Energieverbrauch

- Echtzeitverhalten in unterschiedlichen Klassen versus Energieverbrauch

- Notwendigkeiten von redundanten Übertragungswegen versus Echtzeitverhalten

Um den Energieverbrauch Eingebetteter Systeme erklären zu können, wird im Folgenden auf die CMOS[217]-Technologie näher eingegangen. Die CMOS-Technologie ist auf dem Gebiet der modernen digitalen Hochleistungselektronik von zentraler Bedeutung. Aufgrund der Eigenschaft, dass Energie nur für die Zustandsübergänge[218] benötigt wird, ist die CMOS-Technologie die erste Wahl bei ICs[219] mit hoher Packungsdichte.

Eingebettete Systeme

CMOS

Ein CMOS-Logikgatter (siehe Abbildung 2.107) arbeitet derart, dass ein „Pull-up-Netz" aus p-Typ-Transistoren mit U_B[220] oder ein „Pulldown-Netzwerk" aus n-Typ-Transistoren mit Masse (Gnd[221]) verbunden wird. Liegt der Pegel am Eingang nahe bei der Schwellspannung[222] $U_{tn,p}$, so leitet eines der beiden Netze, während das andere sperrt − es gibt keine Verbindung von U_B zur Masse. Der gesamte Energieverbrauch von CMOS-Schaltungen setzt sich zusammen aus den drei Anteilen

Funktion

Anteile Energieverbrauch

- Schaltleistung: verbrauchte Energie bei Laden oder Entladen der Ausgangskapazitäten. Der Energieverbrauch pro Zustandsübergang wird wie folgt bestimmt: $E = 1/2 \cdot C_L \cdot U_B^2 \approx 1$ Picojoule

- Kurzschlussleistung: Wenn sich die Gattereingänge in einer Zwischenstufe befinden, können p- und n-Typ-Netzwerke leiten. Dies führt zu einem vorübergehenden Kurzschluss zwischen U_B und Masse. Bei gut entworfenen Schaltungen (schnelle Übergänge) beträgt dieser Anteil nur einen Bruchteil der Schaltungsleistung.

- Leckstrom: Die Transistornetzwerke leiten auch im ausgeschalteten Zustand minimal (Bruchteil eines Nanoamperes pro Gatter). In der Regel kann der Leckstrom vernachlässigt werden.

---

[217]CMOS = Complementary Metal-Oxid-Semiconductor
[218]Transitionen
[219]IC = Integrated Circuit *(deutsch: Integrierter Schaltkreis)*
[220]positive Betriebs- oder Versorgungsspannnug
[221]engl.: Ground: negative Versorgungsspannnug
[222]engl.: Threshold

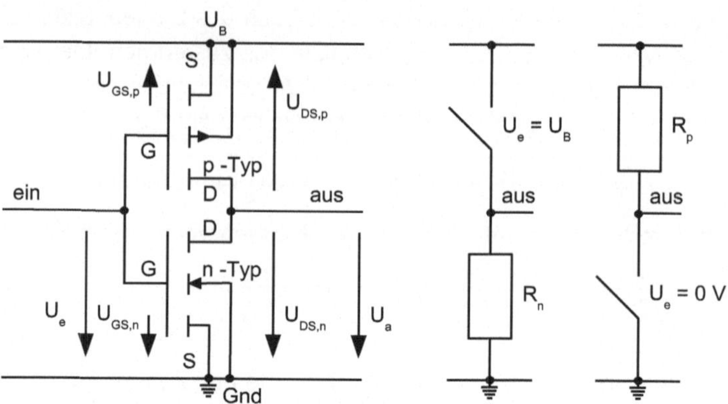

Abbildung 2.107: CMOS-Inverter

Beispiel: Funktion CMOS-Inverter (siehe Abbildung 2.107):

- 1.Fall: $U_e = 0$ V – logisch '0'
  $U_{GS,n} = 0$ V (n-Typ sperrt)
  $U_{GS,p} = -U_B < U_{tp}$ (p-Typ leitet)

- 2.Fall: $U_e = U_B$ – logisch '1'
  $U_{GS,n} = U_B > U_{tn}$ (n-Typ leitet)
  $U_{GS,p} = 0$ V (p-Typ sperrt)

Gesamt-leistung

Die Gesamtleistung unter Vernachlässigung der Anteile Kurzschlussleistung und Leckstrom kann wie folgt ermittelt werden:

$$P_S = 1/2 \cdot f \cdot U_B^2 \cdot \sum A_g \cdot C_L^g.$$

Die Abkürzung „S" steht für Schaltung und „g" für Gate. Hierbei sind f die Taktfrequenz, A der Aktivitätsfaktor (nicht alle Gatter schalten in jedem Takt-zyklus) und C_L die Lastkapazität des Gatters.

Anhand der Gleichung können die Maßnahmen für eine energiesparende Schal-tungen erläutert werden:

- Reduktion der Versorgungsspannnung U_B: Aufgrund der quatratischen Abhängigkeit ist dies offensichtlich.

- Minimierung der Schaltungsaktivitäten A: Wenn Schaltungsaktivitäten nicht benötigt werden, sollten diese vermindert werden, zum Beispiel über „Clock Gating".

- Reduktion der Gatteranzahl: Einfache Schaltungen benötigen weniger Energie als komplexe (bei ansonsten gleichen Randbedingungen). Somit tragen weniger Gatter zur Summenbildung bei.

- Reduktion der Taktfrequenz f: Die Vermeidung unnötig hoher Taktfrequenzen ist sicher wichtig. Allerdings reduziert sich hierdurch auch die Rechenleistung (MIPS[223]).

Reduktion Versorgungsspannung

Die Verringerung der Geometrie von CMOS-Prozessen hat zwangsläufig auch eine Verringerung von U_B zur Folge. Werden Transistoren kleiner, so steigt die Feldstärke bei konstanter U_B. Dies führt zu einer Zerstörung der Halbleiter. Wird U_B verringert, so verringert sich ebenfalls die Leistung der Schaltung. Der maximale Transistorstrom I_{sat} in Sättigung[224] läßt sich wie folgt bestimmen:

$$I_{sat} \propto (U_B - U_t)^2$$

Die maximale Taktfrequenz beträgt hierbei:

$$f_{max} \propto (U_B - U_t)^2/U_B.$$

Verringert man U_B, so verringert sich ebenfalls die Frequenz f_{max}. Es ist offensichtlich, dass eine Reduktion von U_t zu einer Reduktion der Verlustleistung führt. Allerdings ist der Leckstrom[225] I_{leak} stark von U_t abhängig:

$$I_{leak} \propto exp(-U_t/35mV).$$

Bei kleiner Verringerung von U_t hat dies eine deutliche Erhöhung des Leckstroms zur Folge. Der Leckstrom verursacht ein schnelleres Entladen der Batterien von inaktiven Schaltungsteilen. Daher ist auf Wechselwirkungen zwischen der Maximierung der Leistung und des Energieverbrauchs im Ruhezustand[226] zu achten.

> *Beispiel:* Aktuelle Technologien verwenden Betriebsspannungen von 1 bis 2 Volt.

Energieeinsparung

Abschließend noch einige Wege zur Einsparung von Energie im Allgemeinen:

- Reduktion von U_B: niedrigste geforderte Taktfrequenz wählen. Die Versorgungsspannung ist bei gegebener Taktfequenz soweit wie möglich zu reduzieren. Hierbei darf U_B nicht so weit vermindert werden, dass die Verluste den Verbrauch im Ruhezustand stark beinflussen.

Schlafmodi

- Reduktion der On-Chip-Aktivität: Vermeidung überflüssiger Taktung von Schaltfunktionen. Dies kann zum Beispiel mittels Schlafmodi („Gated Clocks") erfolgen.

---

[223] MIPS = Million Instructions Per Second
[224] engl.: Saturation
[225] engl.: Leakage
[226] engl.: Standby

- Reduktion der „Off-Chip"-Aktivität: Minimierung von Aktivitäten außerhalb des Chips, zum Beispiel von Caches, um den Zugriff auf externe Speicher zu senken.

- Nutzung von Nebenläufigkeit (CIS): Bei Verdopplung einer Schaltung kann dieselbe Rechenleistung bei halber Taktfrequenz erreicht werden ([Fur02], S. 50 ff).

Aufgaben:

1. Erläutern Sie den Zusammenhang zwischen abgestrahlter Energie und Reichweite.

2. Nennen Sie Maßnahmen zur Reduktion des Energieverbrauchs.

3. Wie werden prinzipiell „Schlafmodi" bei Mikroprozessoren implementiert?

Beispiel: Handies schalten schrittweise die Anzeige ab, um Energie zu sparen. Ein Tasten-Interrupt „weckt" dann das Gerät wieder zur Kommunikation auf.

2.4.5 Echtzeit-Datenverarbeitung

Die Echtzeit stellt eine der wichtigen Randbedingungen bei der Entwicklung von Eingebetteten Systemen (siehe Abschnitt 2.4.2) dar. Diese Grundlagen werden für die Kapitel 3 und 4 benötigt.

„Echt-Zeit" setzt sich zusammen aus der „Zeit" als physikalische Größe der Datenverarbeitung und „Echt" im Sinne von „für den Menschen als real empfundene Zeit".

Echtzeit-system

Abbildung 2.108 und Tabelle 2.28 (E/A[227]) zeigt einen Vergleich zwischen Echtzeit- und konventioneller Verarbeitung. Echtzeitsystem[228] setzt sich aus den beiden Komponenten Prozess und Datenverarbeitungsgerät zusammen. Unter Prozess versteht man einen beliebigen Ablauf, der aufeinander folgende

---

[227] E/A = Ein-/Ausgänge
[228] engl.: Real-Time System

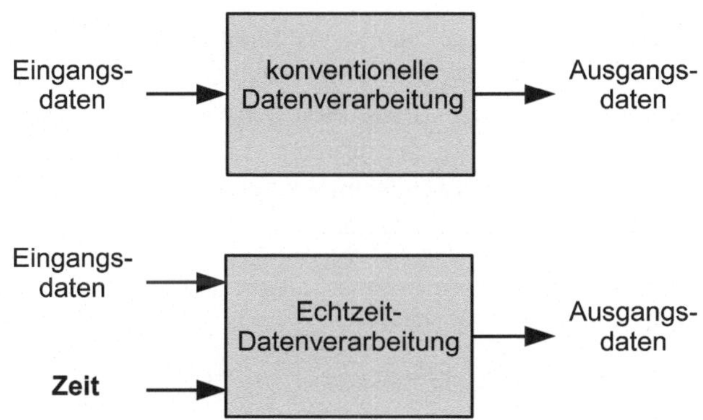

Abbildung 2.108: Echtzeit-Datenverarbeitung im Vergleich zur konventionellen
Datenverarbeitung

Kategorie	Informationssysteme	Echtzeitsysteme
Steuerung	datengesteuert	ereignisgesteuert
Datenstrukturen	komplex	einfach
Eingangsdaten	große Menge	kleine Menge
Fokusierung	E/A-intensiv	rechenintensiv
Portierbarkeit	maschinenunabhängig	auf Hardware zugeschnitten

Tabelle 2.28: Vergleich Informations- und Echtzeitsysteme

zeitliche Resultate erzeugt. Heutzutage sind Datenverarbeitungsgeräte digitale
Rechner mit Kommunikations-Schnittstellen. Die Geräte bestehen aus Hard-
und Software-Einheiten. Die Hardware ist kompakt und verfügt über einen ho- **eingebettete**
hen Integrationsgrad – man nennt diese Art von Geräten auch eingebettete **Systeme**
Systeme.

Beispiele:

1. Prozesse: Regelung des Wohnraumklimas; Ablaufsteuerung einer
   Waschmaschine

2. Datenverarbeitungsgeräte: Controller für Motormanagement

Unter harten Echtzeitsystemen versteht man Systeme, die harte zeitliche Schran- **harte**
ken vorgeben. Die Datenverarbeitung muss gewährleisten, dass die Zeitvorgaben **Echtzeit**
eingehalten werden, da es sonst zu schwerwiegenden Ausfällen kommt. Es wer-

den keine Verstöße gegen die zeitlichen Vorgaben erlaubt. Derartige Systeme müssen im Normalfall hundertprozentig deterministisch sein.

weiche Echtzeit

Mit weichen Echtzeitsystemen sind Systeme gemeint, die prinzipiell in Echtzeit arbeiten, aber über sehr dehnbare Zeitgrenzen verfügen. Nichtsdestotrotz muss das Echtzeitsystem deterministisch sein, wobei die vorhersagbaren zeitlichen Grenzen sehr große Toleranzen aufweisen.

> *Beispiele:*
>
> 1. harte Echtzeitsysteme: Flugzeuge, Kraftwerke
>
> 2. weiches Echtzeitsystem: Bankomat

Bei der Einteilung der Art, wie eine Applikation verwaltet wird, unterscheidet man zwischen synchroner und asynchroner Programmierung.

synchrone Programmierung

Die synchrone Programmierung, auch „Zeitscheibenprogrammierung" genannt, basiert auf einem festen Takt eines Zeitgebers – man spricht deshalb von einer Zeitsteuerung. Die Festlegung der Reihenfolge der verschiedenen Teilprogramme einer Applikation wird beispielsweise in einer Tabelle hinterlegt. Hierbei erhält jedes Teilprogramm eine bestimmte „Zeitscheibe"[229], die nicht verlängert werden kann. Die synchrone Programmierung ist somit hundertprozentig deterministisch.

> *Merksatz:* **Synchrone Programmierung**
> Die Organisation des Ablaufs lässt sich mit einer Zustandsmaschine vergleichen. Im jeweiligen Zustand wird ein Programmabschnitt mit bestimmter Länge abgearbeitet.

asynchrone Programmierung

Die asynchrone Programmierung reagiert flexibel auf asynchrone Ereignisse; man spricht von einer Ereignissteuerung. Aufgrund des schwer voraussagbaren zeitlichen Ablaufs ist der Nachweis der Determiniertheit schwerer nachzuweisen als bei der synchronen Programmierung. Systemunterbrechungen[230] werden von externen Ereignissen ausgelöst. Aufgrund der hohen Priorität wird das laufende Hauptprogramm unterbrochen. Es folgt die Abarbeitung der mit dem Interrupt fest verbundenen „Interrupt Service Routine".

> *Merksatz:* **Polling, Interrupt**
> Ereignisse können durch eine spezielle Hardware direkt Einfluss auf den Ablauf des Programms nehmen (Interrupt-Steuerung) oder durch SoftwareAbfrage (Polling) erkannt werden.

---

[229]engl.: Time Slice
[230]engl.: Interrupts

In der Praxis trifft man oft Mischsysteme aus synchroner und asynchroner Programmierung an ([Wit00], S. 26 ff).

Aufgaben:

1. Was ist ein Echtzeitsystem?

2. Was versteht man unter asynchroner und synchroner Programmierung?

3. Was ist der Unterschied zwischen Interrupt und Polling?

2.4.6 Eingebettete Funksysteme

Abbildung 2.109 zeigt die Beziehung zwischen dem Entwurf von Eingebetteten Systemen und der Netzwerk-Technologie (siehe Nachrichten- und Kommunikationstechnik Abschnitt 2.3, 2.2).
Eine weitere Schnittstelle bilden die Telemetrie und Telesurveillance.
Hieraus resultiert der prinzipielle Aufbau eines Eingebetteten Funksystems. Abbildung 5.3 zeigt eine Zwei-Chip-Lösung mit Schnittstellen, bestehend aus Transceiver und Mikroprozessor. Der Mikroprozessor beinhaltet hierbei den Protokollstapel.

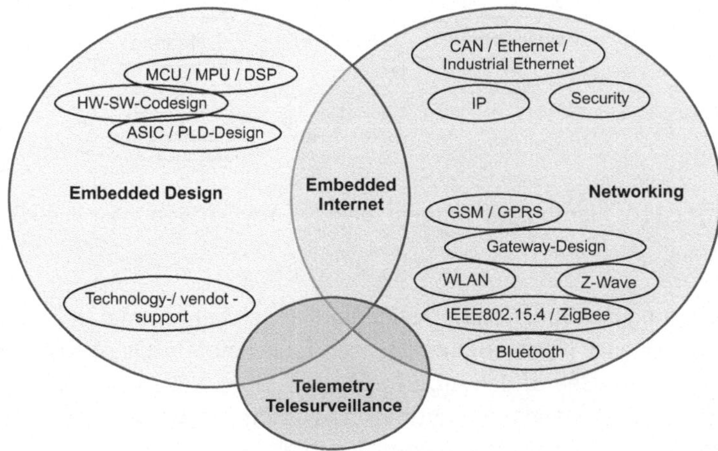

Abbildung 2.109: Einordnung der Eingebetteten Funksysteme [Sik05]

Definition: **Telemetrie**

Telemetrie[a] wird als Messwert- und Datenübermittelung sowie Fernsteue-rung, Fernregelung und Fernüberwachung definiert. Telemetrie ist Messen, Steuern und Regeln über große Distanzen. Telemetrie dient zur Überwa-chung von Lebewesen, Geräten, Innen- und Außenanlagen und zur Kontrolle von Anlagen. Typische Anwendungen sind Raumfahrt, Medizin (Telesurveil-lance), Umwelttechnik etc. [Zog02]

---
[a]engl.: Telemetry

Kapitel 5 beschreibt die Implementierung der Eingebetteten Funksysteme.

Merksatz: **Hochintegration**

Eine weitere Hochintegration kann mittels der unter den Abschnitten 2.4.2.2 und 2.4.2.4 vorgestellten Methoden erreicht werden.

Rand-bedingungen

Abbildung 2.110 zeigt die Herausforderungen beim Entwurf von Wireless-Syste-men. Die einzelnen Entwurfs-Parameter sind miteinander gekoppelt. Allen Rand-bedingungen gleichzeitig gerecht zu werden, ist in den seltensten Fällen möglich und stellt die „Ingenieurs-Kunst" dar.

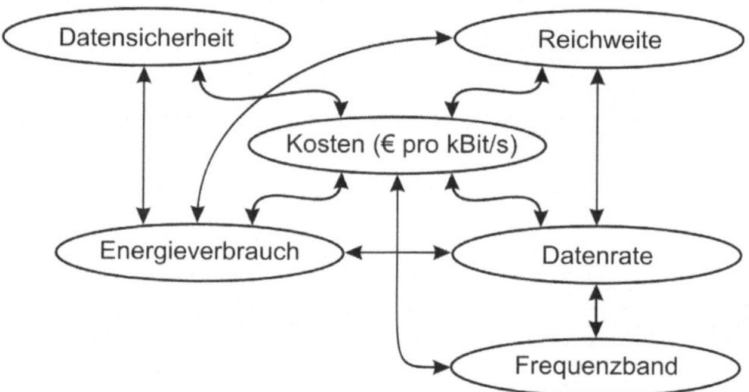

Abbildung 2.110: Herausforderungen beim Entwurf von Wireless-Systemen [Sik05].

„Ubiquitous Computing"

Die Entwicklung der Funknetzwerke im Nahbereich geht immer in Richtung all-verfügbare, verteilte Netze im intelligenten Einzelknoten. Diese Entwicklungen werden unter dem Begriff der Allverfügbarkeit „Ubiquitous Computing" zusam-mengefasst: 6 A's – anyone, anytime, always on, anywhere, any application, any device. Weitere Begriffe in diesem Kontext sind:

- Intelligenz in der Umgebung[231]: Einsatz von Sensor-Aktor-Netzen mit

---
[231]engl.: Ambient Intelligence

dem Ziel einer massiven Vernetzung der Sensoren, Funkmodule und Computer, um den Alltag zu verbessern. Dieser Ansatz steht im engen Zusammenhang mit dem EU-Forschungsprogramm „Information Society Technologies".

- Rechnerdurchdringung[232]: ist die von der Industrie geprägte Variante der Abdeckung von Geschäftsprozessen, aber auch von Lebensbereichen [KS07].

Zusammenfassung[a]:

1. Die Leser können die Kommunikations- und Nachrichtentechnik einordnen.

2. Die Anwender kennen Huffman-Codierung und Hamming-Code.

3. Sie sind geübt in der Bestimmung der Hamming-Distanz und der Kanalkapazität.

4. Die Leser kennt die verschiedenen Modulationsarten und sind geübt in der Ermittelung von Leistungsbilanz und Reichweiten-Abschätzung.

5. Sie sind vertraut mit den Eingebetteten (Funk-)Systemen bezüglich der Definition, Randbedingungen, Arten, Energieverbrauch und Echtzeit-Datenverarbeitung.

---

[a]mit der Möglichkeit zur Lernziele-Kontrolle

---

[232]engl.: Pervasive Computing

3 Verfahren

Lernziele:

1. Das Kapitel stellt die standardisierten Verfahren vor: Bluetooth, Zig-Bee und WLAN. Die Auswahl erfolgt nach der Relevanz für die „Automatisierungstechnik".

2. Die folgenden proprietären Verfahren werden erläutert: EnOcean, KNX-RF, Z-Wave.

3. Darstellung von Funk-Verfahren, die zur Abgrenzung der Systeme für den Nahbereich dienen: IrDA, nanoNET, Wireless USB, HomeRF, HIPERLAN und DECT.

4. Der Fokus liegt auf den beiden unteren Schichten des ISO/OSI-Modells: Physikalische und Sicherungs-Schicht.

5. Die Abschnitte des Kapitels haben für einen späteren Vergleich in Kapitel 4 „dieselbe Struktur".

Analysten rechnen mit einem rasanten Anstieg des „Internet der Dinge". Die Prognosen gehen von 50 Milliarden drahtlos verbundener Geräte bis zum Jahr 2020 aus ([Ins14b], S. 3).
Nachfolgende Anwendungsgebiete liegen hierbei besonders im Fokus:

Motivation

Internet der Dinge

Anwendungs-gebiete

- Alarm - und Sicherheitstechnik

- Hausautomatisierung und Lichttechnik

- Tragbare Geschäfts- und Verbraucherelektronik (inklusive Fernsteuerungen)

- Automobiltechnik

- Medizin- und Gesundheitstechnik

- Energie-Messung und -Nutzung[1]

---

[1]engl.: Smart Energy

> *Merksatz:* **Internet der Dinge**[a]
>
> ist ein nicht standardisierter Begriff. Aus diesem Grund wird er oft unterschiedlich eingesetzt. Vereinfacht gesagt, geht es darum, dass nicht mehr nur Menschen das Internet verwenden und dort Daten hoch- und runterladen, sondern auch Geräte[b], Schalter und Sensoren mit dem Web[c] verbunden werden und es so zum Teil ganz ohne menschlichen Eingriff vollautomatisch nutzen.
>
> ---
> [a]IOT = Internet Of Things
> [b]engl.: Embedded Systems
> [c]WWW = World Wide Web

Auswahl

Im Folgenden sind zwei grundsätzliche Gesichtspunkte (Randbedingungen) zur Auswahl des am besten geeigneten Funk-Verfahrens (siehe auch Kapitel 4) dargestellt.

Abbildung 3.1 zeigt verschiedene Verfahren bezüglich deren maximaler Datenrate. Hierbei verfügen die Verfahren NFC[2] und RFID[3] über eine sehr geringe Datenrate und gehören in der vorliegenden Arbeit thematisch zu den Rand-

Randgebiete

gebieten. Die Verfahren BLE[4], ANT, ZigBee RF4CE[5], 6LoWPAN[6], Verfahren Unter-1-GHz[7] und 2,4 GHz liegen bei einer Datenrate von 1 MBit/s. Hierbei sind die Verfahren ANT, Unter-1-GHz und 2,4 GHz proprietär, d. h. nicht standardisiert (siehe Abschnitt 5.2). Die Standards Bluetooth und WiFi[8] verfügen über höhere Datenraten.

Vergleichs-Tabellen

Den Energieverbrauches der verschiedenen Verfahren zeigt Abbildung 3.2.
Weitere Vergleichs-Tabellen aus den Gebieten Kommunikations-, Nachrichtentechnik und Eingebettete Systeme liefert Kapitel 4.

3.1 Steckbriefe

Die folgenden Steckbriefe der einzelnen Verfahren sind in Einleitung, Anwendungsgebiete und Arbeitsweise gegliedert. Sie stellen eine system-technische Betrachtung[9] der einzelnen Verfahren speziell für System-Ingenieure und Entscheider zur ersten Orientierung dar. Hierbei spielt der „Entwurf auf Systemebene" (siehe auch [Ges14]) aufgrund von Randbedingungen wie steigender Komplexität oder schneller Markteinführung eine immer wichtigere Rolle.

---

[2]NFC = Near Field Communication
[3]RFID = Radio Frequency Identification
[4]BLE = Bluetooth Low Energy
[5]RF4CE = Radio Frequency For Consumer Electronics
[6]6LoWPAN = IPv6 Over Low power WPAN
[7]engl.: Sub-1-GHz
[8]WiFi = Wireless Fidelity
[9]engl.: System-Engineer-View

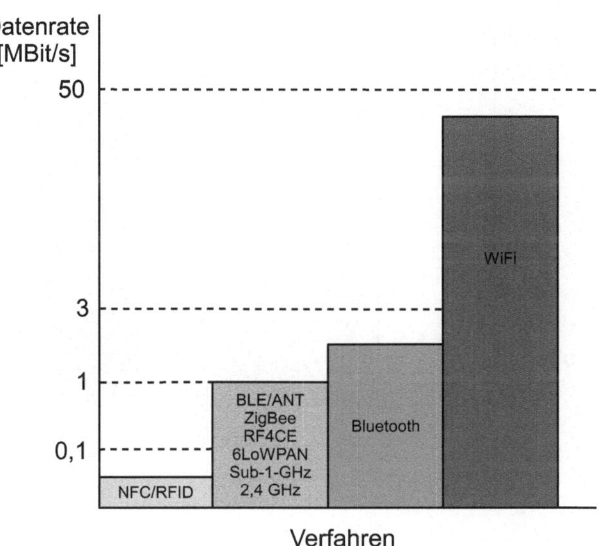

Abbildung 3.1: Maximale Datenrate ([Ins14b], S. 3)

3.1.1 Steckbrief WLAN

WLAN[10] setzt sich im drahtlosen Markt mit über 3,5 Milliarden Einheiten weiter durch. Der jährliche Verkauf von WLAN-Einheiten übersteigt die Milliarden-Grenze ([Ins14b], S. 4).   **Einleitung**

> *Merksatz:* **WiFi vs. WLAN**
> Die Abkürzung WiFi[a] ist von der Industrie in Analogie zum bekannten Begriff HiFi[b] geprägt worden. WiFi steht für den Übertragungsstandard IEEE 802.11b (siehe auch Abschnitt 3.2.3).
>
> ---
> [a]WiFi = Wireless Fidelity
> [b]engl.: High Fidelity

Die nachfolgenden Beispiele für Anwendungsgebiete resultieren aus der hohen Datenrate und dem relativ hohen Energieverbrauch (siehe Abbildungen 3.1 und 3.2):   **Anwendungsgebiete**

- Medizintechnik: Geräte- und Patienten-Monitoring

- Endgeräte[11]: Internet-Verbindung, Web-Browser, Multimedia etc.

---
[10]WLAN = Wireless Local Area Networks
[11]engl.: Tablets, E-Books, Media-Player

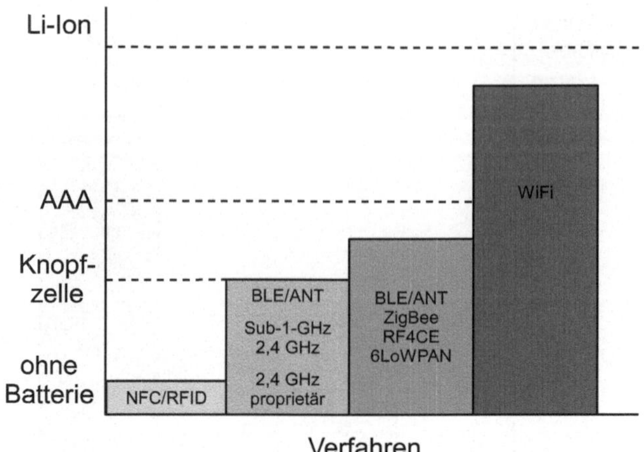

Abbildung 3.2: Minimaler Energieverbrauch ([Ins14b], S. 3)

- Industrie- und Haus-Automatisierung: Fernsteuerung, Diagnose etc.

- Video-Konferenz-Schaltungen

- Intelligente[12] Maschinen

- Sicherheit[13] und Überwachung

Arbeitsweise Das WLAN-Verfahren basiert auf IEEE 802.11a, 802.11b, 802.11g und 802.11n. WLAN arbeitet im lizenzfreien 2,4-GHz- und 5-GHz-Band bei einer Datenrate von mehr als 54 MBit/s. Somit ist eine Leistungsfähigkeit möglich ähnlich der drahtgebundenen 10Base-T Ethernet-Netzwerke ([Ins14b], S. 4 ff.).

Implemen- Im Folgenden ein Implementierungs-Beispiel:
tierung

> *Beispiele:*
>
> 1. Hardware (Chipsätze): WiLink 8 Modullösungen[a] der Firma Texas Instruments stellen eine hybride Chiplösung aus WiFi und Bluetooth dar und sind zertifiziert.
>
> 2. Software (Protokoll-Stapel): Zudem sind Treiber für den Einsatz mit WiFi und Bluetooth verfügbar.
>
> ---
> [a]URL: `http://www.ti.com/wilink8`

---

[12]engl.: Smart
[13]engl.: Security

Nachfolgend ein Beispiel für die nachrichtentechnischen Eigenschaften:

> *Beispiel:* SimpleLink WiFi-Module (CC3000[a]) – Tx-Leistung: + 18dBm, 11MBit/s; Rx-Empfindlichkeit: - 88dBm, 11MBit/s (siehe auch Abschnitt 2.3.1.4)
>
> ───────────────
>
> [a]URL: http://www.ti.com/cc3000

> *Merksatz:* **Stand der Technik**
> Der Standard 802.11ac ermöglicht unter idealen Bedingungen Datenraten bis zu 6,93 GBit/s. Zum Vergleich: Der Standard 802.11n lässt nur eine maximale Datenrate von 450 MBit/s zu.

Zur weiteren Vertiefung dient Abschnitt 3.2.3 und der URL:[14].

3.1.2 Steckbrief ZigBee

ZigBee-Verfahren dienen der Fernüberwachung, Fernsteuerung und als Sensor-Netzwerk-Applikationen. Der ZigBee-Standard zielt auf kosteneffektive standard-basierte drahtlose Netzwerk-Lösungen ab. Hierbei stehen die Anforderungen an niedrigere Datenrate, einen niedrigen Energieverbrauch, Sicherheit und Ausfallsicherheit im Vordergrund. **Einleitung**

Nachfolgende Beispiele für Anwendungsgebiete ergeben sich aus der niedrigen Datenrate bei niedrigem Energieverbrauch (siehe Abbildungen 3.1 und 3.2): **Anwendungsgebiete**

- Haus-, Gebäude-, und Industrie-Automatisierung

- Medizinische/Patienten-Überwachung

- Intelligente drahtlose Beleuchtungssteuerung und LED-Lampen

- „Energieernte"[15]

Das ZigBee-Verfahren basiert auf der IEEE 802.15.4. und unterstützt „selbstheilende" Maschen-Netzwerke mit einer dezentralen Netzwerktopologie ähnlich dem Internet. Hierdurch entsteht eine robuste Netzwerklösung – beim Ausfall einer Linie sind die Knoten in der Lage, neue Alternativwege durch das Netzwerk zu finden ([Ins14b], S. 7 ff.). **Arbeitsweise**

---

[14]URL: http://www.wi-fi.org
[15]engl.: Energy Harvesting

ZigBee-basiert

Im Folgenden weitere auf ZigBee-basierte Standards:

- ZigBee Light Link: Intelligente drahtlose Beleuchtungssteuerung

- ZigBee RF4CE[16]: Fernbedienung – ohne Sichtverbindung, größere Reichweiten

Implementierung

Nachfolgend ein Implementierungs-Beispiel:

Beispiele:

1. Hardware (Chipsätze): SOC[a]-, Co-Prozessor-, Dual-Chip-Lösung (weitere Details siehe Abbildung 5.2 und ([Ins14b], S. 7))

2. Software (Protokoll-Stapel): Z-Stack ([Ins14b], S. 58)[b]

---

[a]SOC = **S**ystem **O**n **C**hip
[b]URL: `http://www.ti.com/z-stack`)

Aufgabe: Erläutern Sie den „selbstheilenden" Prozess von ZigBee.

Zur weiteren Vertiefung dient Abschnitt 3.2.2 und Kapitel 5.

3.1.3 Steckbrief Bluetooth

Einleitung

Bluetooth gehört zu den prominentesten Verfahren im Bereich SRWN[17] mit mehr als 3 Milliarden eingerichteten Einheiten. Das Verfahren wurde zur Ersetzung einer Kabelverbindung zwischen einem tragbaren und/oder stationären Gerät entwickelt. Hierbei wird ein hohes Maß an Sicherheit, geringem Energieverbrauch und Kosten beibehalten. Eine grundlegende Stärke von Bluetooth ist die Fähigkeit, gleichzeitig Daten und Sprache zu übertragen. Bluetooth kann inaktive Funkverbindungen abschalten und ist aus diesem Grund sehr stromsparend. Die Spezifikation von Bluetooth definiert eine einheitliche Struktur mit globaler Akzeptanz, um die Interoperabilität von Geräten mit Bluetooth zu gewährleisten.

Anwendungsgebiete

Nachfolgende Beispiele für Anwendungsgebiete ergeben sich aus der mittleren Datenrate bei niedrigem Energieverbrauch (siehe Abbildungen 3.1 und 3.2):

- „Internet der Dinge"

---

[16]RF4CE = **R**adio **F**requency **For C**onsumer **E**lectronics
[17]SRWN = **S**hort **R**ange **W**ireless **N**etworks

- Sport und Fitness

- Spielzeuge

- Unterhaltungselektronik

Bluetooth arbeitet im lizenzfreien ISM[18]-Band bei 2,4 und 2,485 GHz. Bluetooth nutzt die Methoden Spreizspektrum (siehe Abschnitt 2.3.5.1), Frequenzsprung und Vollduplex. Hierdurch wird die Interferenz mit anderen Verfahren, die auch das ISM-Band nutzen, reduziert ([Ins14b], S. 16 ff.).
Ein Bluetooth basierter Standard ist:

- BLE[19]: besonders stromsparende Bluetooth-Version

Im Folgenden ein Implementierungs-Beispiel:

Arbeitsweise

Bluetooth-basiert

Implementierung

Beispiele:

1. Hardware (Chipsätze): CC2541 Single-Mode-BLE-SOC ([Ins14b], S. 22)

2. Software (Protokoll-Stapel): BLEStack ([Ins14b], S. 22)

Aufgaben:

1. Erläutern Sie den Begriff ISM-Band.

2. Welche Frequenzbänder nutzt ISM?

3. Nennen Sie drei Arbeitsgebiete von ISM.

Merksatz: **Stand der Technik**
Die aktuelle Bluetooth-Spezifikation ist Version 4.0.

Zur weiteren Vertiefung dient Abschnitt 3.2.1 und der URL:[20].

---

[18]ISM = Industrial Scientific Medical
[19]BLE = Bluetooth Low Energy
[20]URL: `www.bluetooth.org`

3.1.4 Steckbrief Proprietäre Verfahren

Auswahl

Der folgende Abschnitt zeigt eine Auswahl von aktuellen proprietären Verfahren (siehe auch [Ins14b]):

- PurePath: ist eine drahtlose, digitale und robuste Audio-Übertragung (2,4-GHz-ISM-Band).
  Anwendungsgebiet ist die drahtlose Audio-Übertragung.

- ANT: liefert eine einfache, kostengünstige und sehr energiesparende SRWN-Lösung − Punkt-zu-Punkt oder in komplexeren Netzwerken.
  Anwendungsgebiete sind die automatische Übertragung und das Verfolgen von Sensor-Daten in Sport, Wellness und der Gesundsheitsüberwachung zuhause.

- 6LoWPAN: ist ein offener Standard und definiert IP[21]v6 bezüglich geringem Energieverbrauch und niedrigen Kosten.
  Anwendungsgebiete sind große Netzwerke, die einen Zugang zum IP-Basisnetz[22] benötigen.

Typische Frequenzbänder für proprietäre Verfahren sind:

- Unter-1[23]-GHz

- 2,4 GHz

Implemen-tierung

Im Folgenden ein Implementierungs-Beispiel:

> *Beispiele:*
>
> 1. Hardware (Chipsätze): CC430 ist eine integrierte HF[a]-SOC-Lösung, bestehend aus MSP430 Mikrocontroller und CC1101 HF-Chip ([Ins14b], S. 30)
>
> 2. Software (Protokoll-Stapel): SimpliciTI ist ein energiesparender Stapel für einfache und kleine Netzwerke. ([Ins14b], S. 58)
>
> ---
> [a]engl.: Radio Frequency (RF)

---

[21]IP = Internet Protocol
[22]engl.: Backbone
[23]engl.: Sub-1

> *Beispiel:* Programm-Listing 3.1 zeigt eine API[a]-Sequenz mit den Phasen Initialisierung, Verbinden, Temperaturwerte Aufnehmen und Senden [Ins08].
>
> ---
> [a]API = **A**pplication **P**rogramming **I**nterface *(deutsch: Programmierschnittstelle)*

Quellcode 3.1: Listing SympliciTI Protokoll-Stack in C

```c
void main()
{
linkID_t linkID;
uint32_t temp;
// Initialize the board's HW
BSP_Init();
SMPL_Init(0);
// link.
SMPL_Link(&linkID);

while (TRUE)
{
// sleep until timer. read temp sensor
MCU_Sleep();
HW_ReadTempSensor(&temp);
if (temp>TOO_HIGH)
{
SMPL_Send(linkID,"'Hot!'",4);
}
if(temp<TOO_LOW)
{
SMPL_Send(linkID,"'Cold!'",5);
}}}
```

> *Beispiel:* „Chronos" ist ein Funk-Entwicklungssystem in einer Uhr. Es basiert auf dem CC430F6137, einem Sub-1-GHz-RF[a]-SoC[b]. Das eZ430-Chronos ist ein vollständiges CC430-basiertes Entwicklungssystem, das in einer Sportuhr Platz findet [Ins14a].
>
> ---
> [a]RF = **R**adio **F**requency
> [b]SOC = **S**ystem **O**n **C**hip

Beispiel: Die CC430-Familie der Firma Texas Instruments gehört zu extrem energiesparenden Mikrocontroller-SOC[a]-Lösungen mit integriertem RF[b]-Transceiver-Kern. Zahlreiche Chips mit unterschiedlichen Peripheriekonfigurationen decken ein großes Feld an Applikationen ab.

---

[a]SOC = **S**ystem **O**n **C**hip
[b]RF = **R**adio **F**requency

Einstieg: **Eingebettete Funksysteme**
Die nachfolgenden zahlreichen Projektarbeiten in Bachelor- und Masterstudiengängen an der Hochschule können als Einstieg in die Thematik dienen: [VPHD14], [ZG14], [SUR+14], [MSK+14], [DHLS13], [GES13a], [GES13b] und [BEFM12]

Einstieg: **Eingebettete Funksysteme**
Die Entwicklung verlagert sich aufgrund der Randbedingungen Zeit und Geld immer mehr in Richtung Software und Systemebene. Das Buch [Ges14] kann als Einstieg in diese Thematik dienen.

Aufgabe: Erläutern Sie allgemein den Unterschied zwischen proprietären und standardisierten Verfahren.

Aufgabe: Sie suchen für ein Aktor-/Sensorsystem ein Verfahren, das wenig Energie bei mittlerer Datenrate verbraucht. Welchen Wireless-Standard wählen Sie aus?

Aufgabe: Diskutieren Sie die drei Standards Bluetooth, ZigBee und WLAN bezüglich Datenrate, Energieverbrauch und Anwendungen.

Den Schwerpunkt der weiteren Ausführungen stellen die standardisierten Verfahren Bluetooth, ZigBee und IEEE 802.11 (WLAN) dar. Des Weiteren werden anschließend in einem eigenen Abschnitt proprietäre[24] Verfahren wie EnOcean, KNX-RF und Z-Wave erörtert. Der Abschnitt „Weitere Verfahren" dient zur Abgrenzung des Nahbereiches.

Schwerpunkt

Abschnitt 2 liefert hierfür das Grundwissen bezüglich der Kommunikations- und Nachrichtentechnik sowie der Eingebetteten Systeme.

> *Merksatz:* **Automatisierung**
> Für die Automatisierung haben die Bereiche WPAN und WLAN im innerbetrieblichen Bereich eine wichtige Bedeutung [Wol07b].

Abbildung 3.3 vergleicht die verschiedenen drahtlosen Verfahren bezüglich der Datenrate und Reichweite. Zudem grenzt die Abbildung die Verfahren im Nahbereich von den nicht diskutierten drahtlosen Techniken, wie GSM[25], GPRS[26] und UMTS[27], ab. Die Abkürzungen stehen für DECT[28]-DMAP[29], IrDA[30] SIR[31], FIR[32], VFIR[33], FDD[34] und TDD[35].

3.2 Standardisierte Verfahren

Der folgende Abschnitt stellt detailiert die standardisierten Verfahren (siehe Abschnitt 2.2.5.6) Bluetooth, ZigBee und WLAN vor.

3.2.1 Bluetooth

Ausgangspunkt für das Bluetooth-Projekt war im Jahr 1994 eine Studie von Ericsson. Sie sollte erforschen, wie unterschiedliche Telekommunikations-Endgeräte mit dem Mobilfunknetz und dem Internet zukünftig verbunden werden können. Das Projekt hatte zunächst zwei Ziele:

- Entwicklung einer Funk-Schnittstelle: klein, kostengünstig und energiesparend[36] für batteriebetriebene Systeme, eingebettete Systeme genannt.

Eingebettete Systeme

---

[24]herstellerspezifische Entwicklungen; nicht allgemein anerkannte Standards
[25]GSM = Global System For Mobile Communication
[26]GPRS = General Packet Radio Service
[27]UMTS = Universal Mobile Telecommunication System
[28]DECT = Digital Enhanced Cordless Telecommunications
[29]DMAP = DECT Multimedia Access Profile
[30]IrDA = Infrared Data Association
[31]engl.: Serial Infrared
[32]engl.: Fast Infrared
[33]engl.: Very Fast Infrared
[34]FDD = Frequency Division Duplex
[35]TDD = Time Division Duplex
[36]engl.: Low Power

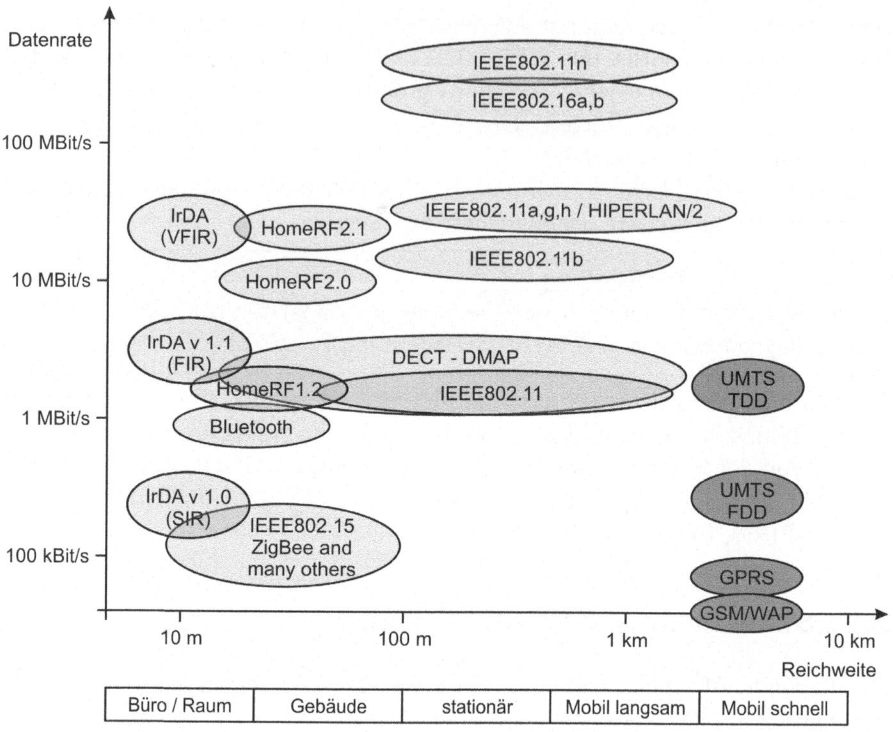

Abbildung 3.3: Drahtlose Standards im Vergleich bezüglich Datenrate und Reichweite [Sik05]

- Ersatz von Kabelverbindungen: Funk-Schnittstelle mit geringer Reichweite

Geschichte Aufgrund des starken Engagements der beiden Firmen Ericsson und Nokia war es naheliegend, den Markennamen für die neue Technologie im normannischen Umfeld zu suchen. Hierfür wurde der nordische Stammeskönig Harald Blaatand, Bluetooth der Zweite, als Leitfigur gewählt. Bluetooth war von 949 bis 981 König von Dänemark und christianisierte Dänen und Norweger.

Im Jahr 1998 gründeten die Firmen Ericsson, Nokia, Intel, IBM und Toshiba eine SIG[37]. Ziel der Gruppe war es, einen weltweit einheitlichen Standard zu schaffen. Zu den obigen Gründungsfirmen kamen 3COM, Lucent Technologies, Microsoft und Motorola hinzu und bildeten die Promoter Companies. Weit über 100 Firmen wirken aktiv in den Associate Companies an der Spezifikation mit. In den Adopter Companies sind über 2500 Firmen als Logo-Partner bei der SIG

---

[37]engl.: Special Interest Group

kostenfrei registriert.

Im Jahr 1999 wurde die erste Spezifikation Bluetooth 1.0 veröffentlicht. Sie beinhaltet zwei Dokumente: Bluetooth Core Specification, Bluetooth Profile Dokumentation. Die Bluetooth Core Specification ist ein über 1000 Seiten umfassendes Werk zur technischen Beschreibung der Kommunikation, Protokolle und Technologie. Die Bluetooth Profile Documentation stellt in über 400 Seiten mögliche Anwendungsszenarien[38] dar. Den aktuellen Stand der Spezifikation liefert [Blu08a].

Spezifikation

3.2.1.1 Schichtenmodell

Bluetooth wurde als Standard 802.11.15 für kleinere Entfernungen (typisch 10 m) für WPANs[39] entwickelt. Abbildung 3.4 zeigt die bei Bluetooth verwendeten Schichten im ISO/OSI-Modell. Im Folgenden werden die einzelnen Schichten vorgestellt, beginnend bei der physikalischen Schicht.

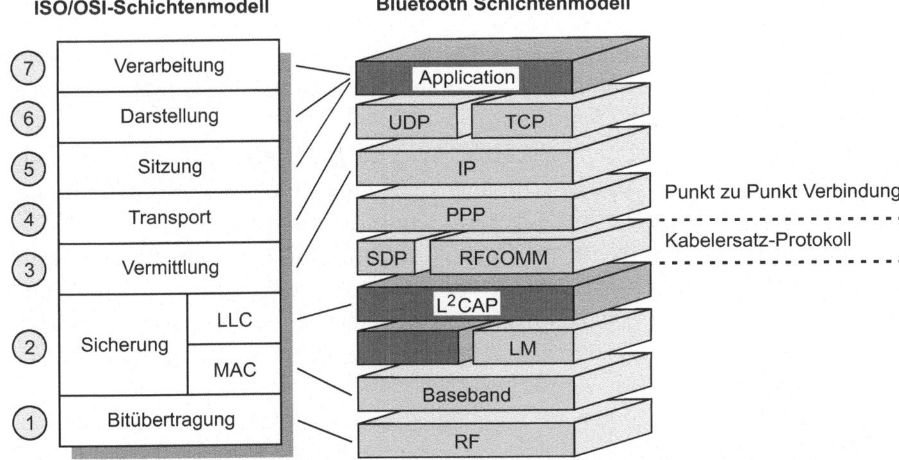

Abbildung 3.4: Vergleich des ISO/OSI- mit dem Bluetooth-Schichten-Modell. Die physikalische Schicht wird auch als Bitübertragungs-Schicht bezeichnet (siehe Abschnitt 2.2.5.4) [Wol02].

3.2.1.2 Physikalische Schicht

Die physikalische Schicht stellt die Funktechnik dar. Da keine Stecker oder Kabel vorhanden sind, legt die Schicht 1 die Luftschnittstelle fest. Sie wird auch

---

[38]Profile
[39]WPAN = Wireless Personal Area Networks

ISM-Band

als RF[40] oder HF[41] bezeichnet.

Bluetooth arbeitet im lizenzfreien 2,4 GHz ISM[42]-Band. Außer dem 2,4 GHz-Band gibt es noch die Bereiche 433 MHz, 868 MHz[43] und 5 GHz. Von Vorteil beim ISM-Band ist die freie Verwendung für nahezu beliebige Applikationen mit kleinen Sendeleistungen. Auf der anderern Seite werden die Bänder auch von anderen Geräten wie, zum Beispiel Garagentüröffner, Autozentralverriegelungen etc. genutzt, so dass nicht automatisch von einem störungsfreien Betrieb ausgegangen werden kann. Im Frequenzband 2,4 GHz steht Bluetooth in unmittelbarer Konkurrenz zu WLAN nach 802.11 und HomeRF.

Frequenz-sprung-Verfahren

Aus diesem Grund werden bei Geräten im ISM-Band Frequenzsprungverfahren[44] oder auch ein frequenzwechselnder Code eingesetzt, um eine gleichmäßige Nutzung der Bänder zu erreichen.

Frequenz-bänder

In vielen Ländern liegt das Frequenzband zwischen 2,400 und 2,4835 GHz. Am unteren Ende (Lower) befindet sich ein 2 MHz und am oberen Ende (Upper) ein 3,5 MHz breites Guard-Band. Es dient zur Vermeidung von Interferenzen. Zwischen den Guard-Bändern liegen 79 gleiche Kanäle mit jeweils einer Bandbreite von 1 MHz.

Um den derzeit noch vorhandenen nationalen Beschränkungen gerecht zu werden, wurde Bluetooth sowohl für 79 Bänder wie auch für 23 schmalere Bänder (zum Beispiel in Spanien) festgelegt.

Sender

Der Sender erzeugt eine geringe Leistung. In Eingebetteten Systemen gilt eine geringe Sendeleistung, was eine geringe Leistungsaufnahme und dadurch eine höhere Batterielebensdauer bedeutet. Man unterscheidet die drei Leistungsklassen 1 bis 3. Klasse 3 erreicht mit $P_{maxout} = 1$ mW (0 dBm) am Ausgang eine Reichweite bis 10 m. Klasse 2 liefert eine Ausgangsleistung von 2,5 mW und Klasse 1 eine Leistung von 100 mW bei einer Reichweite von mehr als 100 m. Bei Geräten der Leistungsklasse 1 ist eine Regelung der Leistung in Abhängigkeit von der Signalqualität vorgesehen.

Modulation

Bei Eingebetteten Systemen sind geringe Kosten (Massenprodukte) wichtig. Deshalb wurde bei Bluetooth als Modulation ein einfaches Gaußsches FSK[45] mit BT[46] von 0,5 verwendet (siehe Abschnitt 2.3.2). Eine logische Eins bedeutet eine positive und eine Null eine negative Frequenzabweichung. Auf der HF-Seite sind Bluetooth und DECT technologisch verwandt. Die Modulation ist vergleichbar, so dass in vielen Fällen dieselben HF-Bausteine eingesetzt werden können.

---

[40]RF = Radio Frequency
[41]HF = High Frequency *(deutsch: Hoch-Frequenz)*
[42]ISM = Industrial Scientific Medical
[43]Sub-Gigahertz
[44]engl.: Frequency Hopping
[45]FSK = Frequency Shift Keying *(deutsch: Frequenzumtastung)*
[46]BT = 3dB Bandbreite-Symboldauer(T)-Produkt

Der Empfänger ist in der Lage, seine Leitungsqualität zu beurteilen, um auf **Empfänger**
veränderte Umgebungsbedingungen reagieren zu können. Ein wichtiges Kriteri-
um für die Qualität einer Übertragung ist die Bitfehlerrate (BER[47]). Diese wird
über einen „Loop-Back"-Kanal ermittelt. Hierbei ist die Empfindlichkeitsschwelle
bei einem BER von 0,1 und einer Empfängerempfindlichkeit typisch -74 dBm
festgelegt. Die Leistungsbilanz[48] (siehe Abschnitt 2.3.1.2) hat einen Wert von
93 dBm bei einer typischen Sendeleistung (Klasse 1) von 19 dBm.
Die Leistungssteuerung übernimmt das RSSI[49]. Hierbei wird das Empfangs-
signal mit dem „Golden Receive Power Range" verglichen. Ist der Empfangspe- **Leistungs-**
gel außerhalb des Bereiches, erfolgt eine Korrektur über den Linkmanager des **steuerung**
Emfpängers.

Aufgaben:

1. Nennen Sie drei Maßnahmen, die bei Bluetooth ergriffen wurden, um
   den Merkmalen von Eingebetteten Systemen Rechnung zu tragen.

2. Berechnen Sie die drei Klassen 1-3 der Sendeleistung in dBm.

3. Rechnen Sie die Leistungsbilanz von 93 dBm für einen Bluetooth-
   Sender (Klasse 1) nach.

3.2.1.3 Sicherungsschicht

Die Sicherungsschicht setzt sich aus den Teilschichten (siehe Abbildung 3.4)

- LLC: Link-Manager

- MAC: Basisband

zusammen. Die MAC[50]-Ebene entspricht hierbei dem Basisband und die LLC[51]
den LM[52]-Protokollen bei Bluetooth.

Basisband

Das Basisband ist essentiell für die Funktion von Bluetooth und macht „Blue-
tooth zu Bluetooth". Zur homogenen Auslastung des ISM-Bandes verwendet

---

[47]BER = Bit Error Rate
[48]engl.: Link Budget
[49]RSSI = Receiver Signal Strength Indicator
[50]MAC = Media Access Control
[51]LLC = Logical Link Control
[52]LM = Link Manager

Frequenz-
sprung

Bluetooth für die 79-Kanäle das Frequenzsprung[53]-Verfahren. Hierbei wird nach jedem Datenpaket die Trägerfrequenz geändert. Zur Übermittlung kommt ein TDD[54]-Verfahren zum Einsatz. Der Hin- und Rückkanal wird im Wechsel mit unterschiedlichen Trägerfrequenzen betrieben. Nach einem Sende-Slot[55] folgt in fester Reihenfolge ein Antwortzeit-Zeitschlitz. Hierbei beträgt die Dauer des Zeitschlitzes $t_{Slot} = 625\mu s$. Dies entspricht einer Sprungfrequenz von 1600 Hops/s. Das Sprungmuster erfolgt pseudozufällig. Die Sprungsequenz wird aus der Geräteadresse des Masters generiert. Spezielle Telegramme können ihre Daten auch über 3 oder 5 Slots übermitteln.

Bluetooth erlaubt von Punkt-zu-Punkt und Punkt-zu-Multipunkt-Verbindungen. Die Administration erfolgt über eine übergeordnete Station, den sogenannten Master. Der Datenkanal eines Masters kann von bis zu sieben Slaves

Piconet

geteilt werden. Master und Slaves bilden dann ein Piconet[56].

Rollentausch

Die Rollen[57] Masters und Slaves können auch während einer Kommunikation getauscht werden.

Netzwerk-
topologie

Bluetooth unterstützt als Netzwerktopologie „Ad-hoc-Netzwerke". Diese Netze können sich automatisch konfigurieren – zwei Geräte können, ohne sich bislang zu kennen, ein Netzwerk bilden. Die Kommunikation zwischen zwei Piconets,

Scatternet

z. B. mittels eines gemeinsamen Slaves, bezeichnet man als Scatternet. Abbildung 3.5 zeigt Pico- und Scatternet.

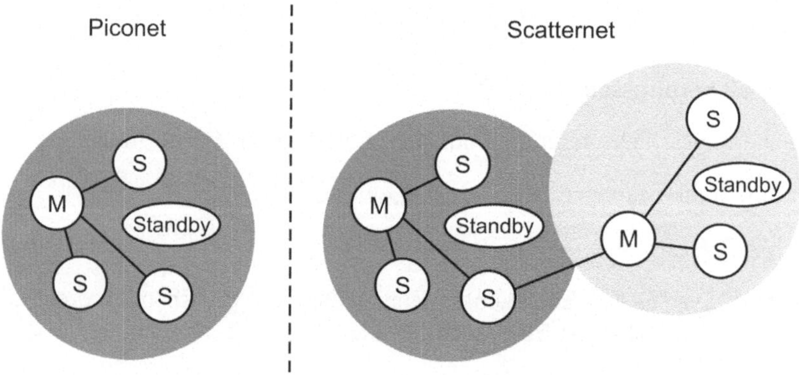

Abbildung 3.5: Piconet und Scatternet. Die Abkürzungen „M" steht für Master und „S" für Slave ([Wol02], S. 59).

---

[53] engl.: Frequency-Hopping
[54] TDD = Time Division Duplex
[55] Zeitschlitze im Kanal
[56] Punkt-zu-Multipunkt
[57] engl.: Role Switch

Bluetooth stellt die beiden folgenden, verschiedenen physikalischen Datenkanäle zur Verfügung:

- Leitungsvermittlung: zur Sprachübertragung, drei synchrone Kanäle mit jeweils 64 kBit/s

- Paketvermittlung: zur Datenübertragung

    symmetrisch maximal 433,9 kBit/s[58]

    asymmetrisch bis zu 730 kBit/s[59]

Die Leitungsvermittlung ist zur Übermittlung von Sprache geeignet. Von Vorteil ist hierbei die definierte Bandbreite und die exklusive Nutzung. Die Paketvermittlung setzt eine Speicherung der Daten in den Geräten voraus. Ein bekanntes Netz mit Paketvermittlung stellt das Internet dar.

Beispiel: Bluetooth setzt die folgenden Kanalcodierungsverfahren (siehe Abschnitt 2.2.2) ein:

- FEC[a]: mit 1/3 und 2/3 Raten

- ARQ[b]: kontrollierte Sendewiederholung mit CRC[c] zur Fehlererkennung (Generatorpolynom G(x)= $x^5 + x^4 + x^2 + 1$)

---

[a]FEC = Forward Error Correction *(deutsch: Vorwärtskorrektur)*
[b]ARQ = Automation Repeat ReQuest
[c]CRC = Cyclic Redundancy Check *(deutsch: Zyklische Redundanzprüfung)*

Aufgabe: Durch welche Maßnahme erreicht man eine homogene Auslastung beim ISM-Band? Erläutern Sie die Methode.

Datenpakete

Digitale Systeme versenden üblicherweise die Daten mittels Datenpaketen. Hierbei bestehen die Datenpakete nicht nur aus den Nutzdaten[60], sondern enthalten auch zusätzliche Informationen wie beispielsweise die Adressen des Senders und Empfängers, Synchronisation und gegebenenfalls Sicherheitsinformationen. Die

---

[58]engl.: Upload
[59]engl.: Download
[60]engl.: Payload

Wahl der Parameter ist abhängig von der Verwendung. Es folgt der Aufbau eines Bluetooth-Datenpaketes (vom LSB[61] zum MSB):

- Zugangscode: 72 Bit

- Kopf[62]: 54 Bit

- Nutzdaten: 0 ... 2745 Bit

Der Zugangscode verlässt als erster die Antenne und kommt zuerst beim Empfänger an.

Zugangscode Mittels des Zugangscodes erfolgt eine Synchronisation, Kompensation des Gleichstrom-Offsets und die Identifikation des Piconetzes. Hierbei können zugehörige Datenpakete zum Piconetz eindeutig identifiziert werden.

Kopf Der Kopf beinhaltet unter anderem: „Active Member Address" (4 Bit), den Pakettyp (4 Bit) und die positive Empfangsquittung. Die Active Member Address erlaubt eine Unterscheidung von sieben aktiven Slaves. Adresse „0" stellt den Master dar. Der 4 Bit Pakettyp ermöglicht, 16 Pakettypen zu unterscheiden. Sie unterscheiden sich nur in den Nutzdaten. Zugangscode und Kopf sind stets gleich.

Merksatz: **Stationsadresse**
Die Adresse besteht aus 48 Bit und ist mit der MAC-Adresse von Ethnernetkarten vergleichbar. Sie setzt sich zusammen aus:
LAP[a]: 24 Bit; UAP[b]: 8 Bit; NAP[c]: 16 Bit.
LAP und UAP bilden den signifikanten Adressteil. Somit sind maximal 2^{32} Teilnehmer weltweit möglich.

---

[a]engl.: Lower Adress Part
[b]engl.: Upper Adress Part
[c]engl.: Nonsignificant Adress Part

Kanalverwaltung

Stations-adresse Die Bluetooth-Stationsadresse ist weltweit eindeutig und wird durch den Hersteller dem Modul beigefügt. Sie ist vergleichbar mit der MAC-Adresse beim Ethernetkarten.

Der Datenkanal wird bei Bluetooth als Piconet bezeichnet. Diejenige Station, die dem Netz ihre Stationsadresse[63] zur Verfügung stellt, stellt den Master dar. Er übernimmt die Koordination im Netz. Ein Master kann kann bis zu sieben Slaves koordinieren. Die Slaves synchronisieren sich auf das Sprung-Muster und -Phase des Masters. Der Master teilt dem aktiven Slave eine Adresse zur

---

[61]engl.: Least Significant Bit
[62]engl.: Header
[63]engl.: Bluetooth Device Address

Kommunikation mit – AMA[64]. Neben den aktiven Slaves können bis zu 256 Stationen im Ruhezustand[65] verwaltet werden, können aber nicht aktiv teilnehmen.

Wichtig ist auch die Tatsache, dass die Kanalbandbreite von den Geräten geteilt werden muss. Bei einer angenommenen maximalen Datenrate von 720 kBit/s ergeben sich bei gleicher Kanalaufteilung etwas mehr als 100 kBit/s pro Slave. Im Folgenden werden Betriebsmodi vorgestellt, die zum Einbinden von Geräten ins Bluetooth-Netz vorhanden sind: **Betriebsmodi**

- Unverbundene Zustände[66]: Standby

- Verbundene Zustände: Inquiry, Page

- Aktive Zustände: Transmit Data, Connect

- Energiespar-Zustände: Park, Sniff, Hold

Der Normalzustand – nicht mit einem Piconet verbunden – wird durch Inquiry oder Paging eines Masters aufgehoben. Nach erfolgreichem Paging erhält der Slave eine AMA und ist einem Master zugeordnet. Der Master kann den Slave in die Energiespar-Zustände versetzen. Beim Park-Zustand gibt der Slave die AMA zurück. Weitere Details siehe [Wol02].

Sicherheit

Bluetooth stellt ein umfangreiches Sicherheitspaket mit bis zu 128 Bit-Schlüsseln in der Sicherungsschicht (Link-Manager) zur Verfügung. Diese dienen zur Authentisierung und Verschlüsselung. Die eindeutige 48-Bit-Adresse der SIG legt die Identität der Station vollständig fest.

Audiodaten

Die Codierung der Audiodaten kann mittels zweier 64-kBit/s-Verfahren vorgenommen werden: **Audio**

- PCM[67]: bekannt aus dem GSM-Netz (D-Netz) mit logarithmischer 8-Bit-Kodierung wie A-Law beziehungsweise μ-Law[68]

- CVSD[69]: stellt ein robusteres Verfahren dar und wird auch im Mobilfunk (E-Netz) verwendet.

---

[64] engl.: Active Member Address
[65] engl.: Standby
[66] engl.: Unconnected
[67] PCM = **Pulse Code** Modulation
[68] log. Quantisierungskennlinie
[69] CVSD = **Continous Variable Slope Delta**-Modulation

In vielen Bluetooth-Chipsätzen ist der CODEC[70] nicht integriert, so dass eine entsprechende Auswahl getroffen werden kann. Die Kommunikation für Daten und Sprache erfolgt quasi parallel. Bluetooth favorisiert jedoch die synchrone Sprachkommunikation.

Link-Manager

Bei Bluetooth ist der Link-Manager im Protokollstapel zweigeteilt.
Der Bluetooth-Controller beinhaltet den eigentlichen LM[71] und hat das gesamte Verbindungsmanagement zur Aufgabe.

L2CAP

Die zweite Protokollschicht L2CAP[72] ist als Software im Host-Rechner implementiert und dient als logisches Kanalkonzept.

HCI

Als Schnittstelle zwischen Bluetooth-Controller und Host ist das HCI[73] vorgesehen (siehe auch Abbildung 5.4).
Oberhalb des Link-Managers setzt Bluetooth die Informationsdienste SDP und zur Emulation einer seriellen Schnittstelle RFCOMM ein. Zur Abstraktion der seriellen Schnittstelle dient das PPP.

> *Aufgabe:* Nennen Sie drei Maßnahmen zur Datensicherung bei Bluetooth.

3.2.1.4 Schichten 3 bis 7

Die Transport- und Vermittelungschicht (Schicht 3 bis 4) entspricht den aus dem Internet bekannten Schichten TCP/IP (siehe Abschnitt 2.2.5.4).
Das Bluetooth-Schichtenmodell fasst die ISO/OSI-Schichten „Sitzung, Darstellung und Verarbeitung" (Schicht 5 bis 7) in der Anwendungsschicht zusammen (siehe Abschnitt 2.2.5.4).

3.2.1.5 Protokolle

Der folgende Abschnitt stellt die Kern- und die angepassten Protokolle von Bluetooth vor.

Kern-Protokolle

Hierunter versteht man essentielle Protokolle, die nur innerhalb von Bluetooth

---

[70]Sprach-Digitalisierung
[71]LM = Link Manager
[72]L2CAP = Logical Link Control And Adaption Protocol
[73]HCI = Host Controller Interface

zum Einsatz kommen. Auf Seite des Bluetooth-Controllers sind dies: Basisband, LMP. Hostseitig gehören hierzu: L2CAP, SDP[74].

> *Definition:* **Kern-Protokolle**
> sind: Basisband, LMP, L2CAP, SDP

HCI[75] stellt die Schnittstelle zwischen Bluetooth-Chipsatz und Hostprozessor dar (siehe auch Kapitel 5). **HCI**

Angepasste Protokolle

Die angepassten Protokolle[76] beinhalten die eigentliche Applikation. Sie werden unverändert übernommen und sind hierdurch Industriestandards. Es wird somit eine Interoperabilität der Systeme möglich. **Interopera-bilität**

> *Definition:* **Angepasste Protokolle**
> sind: PPP, UDP, TCP/IP, WAP

Die folgenden Protokolle sind aus dem Internet bekannt (siehe auch Abschnitt 2.2.5.4): IP[77], TCP[78], UDP[79], PPP[80], WAP[81]. Zudem spielen Protokolle für den Austausch von Objekten und Dateien eine Rolle. Hierzu setzt Bluetooth OBEX als etablierten Standard ein.

3.2.1.6 Profile

Ein Bluetooth-Profil garantiert die Zusammenarbeit von Bluetooth-Geräten der unterschiedlichsten Hersteller. In einem Profil sind Regeln und Protokolle definiert. Der Benutzer hat dadurch den Vorteil, dass er zwei oder mehr Endgeräte nicht manuell aufeinander abstimmen muss. Dabei lässt Bluetooth mehrere Profile gleichzeitig zu. Die Profile werden vom Bluetooth-SIG standardisiert. Das Profil definiert die grundlegende Anwendung. Im Profil sind die einzelnen Protokolle definiert.

> *Definition:* **Profile**
> beschreiben, welche Protokolle und Funktionen vorhanden sein müssen, damit ein Gerät ein Einsatzmodell erfüllt. Dies stellt die **vertikale** Linie innerhalb des Protokollstacks dar.

---

[74]SDP = Service Discovery Protocol
[75]HCI = Host Controller Interface
[76]engl.: Adapted Profiles
[77]IP = Internet Protocol
[78]TCP = Transmission Control Protocol
[79]UDP = User Data Protocol
[80]PPP = Point To Point Protocol
[81]WAP = Wireless Application Protocol

Aufgaben:

1. Was sind Profile und was sind deren Vorteile?

2. Was versteht man unter „Kern" und „angepassten Protokollen" und wozu dienen Sie?

Im Folgenden Beispiele für grundlegende Profile:

Beispiele:

1. GAP^a: legt allgemeine Funktionen zu Geräteerkennung, Verbindungsmanagement und Verbindungsaufbau fest.

2. $SDAP^b$: definiert die Basisfunktionalität für SDP^c und stellt eine Art „gelbe Seiten" für Geräte dar.

3. SPP^d: wird eingesetzt bei Verwendung von Bluetooth als Kabelersatz und verwendet das RFCOMM-Protokoll.

4. $GOEP^e$: dient zum Austausch von komplexen Datenobjekten und definiert den Einsatz von $OBEX^f$

---

[a]GAP = Generic Access Profile
[b]SDAP = Service Discovery Application Profile
[c]SDP = Service Discovery Protocol
[d]SPP = Serial Port Profile
[e]GOEP = Generic Object Exchange Profile
[f]OBEX = OBject Exchange Protocol

Eingebettete Systeme

Bislang wurden die von Bluetooth spezifizierten Kern-Protokolle und die angepassten Protokolle vorgestellt. Da die Bluetooth-Geräte preiswert und mobil sein sollen (Eingebettete Systeme), ist es nicht dringend notwendig, alle Protokolle in einem Gerät zu realisieren (siehe auch Abschnitt 2.2.5.4).

In der Spezifikation Version 1.1 sind dreizehn unterschiedliche Profile verfügbar, die teilweise voneinander abhängen. Abbildung 3.6 erläutert die verfügbaren Bluetooth-Profile und deren Abhängigkeiten. Tabelle 3.1 gibt einen Überblick über wichtige Bluetooth-Profile und deren Funktionsumfang. Weitere detaillierte Beschreibung der Profile findet man unter ([Wol02], S. 223 ff).

Abkür-zung	Profil	Anwendung
IntP	Intercom Profile	Sprechfunk
CTP	Cordless Telephony Profile	schnurlose Telefonie
DUNP	Dial Up Networking Profile	Einwahl über GSM, UMTS, Analog-Modem oder ISDN in ein Netzwerk. Zum Beispiel für Internet-Zugang.
LAP	LAN Access Profile	LAN-Zugriffe über PPP, IP, Peer-to-Peer, NetBIOS
HSP	Headset Profile	Funktionen für Headset und Freisprecheinrichtung (Steuerung der Audiokanäle und Lautstärkeregelung)
FaxP	Fax Profile	Senden und Empfangen von Fax-Nachrichten
FTP	File Transfer Profile	Dateiübertragung
OPP	Object Push Profile	Termine und Adressen übertragen
SP	Synchronisation Profile	Synchronisation zwischen Geräten (PC, PDA, Handy, Smartphone) und Applikationen (Kalender, Adressbuch, E-Mail, Dateien)

Tabelle 3.1: Bluetooth-Profile [EK08]

Versionen

Tabelle 3.2 zeigt einige wichtige Bluetooth-Versionen mit dem Funktionsumfang. Hierbei steht die Abkürzung EDR[82] für schnelle Datenraten.

Weiterführende Literatur zum Thema Bluetooth allgemein findet man unter [Wol02, Tan03, Sau08] und zu Bluetooth-Sicherheit unter [WV04].

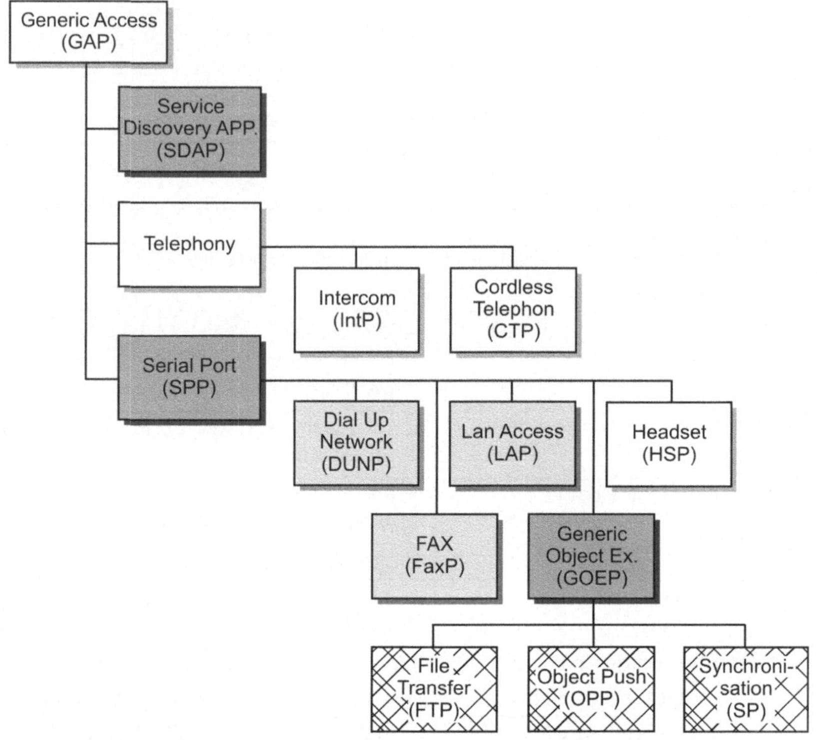

Abbildung 3.6: Bluetooth-Profile ([Wol02], S. 224)

3.2.2 ZigBee

Unter dem Marketingnamen „ZigBee" wird ein Funkstandard beschrieben, dessen Ziel es ist, eine zugleich günstige, störunanfällige, energiesparende und robuste Lösung zu bieten. Durch WPAN[83] sollen Sensor- und Aktornetzwerke, z. B. in der Medizintechnik, Güterüberwachung oder Gebäudeautomation, vernetzt werden. Dies sind nur einzelne Branchen; der Markt, um den ZigBee mit anderen Standards, wie Bluetooth, konkurriert, ist riesig und durchaus zukunftsträchtig.

---

[82]engl.: Enhanced Data Rate
[83]WPAN = Wireless Personal Area Networks

Version	Jahr	Bemerkung
1.0b	1999	erste Bluetooth-Version
2.0+EDR	2004	schnelle Datenraten (2-3 MBit/s)
3.0	2007	Ultra Wide Band

Tabelle 3.2: Bluetooth-Versionen ([Sau08], S. 347 ff)

Die Geschichte des Standards begann im Jahre 1998, als sich im Zug der Spezi-   **Geschichte**
fikation des HomeRF Standards (siehe Abschnitt 3.4.4) eine Arbeitsgruppe bei
der Firma Philips Elektronics bildete. Es wurden Entwürfe für eine günstige und
störunanfällige Funklösung unter dem Namen HomeRF-Lite entwickelt. Einer
der Kernpunkte in den Manuskripten beschreibt das PURL[84]. Im Jahre 2001
wurden genau die Ansätze das PURL dem damals gegründeten IEEE 802.15.4-
Gremium unterbreitet.
Die ZigBee Alliance wurde 2002 als eine Kooperation namhafter Industrieunter-
nehmen, wie Philips, Mitsubishi und vieler weiterer Firmen gegründet. Auf Ba-
sis des IEEE 802.15.4-Standards beschreibt der ZigBee-Standard die ISO/OSI
Schichten oberhalb der Sicherungsschicht (Schicht 2). Auch werden Anwen-
dungsprofile beschrieben, die Interoperabilität zwischen diversen Herstellern ge-
währleisten sollen. Für die Hochfrequenztechnik in der Bitübertragungs- und
Sicherungsschicht wird auf den IEEE 802.15.4 zurückgegriffen. Die erste offizi-
elle Beschreibung dieses Sub-Standards wurde im Oktober 2003 verabschiedet.

> *Merksatz:* **Name**
> Der Name „ZigBee" leitet sich vom ZickZack-Tanz der Bienen bei der Nah-
> rungssuche ab – Datenverkehr im vermaschten Netz.

Seit dem Jahr 2003 ist der IEEE 802.15.4-Standard [IEE08a] endgültig definiert
und dient als Basis für die Halbleiterhersteller, ZigBee kompatible Chips auf
den Markt zu bringen. Der ZigBee-Standard ist zuletzt im Januar 2008 [ZA08]
beschrieben worden, was die Basis für diese Arbeit ist. Die grundsätzlichen
Netzwerke sind beschrieben. Was in noch folgenden Versionen ergänzt werden
kann, sind weitere Anwendungsprofile.

3.2.2.1 Schichtenmodell

ZigBee lehnt seinen Aufbau an das zuvor beschriebene ISO/OSI-Modell an.
Beschrieben werden allerdings nur die Schichten, welche für die beabsichtig-

---

[84]PURL = Protocol For Universal Radio Links

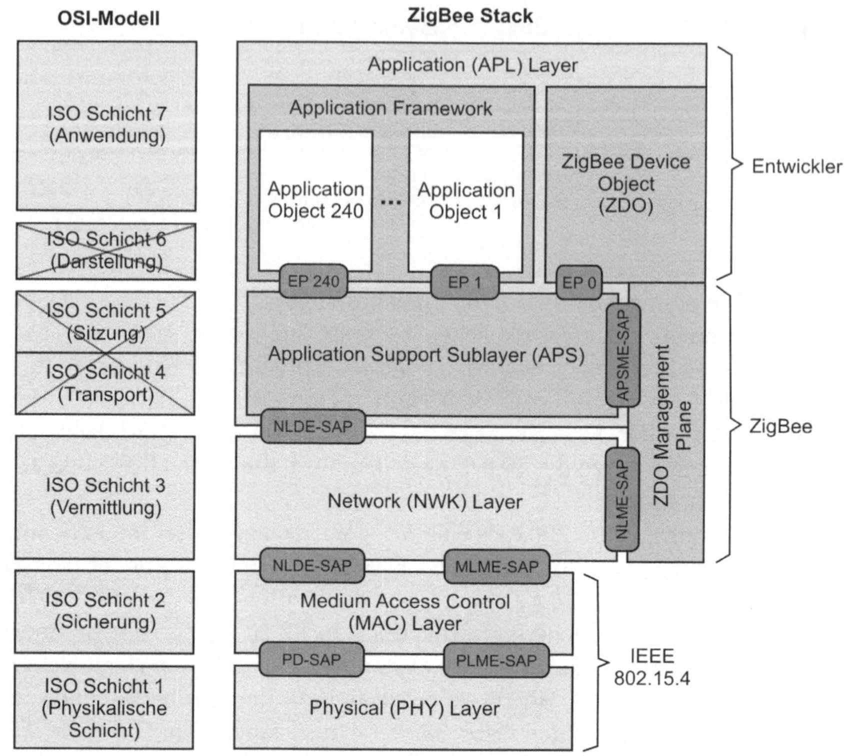

Abbildung 3.7: Vergleich des ISO/OSI- mit ZigBee-Schichten-Modell

te Funktionalität nötig sind. Das bedeutet, dass auch Schichten übersprungen wurden, worauf später eingegangen wird.

Abbildung 3.7 zeigt den Aufbau im Vergleich zum ISO/OSI-Modell (siehe auch Abschnitt 2.2.5.4). Jede Schicht stellt über sog. SAP[85] Dienste der nächst höheren bzw. darunter liegenden Schicht bereit. Dabei kann es sich um Datendienste oder um Managementdienste zur Steuerung handeln.

Der IEEE 802.15.4-Standard beschreibt die Sicherungs- und Bitübertragungsschicht und damit bezogen auf das ISO/OSI-Modell die beiden untersten Schichten. Darauf aufbauend definiert die ZigBee-Allianz die Netzwerkschicht und ein Applikations-Framework, bestehend aus APS[86], ZDO[87] sowie die herstellerspezifischen „Applications Objects". Letztere sind durch sog. „Public Profiles" definiert, was Interoperabilität gewährleisten soll. Ist dies nicht gewünscht, besteht die Möglichkeit, ein „Private Profile" zu definieren, welches nicht veröffentlicht

---

[85]engl.: Service Access Points
[86]Application Support Sublayer
[87]ZigBee Device Object

werden muss und somit keine Interoperabilität gewährleisten kann. Darauf wird später noch genauer eingegangen.

3.2.2.2 Kernprotokolle

Die folgenden Protokolle beschreiben den Basis-Standard IEEE 802.15.4 und die darin definierten Parameter, wie z. B. Frequenzen, Modulation, Kanalzugriff. Erläuterungen zum ZigBee-Standard folgen anschließend im Abschnitt „Angepasste Protokolle" (siehe Abschnitt 3.2.2.3).

Physikalische Schicht

Die Bitübertragungsschicht[88] beschreibt die unterste Schicht des ISO/OSI-Modells. Sie stellt mechanische, elektrische und funktionale Hilfsmittel zur Verfügung, um die physikalische Verbindung zu aktivieren/deaktivieren und Daten zu übertragen. Auf der Bitübertragungsschicht wird die digitale Bitübertragung mit Hilfe elektromagnetischer Wellen auf einer leitungslosen Übertragungsstrecke, dem sog. RF[89]-Kanal, bewerkstelligt.

Funkkanal

Der IEEE 802.15.4-Standard spezifiziert als Übertragungskanal drei lizenzfreie Frequenzbänder. Für langsame Datenraten sind für Europa und Amerika zwei getrennte Spektren bei 868 kHz bzw. 915 MHz vorgesehen. Beide sind nicht weltweit verfügbar und ermöglichen Datenraten von 20 beziehungsweise 40 kBit/s. **Frequenz-bänder**

Tabelle 3.3 zeigt die Frequenzbänder bezüglich der lokalen Verfügbarkeit und der zugehörigen Datenraten.

Kontinent	Band [MHz]	Bitrate [kBit/s]	Modulation
Europe	868-868,6	20	BPSK (1 Kanal [0])
America	902-928	40	BPSK (10 Kanäle [1-10])
ISM weltweit	2400-2482,5	250	O-QPSK (16 Kanäle [11-26]) à 2 MHz

Tabelle 3.3: ZigBee-Frequenzbänder, -Datenraten und -Modulationsarten

Für schnelle Datenraten wird das 2,4 GHz ISM[90]-Band als Medium beschrieben.

---

[88]engl.: Physical Layer
[89]engl.: Radio Frequency
[90]ISM = Industrial Scientific Medical

Es ermöglicht bei einer Bandbreite von 2 MHz auf 16 parallelen Kanälen eine Datenrate von brutto 250 kBit/s.

Die Sendeleistung[91] kompatibler Geräte befindet sich zwischen -3dBm (0,5 mW) und 10dBm (10 mW). Typischerweise sollen kompatible Geräte mit 0dBm oder 1mW senden. Sendeleistungen kleiner gleich 10 dBm ermöglichen energiesparende und kostensensitive Lösungen. Bei größeren Sendeleistungen würde es notwendig werden, die Abstrahlung in benachbarte Frequenzbänder stärker zu dämpfen. Es wären zusätzliche teure HF-Filter notwendig, um eine Zulassung beim ETSI[92] – zuständig für die Normung im Bereich Telekommunikation in Europa – zu bekommen.

> *Merksatz:* **Koexistenz**
> Im ISM-Band spielt der Faktor Koexistenz mit anderen Sendern, wie z. B. IEEE 802.11 (Wireless LAN), IEEE 802.1 (Bluetooth) zusätzlich eine Rolle. Diese teils um den Faktor 100 leistungsstärkeren Sender können die Signalqualität der IEEE 802.15.4-Geräte massiv stören. Um Überschneidungen der Frequenzbänder zu verhindern, sollte nach Möglichkeit durch Frequenzmultiplex eine gegenseitige Störung vermieden werden.

Kanalüberschneidung

Die Kanalüberschneidung mit zum Beispiel IEEE 802.11[93] und IEEE 802.15.4 ist in der folgenden Abbildung 3.8 ersichtlich.

Modulation

Der IEEE 802.15.4-Standard beschreibt für seine drei Frequenzbänder zwei verschiedene Modulationsarten sowie DSSS[94] als Spreizspektrumtechnik (siehe auch Abschnitt 2.3.5.2). Letztere versucht, Störungen der Sender zu verhindern, indem die abzustrahlende Energie des Nutzdatenstroms auf eine größere Bandbreite verteilt wird. Die spektrale Strahlungsleistung (W/Hz) ist also kleiner. Es entsteht im Optimum ein hochfrequentes Signal, welches im Hintergrundrauschen verschwindet. Erreicht wird eine hohe Unempfindlichkeit gegen schmalbandige, leistungsstarke Störer. Die abgestrahlte Bandbreite ist proportional zur Länge der Spreizcodes beziehungsweise des Spreizfaktors (siehe auch Abschnitt 2.3.5.2).

Spreizfaktor:

$$S_{Sp}{}^{95} = \frac{t_d}{t_c} = \frac{B_d}{B_c}$$

t_d : Nutzdaten-Bitperiode

t_c : Chipping-Bitperiode

Die Spreizung der Nutzdaten (D) erfolgt, indem die Symbole mit einem Spreizcode (S) multipliziert werden, woraus sog. Chips (Ch) oder pseudostatische

---

[91] engl.: Transmit Power
[92] ETSI = European Telecommunications Standards Institute
[93] WLAN = Wireless Local Area Networks
[94] DSSS = Direct Sequence Spread Spectrum
[95] engl.: Sequence SPread Sprectrum

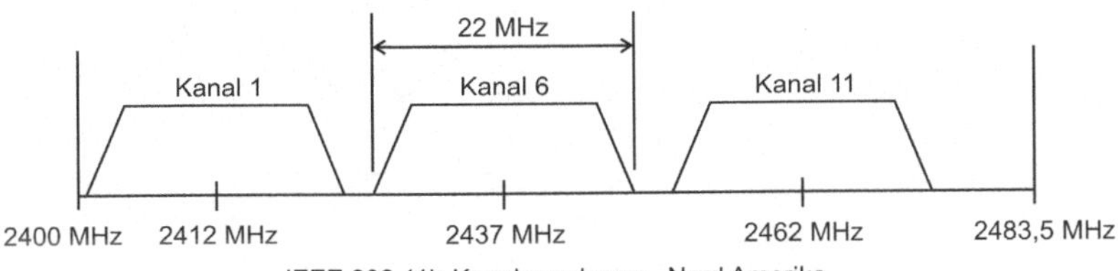

IEEE 802.11b-Kanalzuordnung - Nord Amerika

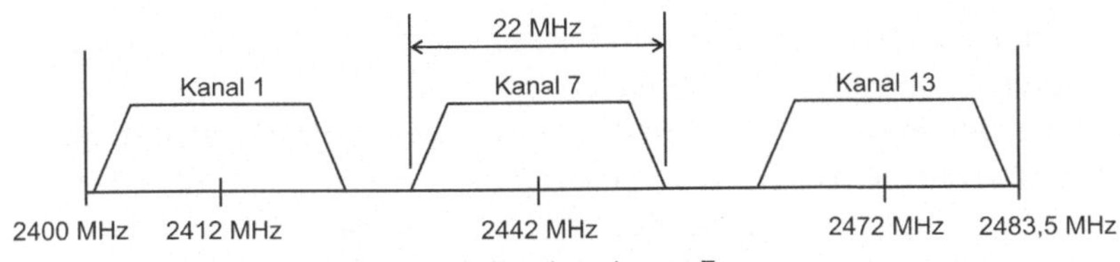

IEEE 802.11b-Kanalzuordnung - Europa

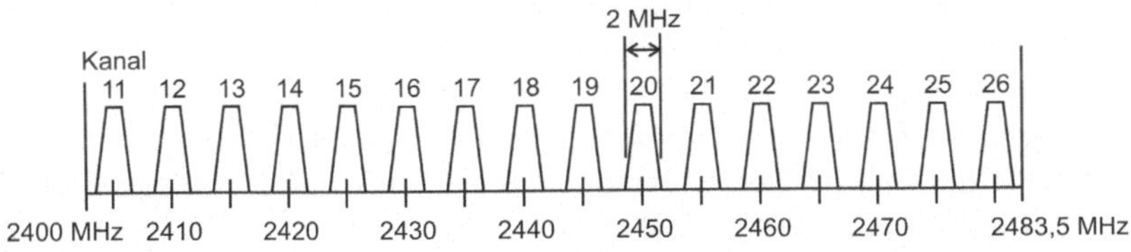

Abbildung 3.8: Vergleich der Kanäle mit IEEE 802.11b

Codes resultieren.

$$Ch = D \oplus S$$

(zum Beispiel 4 Bit Nutzdaten mit 32 Bit Spreizcode => 32 Bit Chipping)

$$B_d \cdot S_{Sp} = B_C$$

B_d : Nutzdaten-Bandbreite

B_c : Chipping-Sequence-Bandbreite

Der IEEE-Standard erfordert von einem kompatiblen Empfänger eine Bandbreite von 2 MHz.

Für langsame Datenraten wird je ein Bit Nutzdaten über einen Differenz-Encoder und über einen 15 Bit langen Spreizcode das Chip-Signal generiert. Mit einer Bandbreite von 300 Chips/s bei 20 kBit/s Datenrate bzw. 600 Chips/s bei 40 kBit/s wird es anschließend über das BPSK-Modulationsverfahren übertragen (siehe Abbildung 3.9, hierbei bedeutet PPDU[96]). Der Differenz-Encoder generiert abhängig vom letzten gesendeten Bit (E_{n-1}) auch bei Folgen von Nullen oder Einsen eine ausgeglichene Anzahl von Pegelwechseln.

Differenz-Encoder

$$E_n = R_n \oplus E_{n-1}{}^{97}$$

E_n: Encoded Bits; R_n: Rohdaten-Bits

---

[96] engl.: Physical Layer Protocol Data Unit
[97] Modulo 2 bzw. Exklusive-Oder-Verknüpfung

Abbildung 3.9: Modulation I

Darauf kann sich der Empfänger im Takt synchronisieren. Unter anderem werden dadurch etwas günstigere Bitfehlerraten realisiert.

Für höhere Datenraten im 2,4 GHz-Band werden je 4 Bit Nutzdaten mit einem 32 Bit Spreizcode per O-QPSK-Modulation übertragen (siehe Abbildung 3.10). Das Chip-Signal hat eine Bandbreite von 2000 Chips/s.

Hamming-Code

Der Spreizcode erreicht zusätzlich zur Bandbreitenerhöhung eine Redundanz der Daten durch eine Hamming-Codierung. Die 16 Varianten (siehe [IEE08a], S. 46) haben eine Hamming-Distanz $d_{min}=12$.

Das ermöglicht eine Fehlerkorrektur von $e=\frac{d_{min}-1}{2}=\frac{12-1}{2}=5$ Bitfehlern. Ein typischer „Low-Cost"-Empfänger erfordert bei der Annahme 1% BER[98] eine SNR[99] von 5-6 dB [IEE08a]. Daraus ergibt sich nach dem Shannon-Theorem im ISM-Band die folgende benötigte Bandbreite.

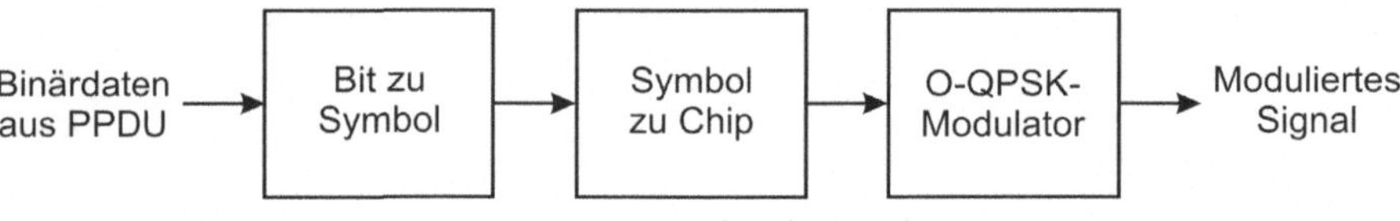

Abbildung 3.10: Modualtion II

> *Beispiel:* Shannon-Theorem (siehe auch Abschnitt 2.2.2.4):
> $$C = B \cdot ld(1 + S/N)$$
> $$\frac{C}{Bit/s} \approx 0{,}332 \cdot \frac{B}{Hz} \cdot \frac{S/N}{dB}$$
> $$B \approx \frac{C}{Bit/s} \cdot \frac{Hz}{0{,}332} \cdot \frac{dB}{S/N}$$
> $$B \approx \frac{2 \cdot MBit/s}{0{,}332 \cdot Bit/s} \cdot \frac{dB}{5 \cdot dB} \cdot Hz$$
> $$B \approx 1{,}2 \text{ MHz}$$

Das bedeutet bei einer Chip-Rate von 2 MBit/s eine minimal benötigte Bandbreite von 1,2 MHz.

---

[98] BER = **B**it **E**rror **R**ate
[99] SNR = **S**ignal **T**o **N**oise **R**atio *(deutsch: Signal-Rausch-Abstand oder -Verhältnis)*

Sicherungsschicht

Die Sicherungsschicht[100] hat die Aufgabe, eine sichere, das heißt weitgehend fehlerfreie Übertragung zu gewährleisten und den Zugriff auf das Übertragungsmedium zu regeln.

Unterteilt werden kann die im Standard auch als MAC[101]-Schicht bezeichnete Einheit in Datendienste und Managementdienste.

Der Datendienst übernimmt die Übermittlung von Datenpaketen und deren sicherer Übertragung. Dazu werden zum Beispiel Kopf[102] und CRC[103]-Prüfsummen hinzugefügt. **Datendienst**

Der Managementdienst übernimmt Verwaltungsfunktionen zum Aufbau und zur Wartung eines Netzwerks.

Zusätzlich definiert die IEEE 802.15.4-Sicherungsschicht zwei Arten von Geräteklassen: **Management-dienst**

1. RFD[104]

2. FFD[105]

Unterschieden werden die Geräte in der Komplexität der Protokollimplementierung. Während RFD-Geräte nur mit FFD-Geräten kommunizieren können, sind FFD-Geräte in der Lage, mit jedem beliebigen Gerät Kontakt aufzunehmen. Ebenso können diese ein neues Netzwerk initiieren, indem sie als „PAN[106]-Coordinator" fungieren. RFD hingegen können sich nur einem bestehenden PAN-Netzwerk anschließen. Jedes PAN besitzt nach dem IEEE-Standard nur einen PAN-Coordinator, der ein Netzwerk eröffnet.

Die Unterscheidung in die beschriebenen Geräteklassen soll es ermöglichen, äußerst einfache Geräte mit minimalen Ressourcen und wenig Speicher zu implementieren (z. B. Lichtschalter).

Netzwerktopologie

Basierend auf den Gerätetypen sind verschiedene Netzwerktopologien möglich. Jedes Netzwerk besitzt einen PAN-Coordinator, welcher ein „Personal Area Network" mit einer Identifikationsnummer eröffnet hat. Anschließend können sich weitere Teilnehmer dem Netzwerk anschließen. Abbildung 3.11 zeigt die denkbaren Netzwerktopologien.

---

[100] engl.: Data Link Layer
[101] MAC = Media Access Control
[102] engl.: Header
[103] CRC = Cyclic Redundancy Check *(deutsch: Zyklische Redundanzprüfung)*
[104] RFD = Reduced Function Device
[105] FFD = Full Function Device
[106] PAN = Personal Area Networks

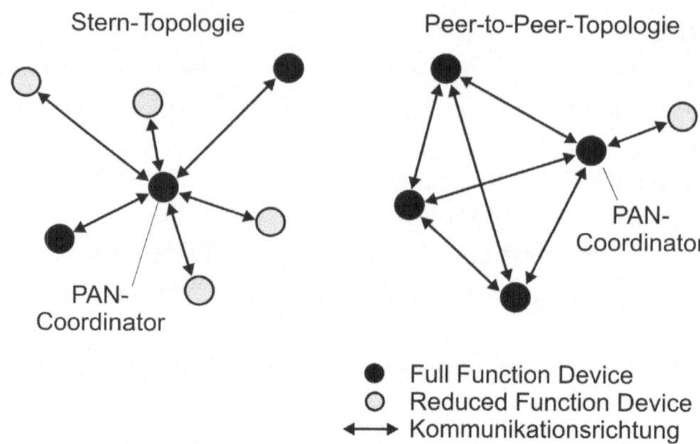

Abbildung 3.11: Netzwerk-Topologie

Kanalzugriff

In einem nicht drahtgebundenen Netzwerk ist neben Parametern wie „Modulation" der „Kanalzugriff" ein entscheidender Parameter. Es muss soweit wie möglich verhindert werden, dass Geräte gleichzeitig auf den Übertragungskanal zugreifen und sich gegenseitig stören.

Superframe Structure

Im IEEE 802.15.4-Standard wird auf das bereits in WLAN und anderen Standards eingesetzte CSMA/CA[107]-Verfahren (siehe auch Abschnitt 2.2.5.7) zurückgegriffen. Optional kann vom Koordinator auch eine sog. Superframe Structure aufgebaut werden.

CSMA/CA

CSMA/CA (siehe Abbildung 3.12) basiert darauf, dass vor Beginn einer Übertragung der Übertragungskanal auf aktive Teilnehmer abgehört wird. Das wird auch als "Carrier Sense"bezeichnet. Ist der Kanal frei, wird mit der Übertragung begonnen. Andernfalls wird über eine Zufallszeit das CSMA/CA Verfahren von neuem gestartet. Ist nach einer bestimmten Anzahl von Versuchen noch keine Übertragung gelungen, so wird ein „Fehler" zurückgegeben.

Beim Superframe-Mechanismus (siehe Abbildung 3.13 mit GTS[108]) werden vom Koordinator periodisch sog. Leuchtfeuer[109] ausgesandt. Darauf synchronisieren sich alle Netzwerkteilnehmer. Die Zeit zwischen den Leuchtfeuern wird in eine wettbewerbsfreie Periode (CFP[110]) und eine wettbewerbsbehaftete Periode (CAP[111]) unterteilt. Ferner wird die Periode noch in Zeitscheiben aufgeteilt. In der wettbewerbsfreien Periode können vom Koordinator Zeitscheiben für ein bestimmtes Gerät reserviert werden. Dadurch kann eine bestimmte Band-

---

[107]CSMA/CA = Carrier Sense Multiple Access/Collision Avoidance
[108]engl.: Guaranteed Time Slots
[109]engl.: Beacons
[110]engl.: Contention Free Period
[111]engl.: Contention Access Period

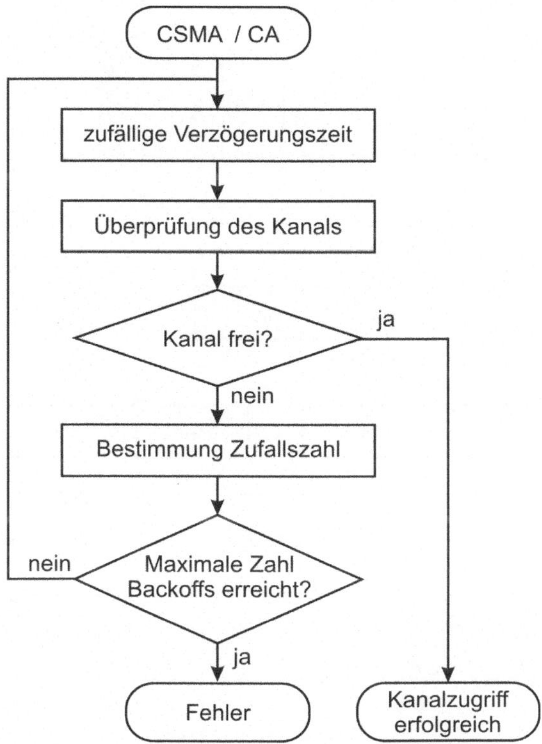

Abbildung 3.12: CSMA/CA

breite bei einem weitestgehend definierten Echtzeitverhalten erreicht werden. In der wettbewerbsbehafteten Periode können alle Netzwerkknoten über den CSMA/CA-Algorithmus zugreifen.

> *Merksatz:* **Energie-Einsparung**
> Ebenso können die Zeitschlitze und „Leuchtfeuer" genutzt werden, um eine Energie-Einsparung zu ermöglichen. Teilnehmer wachen immer bei „Leuchtfeuer" auf und legen sich bei fehlenden Bedarf (an Datenübertragung) wieder schlafen. Die Anzahl von 16 Zeitschlitzen ermöglichen somit eine Energieeinsparung von bis zu 94% (16/17).

Zusammenfassend zeigt Abbildung 3.14 die möglichen Kanalzugriffe.

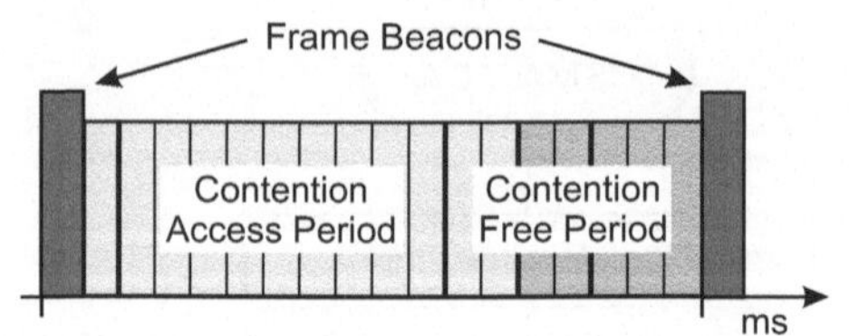

Abbildung 3.13: Superframe Structure mit GTS

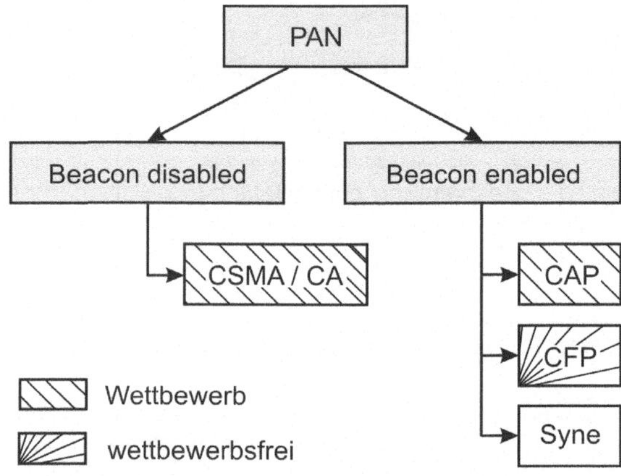

Abbildung 3.14: PAN

3.2.2.3 Angepasste Protokolle

Die folgenden Protokolle beschreiben die ZigBee-Protokollschichten, wie sie von der ZigBee Alliance definiert wurden. Die Ausführungen basieren auf dem ZigBee-Stand 1. Dezember 2006, Version R13 [ZA08].

Vermittlungsschicht

Die Vermittlungsschicht(NWK[112]) ist die unterste von der ZigBee-Allianz definierte Schicht. Sie unterteilt sich wie die Sicherungsschicht wiederum in Datendienst und Managementdienst. Ersteres ist für Datenübertragung und topologisches Routing verantwortlich. Der Managementdienst übernimmt Aufgaben zu Aufbau bzw. Abbau eines Netzwerks, Konfiguration eines ZigBee-Gerätetyps, Routenerkennung, Adressenverwaltung und weitere.

Auf Basis des IEEE-Standards definiert ZigBee folgende drei weitere Gerätetypen[113]:

Gerätetypen

---

[112]engl.: Network Layer
[113]engl.: ZigBee Logical Device Types

1. ZigBee Coordinator: ist ein Full Function Device und eröffnet ein ZigBee PAN. Er definiert die zugehörige PAN-Identifikationsnummer und verwaltet das Netzwerk. ZigBee Router oder End Devices können sich dem Netzwerk anschließen.

2. ZigBee Router: ist ein Full Function Device und dient der Vergrößerung der Reichweite eines PAN-Netzwerks. Er schließt sich einem bestehenden PAN an und bildet mit dem ZigBee Coordinator als Kopf eine baumartige Struktur.

3. ZigBee End Device: ist mindestens ein Reduced Function Device. Schließt sich einem Router bzw. direkt beim Coordinator dem Netzwerk an.

> *Merksatz:* **Netzwerke**
> ZigBee-Netzwerke und speziell die Netzwerkschicht unterstützt Stern-, Baum- und Maschennetzwerke.

Netzwerk-Topologie

Ursprünglich wurde in der ZigBee-Spezifikation großer Wert darauf gelegt, sowohl einfache Stern-Netzwerke wie auch komplexe Maschennetze zu unterstützen. Durch die exponentiell steigende Komplexität in den Routingalgorithmen wurde jedoch wieder davon abgewichen, wenn auch das Marketing heute noch davon spricht. Was ZigBee unterstützt, sind lediglich hierarchische Baumstrukturen.

In einem PAN-Netzwerk (wie in Abbildung 3.15 dargestellt) wird jedem Netzwerkknoten vom ZigBee Coordinator eine eindeutige 16-Bit-Adresse zugewiesen. Dadurch sind theoretisch 65.535 Teilnehmer möglich. Auf Grund der eingeschränkten Bandbreite ist diese Anzahl aber nur in Ausnahmefällen praktikabel. Die Adressvergabe in dem dargestellten Netzwerk wird anhand eines definierten

Adressvergabe

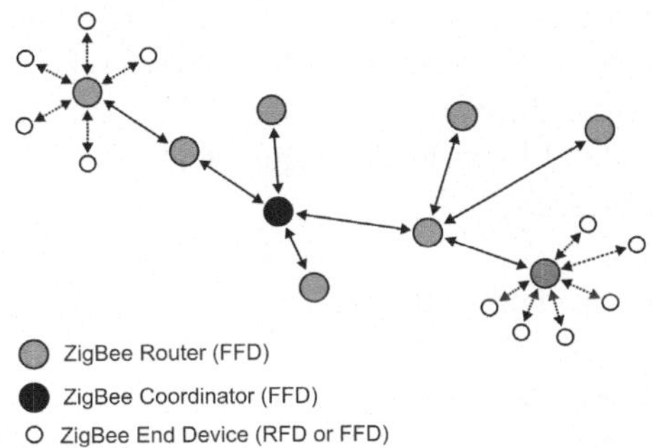

Abbildung 3.15: ZigBee-Netzwerk-Topologie

ZigBee Stack Profile zugewiesen. Dies ist nicht zu verwechseln mit den ZigBee-Anwendungsprofilen, die später folgen. Das Stack Profile legt die Adressvergabe in der hierarchischen Baumstruktur anhand von folgenden Parametern fest:

- Maximale Tiefe des Baums (L_m)

- Maximale Anzahl der Kinder pro Knoten (C_m)

- Maximale Anzahl von Routern (R_m)

- Größe der Routingtabellen

- ...

> *Merksatz:* **Multi-Hop**
> Ist die Tiefe des Baums größer als eins, so spricht man von einem Multi-Hop-Netzwerk. Das bedeutet, der Koordinator ist von einem End Device nicht direkt erreichbar.

ZigBee-Geräte erzeugen eine hierarchische Baumstruktur, wie in Abbildung 3.16 dargestellt. Ein Koordinator eröffnet ein PAN mit einer 16 Bit PAN ID. Die-

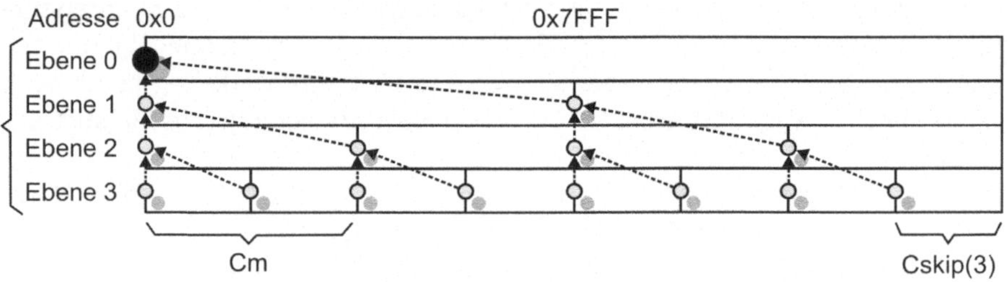

Abbildung 3.16: Hierarchische Baumstruktur

sem Netzwerk können anschließend Router oder End Devices beitreten. Über das Stack Profile wird vom Koordinator den Netzwerkknoten nach folgendem Algorithmus eine Adresse zugewiesen:

Zunächst wird auf jeder Ebene in der Baumstruktur ein Adressraum mit der Größe $C_{skip}(d)$ bereitgestellt.

Wenn $R_m = 1$:
$$C_{skip}(d) = 1 + C_m \cdot (L_m - d - 1)$$

Wenn $R_m > 1$:
$$C_{skip}(d) = \frac{1 + C_m - R_m - C_m \cdot R_m^{L_m - d - 1}}{1 - R_m}$$

Die Netzwerkadresse eines n-ten Knotens ergibt sich demnach nach folgender Nomenklatur:
$$A_n(d) = A_{parent} + C_{skip}(d) \cdot R_m + n$$

> *Beispiel:* Ein Netzwerk (siehe Abbildung 3.17) mit folgenden ZigBee Stack-
> Parametern und die dazugehörige Adressierung könnten wie folgt aussehen:
>
> - $C_m = 4$
>
> - $R_m = 4$
>
> - $L_m = 3$

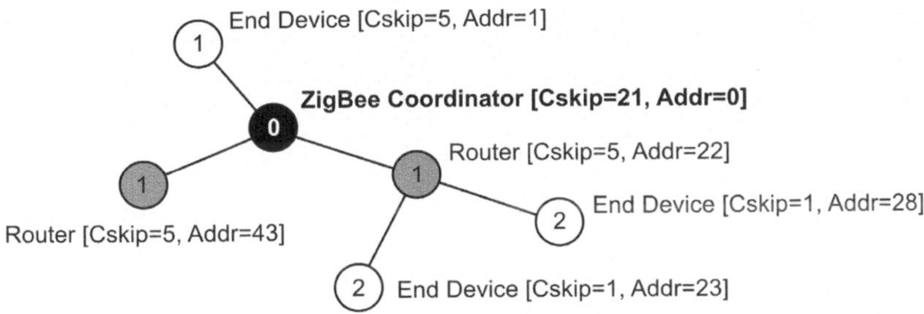

Abbildung 3.17: Beispiel-Netzwerk

Routing-Algorithmen

Auf Basis der dargestellten Netzwerkstruktur gibt es im Standard zwei Arten
von Routing.

Baum-Routing

Baum-Routing[114] ist die am einfachsten zu realisierende Möglichkeit, Daten-
pakete einem beliebigen Gerät in einem Netzwerk zuzustellen. Die oben be-
schriebene statische Adressstruktur macht es möglich, anhand der Zieladresse
zu erkennen, ob ein Datenpaket in der Baumstruktur auf- oder abwärts weiter-
geleitet werden muss.

Wie in Abbildung 3.18 dargestellt, funktioniert Baum-Routing oder auch hierar-
chisches Routing (engl.: Hierarchical Routing) effektiv, ist aber in den meisten
Fällen sehr uneffizient. Zwei Geräte, die sich möglicherweise in Reichweite be-
fänden, übermitteln Datenpakete über weite Umwege.

Aus diesem Grund ist als zweiter Routing-Mechanismus bei ZigBee tabellenba-
siertes Routing beschrieben.

**Baum-
Routing**

Tabellenbasiertes Routing

Um möglichst Bandbreite verschwendendes und ineffizientes Baum-Routing zu

---

[114]engl.: Tree Routing

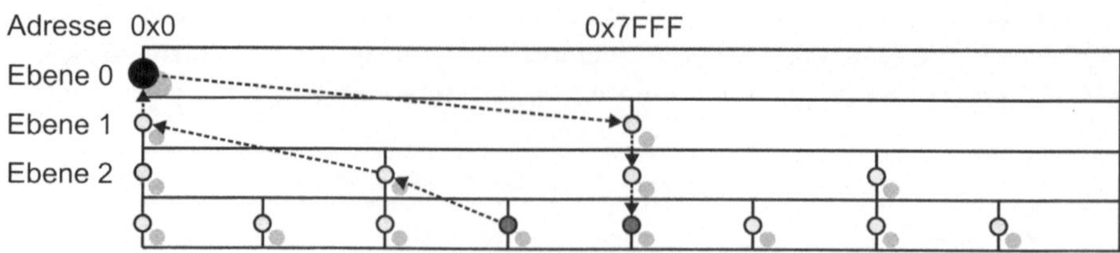

Abbildung 3.18: Baum-Routing

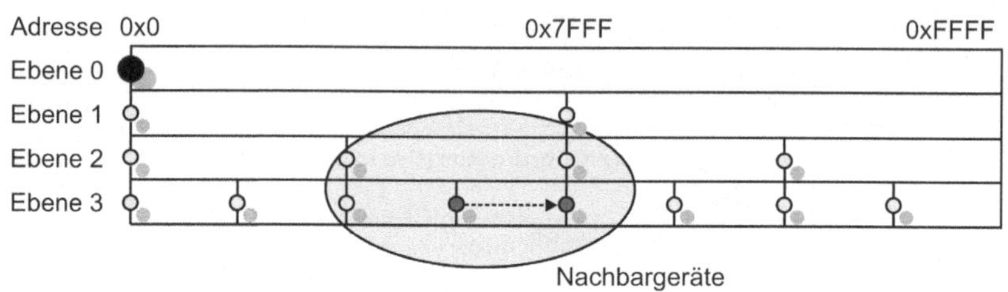

Abbildung 3.19: Tabellenbasiertes Routing

verhindern, wurde im ZigBee-Standard tabellenbasiertes Routing (siehe Abbildung 3.19) beschrieben.

Haben Netzwerkknoten eine interne Tabelle mit den in Reichweite benachbarten Funkknoten, so kann ineffizientes Baum-Routing vermieden werden. Ist die Zieladresse in der internen Routing-Tabelle vorhanden, wird das Datenpaket direkt an den Zielpunkt übermittelt. Das funktioniert allerdings nur, wenn sich die Geräte in direkter Reichweite zueinander befinden. Ist dies nicht der Fall, muss eine Erweiterung dazu verwendet werden.

Mesh-Routing

Der in Abbildung 3.20 dargestellte Mesh-Routing-Mechanismus setzt voraus, dass das erste Gerät bereits den Weg zum Ziel kennen muss. Ist der bekannt, müssen die auf der Strecke liegenden Routing-Knoten nur die Tabelleneinträge ihrer Nachbarn besitzen. Dadurch könnte das Paket in die richtige Richtung ans Ziel geleitet werden. Um die Bereitstellung der Routingtabellen der zwischen-

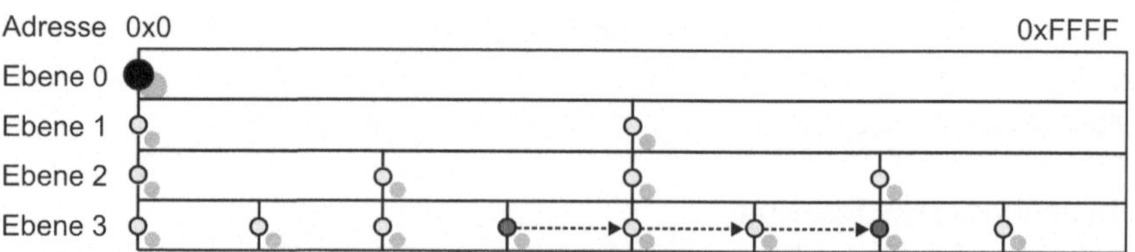

Abbildung 3.20: Mesh-Routing

liegenden Routing-Knoten zu gewährleisten, ist im ZigBee-Standard für diesen Fall das sog. „Route Discovery" vorgesehen. Mit einer Broadcast-Mitteilung durch das gesamte Netzwerk wird die effizienteste Route zum Ziel mittels eines Routing-Algorithmus ermittelt. Anschließend kann das Datenpaket über die erkannte Route übermittelt werden.

Durch die beiden Routing-Mechanismen werden sowohl Geräte mit wenig, als auch mit ausreichend physikalischem Speicher (RAM) abgedeckt. Letztere werden eine aufwändige Routing-Tabelle speichern können und damit in der Lage sein, Mesh Routing ausführen zu können. Einfache Geräte mit wenig Speicher können auf diese Tabelle verzichten und wenden das einfachere Baum-Routing an.

Transportschicht

Fällt weg - nur Anwendung (siehe Abbildung 3.7)

Sitzungsschicht

Fällt weg - nur Anwendung (siehe Abbildung 3.7)

Darstellungsschicht

Fällt weg - nur Anwendung (siehe Abbildung 3.7)

Anwendungsschicht

Die Anwendungsschicht besteht bei ZigBee bezogen auf das ISO/OSI-Modell aus weiteren Schichten, sowie aus einem oder mehreren Application Objects und zugehörigem ZigBee Profile. Letztere sind eine Vereinbarung auf ein einheitliches Mitteilungsformat und zugehörige Aktionen darauf.

Zum Beispiel kann durch das Home Automation Profile ein Bewegungsmelder gezielt einen Lichtschalter betätigen, und das bei Geräten verschiedener Hersteller.

Zunächst sollen aber die Aufgaben der drei Unter-Schichten APS[115] sowie das ZigBee Device Object[116] beschrieben werden.

APS Sublayer

Das APS Sublayer stellt grundsätzlich die Verbindung zwischen der Netzwerkebene und den vom Hersteller definierten Anwendungsobjekten[117] dar. Wie die Netzwerkschicht wird wiederum eine Dateneinheit und eine Managementeinheit unterschieden.

Die Dateneinheit stellt die Übertragung der Datenpakete sicher und ermög-

---

[115] engl.: APplication Support Sublayer
[116] ZDO = ZigBee Device Objects
[117] engl.: Application Objects

licht gleichzeitig das sog. ZigBee Binding. Dabei werden mehrere aufeinander passende Geräte (zum Beispiel Bewegungsmelder und Lichtschalter) logisch zusammengebunden. Der Vorteil hierbei ist, dass eine Mehrfachübermittlung möglich ist, indem der Bewegungsmelder nur ein Datenpaket, z. B. zum Einschalten des Lichts, an den Coordinator schickt. Dieser übermittelt dann die Anfrage an mehrere im Netzwerk befindliche Lichtschalter. Man spricht hier auch von indirekter Adressierung.

Die Managementeinheit übernimmt zum Beispiel genau das Erstellen einer solchen logischen Verbindung.

Mit den Application Objects kommuniziert diese Schicht über Endpunkte[118], wovon 241 Stück vorhanden sind. Der Endpunkt Null jedoch ist für die Kommunikation des ZDO vorgesehen.

ZigBee Device Object

Das ZigBee Device Object ist eine generische Anwendung am Endpunkt null, welche jedes ZigBee-Gerät besitzen muss, um das Verhalten eines Geräts im Netzwerk zu bestimmen. Es definiert die Rolle im Netzwerk (ZigBee Coordinator, Router oder End Device) und übernimmt die Initialisierung der unteren Schichten. Auch gehen Anforderungen auf Binding sowie der Aufbau einer verschlüsselten Verbindung von ihm aus.

Application Framework

Im Application Framework können auf den Endpunkten 1 - 240 die eigentliche Benutzeranwendung, ein Application Object platziert werden. Diese basieren auf einem oder mehreren ZigBee-Profilen. Unterschieden wird bei den Profilen zwischen öffentlichen[119] und privaten[120] Profilen. Bei den öffentlichen wird das Ziel verfolgt, dass möglichst viele Hersteller auf Basis der Definition ihre Geräte herstellen und damit eine Interoperabilität zwischen den diversen Geräten gewährleistet werden kann. Ist dies nicht gewünscht, kann das durch ein privates Profil verhindert werden.

ZigBee-Profile bestehen unabhängig davon, ob privat oder öffentlich, zunächst aus einem „16 Bit Application Profile Identifier" welcher bei der Allianz registriert sein muss und somit eindeutig ist. Ein Profil kann anschließend mehrere Gerätebeschreibungen[121] sowie eine weitere Verfeinerung im Cluster bilden. Letzteres kann zum Schluss bis zu 65.535 Attribute besitzen und kann pro Gerätebeschreibung noch in verbindliche[122] und optionale Attribute haben.

Der Datenaustausch wurde ab der ZigBee-Veröffentlichung im Jahre 2006

Geräte

Cluster

---

[118]engl.: Endpoints
[119]engl.: Public
[120]engl.: Private
[121]engl.: Device Descriptors
[122]engl.: Mandatory

durch ein Cluster Library Modell [ZA07a] nach dem Client-Server-Prinzip neu **Cluster** geregelt. Demnach ist eine Anzahl von Befehlen[123], unter anderem Read At- **Library** tributes und Write Attributes, definiert, und die einen Datenaustausch ermöglichen.

3.2.2.4 Anwendungs-Profile

Um einen Überblick zu geben, welche Profile schon heute in der ZigBee-Spezifikation definiert sind, folgt hier eine kleine Auswahl:

- Home Automation

- Commercial Building Automation

- Automatic Meter Reading

- Industrial Plant Monitoring

- Smart Energy Profile

Auf das Home Automation Profile [ZA07b] soll hier als Anwendungsbeispiel etwas genauer eingegangen werden.
Im Home Automation Profile sind zum Beispiel Gerätetypen definiert, die Licht, **Home** Temperatur oder eine Lüftung in einem Gebäude steuern bzw. regeln. Einige **Automation** Gerätetypen und deren Interaktion sollen hier kurz vorgestellt werden. Eine **Profile** kleine Auswahl von Geräten könnte sein:

- Dimmable Light

- Light Sensor

- On/Off Switch

- Dimmer Switch

- Remote Control

Ein dimmfähiges Licht[124] unterstützt auf der Server-Seite der ZigBee Cluster Library beispielsweise ein On/Off Cluster sowie ein Level Control Cluster. Im Gegensatz dazu kann ein Dimmer auf der Client-Seite ebenso ein On/Off Cluster und ein Level Control Cluster besitzen. Sind beide Geräte verbunden, so kann der Dimmer als Schalter fungieren und das Licht ferngesteuert ein- und ausschalten.
Eine Fernbedienung[125] besitzt auf der Client-Seite ebenso ein „On/Off" Cluster.

---

[123]engl.: Commands
[124]engl.: Dimmable Light
[125]engl.: Remote Control

Dadurch könnte die Fernbedienung das dimmbare Licht zwar ein und ausschalten, aber keine Dimmung vornehmen. Denkbar wäre auch, dass die Fernbedienung eine Klima-Anlage und gleichzeitig das Licht einschaltet.

In dem Beispiel sind sehr einfache Geräte erwähnt. Das beschriebene Szenario ist mit anderen Geräten noch beliebig erweiterbar. Die einzige Beschränkung in der Anzahl der teilnehmenden Geräte liegt in der ZigBee-Netzwerkgröße. Es können also bis zu 65.535 ZigBee-Geräte pro Netzwerk vorhanden sein. Das macht es als Vision möglich, zum Beispiel ganze Häuser mit ZigBee-Schaltern, -Reglern, -Thermostaten etc. zu versehen.

> *Einstieg:* **IEEE 802.15.4**
> Die Norm IEEE 802.15.4 kann unter [IEE08a] kostenlos heruntergeladen werden.

Weiterführende Literatur zum Thema ZigBee findet man unter [Zig08, Sik04a, LG04, KS07].

3.2.3 WLAN

Geschichte Ethernet ist eine kabelgebundene Netzwerktechnik für lokale Datennetze[126]. Ethernet-Rahmen[127] können auch drahtlos übertragen werden. Im Jahre 1997 wurde als Standardisierung die Ethernet-Variante IEEE 802.11 für Funknetze definiert. Diese Netze nennt man auch WLAN[128]. Die Wireless-LAN-Association [WLA08] entwickelt und verbreitet die Technik weiter.

Das IEEE[129] umfasst über 176 Länder mit über 360.000 Mitgliedern und ist die führende Organisation für Standardisierung in den Gebieten Elektrotechnik und Informationstechnik. Ende der 70er Jahre wurde das Projekt 802 zur Standardisierung im Bereich lokaler Netze eingeführt. Das Projekt definiert die Netzwerkstandards für die beiden Schichten 1 und 2 des OSI-Modells (7 Schichten). Das Normierungsprojekt 802 entwickelt Standards für LAN und MAN, hauptsächlich aber Ethernet-Techniken (802.3).

WiFi Der Begriff WiFi[130] fällt häufig im Zusammenhang mit IEEE 802.11. Die WECA[131] ist eine Fusion von Firmen. Sie kennzeichnet ihre Produkte mit dem WiFi-Logo als IEEE 802.11-kompatibel. Diese Geräte lassen sich aufgrund einer Art von TÜV-Prüfung uneingeschränkt mit Geräten anderer Hersteller kombinieren.

---

[126]LAN = Local Area Networks
[127]engl.: Frames
[128]WLAN = Wireless Local Area Networks
[129]IEEE = Institute of Electrical And Electronic Engineers
[130]WiFi = Wireless Fidelity
[131]Wireless Ethernet Compability Alliance

3.2.3.1 Schichtenmodell

WLAN spezifiziert im Wesentlichen die Schichten im OSI-Modell 1 und 2a (MAC[132]) (siehe Tabelle 3.4). Die Abkürzung steht für VCD[133].

Schicht	Funktion
2: Sicherungsschicht: b: Logical Link Control (LLC) a: Medium Access Control (MAC)	802.2 CSMA, VCD
1: Physikalische Schicht: Physical Layer Convergence Protocol (PLCP)	DSSS, FHSS, IrDA

Tabelle 3.4: OSI-Schichten 1,2 bei WLAN

Merksatz: **802.11b+**

arbeitet nach IEEE 802.11b, hat aber die 2-4 fache Datenrate. 802.11b+ ist kein offizieller Standard, sondern funktioniert nur mit Geräten eines Herstellers (Chips von Texas Instruments). Die Technik beruht darauf, anstatt wie bei 802.11b nur auf einem Kanal zu senden, wird auf 2 oder mehr gleichzeitig gesendet. Hieraus resultiert die höhere Datenrate.

3.2.3.2 Physikalische Schicht

Die physikalische Schicht beinhaltet unter IEEE 802.11 unterschiedliche Übertragsverfahren (siehe Tabelle 3.5 mit der Abkürzung PBCC[134]). Das Frequenzband 5 GHz (siehe Abbildung 3.21) liegt in Europa zwischen 5,15 - 5,35 GHz und 5,47 - 5,735 GHz. Zur Funkübertragung werden beim IEEE 802.11-Standard das ISM-Band (2,4 MHz) von 2,400 bis 2,4835 GHz genutzt. Hierbei stehen 79 Kanäle mit jeweils 1 MHz Bandbreite zur Verfügung gestellt. Die Datenrate liegt bei einem MBit/s und lässt sich optional auf zwei MBit/s erweitern. **Frequenzband 5 MHz**

Die Ethernet-Rahmen[135] sind bei WLAN nach 802.11 deutlich länger als bei Fast-Ethernet von maximal 1518 Byte auf 2312 Byte. Hierdurch lässt sich die Übertragungsrate erhöhen. Im Folgenden der Aufbau eines 802.11-Rahmens [IW08]: **Aufbau**

- MAC-Kopf: 30 Bytes – Rahmen- und Sequenzsteuerung, Dauer, vier Adressen

---

[132]MAC = Media Access Control
[133]VCD = Virtual Collision Detection
[134]PBCC = Packet Binary Convolution Coding
[135]engl.: Frame

Standard	Datenrate (Brutto) [MBit/s]	Band [MHz]	max. Reichweite [m]: Gebäude/Freifeld	Modulation	kompatibel
802.11:	2	2,4	20/100	FHSS, DSSS	b
802.11: Infrarot	2	850-950 nm	10 m (Sichtverbindung)	k. A.	k. A.
802.11a	54	5	40/120	OFDM	k. A.
802.11b	11	2,4	40/140	DSSS	b+/g
802.11b+	22	2,4	40/140	PBCC	b/g
802.11g	54	5	40/140	OFDM	b/b+

Tabelle 3.5: WLAN-Standards [Wik08, EK08]. Die Abkürzung k. A. steht für „keine Angabe".

- Daten[136]: 0 bis 2.312 Bytes

- Prüfsumme (FCS[137]): 4 Bytes

> *Merksatz:* **IEEE 802.11h**
> Ergänzungen von 802.11a für Europa wie DFS[a] und TPC[b]
> ___
> [a]engl.: Dynamic Frequency Selection
> [b]engl.: Transmit Power Control

MAC-Kopf

Der MAC-Kopf besteht aus insgesamt sieben Datenfeldern. Er beginnt mit dem 2 Byte langen Datenfeld „Rahmensteuerung"[138]. Die Rahmensteuerung gibt Auskunft über Version, Typ (Daten, Steuerung, Verwaltung), WEP-Verschlüsselung etc. Es folgt das ebenfalls 2 Byte lange Datenfeld „Dauer". Es liefert Informationen, wie lange der Rahmen und die zugehörige Bestätigung den Kanal belegen werden. Es folgen vier jeweils 48 Bit lange Adressfelder mit den Quell- und Zieladressen, sowie der Quell- und Zielbasisstationen. Sie werden für den Verkehr zwischen Zellen verwendet. Der Adressenaufbau der MAC-Adressen entspricht dem in 802 definierten Standard. Das Feld „Sequenzsteuerung"[139] besteht aus 2 Bytes und ermöglicht die Fragmentierung. Bei schlechter Übertragungsqualität können kleine Fragmente sicherer übertragen werden als große Datenpakete – hierzu dient die Fragmentierung. Das Feld wird unterteilt in Sequenznummer (12 Bit) oder Rahmen und in Fragmentnummer (4 Bit). Die

___
[136]engl.: Frame Body
[137]FCS = **F**rame **C**heck **S**equence
[138]engl.: Frame Control
[139]engl.: Sequence Control

234

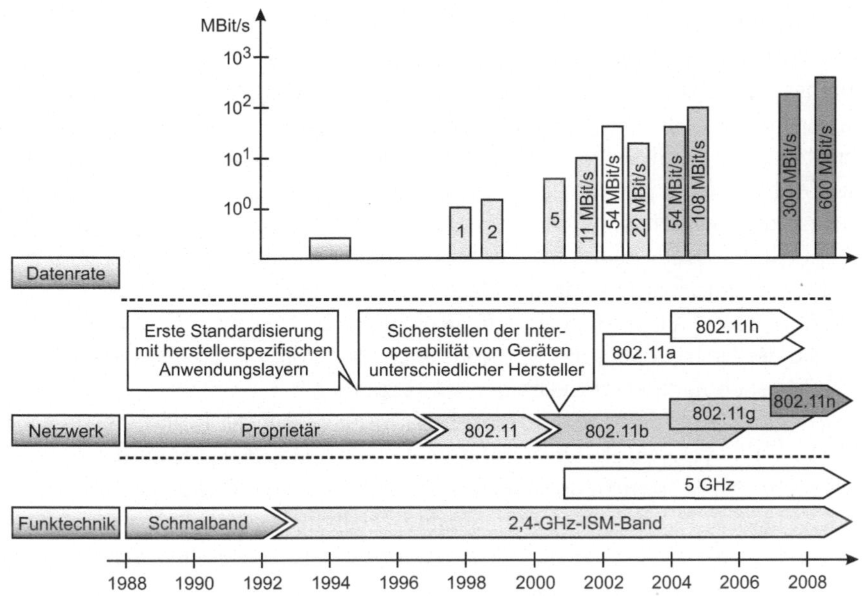

Abbildung 3.21: Überblick WLAN [Wol07b]

Sequenznummer ist für alle Fragmente gleich. Zusammen mit der Fragmentnummer kann dann ein Datenpaket eindeutig gekennzeichnet werden.

Prüfsumme

Die FCS ist eine CRC32[140]-Prüfsumme (siehe Abschnitt 2.2.2), die aus dem MAC-Header und den Nutzdaten gebildet werden. Sie umfasst 4 Byte.

> *Aufgaben:*
>
> 1. Erläutern Sie den Aufbau des Frequenzbandes bei IEEE 802.11.
>
> 2. Wie wird die Datenrate bei WLAN im Gegensatz zum Ethernet erhöht?

3.2.3.3 MAC-Teilschicht

Im Folgenden wird nur auf die MAC-Teilschicht (2a) eingegangen. Das MAC[141] als Teilschicht der Sicherungsschicht regelt den Kanalzugriff.

---

[140]CRC = Cyclic Redundancy Check *(deutsch: Zyklische Redundanzprüfung)*
[141]MAC = Media Access Control

Kanalzugriff

Ethernet

Das Übertragungsmedium für Funk ist bei WLAN mit dem früheren Koaxial-Ethernet zu vergleichen. Das Medium wird von allen Stationen geteilt; es kann immer nur eine Station senden. Das Mehrfachzugriffsverfahren (siehe auch Abschnitt 2.2.5.7) CSMA[142] dient dazu herauszufinden, wer wann senden darf.

CSMA

Jede Station muss vor dem Senden überprüfen, ob das Medium frei ist. Erst dann ist das Senden der Daten erlaubt. Trotzdem ist der Fall möglich, dass zwei Stationen das Medium als frei erkennen und gleichzeitig Daten übertragen – es kommt zur Kollision und die Daten sind unbrauchbar. Das Kabel-Ethernet sieht für diesen Fall das CSMA/CD (Vollduplex-Betrieb)vor. Es erkennt schon während der Übertragung die Kollision, bricht der Vorgang ab und beginnt einen neuen Versuch nach einer beliebigen Wartezeit.

Im Gegensatz zum drahtgebundenen Ethernet wird auf die Kollisionserkennung CSMA/CD[143] verzichtet. Der Grund liegt darin, dass Kollisionen der Sendesignale nicht von Störungen unterschieden werden können. Es kommt stattdessen das CSMA/CA[144]-Verfahren zum Einsatz (Halbduplex-Betrieb). Hierbei stellt eine sendewillige Station sicher, dass der Empfänger bereit und der Kanal frei ist. Diese Methode nennt man „Hören vor Sprechen"[145].

CSMA/CA

> *Aufgabe:* Erläutern Sie den Zusammenhang zwischen CSMA/CD und Vollduplex-Betrieb beziehungsweise CSMA/CA und Halbduplex-Betrieb.

Bei WLAN kommen hierbei zwei Verfahren zum Einsatz:

- Dezentrale MAC (Basiszugriffsmethode): DCF[146]

- Zentrale MAC (Access Point): PCF[147] – zeitkritische Anwendungen

DCF

Die DCF legt folgende Wartezeiten (IFS[148]) fest:

- DIFS[149]: Zeit zwischen Daten- oder Management-Meldungen

- SIFS[150]: Zeit zwischen Steuermeldungen

---

[142]CSMA = Carrier Sense Multiple Access
[143]CSMA/CD = Carrier Sense Multiple Access/Collision Detection
[144]CSMA/CA = Carrier Sense Multiple Access/Collision Avoidance
[145]engl.: Listen Before Talk
[146]DCF = Distributed Coordination Function
[147]PCF = Point Cooperation Function
[148]IFS = InterFrame Space
[149]DIFS = Distributed (coordination function) InterFrame Space
[150]SIFS = Short (coordination function) InterFrame Space

Steuermeldungen haben eine höhere Priorität. Die Zeiten sind abhängig von der physikalischen Schicht.

> *Beispiel:* 802.11g: DIFS = 50 μs und SIFS = 10 μs

Damit nach der DIFS nicht alle Knoten gleichzeitig senden, wurde die variable „Backoff"-Zeit eingeführt. Diese Zeit lässt sich wie folgt berechnen: **Backoff**
Backoff = Random(CW) · Slot-Time
Die „Slot-Time" (z. B. 20 μs) und das CW[151] (z. B. 31...63) werden durch die physikalische Schicht definiert. Die Daten enthalten den Wert „Duration". Er gibt an, wie lange das Medium belegt ist. Alle Knoten kopieren diese Zeit in ihren NAV[152] und verwalten diesen als Zeitgeber[153]. Solange NAV ungleich Null ist, ist der Kanal belegt. Der Empfänger wartet die Zeit SIFS (hohe Priorität) ab und quittiert mit einem Bestätigungspaket ACK[154]. Ist NAV gleich Null, warten alle die Zeit DIFS und ihre „Backoff"-Zeit ab. Das Fehlen des ACK wirkt wie eine Kollision. Abbildung 3.22 zeigt den Kanalzugriff von Sender, Empfänger und den anderen Knoten [Kla08].

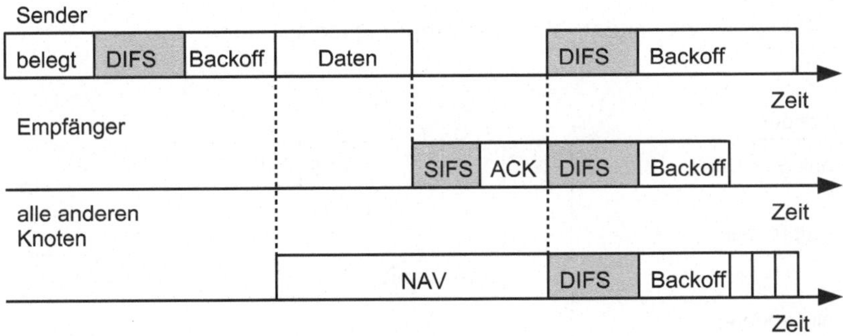

Abbildung 3.22: Kanalzugriff

> *Aufgabe:* Erläutern Sie den Unterschied zwischen CSMA/CD und CSMA/-CA.

---

[151]engl.: Contention Window
[152]NAV = **N**etwork **A**llocation **V**ector
[153]engl.: Timer
[154]engl.: ACKnowledge

„Hidden Station"-Problem

Knoten B sieht Knoten A und Knoten C. Knoten A und C sehen sich nicht. Hieraus ergibt sich das Problem, dass die Knoten A und C versuchen könnten, gleichzeitig zu senden.

Reservierung Die Lösung liegt in der expliziten Reservierung. Sie vermeidet das Risiko von Sendekollisionen und mehrmaligen Belegungen. Datenübertragungen werden vom Sender mit RTS[155] angekündigt und vom Empfänger mit CTS[156] bestätigt. RTS und CTS enthalten das „Duration"-Feld.

Ablauf Knoten A sendet RTS an Knoten B. Knoten B bestätigt mit CTS. Knoten C erkennt die CTS-Meldung. Hieraus ergibt sich nachfolgender Ablauf (siehe auch Abbildung 3.23):

1. WLAN-Station verlangt freien Kanal

2. WLAN-Station erkennt freien Kanal

3. WLAN-Station sendet RTS auf diesen Kanal

4. Access Point sendet CTS

5. WLAN-Station sendet Daten

6. Access Point sendet ACK zur Empfangsbestätigung

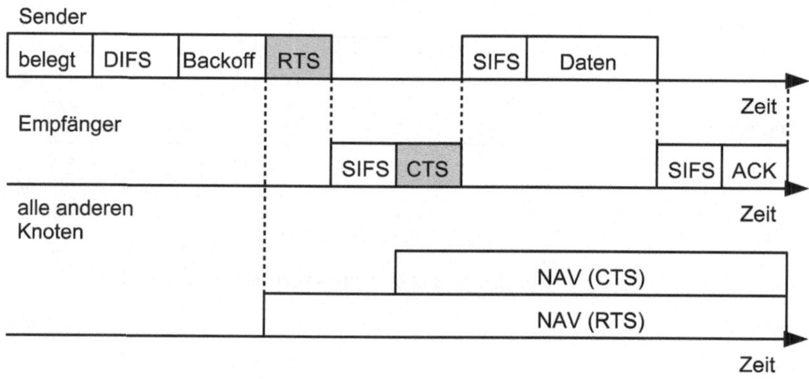

Abbildung 3.23: „Hidden-Station"-Problem

---

[155]RTS = Ready To Send
[156]CTS = Clear To Send

> *Beispiel:* Der Sender A schickt nach dem Erkennen eines freien Kanals ein RTS-Signal an Empänger B. Erkennt der Empfänger B den Kanal als frei, sendet er ein CTS-Signal. Dieses Signal hören alle Stationen, die mit der Funkzelle des Empfängers B Kontakt haben. Damit ist dieser Kanal für eine bestimmt Übertragungszeit von Sender A zu Empfänger B reserviert. Die Empfangsbestätigung (ACK) nach der Datenübertragung ist ein weiterer Teil des CSMA/CA. Beim Eintreffen des Paketes sendet der Empfänger dem Sender eine Empfangsbestätigung. Bleibt diese beim Sender aus, schickt er das Paket noch einmal. Ohne Bestätigung ist der Sender befugt, den Kanal nochmals (bevorzugt) zu nutzen (siehe Abbildung 3.24) [EK08].

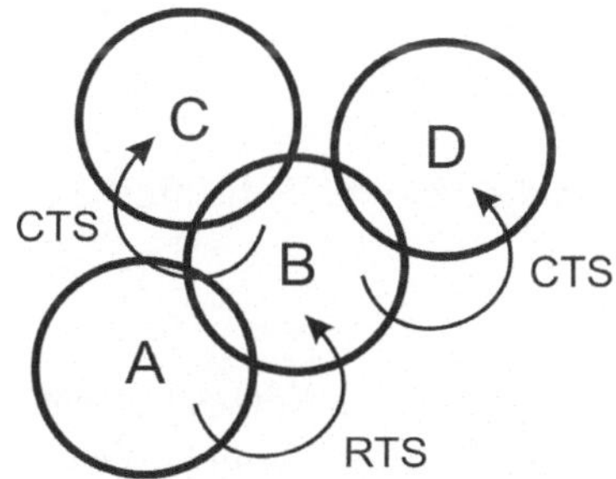

Abbildung 3.24: Explizite Reservierung mit dem RTS/CTS-Verfahren

Kanäle

Bei IEEE 802.11b kam erstmals die Konfiguration von Kanälen auf. Bei DSSS werden die 79 Kanäle des 2,4 GHz-Frequenzspektrums in 13 (Europa) zusammengefasst. Die Kanäle überschneiden sich – nur 3 Kanäle überlagern sich nicht. Somit lassen sich effektiv räumlich zusammenhängend nur 3 Kanäle nutzen. Um die Übertragungsleistung zu erhöhen, wird jeder AP[157] mit einem anderen Kanal konfiguriert, weil jedes Endgerät sich die Übertragungsleistung mit den anderen Endgeräten auf dem selben Kanal teilen muss. Die 11 MBit/s pro Kanal stehen also allen in Reichweite des AP befindlichen Endgeräten gemeinsam zu Verfügung.

---

[157]AP = Access Point

> *Beispiel:* Mehrere APs, die optimal nebeneinander liegen, betreiben durch Kanalanordnung mittels der 5er- bzw. 6er-Regel an. Die 5er-Regel verwendet die Kanäle 1, 6, 11. Die 6er-Regel hingegen die Kanäle 1, 7, 13. Hierdurch überschneiden sich die Frequenzbereiche der Kanäle nicht und Verbindungsprobleme bleiben dabei aus. Stehen die APs weit genug auseinander, dürfen sich die Frequenzbereiche durch die Kanalanordnung auch überschneiden [EK08].

> *Aufgabe:* Erläutern Sie drei Methoden bei WLAN, die den Kanalzugriff regeln.

3.2.3.4 Schichten 3 bis 7

Abschnitt 2.2.5.4 erläutert die weiteren Schichten 3 bis 7.

3.2.3.5 Topologie

Ad-hoc

Die Basiskonfiguration[158] eines 802.11-Netzes besteht aus zwei oder mehr Stationen (Punkt zu Punkt, Punkt zu Multipunkt). Die Entfernungen betragen in Gebäuden zwischen 30-50 m und im Freifeld circa 300 m. Das IBSS[159] wird auch als Ad-hoc-Netzwerk bezeichnet. Besteht eine Kommunikation nur untereinander, bezeichnet man dies als „Peer-to-Peer"[160]-Netzwerk.

Infrastruktur

WLAN sind in der Lage, kabelgebundene Ethernet-Netzwerke zu erweitern oder zu ersetzen. In der Regel werden aber die Stationen mittels eines Zugriffspunktes (AP) mit dem konventionellen Ethernet verbunden. Dieses Netzwerk wird als ESS[161] – es wird auch als Infrastruktur-Netzwerk bezeichnet.

Netzname

Das WLAN wird über die SSID[162] identifiziert. Die SSID besteht aus maximal 32 Zeichen und stellt den Namen des Netzwerkes dar.

Reichweiten-Erhöhung

Hierdurch kann die Reichweite eines kabelgebundenen Netzwerkes erhöht werden. Im Freien liegt die Reichweite bei günstigen Bedingungen zwischen 100 m und 300 m. Reicht dies nicht aus, so können durch zwei gerichtete Antennen einige Kilometer überbrückt werden. Dies ist ohne Gebühren und über Grundstückgrenzen hinweg möglich.

---

[158] BSS = Basic Service Set
[159] IBSS = Independent Basic Service Set
[160] Kommunikation der Stationen untereinander
[161] ESS = Extended Service Set
[162] SSID = Service Set IDentifier

3.2.3.6 Datensicherheit

Die Datensicherheit hat im allgemeinen folgende Mechanismen (siehe auch Abschnitt 2.2.4):

- Vertrauchlichkeit[163]: Informationen müssen vor dem Mithören geschützt werden.

- Integrität[164]: Die Daten sind vollständig und unverändert.

- Authentisierung[165]: Bei der Anmeldung an ein Netz wird die Identität der anmeldenden Personen (oder System) geprüft.

Zur Sicherung des Datenverkehrs innerhalb der Funkzelle werden die Daten zwischen zwei Stationen WEP[166] verschlüsselt. WEP ist Teil des 802.11-Standards.   **WEP**
Um die Vertraulichkeit der Daten zu gewährleisten, werden sie verschlüsselt, und es wird ein PSK[167] eingesetzt.
Die Integrität der Daten wird mit einem CRC[168] gesichert.
Die Authentisierung erfolgt mittels „Open System" (keine Authentisierung) oder „Shared Key".
Hierbei werden die Nutzdaten mittels des RC-4-Algorithmus mit Schlüssellängen von 40 oder 104 Bit codiert. WEP wird nicht als besonders sicher eingestuft.

Beispiel: Der IV[a] ist mit 24 Bit zu kurz. Dies führt zu Wiederholungen nach $2^{24} \approx 16{,}8$ Mio. Schlüsselmöglichkeiten.

---

[a]InitialisierungsVektor

Eine Verbesserung der Datensicherheit stellt WPA[169] dar. Die WPA Version 2 (WPA2) entspricht dem IEEE 802.11i. WPA gilt heute als sicher. Die folgenden beiden Gruppen setzen sich für die Sicherheit bei WLAN ein: IEEE 802.11i [IEE08b] und WiFi-Allicance [WiF08].

---

[163]engl.: Confidentiality
[164]engl.: Integrity
[165]engl.: Authentication
[166]WEP = Wired Equivalent Privacy
[167]engl.: Pre-Shared Key
[168]CRC = Cyclic Redundancy Check *(deutsch: Zyklische Redundanzprüfung)*
[169]WPA = WiFi Protected Access

> *Merksatz:* **Datensicherheit**
> Weitere Mechanismen zur Datensicherheit bei WLAN sind: zunächst die Reduktion der Reichweite. Bandspreizverfahren verhindern, dass die Funkverbindung gestört oder abgehört werden kann.

> *Merksatz:* **War-Driving**
> Unter War-Driving bezeichnet man das Auffinden von Wireless-Netzwerken und Sammeln von mehr Informationen zu deren Aufbau. Im einfachsten Fall geschieht dies durch Umherfahren in einem Auto mit einem Laptop und WLAN-Adapter. Eine spezielle Software, ein „Sniffer", erkennt und protokolliert die WLAN-Netze (siehe Kapitel 5). Offene WLANs ohne Verschlüsselung laden zum illegalen „Surfen" im Internet ein.

3.2.3.7 Strom-Spar-Funktionen

Strom-Spar-Funktionen[170] erhöhen die Betriebsdauer von akkubetriebenen mobilen Endgeräten wie z. B. Notebooks und PDAs. Hierdurch erhöht sich die Reichweite der WLANs, bevor der Benutzer mit leerem Akku zum Laden gezwungen ist.

Die TIM[171] ist eine Liste, die der AP erstellt, um alle Wireless-Stationen zu speichern. Zur Aktualisierung der Liste schickt der AP sog. TIM-Signale (Leuchtfeuer[172]), welche die WLAN-Stationen aufwecken.

Die DTIM ist ebenfalls eine Liste, die vom AP gepflegt wird. Hierzu wird das „DTIM-Beacon", ein Broadcast-Signal, mit größerem zeitlichen Abstand, gesendet. Im Regelfall wird, um die Betriebsdauer der mobilen Geräte weiter zu erhöhen, nur das DTIM-Beacon gesendet.

Modi Beim Power-Management stehen die beiden Modi „Awake" und „Doze" zur Verfügung. Beim „Awake"-Modus ist das System passiv, wartet aber im folgenden Funktionsumfang auf eine mögliche Kommunikation. Der „Doze"-Modus muss am Zugriffspunkt vom System angemeldet werden. Die Station wacht dann zum vereinbarten Intervall auf, um zu kommunizieren.

Weiterführende Literatur zum Thema WLAN findet man unter [Wol02, Tan03, Sau08]

---

[170] engl.: Power-Management
[171] DTIM = **D**elivery **T**raffic **I**ndicator **M**ap
[172] engl.: Beacons

3.3 Proprietäre Verfahren

Die in diesem Abschnitt vorgestellten proprietären[173] Verfahren sind nicht standardisiert. Der Fokus liegt auf Verfahren für die Automatisierungstechnik.

3.3.1 EnOcean

Nicht nur in der Neuausstattung von Gebäuden und Anlagen, sondern auch in der Nachrüstung bestehender Systeme finden drahtlose Übertragungstechniken immer mehr Zuspruch. Dabei trägt häufig die einfache Installation ohne teures Verlegen von Leitungen zur Entscheidung zugunsten dieser Technologien bei. Müssen Signalleitungen Autobahnen, Gleistrassen oder Wasserstraßen queren, ist dies oft nur mit aufwändigen Konstruktionen möglich. Bedenkt man, dass dabei in einigen Fällen das Verlegen der Leitung mit bis zu mehreren tausend Euro pro Meter zu Buche schlagen kann, stellen Funksysteme eine wirtschaftliche Alternative dar.

Ist eine bauliche Maßnahme in historischen Gebäuden aufgrund des Denkmalschutzes nicht möglich, sieht sich der Planer mit einer besonderen Herausforderung konfrontiert. Für selten benötigte Signale – wie jene von Lichtschaltern – können zunächst energieeffiziente Funksysteme eingesetzt werden. Mit einer Batterielebensdauer von einigen Monaten bis hin zu mehreren Jahren dürfen diese Systeme durchaus als wartungsarm bezeichnet werden. Neigt sich der Energievorrat eines Funkmoduls dem Ende zu, muss der Anwender rechtzeitig über diesen Zustand informiert werden. **Motivation**

An schlecht zugänglichen Orten oder in einer weit verteilten Anlage eines Industriebetriebs gleicht der Wartungsaufwand unter Umständen die Kostenersparnis für das Wegfallen der Leitungslegung wieder aus.

Für das Funksystem muss also eine zuverlässige Energieversorgung bereit gestellt werden, jedoch nicht unbedingt um den Preis eines zusätzlichen Kabels. Die Firma EnOcean aus Oberhaching bei München machte es sich daher im Jahr 2001 zur Aufgabe, energieautarke Sendemodule zu entwickeln. Energie, die direkt am Standort des Senders zur Verfügung steht, wird in elektrische Energie umgewandelt und kann zum kurzzeitigen Betrieb des Funkmoduls eingesetzt werden. **Geschichte**

Mechanische Schalthandlungen, Vibrationen oder auch Druckveränderungen können als Linearbewegungen aufgefasst werden. Über den piezoelektrischen Effekt (bekannt von den elektrischen Feuerzeugen) oder einen elektrodynamischen Wandler wird ein Impulsstrom erzeugt und auf einem Kondensator zwischengespeichert. Auch Temperaturdifferenzen können mittels Peltierelementen energetisch genutzt werden. Und nicht zuletzt besteht in einigen Fällen die Mög- **Prinzip**

---

[173]herstellerspezifischen

lichkeit, Solarzellen in das Sendeelement zu integrieren.

Bereits die geringe Energiemenge von etwa 17μW genügt, ein vollständiges Telegramm von 14 Bytes Länge zu übertragen.

Während das Transmittermodul für den Betrieb als energieautarker Sensor konzipiert ist, müssen das Receiver- und Transceivermodul mit externer Hilfsenergie versorgt werden. Abbildung 3.25 zeigt die Systemarchitektur von EnOcean.

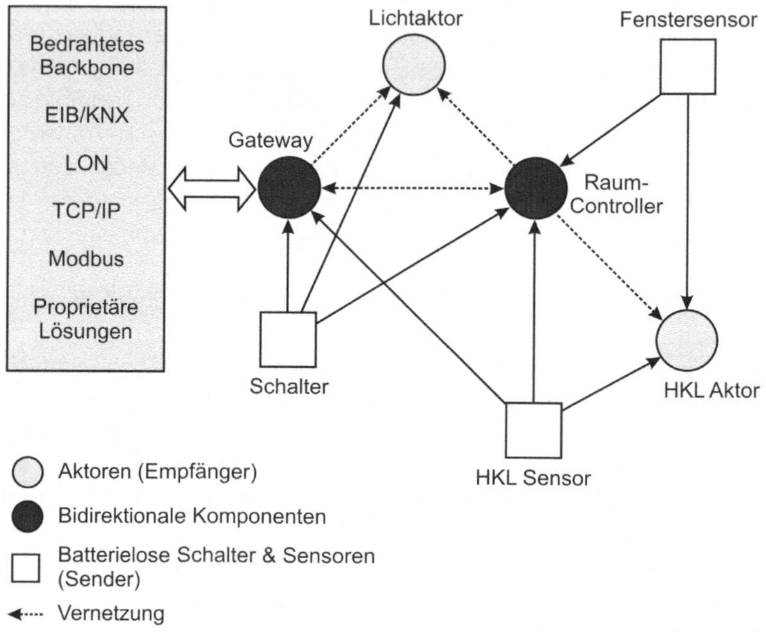

Abbildung 3.25: EnOcean-Systemarchitektur [EF08]

Schichtenmodell

Im Folgenden werden die verwendeten Schichten im ISO/OSI-Modell detailliert dargestellt (siehe Tabelle 3.6).

Schicht	Funktion
7: Anwendungsschicht	Sensor- und Aktorprofile
2: Sicherungsschicht	Dreimaliges, pseudozufälliges Absetzen des Telegramms
1: Physikalische Schicht	868.3 MHz, 10mW EIRP[174], ASK, 125kBit/s

Tabelle 3.6: Schichtenmodell von EnOcean

Das Funksystem arbeitet im ISM-Band auf 868.3 MHz. Der Frequenznutzungsplan der Bundesnetzagentur legt für diese Frequenz eine maximale Sendeleistung von 25 mW bei einer Dauerbelegung von 1% gemittelt über 60 Minuten fest. Dauerhafte Aussendungen müssen technisch ausgeschlossen werden. Die Wahrscheinlichkeit einer Nachrichtenkollision wird damit minimiert.

Als Modulationsverfahren dient ASK mit einem Modulationsgrad von Eins. Deshalb kann der Transmitter einfach aufgebaut werden. Zusätzlich bietet das Verfahren den Vorteil, den digitalen „Low-Pegel" ohne Sendeleistung zu übermitteln. Energieoptimierte Datenübertragung bedeutet in diesem Zusammenhang auch, Telegramme möglichst schnell zu übermitteln, weswegen als Übertragungsrate 125 kBit/s gewählt wurden, obwohl die einzelne Nachricht lediglich 14 Bytes lang ist. **physikalische Schicht**

Die Kommunikation über das EnOcean-Funksystem erfolgt i. d. R. unidirektional vom energieautarken Sensor zu einer Empfangseinheit. Bestätigte Dienste oder Synchronisationstelegramme sind dabei nicht vorgesehen. Als Konsequenz hieraus scheiden die Buszugriffsverfahren CSMA oder TDMA aus. Kollisionen können folglich nicht ausgeschlossen, sondern lediglich durch das mehrmaliges – im vorliegenden Fall dreifaches – Aussenden des Telegramms minimiert werden. Zwischen den einzelnen Wiederholungen liegen zufällig generierte Wartezeiten, um systematisch auftretende Kollisionen zu vermeiden. **Sicherungsschicht**

Transceivermodule ermöglichen eine bidirektionale Kommunikation, jedoch mit der Konsequenz des höheren Energiebedarfs.

Das EnOcean-Protokoll legt verschiedene Profile auf Applikationsebene fest. Diese reichen von der einfachen Signalisierung eines Schalterzustands bis hin zu drahtlos übermittelten Sensormesswerten. **Anwendungsschicht**

Telegrammaufbau

Aus den starken Restriktionen zum Energiehaushalt der autarken EnOcean-Funkmodule folgert ein kurzer Telegrammaufbau mit wenigen zu übertragenden Bytes. Für Managementaufgaben ist die Sendeenergie zu gering, daher werden mit jedem Telegramm lediglich 14 Bytes übertragen, die nur die unbedingt notwendigen Informationen enthalten.

Beispielhaft sei an dieser Stelle ein EnOcean-Telegramm decodiert (siehe Tabelle 3.26):

Übertragungssicherheit

Laut Hersteller arbeiten die Funkmodule auch im industriellen Umfeld zuverlässig, da in dem verwendeten Frequenzbereich keine dauerhaft sendenden Systeme, wie DECT, GSM oder WLAN, zu erwarten sind. Jedoch spezifiziert der IEEE 802.15.4 Standard auf derselben Frequenz wie EnOcean einen der 26 Übertragungskanäle. Dies ist bei der Planung mit zu berücksichtigen.

1	2	3	4	5	6	7	8	9	10	11	12	13	14
A5	5A	6B	05	50	00	00	00	3B	1C	82	01	00	9A

| Präambel (0xA5, 0x5A) | Sender (0x6B) | Schaltermodul (0x05) | Nutzdaten (Schalterstellungen) | | | | | Sender-ID | | | | Status | Checksumme |

Abbildung 3.26: Telegrammaufbau: 1. Zeile: Byte-Nr. und 2. Zeile: Wert(hex.)

Beispiel: Produkte sowohl für die industrielle als auch die Gebäudeautomation sind verfügbar. Das Spektrum reicht von Schaltereinsätzen über Dimmaktoren bis hin zu Gateways für die Datenübergabe an Leitsysteme. Für die Zukunft dürfte sich diese Technologie im Nachrüstmarkt etablieren, da sie hier eine vergleichsweise kostengünstige Alternative gegenüber anderen Optionen darstellt [Hoh07, Thi06].

Aufgabe: Diskutieren Sie die folgende Produktidee: „Ein drahtloser Not-Aus-Taster mit EnOcean-Funkmodul". Worin liegen die Grenzen der Technologie?

3.3.2 KNX-RF

Geschichte KNX-RF[175] stellt einen offenen Standard zur Vernetzung und Steuerung auf dem Gebiet der Gebäudetechnik dar. Der Konnex-Standard ist im Wesentlichen eine Weiterentwicklung des EIB[176], der mit den Übertragungsmedien „Twisted Pair"[177] und „Powerline"[178] starke Verbreitung findet.

Die drahtlosen Alternativen werden als KNX-RF bezeichnet. Das Verfahren ist unter anderem geeignet zur Steuerung von Jalousien, der Beleuchtung und des

---

[175] Abkürzung: Konnex Funk
[176] EIB = Europäischer Installationsbus
[177] paarweise verdrillte Adern
[178] Sprach- und Datenübertragung über das Stromnetz – PLC (Powerline Communications)

Raumklimas. Hierbei können Daten drahtlos innerhalb eines Gebäudes übertragen werden an Installationsorten, wo „Twisted Pair" oder „Powerline" nicht eingesetzt werden können.

KNX-RF ist herstellerunabhängig, und die Konfiguration erfolgt ohne Laptop oder PC. Im Handel sind Systeme der Firmen Siemens (Gamma Wave) und Hager (Tebis TX).

Schichtenmodell

Die Spezifikation der physikalischen Schicht ist unabhängig von der Hardware; es sind verschiedene Chips für KNX-RF auf dem Markt verfügbar.

physikalische Schicht

> *Merksatz:* **868 MHz-Band**
> Die Frequenz von 868 MHz ist aufgrund gesetzlicher Regulierungen im Gegensatz zu Alternativbändern, wie 433 MHz, wenig gestört. Das Frequenzband besitzt im Gegensatz zu dem 2,4 GHz-Band günstige Übertragungseigenschaften. Aber das 868 MHz-Band ist nicht wie das 2,4 GHz-Band weltweit verfügbar.

Im Folgenden die technischen Daten:

- Frequenzband: 868 MHz

- Modulation: FSK

- Sendeleistung: 1-25 mW

- Datenrate 16 kBit/s

- Reichweiten: 30 m (Gebäude), 100 m (Freifeld)

Die Sicherungsschicht definiert das Rahmenformat. Jedes Telegramm beginnt mit einem „Preheader" zur Synchronisation des Empfängers.

Sicherungsschicht

Es folgt der erste Block mit Kontroll-Informationen und der Seriennummer des Senders. Er besteht aus zehn Bytes und zwei Bytes für eine eigene Prüfsumme[179].

Im Weiteren folgt der zweite Block mit Nutzdaten mit 16 Bytes und 2 Bytes Prüfsumme. Bei längeren Telegrammen können weitere Datenblöcke folgen.

Interessant ist die separate Bildung der Prüfsumme für jeden Block. Das verwendete Generator-Polynom hat eine Hamming-Distanz von sechs (siehe Abschnitt 2.2.2).

---

[179]CRC = **C**yclic **R**edundancy **C**heck *(deutsch: Zyklische Redundanzprüfung)*

> *Beispiel:* Generatorpolynom $G(x) = x^{16} + x^{13} + x^{12} + x^{11} + x^{10} + x^8 + x^6 + x^5 + x^2 + x^0$
>
> Hierdurch ist eine Korrektur von mindestens einem Bit pro Block möglich. Die Erfolgsrate für ein Telegramm steigt von 96,31% auf 99,97% bei einem BER[a] von 10^{-4}.
>
> ---
> [a]BER = Bit Error Rate

Vermittlungs-schicht

Die Vermittlungsschicht für Endgeräte wie Aktoren und Sensoren ist sehr einfach gehalten. In Empfangsrichtung erfolgt nur eine Auswertung der Adressierungsart. Im Sendefall führt die Schicht die unterschiedlichen Kommunikationsarten zu einer einheitlichen Anfrage[180] zusammen.

Transport-schicht

Die Transportschicht beinhaltet derzeit nur die verbindungslose Kommunikation. Eine verbindungsorientierte wie für das Management von „Twisted Pair" ist bislang für eine Funkübertragung nicht vorgesehen.

Die Schichten „Sitzungs-" und „Darstellungsschicht" sind nicht definiert. Die Funktionen nach dem ISO/OSI-Modell sind der Anwendungsschicht zugeordnet.

Applikations-schicht

Die Applikationsschicht setzt sich aus zwei Funktionen zusammen: Steuerungsaufgaben (Runtime-Kommunikation) und Geräte-Management zur Konfiguration.

Für die Implementierung von bidirektionalen Geräten ergibt sich ein erheblicher Code-Umfang für Management-Funktionen. Bei unidirektionalen Geräten hingegen ist der Umfang stark vermindert.

Konfiguration

Konnex verwendet unterschiedliche Konfigurations-Modi:

- System-Mode: leistungsfähige Benutzer-Schnittstelle (PC); breiteste Möglichkeiten für Anwender

- Easy-Mode: ohne PC; keine Produktdatenbank − Konfigurations-Informationen beinhaltet das Gerät.

Für die Interoperabilität von Geräten unterschiedlicher Hersteller ist nicht nur die Verwendung des gleichen Protokolls notwendig, sondern auch dass eine bestimmte Menge an Funktionen zur Verfügung gestellt wird. KNX-RF definiert unterschiedliche Gerätemodelle als Profile. Der KNX-RF-Standard unterscheidet zwischen unidirektionalen (nur senden) und bidirektionalen (senden und empfangen) Geräten. Unidirektionale Geräte (Sensoren) müssen nicht immer empfangsbereit sein und können deshalb stromsparend mit Batterien betrieben werden. Aktoren müssen bidirektional ausgeführt werden. Sie werden in der Regel durch das Stromnetz versorgt [Wei05, KA08].

Profile

---
[180]engl.: Link Layer Request

> *Aufgaben:*
>
> 1. Warum hat das 868 MHz-Band günstige Übertragungseigenschaften gegenüber dem 2,4 GHz-Band?
>
> 2. Wie kann bei Sensoren Energie eingespart werden?
>
> 3. Wie viele Fehler können mit einer „Hamming-Distanz von sechs" erkannt und korrigiert werden?

> *Merksatz:* **Zielapplikationen**
> Steuerungsaufgaben in der Gebäudetechnik

3.3.3 Z-Wave

Im Jahr 1999 wurde die dänische Firma Zensys gegründet, um einen drahtlosen Standard auf dem Gebiet der Gebäudeautomatisierung[181] zu entwickeln – es entstand Z-Wave. Die Z-Wave Alliance ist eine Vereinigung von über hundert Herstellern, die Produkte zur Heimautomatisierung entwickeln. Zu den Hauptmitgliedern gehören unter anderem Danfoss, Intel Coporation und Zensys.   **Geschichte**

> *Merksatz:* **Z-Wave**
> Im Vergleich zu anderen Technologien ist eine Vielzahl von Z-Wave-Geräten auf dem Gebiet der Gebäudeautomatisierung verfügbar: über 160 Hersteller und 170 interoperable Produkte [Wik08]. Z-Wave ist besonders auf dem amerikanischen Markt erfolgreich.

Einsatzgebiet von Z-Wave ist die Gebäudeautomatisierung – die drahtlose Steuerung von Heizung, Lüftung, Klimaanlagen und Beleuchtung.   **Einsatzgebiet**
Im Folgenden einige technische Daten: **Spezifikation**

- Frequenzband: ISM-Band (SRD[182])

    Europa: 868,42 MHz

    USA: 908,42 MHz

- Modulation: GFSK[183]

- Sendeleistung: max. 25 mW (Europa)

---

[181] engl.: Home Automation
[182] SRD = Short Range Device
[183] GFSK = Gaussian Frequency Shift Keying

- Datenrate: typisch 9.600 Bit/s oder 40 kBit/s

- Latenzzeit: 200 ms

- Reichweite:

  Freifeld: > 200 m

  Gebäude: typisch 30 m (abhängig von Baumaterialen)

Aufgrund der niedrigen Datenrate ist Z-Wave ungeeignet zur Übertragung von Audio- oder Videodaten.

Topologie Z-Wave nutzt als Netzwerk-Topologie ein vermaschtes Netz[184]. Hierbei ist jeder Knoten mit einem oder mehreren anderen Knoten verbunden. Der Vorteil hierbei ist die Kommunikation zwischen Knoten, die nicht direkt miteinander kommunizieren können, z. B. wegen zu großer Entfernung. Die Daten werden dann über einen oder mehrere Zwischenknoten übertragen. Diesen Vorgang nennt man das „Routing". Das Z-Wave-Netzwerk kann bis zu 232 Geräte verwalten. Zudem können mehrere Netzwerke mittels „Bridges" verbunden werden.

> *Merksatz:* **Vermaschte Netze**
> sind selbstheilend wie das Internet.

Im Vergleich zu ZigBee ist das Protokoll deutlich einfacher. Somit sind nur kleinere Netze mit mehreren hundert Knoten möglich. Dafür wird mit einer Batterielebensdauer von bis zu zehn Jahren gerechnet. Dieser Wert wird von kaum einem anderen Verfahren erreicht [Wol07a].

> *Merksatz:* **Z-Wave**
> steht in direkter Konkurrenz zu ZigBee.

Weiterführende Literatur zum Thema Z-Wave findet man unter [ZW08].

3.4 Weitere Verfahren

Abgrenzung Die hier vorgestellten Verfahren dienen zur Abgrenzung und besseren Einordnung der Verfahren im Nahbereich (siehe Abschnitt 2.2.5.2). Hierbei wird nicht weiter zwischen standardisierten und proprietären Verfahren unterschieden. Aus diesem Grund begrenzt sich die Darstellung der einzelnen Verfahren auf eine knappe Einführung.

---

[184] engl.: Mesh

3.4.1 IrDA

Im Jahr 1993 wurde von mehr als 20 Firmen (HP, IBM etc.) die IrDA[185] gegründet. Ziel des Verbands war es, einen einheitlichen Protokollstapel[186] für die **Geschichte** Übertragung zwischen einfachen Endgeräten mittels einer Infrarot-Schnittstelle zu beschreiben. Hierbei stehen der geringe Energieverbrauch, niedrige Kosten, **Parameter** Abmessungen und Gewicht im Vordergrund. Hierdurch sollte es möglich sein, dass ein HP-Drucker mit einem IBM-Rechner kommunizieren kann.

Die IrDA beschreibt ein simples Verfahren zur optischen Datenübertragung mit **optisch** Hilfe von infrarotem Licht – Wellenlänge 850 bis 900 nm. Die IrDA-Schnittstelle stellt ein typisches Kabelersatzprotokoll dar. Sie ermöglicht die Punkt-zu-Punkt-Verbindung im typischen Abstand von einigen Zentimetern bis hin zur spezifizierten Distanz von einem Meter. Hierdurch ist eine gewisse Art von „Abhörsicherheit" gegeben. Der Vorteil der IrDA-Schnittstelle ist der preisgünstige Auf- **Sicht-** bau. Von Nachteil ist jedoch die kurze Entfernung der Übertragung, die nur bei **verbindung** Sichtverbindung möglich ist.

> *Beispiel:* IrDA-Schnittstellen sind in Laptops, PDAs, Mobiltelefonen und Druckern verbreitet.

Ursprünglich wurde die IrDA-Schnittstelle von HP entwickelt. Deshalb findet man noch heute die Abkürzung HPSIR[187] für die IrDA Version 1.0. Im Folgenden **Spezifikation** die einzelnen Versionen [Wik08]:

- IrDA 1.0: 9,6-115,2 kBit/s (SIR[188])

- IrDA 1.1: bis 16 MBit/s

   MIR[189]: 1,152 MBit/s

   FIR[190]: 4 MBit/s

   VFIR[191]: 16 MBit/s

Die Version IrDA 1.1 ist abwärtskompatibel zur Version 1.0. Hierbei wird MIR selten verwendet.

Die IrDA-Spezifikation besteht aus einem vierschichtigen Protokollstapel (siehe **Protokoll-** Tabelle 3.7). Die IrDA hat sich intensiv mit der Idee des Ad-hoc-Netzwerkes **stabel** auseinandergesetzt. Bluetooth setzt die Erkenntnisse für das eigene Ad-hoc- **Ad-hoc**

---

[185] IrDA = Infrared Data Association
[186] engl.: Protocol Stack
[187] HP Serial Infrared
[188] engl.: Serial Infrared
[189] engl.: Mid Infrared
[190] engl.: Fast Infrared
[191] engl.: Very Fast Infrared

Schicht	Funktion
4: Transport (TTP[192])	Datenflusskontrolle, Segmentierung und Zusammesetzung von Datenpaketen
3: Vermittlung (IrLMP[193])	Verwaltung mehrerer Verbindungen
2: Sicherung (IrLAP[194])	Übertragung sicherer Datenrahmen
1: Physikalische (IrPHY[195])	Bitcodierung, Modulation

Tabelle 3.7: Schichtenmodell der IrDA-Schnittstelle

Netzwerk konsequent um.

Die Anwendungsschicht unterstützt verschiedene Dienstleistungen von IrDA, wie z. B. IrCOMM (Umsetzung der seriellen Schnittstelle) und IrLPT (Umsetzung parallele Schnittstelle).

> *Merksatz:* **IrDA**
> In letzter Zeit wird die IrDA-Schnittstelle immer mehr von Bluetooth verdrängt.

3.4.2 nanoNET

Eigen-schaften

Das drahtlose Verfahren nanoNET wurde von der Berliner Firma Nanotron Technologies [Nan08] entwickelt. Das Verfahren basiert auf der von Nanotron entwickelten Technologie MDMA[196] und ist im Hinblick auf die Anforderungen an Sensornetze ausgelegt. NanoNET hat folgende technische Eigenschaften:

- lizenzfreies ISM-Band: 2,4 GHz

- geringer Stromverbrauch:

  Schlafmodus: $\approx 1\mu A$

  Betrieb: Empfang 11 mA; Senden 50 mA

- hoher Systemgewinn: 18 dB

- maximale Datenrate: 2 MBit/s

- hohe Reichweite

  Freifeld: 700 m

  Gebäude: 60 m (Sendeleistung 10 mW; BER von 10^{-3})

- niedrige Strahlenbelastung[197] durch geringe Sendeleistung

Weiterführende Literatur zum Thema Z-Wave findet man unter [Has02, MK05].

---

[196]engl.: Multi Dimensional Multiple Access
[197]„Elektrosmog"

3.4.3 Wireless USB

Wireless USB[198] gilt als die nächste Generation des USB-Protokolls (Version 3.0). Experten prognostizieren, dass die konventionellen USB-Ports in den nächsten Jahren immer mehr durch Wireless USB-Knoten ersetzt werden. Die Applikationen von WUSB decken sich mit den bisherigen USB-Anwendungen. Im Fokus stehen die PC-Peripherie und elektrische Geräte des Verbraucher-Marktes, wie z. B. Digitalkameras. Auf dem Markt ist bislang unklar, welcher der Standards Wireless USB ist:

- CWUSB[199]

- WirelessUSB

- CablefreeUSB.

CWUSB Certified WUSB ist das einzige Verfahren, das vom USB Implementer's Forum unterstützt wird. Das Verfahren erlaubt eine Übertragung im Umkreis von 3m bei einer Datenrate von 480 MBit/s. Dies entspricht dem High-Speed USB. Die ersten Chips und Alpha-Versionen von Treibern sind verfügbar. Schwerpunkt-Applikationen dürfen sogenannte virtuelle Docking-Stationen sein. Ein Laptop könnte damit am Arbeitsplatz drahtlos Verbindung zu Peripheriegeräten aufnehmen.

WUSB WirelessUSB steht für Chipsätze der Firma Cypress Semiconductor. Diese Serie ist stromsparend und erreicht eine Datenrate von 1 MBit/s. WirelessUSB arbeiten im 2,4 GHz ISM-Band bei einer Reichweite von 10 m (1 MBit/s) und 50 m bei maximal 62,5 MBit/s. Das Verfahren bedient sich der vorhandenen Treiberinfrastruktur, somit sind keine besonderen Treiber nötig. Von Firmen wie Logitech und IBM werden WUSB-Produkte bereits seit Jahren für Tastaturen, Mäuse etc. vermarktet. Die Bausteine sind preisgünstiger und stromsparender als CWUSB und CablefreeUSB.

Cablefree USB CablefreeUSB ist ein proprietärer UWB[200] der Firma Freescale. Er erlaubt eine Datenrate von 114 MBit/s auf einer Distanz von 10 m. Die Datenrate kann hierbei von 114 MBit/s auf 28,5 MBit/s verwendet werden, um unterschiedliche Entfernungen zu unterstützen. Die Firma Freescale bezeichnet die Bausteine auch als „Zero Install" WUSB, um auszudrücken, dass keine weiteren Treiber notwendig sind. Erste Applikationen sind Dongles für den PC-Anschluss an USB-Hubs.

Der CWUSB-Standard wird sich voraussichtlich gegen seine beiden Konkurrenten durchsetzen. Weitere Informationen findet man unter [Kol07].

---

[198]WUSB = Wireless Universal Serial Bus
[199]Certified Wireless USB
[200]UWB = Ultra Wide Band

> *Merksatz:* **Zielapplikationen**
> im Fokus steht der Anschluss von Peripherie und Unterhaltungselektronik
> an einen Host-PC.

3.4.4 HomeRF

Im Jahre 1998 wurde HomeRF von einer Arbeitsgruppe von Philips Electronics für drahtlose Netzwerke konzipiert. Wie der Name schon ausdrückt, bildeten Privathaushalte und kleinere Büros den Zielmarkt. Der Standard nutzt wie WLAN das lizenzfreie 2,4 GHz ISM-Band bei einer Datenrate von zunächst bis zu 10 MBit/s und bei einer nachfolgenden Version bis zu 20 MBit/s. Ziele waren die Übertragung von Sprache, Daten und Multimedia bei TV-Geräten und HiFi-Komponenten bei einer Entfernung von circa 50 m. Hauptsächlich sollte HomeRF den gemeinsamen Internet-Zugang für mehrere Computer bieten und durch seine Sprachtauglichkeit schnurlose Telefonie unterstützen.

HomeRF hat sich hauptsächlich aufgrund des günstigen Preises in den USA verbreitet. Die Firma Siemens hat Geräte für den deutschen und europäischen Markt entwickelt. Die Arbeitsgruppe, bestehend aus den Mobilfunkfirmen wie Siemens und Motorola, wurde im Jahr 2003 aufgelöst. Grund hierfür war, dass der 802.11b-Standard im Heimbereich nutzbar wurde und die Software-Firma Microsoft das Verfahren Bluetooth für Windows zur Verfügung stellte [EK08, Wik08].

> *Merksatz:* **ZigBee**
> Der Standard ZigBee geht auf die Entwürfe für eine kostengünstige, störunempfindliche Funklösung mit der Bezeichnung „HomeRF-Lite" zurück.

3.4.5 HiperLAN

HiperLAN[201] ist ein drahtloser LAN-Standard. HiperLAN stellt die europäische Alternative zu den IEEE 802.11-Standards dar und wurde von der ETSI[202] definiert.

Eigen-schaften

Auf der physikalischen Schicht setzt HiperLAN/1 die Modulationsarten FSK und GMSK ein. HiperLAN hat folgende Eigenschaften [Wik08]:

- Frequenzband: 5 GHz

- geringe Mobilität: 1.4 m/s

- asynchrone und synchrone Übertragung

---

[201] HiperLAN = **High Performance Radio LAN**
[202] ETSI = **European Telecommunications Standards Institute**

- Datenrate

    Musik: 32 kBit/s, 10 ns Latenz

    Video: 2 MBit/s, 100 ns Latenz

    Daten: 10 MBit/s

- Reichweite:

    Freifeld: 150 m

    Gebäude: 30 m

HiperLAN steht somit nicht in Konkurrenz zu Mikrowellen- oder anderen Küchengeräten im 2,4 GHz-Band.

Einige Prinzipien von HiperLAN/2, wie die dynamische TDMA[203], flossen in Breitband-Standards wie IEEE 802.16 (WiMAX) ein.

> *Merksatz:* **HiperLAN**
> Der Standard konnte sich trotz seiner technisch interessanten Eigenschaften auf dem Markt nicht durchsetzen.

3.4.6 DECT

Der DECT[204]-Standard wurde Anfang der 90er Jahre als Nachfolger der analogen Verfahren gegründet und steht für eine verbesserte schnurlose digitale Telekommunikation. Der Standard beschreibt die Schnurlos-Telefonie und die kabellose Datenübertragung im Allgemeinen. **Geschichte**

Haupteinsatzgebiet von DECT ist die sogenannte picozellulare Telefonie innerhalb von Gebäuden. Reichweite (auch Zellradius genannt) beträgt 30 bis 50 Meter. Im Freien sind Entfernungen bis 300 Meter möglich. Die maximale Ausgangsleistung beträgt hierbei 250 mW. Mittels Richtantennen oder Repeater ist eine Erweiterung der Übertragungsstrecke von mehreren Kilometern denkbar [Wik08]. **Einsatzgebiet**

Der Standard CAT-iq[205] wurde 2006 vorgestellt. Er soll die Konvergenz von Sprachübertragung, Breitbandanwendungen und Multimedia vorantreiben. Zur Sprachübertragung können auch Internet-Dienste eingebunden werden. CAT-iq basiert auf dem DECT-Standard [EK08]. **CAT-iq**

Weiterführende Literatur zum Thema DECT findet man unter [ETS08].

> *Aufgabe:* Nennen Sie Einsatzgebiete für IrDA, HiperLan und DECT.

---

[203] TDMA = **T**ime **D**ivision **M**ultiplex **A**ccess *(deutsch: Zeitmultiplex)*
[204] DECT = **D**igital **E**nhanced **C**ordless **T**elecommunications
[205] Corldess Advanced Technologiy – Internet and Quality

Zusammenfassung[a] :

1. Die Leser kennen die standardisierten Verfahren Bluetooth, ZigBee und WLAN und können sie bezüglich der Anwendungsgebiete einordnen

2. Sie sind vertraut mit den Vor- und auch Nachteilen von Standards.

3. Die Anwender sind vertraut mit den beiden Schichten 1 und 2 der Standards und deren Parameter.

4. Die Leser kennen die proprietären Verfahren EnOcean, KNX-RF und Z-Wave und können sie einordnen.

5. Sie sind vertraut mit den Parametern Frequenzband, Modulation, Sendeleistung, Datenrate und Reichweite.

[a]mit der Möglichkeit zur Lernziele-Kontrolle

4 Vergleich

Lernziele:

1. Das Kapitel dient als Entscheidungshilfe für die in Kapitel 3 diskutierten Funkverfahren.

2. Die Vergleichs-/Entscheidungsmatrixen katalogisieren ihre Parameter nach denen der Kommunikationstechnik, der Nachrichtentechnik und der Eingebetteten Systeme. Die Matrixen geben die Möglichkeit einer direkten Gegenüberstellung der Parameter in den einzelnen Kategorien, gegliedert nach standardisierten und proprietären Verfahren.

3. Die standardisierten Verfahren werden paarweise einander gegenübergestellt.

4. Ein separater Abschnitt diskutiert die Koexistenz der einzelnen Verfahren untereinander.

5. Der Abschnitt „Anwendungsgebiete" liefert wichtige Erfahrungswerte aus der Praxis.

Die kommunikationstechnischen Parameter werden in Abschnitt 2.2, die nachrichtentechnischen Parameter in Abschnitt 2.3 und die Parameter für die Eingebetteten Systeme werden in Abschnitt 2.4 detailliert vorgestellt. Die Vergleichs- und Entscheidungsmatrixen stellen die Verfahren einander gegebenüber.

4.1 Standardisierte Verfahren

Im Folgenden werden Hinweise zur besseren Beurteilung der Parameter bezüglich der drei „Säulen" Nachrichten- und Kommunikationstechnik und Eingebettete Systeme gegeben. Bei standardisierten Funksystemen wird die Interoperabilität zu anderen Systemen garantiert.

Parameter

4.1.1 Kommunikationstechnik

Abschnitt 2.2 stellt die Parameter der Kommunikationstechnik vor. Im Folgenden einige Kommentare zu den Parametern und Werten. Tabelle 4.1 stellt die Parameter der Kommunikationstechnik für die Verfahren vor.

Topologie   Unter „P2P" versteht man Punkt-zu-Punkt-Verbindungen. Bei Bluetooth spricht man von „Piconets"; hierbei handelt es sich um Sternnetzwerke. Der IEEE 802.11s (WLAN) regelt den Aufbau von Maschennetzen.

Ein Hauptmerkmal von Ad-hoc-Netzwerken ist die Selbstkonfigurierbarkeit. Eine Ad-hoc-Vernetzung ist mit Bluetooth oder IrDA am schnellsten aufgebaut.

Netzausbau   Der Netzausbau kann mittels Maschennetzen bei ZigBee und mittels Roaming und Handover (Netzinfrastruktur) bei WLAN erfolgen. Die Topologie bei WLAN mit Access Point nennt man ESS[1].

Paketaufbau   Bei Bluetooth wurden der Zugriffs-Code, die Kopf- und Nutzdaten nicht „bytegenau" abgebildet. Hieraus resultieren die gerundeten Angaben. Die Datenpakete werden von ZigBee nach WLAN größer – der Overhead nimmt hierdurch ab.

Definition: **Roaming, Handover**
Roaming: ist die zentrale Aufgabe eines zellularen Netzwerks – auch bei Bewegung des Nutzers im Sendegebiet und beim Wechsel der Funkzelle. Handover: Vorgang in einem mobilen Telekommunikationsnetz (zum Beispiel GSM oder UMTS), bei dem das mobile Endgerät (Mobilstation) während eines Gesprächs oder einer Datenverbindung von einer Funkzelle in eine andere wechselt. Auch beim Wechsel zwischen GSM und UMTS mit einem Dual-Mode-Mobiltelefon spricht man von Handover.

Die Anzahl der adressierbaren Netzteilnehmer ist bei Bluetooth im Vergleich zu den anderen Verfahren sehr klein. Bluetooth wurde ursprünglich als Kabelersatz-Technologie konzipiert.

Sprache   Bluetooth verfügt über mehrere gesicherte Kanäle zur Übertragung von Sprache und Multimediadaten. IEEE 802.11 benutzt auf den höheren Ebenen konventionelle Ethernet-Technik. Hier ist eine synchrone Übertragung weder garantiert noch abbildbar. IEEE 802.11e erweitert WLAN um QoS[2] zur Priorisierung von Datenpaketen, z. B. für Multimedia-Anwendungen.

---

[1] ESS = Extended Service Set
[2] QoS = Quality Of Service

> *Merksatz:* **VoIP**
> VoIP[a] ermöglicht eine Sprachübertragung mittels TCP/IP-basierter Netzwerke. Die Sprachübertragung stellt besondere Anforderungen an die Übertragungstechnik – in diesem Fall an die paketorientierten Übertragungsprotokolle. Hierbei lassen sich Übertragungsfehler, Verzögerungen und Laufzeitunterschiede nur durch ausreichende Bandbreite oder Protokollzusätze erreichen.
>
> ---
> [a]VoIP = Voice over Internet Protocol

Der Punkt „Erweiterung" stellt einige interessante neue Versionen vor. Diese sind nicht vollständig. Einen Überblick zu den 802.11-Erweiterungen liefert [Has08].

> *Merksatz:* **Datensicherheit**
> Unter Datensicherheit versteht man den Schutz der Daten bezüglich der Anforderungen an Vertraulichkeit, Integrität und Verfügbarkeit (siehe auch Abschnitt 2.2.4).

Daten-sicherheit

Bei drahtlosen Verfahren können übertragene Daten leichter als bei drahtgebundenen von Dritten empfangen und sogar manipuliert werden. Zwischen Authentisierung und Verschlüsselung wird wie folgt unterschieden: Bei der Authentisierung erfolgt eine Überprüfung der Station, ob sie berechtigt ist, am Netzverkehr teilzunehmen. Bei der Verschlüsselung kommt ein gemeinsamer Schlüssel zum Einsatz. Hierbei ist die Güte abhängig von der Größe des Schlüssels.
Die Verschlüsselung bei WLAN ist vergleichbar mit dem drahtgebundenen Ethernet und wird als WEP[3] bezeichnet. Weitere zusätzliche Maßnahmen sind eine eindeutige Geräteadresse (Geräte-Identifikation), eine eindeutige Netzwerkadresse (Zugangskontrolle) und eine PIN[4], die in das Verschlüsselungsverfahren mit eingeht.

> *Merksatz:* **WPA2**
> soll die Sicherheitsmängel von WEP beheben (siehe auch Abschnitt 3.2.3).

WiFi-Module können in einem Netzwerk immer mithören. Somit ist ein „Knacken" der verschlüsselten Daten „Offline" möglich. Bei Bluetooth hingegen ist dies unmöglich. Der Slave muss sich auf die Frequenzsprung-Sequenz und die Sprung-Phase des Masters synchronisieren.
Unter „Pairing" versteht man bei Bluetooth die Verbindungsaufnahme zwischen

---
[3]WEP = Wired Equivalent Privacy
[4]PIN = Personal Identification Number

zwei Geräten. Hierzu ist ein gemeinsamer Verbindungscode nötig, bestehend aus eindeutigem PIN-Code, einer Zufallszahl und der Bluetooth-Geräteadresse. Ein Zugriff während eines „Paging" oder „Inquiry"-Ablaufs gibt nur die Identität einer Station frei. Bluetooth-Geräte müssen „Inquiry" nicht zulassen – somit ist nur eine Kommunikation mit ausgewiesenen zugelassenen Stationen möglich. Bluetooth gilt hierbei als sicher und wird deshalb für Bankanwendungen eingesetzt (siehe Abschnitt 3.2.1).

Kanal-codierung

Datensicherheit darf nicht mit der Robustheit einer Übertragung verwechselt werden. Die Robustheit einer Übertragung kann durch Methoden der Kanalcodierung, wie Fehlererkennung (CRC[5]), Bandspreizverfahren, wie DSSS, Kanalzugriffsverfahren, wie TDMA, verbessert werden [MK05]. Das DSSS-Bandspreizverfahren besteht bei 802.11b aus einer 11 Bit langen Chip-Sequenz (siehe auch Tabelle 4.3). Dies erhöht die Redundanz. Zudem erschweren Bandspreizverfahren das Abhören und Stören, da das Signal auf ein möglichst breites Frequenzspektrum aufgeteilt wird.

Aufgaben:

1. Was versteht man unter Robustheit und was unter Datensicherheit? Nennen Sie jeweils drei Beispiele.

2. Wie kann die Reichweite eines Netzwerks bei ZigBee und Bluetooth erweitert werden?

4.1.2 Nachrichtentechnik

Modulation

Abschnitt 2.3 stellt die Parameter der Nachrichtentechnik vor. Die Tabellen 4.2 und 4.3 stellen die nachrichtentechnischen Parameter vor. Die Modulationen lassen sich charakterisieren bezüglich:

- S/N: Verhältnis von Signalleistung(Trägerleistung) zu Rauschleistung, das in Dezibel (dB[6]) angegeben und auch als Störabstand (SNR[7]) bezeichnet wird

- Bandbreiteneffizienz ϵ: Bitrate/Bandbreite.

Hierbei ist die Performance der Modulationsverfahren (S/N, Bandbreiteneffizienz) gegen den Hardware-Aufwand abzuwägen.

---

[5]CRC = Cyclic Redundancy Check *(deutsch: Zyklische Redundanzprüfung)*
[6]dB = DeziBel
[7]SNR = Signal To Noise Ratio *(deutsch: Signal-Rausch-Abstand oder -Verhältnis)*

Parameter	Beschreibung	**IEEE 802.15.4 (ZigBee)**	**Bluetooth, IEEE 802.15.1**	**WLAN, IEEE 802.11b**
Topologie	P2P	X	X	X
	Sternnetz	X	X	X
	Maschennetz	**X**		
Komfort	Ad-hoc	X	X	X
Netz-Ausbau		**X**		**Roaming**
Verbin-dungstyp	verbind.-los	X		X
	verbind.-orientiert		X	
Netz-teilnehmer		**> 65000**	8	32
Sprachkanäle			**3**	
Datenüber-tragung	synchron	X	X	
ISO/OSI-Schichten		1, 2 +	1, 2	1, 2a
Standard		802.15.4	802.15.1	802.11
Version		R17	1.x, 2.x, 3.0	802.11a-z
Erweiterung		ZigBee Pro	UWB: 3.0	802.11a-z
Interoperabel		X	X	X
Paketaufbau (PHY) [Byte]		4+1+1+ bis 127 (Nutz-daten)	9 + $\approx$ 7 bis $\approx$ 343 (Nutzda-ten)	30 + bis 2.312 (Nutz-daten) + 4
Profile skalier-bar		X	X	X
Daten-sicherheit	Authen-tifizierung	X	X	X
	Verschlüs-selung	32 - 128 Bit AES	8 - 128 Bit	40, 108 Bit
	Geräte-nummer		X	MAC-Adresse
	PIN		X	
Kanal-codierung	CRC16,32	X	X	X

Tabelle 4.1: Vergleich der kommunikationstechnischen Parameter. Eine Bewertung erfolgt durch „Fettdruck" [Sik05, MK05].

> *Merksatz:* **Frequenzband**
> Je niedriger die Frequenz, desto geringer die Freifelddämpfung, desto höher die Reichweite

Die Bitfehlerrate (BER[8]) hängt vom Signal-Rausch-Verhältnis ab. Häufig wird die Empfindlichkeit des Empfängers auch auf die Paketfehlerrate (PER[9]) bezogen.

> *Merksatz:* **Modulation**
> Energieeffiziente Modulationen haben ein günstiges S/N-Verhältnis. Zudem ist es notwendig, die Bandbreiteneffizienz und den Realisierungsaufwand (Kosten) mit zu berücksichtigen.

Datenrate

Ein häufiger Fehler ist die zeitliche Beurteilung eines drahtlosen Kommunikationssystems anhand der Datenrate[10], z. B. kBit/s oder auch kBPS[11]. Entscheidend ist jedoch nicht die reine Datenrate (brutto), sondern die Nutzdatenrate (netto) der Anwendungsschicht. Aufgrund zusätzlicher Steuerinformationen, die mit den Nutzdaten mitübertragen werden („Paket-Overhead"), ist der Nutzdatendurchsatz stets kleiner als die Datenrate. Die Nutzdatenrate hängt auch vom Kanalzugriffsverfahren ab. Zudem sind schnelle Reaktionszeiten und vor allem Echtzeitfähigkeit gefragt. Das heißt, die Daten müssen in einer deterministisch begrenzten Zeit beim Empfänger zur Verfügung stehen.

Echtzeit

Bluetooth verwendet als Kanalzugriff TDMA[12]. Hierbei sind für eine Übertragung die Zeitschlitze fest vorgegeben. Aufgrund der zeitlich nicht limitierten ARQ[13] gibt es bezüglich des Echtzeitverhaltens Einschränkungen. ZigBee setzt das CSMA/CA-Verfahren ein. Dies ist zeitlich nicht limitiert und somit nicht echtzeitfähig. Bluetooth ist somit „eher" echtzeitfähig [MK05].

Alternativ kann bei ZigBee durch die „Superframe"-Struktur einem Gerät exklusiv ein Zeitschlitz zugewiesen werden. Dadurch wird das CSMA-Verfahren „ausgehebelt" und die Echzeiteigenschaft verbessert (siehe Abschnitt 3.2.2).

> *Merksatz:* **MIMO**[a]
> ist ein Oberbegriff für eine Funkverbindung, bestehend aus mehreren Antennen. Hierbei ermöglicht der Einsatz von mehreren Antennen eine Verbesserung des Empfangssignals. Somit erhöhen sich die Reichweite oder die Datenrate.
>
> ---
> [a]MIMO = Multiple Input Multiple Output

---

[8]BER = Bit Error Rate
[9]PER = Packet Error Rate
[10]oder auch Bandbreite
[11]BPS = Bits Per Second
[12]TDMA = Time Division Multiplex Access *(deutsch: Zeitmultiplex)*
[13]ARQ = Automation Repeat ReQuest

Bei der Reichweite handelt es sich um theoretische Werte. Die Reichweite hängt **Reichweite**
vom Gebäudeaufbau und von der direkten Sichtverbindung (LOS[14]) ab.

Aufgabe: Wie hängen das Frequenzband, die Freifelddämpfung und die daraus resultierende Reichweite zusammen?

Bei der Übertragung mit ZigBee im 2,4 GHz-Bereich kommt ein vereinfach- **DSSS**
tes DSSS[15]-Verfahren zum Einsatz. Hierdurch wird die Empfindlichkeit gegen
schmalbandige Störer reduziert. Zudem kann auf die Synchronisation in lan-
gen „Power-Down"-Phasen verzichtet werden, wie es bei Bluetooth mit dem
Frequenzsprungverfahren FHSS[16] der Fall ist.

Beispiel: Bei ZigBee werden 4 Bit-Symbole verwendet. Dies führt bei ei-
ner maximalen Übertragung von 250 kBit/s zu einer Symbolrate von 62,5
kSymbolen/s. Jedes Symbol wird auf eine der 16 quasi orthogonalen 32 Bit
breiten Spreizcodes[a] abgebildet. Die Chip-Rate ist die Bitrate am Ausgang
(Bitrate auf dem Übertragungskanal). Hieraus ergibt sich eine Chip-Rate
von $62,5 \cdot 10^3 \cdot 32 = 2$ MChips/s.

---

[a]engl.: Chips

Definition: **Baud**
N Baud entspricht der Übertragung von n Zeichen[a] pro Sekunde. Ein Zei-
chen kann dann aus einer bestimmten Anzahl von Bits bestehen.

---

[a]Symbolen

---

[14]LOS = **L**ine **O**f **S**ight *(deutsch: Sichtverbindung)*
[15]DSSS = **D**irect **S**equence **S**pread **S**pectrum
[16]FHSS = **F**requency **H**oping **S**pread **S**pectrum

Parameter	Beschreibung	IEEE 802.15.4 (ZigBee)	Bluetooth, IEEE 802.15.1	WLAN, IEEE 802.11b
Einsatzgebiet		Weltweit	Weltweit	Weltweit
Frequenzband [GHz]	Weltweit	2,4-2,4835	2,402-2,480	–
	Amerika	0,902-0,928	–	2,4 - 2,4835
	Europa	0,8683	–	2,4 - 2,4835
Modulation	Weltweit	OQPSK (2,4 GHz)	GFSK (2,4 GHz)	BPSK, DQSPK
	Amerika & Europa	BPSK (868/915 MHz)	–	–
Kanalzugriff		CSMA/CA	FHSS	CSMA/CA
Bandspreizung		DSSS	FHSS	DSSS
Duplex		TDD	TDD	TDD
Kanalbreite [MHz]		2	1	20
Kanalanzahl	Weltweit	16 (2,4 GHz)	79	13, 3 (nicht überlappend)
	Amerika	10 (915 MHz)	–	–
	Europa	1 (868 MHz)	–	–
Max. Datenrate [kBit/s] (Netto)	Weltweit	250 (2,4 GHz)	10^3 (723,2)	$11 \cdot 10^3$
	Amerika	40 (915 MHz)	–	
	Europa	20 (868 MHz)	–	

Tabelle 4.2: Vergleich der nachrichtentechnischen Parameter I

Parameter	Beschreibung	IEEE 802.15.4 (ZigBee)	Bluetooth, IEEE 802.15.1	WLAN, IEEE 802.11b
Sendeleistung [dBm]:		max. 20	0, 4, 20	max. 20
Leistungs- steuerung		X	X	802.11h
Reichweite [m]	Gebäude	14	5-10	25-40
	Freifeld	175	100	> 100
Empfänger- Empfind- lichkeit [dBm] bei 1% PER		868 MHz: -92; 915 MHz: -92; 2,4 GHz: -85	-70	-82 bei 8% PER (bei 11 MBit/s)
DSSS				
Symbole	Daten	16 ortho- gonale Symbole (4 Bit)		1 (bei 1 MBit/s)
Symbolrate [kSymbole/s]		62,5		10^3
Chips [Bit]	Modulation	32		11
Chip-Rate [MChip/s]		2		11
FHSS [Hops/s]			1600	

Tabelle 4.3: Vergleich der nachrichtentechnischen Parameter II [MK05]. Offene Umgebung: Freifeld und geschlossene Umgebung: Gebäude

> *Aufgaben:*
>
> 1. Wie erklärt sich die höhere Datenrate des amerikanischen Frequenzbandes gegenüber dem weltweiten Frequenzband bei ZigBee?
>
> 2. Warum ist die Bewertung eines Verfahrens nach der Datenrate problematisch?
>
> 3. Erläutern Sie den Zusammenhang zwischen Bit- und Symbolrate.
>
> 4. Erläutern Sie den Zusammenhang zwischen Bit- und Chip-Rate.
>
> 5. Was spricht für und was gegen eine Erhöhung der Trägerfrequenz? Erläutern Sie den Sachverhalt mittels der Parameter Antennengröße, Datenrate und Reichweite.

4.1.3 Eingebettete Systeme

Abschnitt 2.4 stellt die Parameter der Eingebetteten Systeme vor. Die Tabellen 4.4 und 4.5 stellen die Parameter für die Eingebetteten Systeme für die einzelnen Verfahren vor.

Batterielebensdauer Die Batterielebensdauer (Leistungsaufnahme) eines Transceiver-Moduls hängt im Wesentlichen vom Zustand ab: Die Hauptzustände sind das Senden und das Empfangen. Durch die Wahl einer geringeren Sendeleistung kann die Leistungsaufnahme reduziert werden (siehe Leistungssteuerung Tabelle 4.3). Generell senken unipolare Verbindungen den Energieverbrauch (siehe proprietäre Verfahren).

Kosten Die Kosten sind nur „grobe" Angaben. Als Umrechnungsfaktor zwischen Euro und Dollar wurde der Faktor 1,5 angesetzt.

Bei einer Applikation mit einer spontanen Kommunikation ist die Leistungsaufnahme des Empfänges das Hauptproblem, da dieser sich theoretisch immer im Empfangszustand befinden muss. Neben den Zuständen Senden und Empfangen können noch weitere Energiespar-Zustände[17] existieren.

Die Latenz kann nur in einem „groben" Bereich angegeben werden.

> *Merksatz:* **Latenz**
> oder auch Latenzzeit. Sie stellt das Zeitintervall zwischen einer Aktion und deren Reaktion auf dieses Ereignis dar.

---

[17]engl.: Low-Power Modes

Ein wichtiger Zeitfaktor ist die Art der Verbindung – verbindungslos oder verbindungsorientiert. Eine verbindungsorientierte Übertragung mit Bluetooth benötigt für den Verbindungsaufbau (schlafend → aktiv) bei Version 1.2 noch bis 2,5 s [MK05]. Existiert die Verbindung, so kann sehr schnell zwischen Senden und Empfangen gewechselt werden.

> *Merksatz:* **Netzwerk-Leistung**
> Die Leistung eines Netzwerkes kann nach folgender Formel charakterisiert werden:
> Netzwerk-Leistung = Bandbreite (MBit/s)-Verzögerungen (ms)-Fehler (%)
> Sie stellt keine Formel im mathematischen Sinne dar, zeigt aber, dass die Antwortzeiten eines Netzwerks stark durch Verzögerungen und Fehler beeinflusst werden ([Jöc01], S. 259 ff)

Bluetooth verwendet das FHSS-Verfahren. Von Nachteil ist beim FHSS die Notwendigkeit zur Synchronisation zwischen Sender und Empfänger. Dies hat relativ lange Reaktionszeiten zu Beginn einer Übertragung (Aufsynchronisation) und die Notwendigkeit zur weiteren Synchronisation in ausreichenden Abständen zur Folge. Frequenzsprungverfahren erschienen folglich vorteilhaft bei Übertragungen, die deutlich länger dauern als die Synchronisationszeiten, wie z. B. bei der Sprachübertragung [KS07].

> *Aufgaben:*
>
> 1. Durch welche Maßnahmen kann der Energieverbrauch reduziert werden?

4.1.4 ZigBee versus Bluetooth

ZigBee ist wie Bluetooth ein WPAN[18]– ein Netzwerk, das quasi immer um einen herum zur Verfügung steht. Die Datenraten sind deutlich geringer als bei Bluetooth, dafür bestechen das Protokoll bzw. die Geräte durch einen extrem geringen Stromverbrauch. Der „Hibernation-Mode"[19] ist bereits im Protokoll-Stack mit implementiert. Somit ist es möglich, mit einer Batterie mehrere Monate bzw. sogar Jahre auszukommen. Weiterhin sollen ZigBee-Module (in noch nicht erreichten hohen Stückzahlen) noch weit billiger werden als die entsprechenden Bluetooth-Module. Hinzu kommt, dass sich ZigBee-Geräte autonom organisieren, und so selbstständig vermaschte Netzwerke aufbauen können.

ZigBee

---

[18]WPAN = Wireless Personal Area Networks
[19]dt.: Winterschlaf

Parameter	Beschreibung	IEEE 802.15.4 (ZigBee)	Bluetooth, IEEE 802.15.1	WLAN, IEEE 802.11b
Anwendung (-automatisierung)	Heim-	X		
	Industrie-	X		
	Gebäude-	X		
	Unterhaltungs-elektronik		X	X
Anbieter	Hardware Chiplösung Software System-integration	wenige 1,2,3 wengie viele	viele 1,2,3 viele viele	viele 1,2,3 viele viele
Batterie-lebensdauer [d]		100-1000+	1-7	0,5-5
Protokoll-Stack [kB]		10-32 — Full Function: < 32; Reduced Function Device: $\approx$ 6	250+	1 MB+
Kosten [Euro]	pro Modul (Serie)	< 3	≈ 3	$2 \cdot 3$
Latenz		μs	μs	ms
Echtzeitfähig-keit		+ (siehe Tabelle 4.6)	+ (siehe Tabelle 4.6)	

Tabelle 4.4: Vergleich der Parameter für eingebettete Systeme I [Sik05, MK05, Ste07, Awa05, IO08]

Parameter	Beschreibung	IEEE 802.15.4 (ZigBee)	Bluetooth, IEEE 802.15.1	WLAN, IEEE 802.11b
Zielmarkt und Anwendung		Steuern, Überwachen, Automatisieren; Sensornetzwerke	Kabelersatz	Internetanwendungen (E-Mail), Video
Vorteile		Zuverlässigkeit, Kosten, geringer Energieverbrauch	Kosten, Bequemlichkeit	Schnelligkeit, Flexibilität
Anforderung an Systemressourcen		niedrig	mittel	hoch

Tabelle 4.5: Vergleich der Parameter für Eingebettete Systeme II [Ste07]

> *Beispiel:* Maschennetz: Übertragung von Sensorinformationen und Steuerungsbefehlen für die Hausautomation – ein typisches Anwendungsszenario, bei dem nur geringe Datenraten auftreten und geringe Kosten sowie minimaler Stromverbrauch sehr wichtig sind [UK08].

Bluetooth

Bluetooth wurde ursprünglich als Kabelersatz für Telefone, Computer, Headsets konzipiert. Deshalb erwarten Bluetooth-Module ein regelmäßes Aufladen durch den Host (< 10 % der Hostleistung). ZigBee hingegen ist besser für Geräte geeignet, für die wenig Energie zur Verfügung steht.
Tabelle 4.6 vergleicht die beiden Verfahren. Die relative Einschaltdauer wird als „Duty Cycles" bezeichnet. ZigBee ist optimiert für zeitkritische Applikationen ([Awa05], S. 7 ff).

Parameter	ZigBee	Bluetooth
Datenpakete	kleine Datenpakete über große Netzwerke	große Datenpakete über kleine Netzwerke
Netzwerk	hauptsächlich statisch mit vielen Knoten (wenig frequentiert)	Ad-hoc-Netzwerke mit wenigen Knoten
Netzwerk-Verbindung	schnell – typisch 30 ms	langsam – typisch > 3s
Slave-Aktivierung (schlafen → aktiv)	typisch 15 ms	typisch 3s
Zugriffszeit auf aktiven Slave	15 ms	2 ms
Resume	kleine bis sehr kleine Duty cycles; statische und dynamische Umgebungen mit vielen aktive Knoten	entworfen für einen hohen QoS; moderate Datenraten in Netzwerken mit einer begrenzten Kontenanzahl

Tabelle 4.6: Vergleich von Bluetooth und ZigBee ([Awa05], S. 7 ff)

> *Aufgaben:*
>
> 1. Nennen Sie drei Vorteile von ZigBee und Bluetooth.
>
> 2. Was sind die typischen Applikationen?

4.1.5 Bluetooth versus WLAN

WLAN-Standards nach 802.11 und Bluetooth arbeiten im Frequenzband 2,4 GHz und sollen die unterschiedlichsten Geräte über Funk miteinander verbinden. Beide Standards haben unterschiedliche Stärken und kommen dadurch in verschiedenen Geräten auf den Markt.

Wireless LAN übersteigt Bluetooth in seiner Reichweite und Übertragungsgeschwindigkeit und kommt deshalb in lokalen Netzwerken zum Einsatz. Die interessanten Neuerungen 802.11e (Verbesserung QoS[20]) und 802.11f[21] sind für den industriellen Einsatz hinzugekommen [Wol07b]. Einen Überblick über die WLAN 802.11-Erweiterungen findet man unter [Has08]. **WLAN**

Das Haupteinsatzgebiet von Bluetooth liegt in einem anderen Bereich. Bluetooth ist weniger ein Netzwerkprotokoll als vielmehr eine P2P[22]-Schnittstelle, die ursprünglich als reiner „Kabelersatz" gedacht war. Bluetooth sollte den „Kabelsalat" um den PC herum aufräumen. Bluetooth hat eine geringe Reichweite (WPAN). Aber diese Netzwerke haben im Gegensatz zu WLAN sehr geringen Stromverbrauch. Ein weiterer nicht zu unterschätzender Vorteil von Bluetooth sind die geringen Kosten im Vergleich zu WLAN. Die Kostenreduktion wird durch „Ein-Chip-Lösungen" und die Massenfertigung erreicht (viele moderne Mobiltelefone sind standardmäßig mit Bluetooth ausgestattet). **Bluetooth**

Bluetooth besticht somit mit geringen Hardwarekosten, niedrigem Stromverbrauch und Echtzeitfähigkeit in den Bereichen Sprachübertragung, Audio-Video-Lösungen und Ad-hoc-Verbindungen zwischen Kleinstgeräten. Bluetooth löst an dieser Stelle IrDA[23] erfolgreich ab [EK08, UK08]. Bluetooth verfügt zudem über ein umfangreiches Sicherheitspaket mit bis zu 128-Bit-Schlüsseln zur Authentisierung und Verschlüsselung.

Vorteilhaft bei Bluetooth ist, dass die beiden Übertragungsverfahren SCO[24] und ACL[25] gleichzeitig verfügbar sind.

Das SCO-Verfahren (leitungsvermittelt) kommt bei der Sprachübertragung zum **SCO**

---

[20]QoS = **Q**uality **O**f **S**ervice
[21]engl.: **I**nter **A**ccess **P**oint **P**rotocoll
[22]P2P = **P**oint **T**o **P**oint
[23]IrDA = **I**nfrared **D**ata **A**ssociation
[24]SCO = **S**ynchronous **C**onnection **O**riented Link
[25]ACL = **A**synchronous **C**onnectionless Link

Einsatz. Es ist vergleichbar mit ISDN, wo Sprache in Echtzeit synchron in festen Zeitschlitzen[26] übertragen wird. Die Qualität der Verbindung steht hierbei im Vordergrund. Aus diesem Grund findet die Kommunikation auf einem geschützten Kanal statt.

ACL Für den Datenaustausch benutzt Bluetooth ACL (paketvermittelt). Diese Verbindung ist nicht zeitkritisch, überträgt die Daten aber zu 100 % ans Ziel. Es wird sowohl symmetrischer als auch asymmetrischer Datenverkehr unterstützt. Andere Funkstandards (siehe nachfolgendes Beispiel) beherrschen nur eine Art der Übertragung.

> *Beispiele:*
>
> 1. DECT: nur symmetrisch
>
> 2. WLAN 802.11: nur asymmetrisch

> *Aufgaben:*
>
> 1. Nennen Sie je drei Vorteile von Blueooth und WLAN.
>
> 2. Was sind die typischen Applikationen?

4.1.6 Koexistenz

ISM Der Einsatz von drahtlosen Systemen in lizenzfreien Frequenzbändern wirft grundsätzlich die Frage nach der Koexistenz mit anderen Systemen auf. Dies gilt besonders für das 2,4 GHz ISM-Band. Die Verfahren ZigBee, Bluetooth und IEEE 802.11 (WLAN), aber auch proprietäre Funksysteme verwenden das ISM-Frequenzband. Ein Großteil dieser Systeme kann das Frequenzband über längere Zeit erheblich beeinträchtigen (zum Beispiel WLAN-Videobeamer). Sowohl WLAN als auch ZigBee verwenden das DSSS-Verfahren. Die Funkübertragung erfolgt in vom Nutzer wählbaren Kanälen. Diese Kanäle sind breiter als beim FHSS-Verfahren. WLAN benutzt eine Bandbreite von 22 MHz, ZigBee hingegen 2 MHz pro Kanal. Bei WLAN sind 13 Kanäle und bei ZigBee 16 Kanäle (2,4 GHz) definiert, die sich teilweise überlappen.

---

[26]engl.: Timeslots

WLAN ist für Sendeleistungen bis zu maximal 100 mW ausgelegt, ZigBee hingegen nur für Leistungen bis zu 10 dBm (10 mW).
Der Einfluss von ZigBee auf WLAN ist aus diesem Grund eher unproblematisch. WLAN hingegen kann ZigBee bis zur vollständigen Funktionsuntüchtigkeit stören [ET06].
Bluetooth benutzt beim FHSS eine Frequenzsprung-Rate von 1600 Hops/s. WLAN hingegen nur um die 2,5 Hops/s. Bluetooth hat aufgrund der höheren Sprungrate deutliche Vorteile.
Die Interoperabilität zwischen Bluetooth und 802.11b ist prinzipiell ([Wol02], S. 317) möglich.
Weiterführende Literatur zum Thema Interferenz im ISM-Band findet man unter [Kar06].

Interoperabilität

Aufgabe: Wie beeinflusst WLAN das Verfahren ZigBee?

4.2 Proprietäre Verfahren

Abschnitt 3.3 stellt die einzelnen Verfahren vor. Tabelle 4.7 zeigt einen Vergleich zwischen den drei proprietären Verfahren: EnOcean, KNX und Z-Wave.
Es wurden hierbei nicht alle Parameter wie bei den standardisierten Verfahren miteinander verglichen.

4.3 Automatisierungstechnik

Abbildung 4.1 gibt zunächst einen Überblick über Anwendungsgebiete im Allgemeinen bezüglich der einzelnen Verfahren in Abhängigkeit von Reichweite und Datenrate. Die Abkürzung HL[27] steht für das HiperLAN.
Aufgrund der besonderen Bedeutung von WPAN und WLAN im industriellen Bereich wird dem Thema Industrie-Anwendungen und Automatisierungstechnik ein eigener Abschnitt gewidmet.
Seit der Verabschiedung des Standards IEEE 802.11b für Wireless LAN im Jahre 1999 erhielt die drahtlose Anbindung von Geräten an ein ethernetbasiertes Netzwerk für Privatanwender immer größeren Zuspruch. Heutzutage ist die drahtlose Option aus einem neuen PC oder Notebook nicht mehr wegzudenken. In der Industrie wurde allerdings erst vor wenigen Jahren begonnen, kabellose

allgemeine Anwendungsgebiete

---

[27]HL = HiperLAN

Parameter	Beschreibung	EnOcean	KNX-RF	Z-Wave
Kommunikationstechnik				
Topologie	P2P	X	X	X
	Sternnetz		X	X
	Maschennetz			X
Nachrichtentechnik				
Frequenzband MHz]		868	868	868
Reichweiten [m]	Gebäude	30	30	30
	Freifeld	300	100	> 200
Eingebettete Systeme				
Anbieter	Hardware	einer	einige	einige
	Software	einer	einige	einige
	Systemintegration	einige	einige	wenige
energieoptimierte		X		X
Anwendung	Heim-,	X		
	Industrie-,	X		
	Gebäudeautomatisierung	X		
	Unterhaltungselektronik		X	X

Tabelle 4.7: Vergleich proprietärer Verfahren [Sik05]

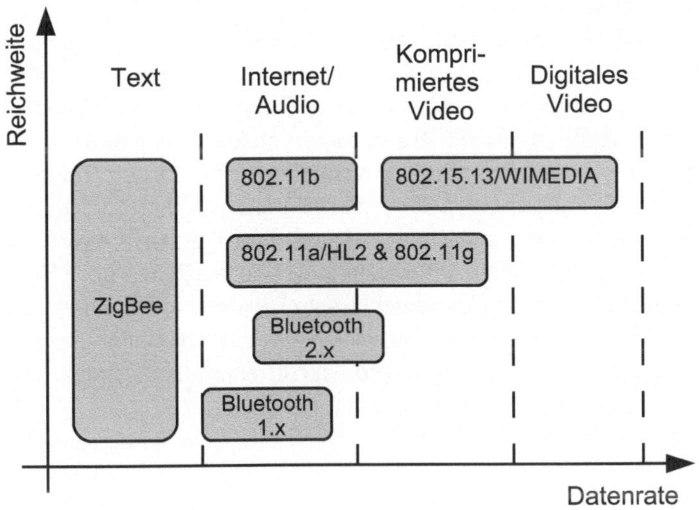

Abbildung 4.1: Anwendungsgebiete der einzelnen Verfahren.

Technologien einzusetzen. Und auch in neuerer Zeit kann von einem systematischen Einsatz von Funk noch nicht gesprochen werden. Es mag darin begründet sein, dass das Übertragungsmedium „freier Raum" nicht vollständig deterministisch fassbar ist, wie z. B. eine Kupferleitung. Interferenzeffekte wie Fading[28] (siehe auch Abschnitt 2.3.4) sind in der drahtgebundenen Kommunikation nicht üblich. Der Vorteil der räumlichen Verfügbarkeit des Funksignals birgt leider auch die größte Angriffsfläche für Sabotageakte. Die Kommunikation kann von außen mit einem leistungsstarken Störsender unterbrochen werden, ohne dass der Angreifer Zutritt zu der Anlage hat.

Die Anforderungen an Kommunikationssysteme in einer industriellen Umgebung sind daher in vielen Punkten um einiges höher als im Consumer-Bereich:

Ein Verbindungsabbruch zu einer Anlage oder Maschine wird als Funktionsstörung gewertet. Folglich wird die Steuerung in diesem Fall die Anlage in den „sicheren Zustand" versetzen. Bis zum manuellen Wiederanlauf entstehen Stillstandskosten. Die finanziellen Auswirkungen für den Heimanwender bei fehlender Verbindung dagegen sind vernachlässigbar.

Auch dem vielfach geäußerten Wunsch nach der „einen", universalen Funktechnologie, kann nicht Rechnung getragen werden. Denn so vielseitig wie die Applikationen im Industrieumfeld sind auch die Anforderungen an die einzusetzenden Kommunikationssysteme. In den folgenden Abschnitten sollen einige Zielfunk-

---

[28]Überlagerung der elektromagnetischen Wellen durch Mehrwegeausbreitung

tionen etwas näher beleuchtet werden.

Daten-sicherheit/ Daten-integrität

Unabhängig vom Übertragungssystem müssen Daten gegen Manipulation geschützt werden. Veränderungen an Datenpaketen können entweder bewusst durch einen Angreifer oder zufällig durch Störeinflüsse geschehen. Zufällige Datenmanipulationen muss die Kanalcodierung erkennen und nach Möglichkeit korrigieren können. Absichtliche Manipulationen an den Telegrammen zu verhindern, ist die Aufgabe des Verschlüsselungsalgorithmus. Jedoch erfordert es hierbei eine Abwägung zwischen Aufwand und Nutzen. Obwohl es möglich wäre, entspricht es nicht den Anforderungen, Informationen über Betriebsstunden mit demselben Aufwand zu verschlüsseln wie den Download einer geheimen Rezeptur an eine Dosieranlage. Die Ver- und Entschlüsselung der Daten erfordert einen gewissen Rechenaufwand, der in energetisch knapp bemessenen Systemen nicht unbedingt zur Verfügung steht.

Da es durchaus möglich ist, dass zwei drahtlose Netzwerke derselben Technologie räumlich eng beieinander installiert sind, muss die Datenintegrität gewährleistet werden. Es existieren Mechanismen, die verhindern, dass Datenpakete eines Netzwerks versehentlich in einem anderen Netzwerk weiterverarbeitet werden. Bekannt hierbei ist die Unterscheidung von Wireless LAN nach der SSID[29].

Störsicherheit

Im industriellen Umfeld existieren teilweise starke hochfrequente Störfelder. Hervorgerufen werden sie beispielsweise durch Frequenzumrichter, Schweiß- und Erodiermaschinen. Aber auch konkurrierende Funktechniken können Störungen darstellen. Dabei sei besonders auf das stark frequentierte 2,4 GHz ISM-Band hingewiesen, das von vielen Technologien genutzt wird. Hierzu gehören Nutzfunkdienste wie Wireless LAN (IEEE 802.11 b/g/n), Bluetooth (IEEE 802.15.1), ZigBee oder Wireless HART[30,31] (IEEE 802.15.4), aber auch Mikrowellenherde arbeiten in diesem Frequenzbereich.

Das Nutzsignal aus diesem babylonischen Sprachgewirr zuverlässig zu extrahieren, ist eine der Hauptaufgaben, die ein Funksystem erfüllen muss, soll es in einer industriellen Umgebung eingesetzt werden. Erreicht werden kann dieses Ziel mithilfe mehrerer Möglichkeiten: Einerseits kann die Sendeleistung des eigenen Gerätes erhöht werden, was allerdings recht schnell an den gesetzlichen Grenzwerten endet. Andererseits sollten mithilfe adaptiver Frequenzsprungverfahren und Spreiztechniken schmalbandige Störer ausgeblendet und besonders gestörte Bereiche ausgespart werden.

Doch nicht alle Technologien unterstützen diese Mechanismen, da sie sehr viel Verwaltungsaufwand[32] erfordern, der zu Lasten des Energieverbrauchs und des Datendurchsatzes geht.

---

[29] SSID = Service Set IDentifier
[30] HART = Highway Addressable Remote Transducer
[31] HART ist ein standardisiertes, weit verbreitetes Kommunikationssystem zum Aufbau industrieller Feldbusse.
[32] engl.: Overhead

Ein sehr dehnbarer und teilweise (siehe Abschnitt 2.4.5) falsch gebrauchter Begriff ist die Echtzeit. Ein System ist genau dann echtzeitfähig, wenn es auf Ereignisse berechenbar innerhalb einer bestimmten Zeit reagiert. Im Ermessen des Betrachters liegt nun die Festlegung, wie groß diese Zeitspanne ist. Entscheidend bei der Bewertung von Funksystemen (aber auch von drahtgebundenen Kommunikationssystemen) hinsichtlich ihrer Echtzeitfähigkeit ist das eingesetzte Buszugriffsverfahren. In Systemen, die sich zufälliger Zugriffsverfahren, wie CSMA[33], bedienen, lässt sich nicht vorhersagen, wann eine Nachricht übermittelt wird. Dagegen kann ein zeitschlitzgesteuertes Verfahren (TDMA[34]) durchaus als deterministisch gelten, wenn die Qualität der Funkverbindung entsprechend gut ist. Echtzeitfähige Systeme sind für Regelungen und sicherheitstechnische Applikationen unverzichtbar. Jedoch ist auch dabei die Reaktionszeit zu berücksichtigen: Während bei der Regelung der Raumtemperatur eine Reaktionszeit von Sekunden bis Minuten als ausreichend angesehen wird, sollte ein gedrückter Not-Aus Schalter innerhalb weniger (Milli-)sekunden einen „sicheren Zustand" herstellen.

In letzter Zeit wurden hybride Systeme entwickelt, um nichtdeterministische Technologien echtzeitfähig zu machen. Beispielhaft sei an dieser Stelle ein Wireless LAN genannt, das zyklischen Datenverkehr zulässt und in den Sendepausen azyklische Telegramme überträgt.

Je weiter oben innerhalb der Automatisierungspyramide hin zu Leitsystemen sich ein Kommunikationssystem befindet, desto höher ist das zu übertragende Datenvolumen pro Zeiteinheit. Entsprechend niedrig sind die Anforderungen – bezüglich der Übertragungsrate – an Funksysteme, die eine Anbindung von Sensoren oder Aktoren an ein Automatisierungsgerät herstellen. Der Datendurchsatz reicht von wenigen Bytes pro Sekunde auf Feldebene bis hin zu vielen Megabytes pro Sekunde auf Automations- oder Leitsystemebene. Entsprechend wurden Funktechnologien für die einzelnen Kommunikationsaufgaben entwickelt.

Wireless LAN oder UMTS eignen sich für die schnelle Übertragung großer Datenmengen, die Verbindung sollte aber ständig aufrecht erhalten werden.

Der Datendurchsatz von IEEE 802.15.4 (ZigBee / Wireless HART) dagegen ist um ein Vielfaches geringer, jedoch für die E/A-Ebene der Prozessautomation ausreichend. Sind größere Datenmengen auf Feldebene zu verarbeiten – wie es in der Fabrikautomation teilweise erforderlich ist– eignet sich Bluetooth als Übertragungstechnik.

In kaum einem anderen Punkt unterscheiden sich die Angaben der Hersteller so sehr wie in der Reichweite ihres Funkmoduls. Meistens werden zwei Angaben über die Reichweite gemacht: Eine Strecke im Freifeld und eine innerhalb von

Echtzeit-anwendungen

Daten-durchsatz

Reichweite

---

[33]CSMA = Carrier Sense Multiple Access
[34]TDMA = Time Division Multiplex Access (*deutsch: Zeitmultiplex*)

Gebäuden. Problematisch ist die Verifikation dieser Angaben, denn die Bedingungen der Testumgebung des Herstellers sind zumeist nicht identisch mit dem realen Einsatzumfeld. Vergleicht man die amerikanische (Holz-)Bauweise von Einfamilienhäusern mit europäischen Stein- oder Betonbauten, sind bereits hier signifikante Unterschiede hinsichtlich der Ausbreitungsmöglichkeit von elektromagnetischen Wellen zu erkennen. In einem Hochregallager wird man kaum von einer LOS[35]-Verbindung ausgehen können, zumal sämtliche leitfähigen Materialien Resonatoren für die Hochfrequenz darstellen können. Ausbreitungsbedingungen sind daher sehr schlecht vorherzusehen und vom individuell zur Verfügung stehenden Raum abhängig. Sind zusätzlich konkurrierende Funksysteme im Einsatz, sollten die Herstellerangaben lediglich zur Orientierung herangezogen werden. Feldstärkemessungen und Testbetrieb vor Ort können in Verbindung mit Computersimulationen bei der Planung der Funk-Infrastruktur behilflich sein. Werden diese Messungen über einen längeren Zeitraum (mehrere Tage oder Wochen) durchgeführt, lassen sich präzisere Aussagen über die Ausbreitungsbedingungen treffen.

Energiebedarf Der Energiebedarf kann bereits im Vorfeld (siehe Abschnitt 2.4.4) die Entscheidung für oder gegen den Einsatz einer Wireless-Technologie beeinflussen. Benötigt das abgesetzte Funkmodul netzgestützte Hilfsenergie, die nicht am Installationsort vorhanden ist, kann die Verlegung der Leitungen durchaus ein größerer Posten in der Kosten-Kalkulation sein.

Es sind in den letzten Jahren mehrere Lösungen vorgestellt worden, die besonders in Bezug auf ihren Energiebedarf optimiert wurden. So werden Teilnehmer in einem Wireless HART-Netzwerk während Kommunikationspausen definiert in einen Schlaf-Modus versetzt, um Energie zu sparen. Autarke Energieversorgungen für Funkmodule stellen ebenfalls zukunftsweisende Alternativen zum Netz- oder Batteriebetrieb dar.

Auch für energie-intensivere Anwendungen kommen verstärkt neue Technologien auf den Markt: Einige Wireless LAN Accesspoints werden bereits mit „Power-Over-Ethernet" versorgt, um die zusätzliche Energieleitung einzusparen.

Explosionsschutz Elektromagnetische Strahlung stellt eine potentielle Zündquelle für explosive Atmosphären dar. Die Möglichkeit einer direkten Entzündung durch Hochfrequenz wird als nicht wahrscheinlich angesehen, vielmehr besteht die Gefahr einer indirekten Zündung: Die Induktion von Strömen in leitfähigen Materialien oder Resonanzeffekte in elektrischen Schaltungen, die zur Erwärmung oder Funkenbildung führen, müssen verhindert werden. Deshalb sind für den Einsatz von Wireless-Technologien in explosionsgefährdeten Bereichen besondere Randbedingungen zu beachten.

Explosionsgefährdete Gase aus Übertageanwendungen sind nach ihrer Funken-Zündfähigkeit in drei Gasgruppen unterteilt. Wasserstoff, Acetylen oder Schwe-

---

[35]LOS = Line Of Sight *(deutsch: Sichtverbindung)*

felkohlenstoff sind die zündwilligsten Gase[36], die bereits mit wenig Aktivierungs-
energie exotherm mit dem Luftsauerstoff reagieren. Für Bereiche, in denen diese
Gase auftreten können, ist eine kontinuierliche HF-Sendeleistung von 2 W zu-
gelassen. Hierunter fallen unter anderem die Technologien Bluetooth, ZigBee
oder Wireless LAN. Gepulste Quellen (beispielsweise DECT-Module) dürfen in
diesen Umgebungen maximal die Energie von 50 μJ pro Einzelimpuls aussen-
den. Die gesetzlichen Grenzwerte bleiben von den aufgeführten Sendeleistungen
unberührt.

Weitere interessante Applikationen findet man unter: **Applikationen**

- Voltmeter auf Handy [WSS05]

- Gateways [WV05]

- Lokalisierung von Personen und Objekten mit Funkwellen [Sik07].

Zusammenfassung[a] :

1. Die Leser sind mit den kommunikations- und nachrichtentechnischen
   Parametern der Eingebetteten System vertraut.

2. Die Anwender können die standardisierten Verfahren bezüglich der
   Parameter einordnen.

3. Die Leser sind vertraut mit der „Koexistenz-Problematik" der einzel-
   nen Verfahren untereinander.

---

[a]mit der Möglichkeit zur Lernziele-Kontrolle

---

[36]Gruppe IIC

5 Entwicklung

Lernziele:

1. Das Kapitel beschreibt den „Entwicklungsprozess von der Aufgabenstellung mit Randbedingungen zur Serie".

2. Es stellt die Hardware – Chipsätze und Module für Bluetooth, ZigBee, WLAN mit Schnittstellen vor.

3. Der Abschnitt „Software" erläutert die „Protokollstapel" von ZigBee, Bluetooth und WLAN.

4. Es werden standardisierte und proprietäre Lösungen diskutiert; der Zertifizierungsprozess kommt zur Sprache.

5. Das Kapitel bespricht Test-Methoden und -Werkzeuge und die Inbetriebnahme.

In den vorherigen Kapiteln wurden die einzelnen Verfahren vorgestellt und miteinander verglichen. Nachdem die Entscheidung für ein Verfahren gefallen ist, stellt sich die Frage nach der Umsetzung, ausgehend von der Aufgabenstellung mit Randbedingungen zum fertigen Produkt (siehe auch Abbildung 2.101).
Aufgrund der hohen Dynamik ist es kaum sinnvoll und möglich, alle Chipsätze, Module und Entwicklungssysteme vollständig vorzustellen. Der Fokus liegt bei den allgemeingültigen Aspekten mit entsprechender Unterstützung zum schnellen Einstieg durch Beispiele.
Abbildung 5.1 zeigt den Entwicklungsprozess auf hoher Abstraktionsebene[1] für Eingebettete Funksysteme (siehe auch Abschnitt 2.4). Im Folgenden werden in den Abschnitten die Phasen der Entwicklung einzeln vorgestellt. Der Prozess dient hierbei als „Roter Faden". Die Auswahl der Verfahren ist mit der Frage „standardisierte oder proprietäre Lösung" verbunden. Bei dieser Diskussion wird auf die Zertifizierung eingegangen. Die in Frage kommenden Verfahren stellt Kapitel 3 vor. Auf die Serienreifmachung wird nicht mit einem eigenen

Entwicklungsprozess

---

[1]engl.: High-Level Designflow

Abschnitt eingegangen. Es ist aber notwendig, diese Phase in die Gesamtentwicklung mit einzubeziehen, vor allem wenn entschieden werden soll zwischen standardisierter oder proprietärer Lösung (siehe Abschnitt 5.2).

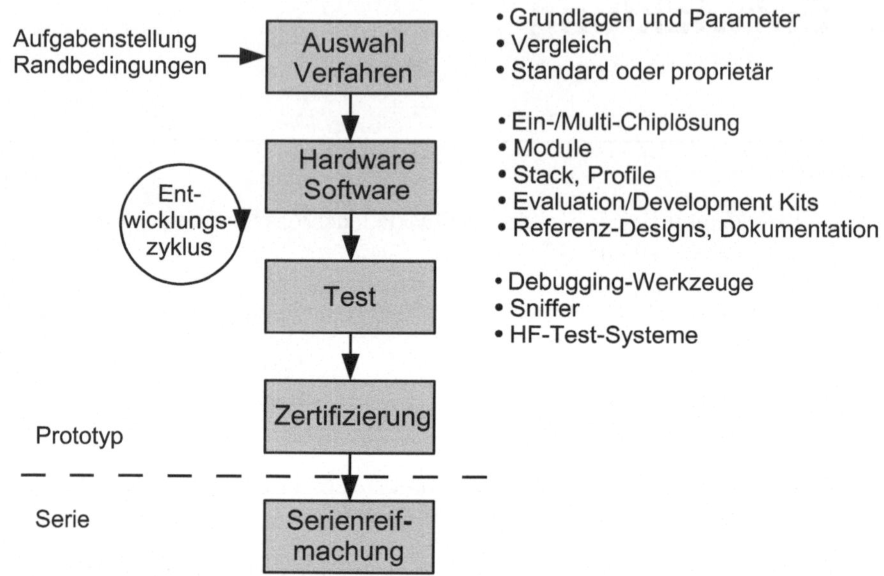

Abbildung 5.1: Vereinfachter Entwicklungsprozess – von der Aufgabenstellung über den Prototyp zur Serie.

5.1 Aufgabenstellung und Randbedingungen

Das zu realisierende drahtlose Nahbereichsnetzwerk (Aufgabenstellung) stammt zum Beispiel aus den Bereichen Gebäude-, Industrieautomatisierung oder Unterhaltungs-/Haushaltselektronik[2]. In Abhängigkeit von der Aufgabenstellung gibt es unterschiedliche Randbedingungen (siehe auch Abschnitt 2.4.2) bezüglich der drei Gebiete: Kommunikations-, Nachrichtentechnik und Eingebettete Systeme. **Kabel-Ersatz** Am Anfang stand die Suche nach einem Ersatz für Kabelverbindungen[3]. Das Verfahren Bluetooth wird hierbei in einem Atemzug genannt. Beim Ersatz einer Kabelverbindung durch eine drahtlose Verbindung müssen verschiedene Anforderungen und Bedingungen innerhalb der drei besagten Gebiete berücksichtigt **Anforderungen** bzw. erfüllt werden – hierzu einige Beispiele:

---

[2]engl.: Consumer Electronics
[3]engl.: Cable Replacement

- Kommunikationstechnik

    Netzwerktopologie

    Konvektivität[4]

    Datensicherheit[5]

- Nachrichtentechnik

    Reichweite

    Datenrate

    Antennen[6]

- Eingebettete Systeme

    Energieverbrauch

    Funktionale Sicherheit[7]

- Diverses

    Kosten

    Know-how

    Zertifizierung

    Integration

Die obigen Merkmale sind miteinander gekoppelt – es kommt zum Zielkonflikt. In der Regel können nicht alle Randbedingungen gleichzeitig erfüllt werden; die Lösung liegt in einem Kompromiss. **Zielkonflikt**

Kompromiss

Weitere Hinweise zur Auswahl von Eingebetteten Funksystemen im Allgemeinen liefert [You08].

5.2 Standardisierung versus proprietäre Lösung

Bei der Auswahl der Verfahren ist die Frage wichtig: standardisiert oder proprietär?

In den letzten Jahren hat sich ein Trend in Richtung Standardisierung und Vereinheitlichung der Verfahren (siehe Kapitel 3) entwickelt. Diese Entwicklung ist positiv zu bewerten und hat u. a. folgende Vorteile: **Vorteile**

- Unabhängigkeit von Lieferanten

---

[4]Fähigkeit zur Kommunikation mit anderen drahtlosen Systemen
[5]engl.: Security
[6]in der Regel stiefmütterlich behandelter Aspekt, mit großer Bedeutung für die Produktgüte
[7]engl.: Safety

- Produktion in hohen Stückzahlen

- Interoperabilität von Systemen unterschiedlicher Hersteller (gegebenenfalls Nutzung von Infrastruktur)

- Die Standardisierungs-Gemeinschaft schafft eine breitere technologische Entwicklung.

Nachteile Aber die Standardisierung hat auch Nachteile. Einige wichtige sind:

- Der Abstimmungsprozess innerhalb der standardisierten Lösung führt in der Regel zu einem späteren Eintritt in den Markt[8].

- Die Abstimmungsprozesse sind mehrheitsbasiert. Hierbei kann die Unternehmenspolitik die technische Entwicklung beeinflussen. Dies hat zur Konsequenz, dass die technische Lösung nicht immer optimal ausfällt.

- Aufgrund ihres übergreifenden „Wesens" erlangen die Produkte in der Regel eine zusätzliche, aber nicht unbedingt für die eigentliche Aufgabe benötigte Komplexität.

Proprietäre Lösung Die Nachteile von standardisierten Lösungen führen dazu, dass auch weiterhin proprietäre Lösungen im Bereich von drahtlosen Systemen existieren werden. Proprietäre Lösungen haben unter anderem die Vorteile [Sik05]:

Vorteile

- maßgeschneiderte Lösung: zum Beispiel einfache undirektionale Systeme mit Programmspeicher von 2 kByte. Standardisierte Verfahren benötigen mindestens das Zehnfache an Speicher.

- extrem energiesparend: zum Beispiel autarke Funksysteme, die ohne externe Energiequellen wie Batterien oder Stromnetz auskommen

- Der Nachweis der Kompatibilität des standardisierten Protokolls verlangt Disziplin bei der Entwicklung und zusätzlichen Aufwand bei den Kompatibilitätsuntersuchungen.

- Fehlende Interoperabilität hat eine Herstellerbindung zur Folge. Die ermöglicht es dem Marktführer, preisgünstigere Anbieter „in Schach zu halten".

Die Zertifizierung wird bei standardisierten Verfahren durchgeführt, um die Interoperabilität zwischen den Geräten zu gewährleisten.

---

[8]engl.: Time To Market

> *Merksatz:* **Zertifizierung**
> Um sein Produkt mit dem Verfahrens-Logo versehen zu dürfen, ist die Teil-
> nahme an einer Zertifizierung notwendig. Deren Aufgabe besteht im Nach-
> weis der Interoperabilität und der Regularien der drahtlosen Systeme. Die
> Zertifizierung muss bei der Projektplanung bezüglich des Kostenaufwandes
> und des Markteintritts des Produktes berücksichtigt werden.
> Der Zertifizierungsprozess wird bei Bluetooth „Qualifikation" genannt.

> *Einstieg:*
> Unter [Blu08b] und [Rhe08] findet man Hinweise zum Zertifizierung-
> Prozess.

> *Aufgaben:*
>
> 1. Diskutieren Sie die Vor- und Nachteile von proprietären und interope-
>   rablen Lösungen.

5.3 Hardware

Die Einteilung der verschiedenen Chip-Lösungen (IC[9]) erfolgt mittels des **Hard-/Soft-**
ISO/OSI-Modells. Abbildung 5.2 zeigt die Architektur von Ein-, Zwei- und **ware**
Multi-Chip-Lösungen. Bei der Auswahl für die jeweilige Chip-Kombination stellt
sich die Frage nach der Aufsplittung des Software- und Hardware-Anteils. Ent- **Chip-Lösung**
scheidungskriterien sind zum Beispiel die Randbedingungen: Stückzahlen, Kos-
ten, Integration, Flexibilität etc.

> *Merksatz:* **SOC**
> Ein-Chip-Lösungen stellen eine sehr kompakte Lösung dar. Sie vereinen
> die Unteren Schichten, Oberen Schichten und die Anwendungsschicht auf
> einem Chip (siehe Abbildung 5.2); es entsteht ein SOC[a].
>
> ---
> [a]SOC = **System On Chip**

Die Chip-Lösungen können auch als fertige Einheiten auf einer Leiterplatte mon- **Modul**
tiert beschafft werden. Diese Modullösungen eignen sich besonders bei Applika-

---

[9]IC = Integrated Circuit *(deutsch: Integrierter Schaltkreis)*

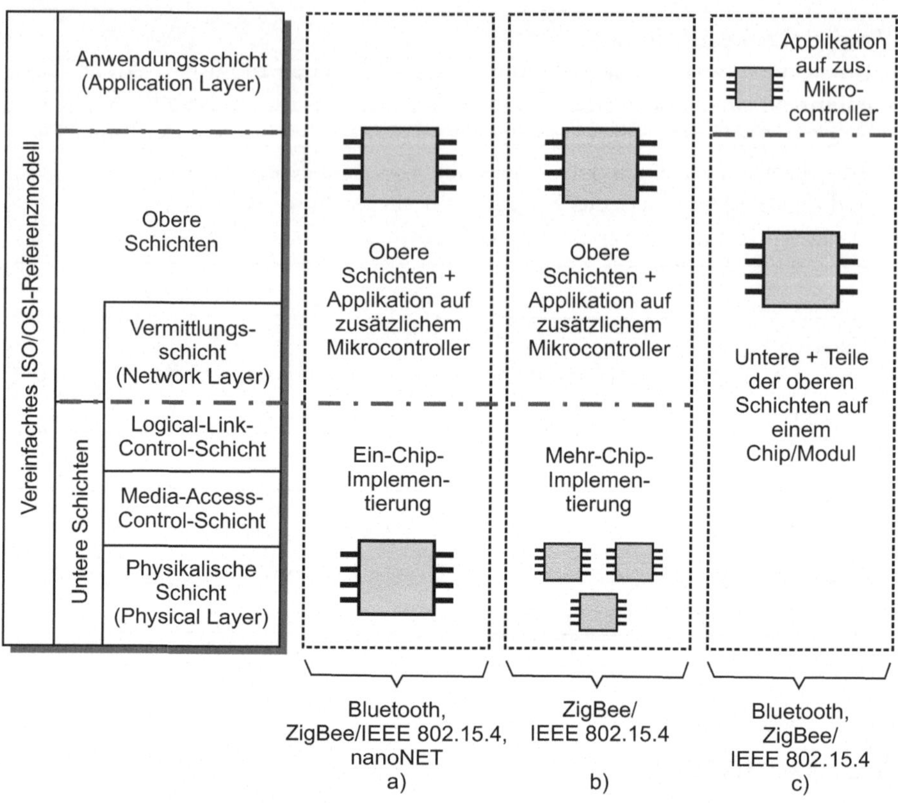

Abbildung 5.2: Multi-Chip-Lösungen mit Bluetooth und ZigBee. Hinweis: Eine Zwei-Chip-Lösung kann auch in einem einzigen IC in Form eines SOC realisiert werden ([MK05], S. 70 ff.).

tionen, die nicht für den Massenmarkt gedacht sind, für die schnelle Prototypen-Entwicklung[10] oder wenn der Aufwand für eine Zertifizierung der eigenen Ent-

Zertifizierung wicklung vermieden werden soll.

Zahlreiche Komponenten-Hersteller bieten hierzu sogenannte pre-qualifizierte Module an. Vorteilhaft ist hierbei, dass bei der späteren Zertifizierung nur die eigenen Erweiterungen abgenommen werden müssen. Der Moduleinsatz reduziert die Kosten, das Entwicklungsrisiko und die Entwicklungszeit.

> *Merksatz:* **Chip versus Modul**
> bei Applikationen mit geringen Stückzahlen sind fertige Module mit eigener Software-Schnittstelle den Chip-Lösungen vorzuziehen.

---

[10]engl.: Rapid Prototyping

> *Merksatz:* **Hochflexible Module**
> verursachen zwar geringe Stückkosten, erfordern aber lange Entwicklungs-
> zeiten, hohe Entwicklungs- und Zertifizierungskosten.

Entwicklungssysteme und Evaluationskits unterstützen die Entwickler, die Ent-
wicklungszeit zu reduzieren oder erlauben eine schnelle Einarbeitung in das je-
weilige Verfahren. Der Lieferumfang von Hard- und Software und folglich auch
der Preis differieren stark. Der Unterschied besteht unter anderem darin: of-
fener Quellcode des Protokollstapels, Testsoftware und Flexibilität der Hard-
/Software-Einheiten.

**Entwicklungs-
systeme**

> *Merksatz:* **Auswahl**
> Bei der Auswahl für einen Hersteller sind die Software-Unterstützung, die
> Entwicklungswerkzeuge und der Übergang vom Prototyp (Modul) zur Serie
> besonders wichtig.

> *Aufgaben:*
>
> 1. Diskutieren Sie den Einsatz von ICs und Modulen.
>
> 2. Diskutieren Sie eine Ein- und eine Multi-Chiplösung.

5.3.1 Schnittstellen

Abbildung 5.3 zeigt eine Zwei-Chip-Lösung, bestehend aus Applikationsmikro-
controller und Transceiver[11] mit den beiden Schnittstellen: Interchip und Außen-
welt. Beim Transceiver handelt es sich um ein indirekt modulierendes System.
Das Basisbandsignal wird zunächst in eine Zwischenfrequenz[12]-Lage gebracht
und dann in die Hochfrequenz[13]-Ebene umgesetzt. Man unterscheidet deshalb
zwischen Funkteil, Modem[14] und Basisband (siehe auch Abschnitt 2.3.3).
Der Mikrocontroller wird typischerweise mittels einer einfachen SPI[15]-kompa-
tiblen Schnittstelle mit dem Transceiver verbunden. Allgemein arbeitet die syn-
chrone Kommunikation mit SPI nach dem „Schieberegisterprinzip" mit gemein-
samem Takt. Das Gerät, welches den Takt zur Verfügung stellt, ist der „Master".
Die anderen Geräte werden als „Slaves" bezeichnet. Die Kommunikation findet

SPI

Interchip

---

[11]Transceiver = **Transmitter**Re**ceiver**
[12]ZF = **Z**wischen-**F**requenz
[13]HF = **H**igh **F**requency *(deutsch: Hoch-Frequenz)*
[14]Modem = **Mo**dulator **Dem**odulator
[15]SPI = **S**erial **P**eripheral **I**nterface

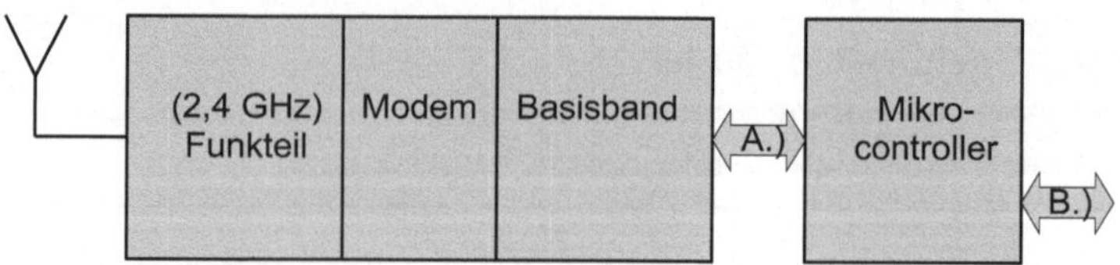

Abbildung 5.3: Aufteilung einer Zwei-Chip-Lösung mit Schnittstellen (A.): In-terchip und B.): Außen). Beispielhaft mit 2,4 GHz Transceiver. Anstelle eines Mikrocontrollers kann auch ein Mikroprozessor verwendet werden.

im Voll-Duplex-Betrieb statt (gleichzeitig senden und empfangen). Hierzu werden zwei serielle Datenleitungen (MOSI[16], MISO) und eine Taktleitung (SCLK) benötigt. Oft ist die Schnittstelle Teil eines USART-Moduls[17]. SPI ermöglicht Datenraten bis zu 1 MBit/s bei einer Entfernung bis circa 15 Meter.

> *Beispiel:* Das Evaluationssystem „CC2420MSP430ZDK" der Firma Texas Instruments stellt eine typische Zwei-Chiplösung mit SPI als Inter-Chip-Schnittstelle dar (siehe Abschnitt 5.3.2).

Die Funktion des Master übernimmt der Applikationsmikrocontroller. Zur SPI werden noch zwei bis drei E/A-Anschlüsse benötigt. Sie dienen zum einen zur Aktivierung des Transceivers (CS[18]) und zum anderen zum „Aufwecken" des Mikrocontrollers aus dem Schlafmodus mittels Interrupts.

Außenwelt Außenwelt-Schnittstellen bilden zum einen beispielsweise ADC, DAC und E/A[19]-Anschlüsse für Sensoren und Aktoren. Und zum anderen weitere serielle Schnittstellen und weitere E/A-Anschlüsse zur Steuerung von zusätzlichen Peripheriemodulen.

> *Beispiel:* Abbildung 5.4 zeigt eine weitere Schnittstelle, die bei Bluetooth zum Einsatz kommt – HCI[a].
>
> ---
> [a]HCI = **H**ost **C**ontroller **I**nterface

---

[16]engl.: Master Out Slave In
[17]USART = **U**niversal **S**ynchronous **A**synchronous **R**eceiver **T**ransmitter
[18]engl.: Chip Select
[19]E/A = **E**in-/**A**usgänge

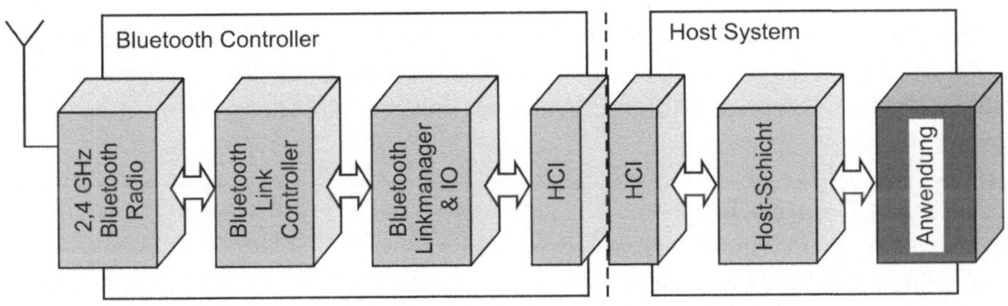

Abbildung 5.4: HCI-Schnittstelle [Wol02]

5.3.2 Evaluationssysteme

Der Abschnitt stellt beispielhaft Evaluationssysteme für Bluetooth, eine proprietäre Lösung, ZigBee und WLAN vor:

Beispielhaft für einen Bluetooth-Vertreter wird das BlueNiceCom-II-Modul von AMBER [AMB08] genannt. Es handelt sich um ein Bluetooth-Modul der Klasse 2 mit UART[20]-Schnittstelle. Die Datenrate des UARTs liegt zwischen 9,6 - 921,6 kBit/s. Als RF-Chip dient der LMX9820A von National Semiconductor [Sem08]. Das Modul ist gemäß der Bluetooth-Spezifikation 1.1 qualifiziert.

Bluetooth Modul

Die Steuerung und Parametrierung des Moduls erfolgt über einen externen Prozessor. Das Modul kann als Slave oder Master konfiguriert werden.

Das Modul verfügt über ein SPP[21]-Profil und erlaubt eine Kommunikation mit anderen Bluetooth-Modulen mit demselben Profil. Mittels eines externen Prozessors oder Host-Rechners (PC) können basierend auf dem SPP, alle weiteren Applikations-Profile, wie z. B. LAN Access-Profile aufgesetzt werden. Des Weiteren werden GAP und SDP unterstützt.

Zur Reichweiten-Optimierung kann eine externe Antenne an der SMA-Antennenbuchse angeschlossen werden.

Aufgaben:

1. Was bedeutet Klasse-2-Modul?

2. Erläutern Sie die Funktion von SPP?

Die Firma AMBER bietet zum BlueNiceComm-II-Modul ein Evaluation Kit an. Es beinhaltet unter anderem: ein Träger-Board, ein BlueNiceComm-II-Modul,

Evaluation Kit

---

[20]UART = **U**niversal **A**synchronous **R**eceiver **T**ransmitter
[21]SPP = **S**erial **P**ort **P**rofile

eine Antenne, ein USB-Bluetooth-Modul (als Gegenspieler). In der ersten Entwicklungsphase kann die Modul-Steuerung mittels eines Terminalprogramms auf dem Host-Rechner erfolgen. Weitere Hinweise zur Bluetooth-Entwicklung liefert [Esc05].

> *Einstieg:* **Bluetooth**
> Beispielhaft für ein Bluetooth-Modul wird das BlueNiceCom-II der Firma AMBER [AMB08] genannt.

> *Beispiel:* Bluetooth-Modul Ericsson-ROK 101 007 [Eri08]
>
> - Bluetooth-Radio-Chip: nach HF-Spezifikation
>
> - Basisbandprozessor ARM7TDMI-Prozessor: Basisband- und LM-Protokoll, HCI für Kommunikation über USB, I^2C-Bus oder serielle Schnittstelle
>
> - Powermanagement: Standby I=0,3 mA; Sprachmodus I=8-30 mA; Datenmodus: $\bar{I}$=5mA
>
> - Modulgröße: 30 x 15 mm

ISM-Band

Für die ersten Entwicklungsschritte im ISM-Band eignet sich das eZ430-RF2500 von TI[22]. Hierbei handelt es sich um ein vollständiges Entwicklungswerkzeug auf Basis der MSP430-Familie und des CC2500 (RF-Transceiver). Die Kommunikation erfolgt mittels SPI und weiterer E/A-Anschlüssen. Das Werkzeug beinhaltet die benötigte Hard- und Software zur Implementierung eines drahtlosen Projekts in einem USB-Stick.

Die Hardware besteht aus einem USB-gespeisten Emulator zur Programmierung und zur Fehlersuche, des Weiteren aus zwei 2,4-GHz-Funkeinheiten[23] und einem Trägerboard[24].

Proprietär

Die mitgelieferte Software besteht aus einer integrierten Entwicklungsumgebung für die MSP430-Familie und dem SimpliciTI – einem proprietären energiesparenden Protokollstapel für Sternnetzwerke (siehe auch Abschnitt 5.4). Die Zwei-Chip-Lösung besteht aus dem Mikrocontroller MSP430F22x4 (16 MIPS, 200 kSps[25] 10 Bit ADC[26] und zwei Operationsverstärkern) und dem CC2500

---

[22]Abkürzung: Texas Instruments
[23]engl.: Target Boards
[24]engl.: Battery Expansion Board
[25]engl.: Samples
[26]ADC = **A**nalog **D**igital **C**onverter *(deutsch: Analog-Digital-Wandler)*

mehrkanaligen RF Transceiver. Die Kombination ist prädestiniert für energie-sparende drahtlose Applikationen.

Mit der mitgelieferten Beispiel-Applikation kann eine drahtlose Temperaturüber-wachung realisiert werden.

Für Systemevaluation und Prototyping gibt es von TI ein Experimentier-Board[27]. Es kann RF EMKs[28] für unterschiedliche RF-Frequenzen tragen. Das Board stellt eine typische Zwei-Chiplösung aus RF-Chip und Applikations-Chip dar.

Das CC2420MSP430ZDK der Firma TI dient zur Entwicklung von ZigBee-Applikationen. Die Zwei-Chip-Lösung besteht aus dem CC2420 Transceiver und dem energiesparenden MSP430FG4618 Mikrocontroller. Diese Kombination ist besonders energiesparend.

ZigBee

energie-sparend

Das mitgelieferte MSP430-Experimentierboard stellt dem Entwickler Funktio-nalität wie LCD, Tastenfelder, Summer, RS232-Schnittstelle, JTAG-Interface etc. zur Verfügung.

Die Software des CC2420MSP430ZDK besteht aus IAR Embedded Workbench für MSP430, TIMAC, Z-Stack und Applikations-Beispielen.

Die Einheit ist flexibel und kann für einfache drahtlose Steuerungen von Licht-schaltern bis hin zur Implementierung von Knoten mit Peripherie eingesetzt werden.

Einstieg: **ZigBee**
TI liefert einen USB-Stick[TI08a] für erste Schritte und ein Experimentier-Board[TI08c] zur Prototypen-Entwicklung.

Im Folgenden einige proprietäre RF-Chips von TI – ehemals CC[29] im ISM[30]-Band.

Beispiele:

1. <1 GHz[a]: Transceiver CC1000 mit programmierbaren Frequenzen von 300 MHz - 1 GHz

2. 2,4 GHz: Transceiver CC2400

---
[a]engl.: Sub GHz

Das Angebot an WLAN-Produkten ist aufgrund vieler PC-Anwendungen sehr umfangreich. Beispielhaft wird als Evaluation Kit für WLAN das EZL-90 der Fir-

WLAN

---

[27]MSP430-EXP430FG4618
[28]engl.: Evaluation Module Kit
[29]Firma ChipCon
[30]ISM = Industrial Scientific Medical

Evaluation Kit

ma Sollae Systems genannt [Sol08]. Es handelt sich um einen seriellen WLAN-Konverter. Das Board verfügt über eine CF[31]-WLAN-Kartenfassung und über eine RS 232-Schnittstelle. Die Datenrate liegt zwischen 1,2 kBit/s bis 115,2 kBit/s.

Aufgrund der seriellen Anbindung kann die hohe Datenrate von WLAN nicht voll ausgeschöpft werden.

Die Ansteuerung und Konfiguration erfolgt mit externem Mikroprozessor oder Host-Rechner (PC). Hierzu liefert der Hersteller Windows-Programme, wie ez-SerialConfig: serielles Konfigurationswerkzeug und ezConfig: Konfigurations- und Monitorwerkzeug für WLAN.

> *Einstieg:* **WLAN**
> Als beispielhaft für ein WLAN Evaluation Kit wird das EZL-90 der Firma Sollae [Sol08] genannt.

Weiterführende Literatur zu „Transceiver im ISM-Band" findet man unter [Kha04].

5.4 Software

Protokoll-stapel

Kapitel 3 hat den komplexen Aufbau der Protokollstapel für die einzelnen Verfahren gezeigt. Zur Realisierung eines Gerätes ist es in der Regel nicht nötig, alle Protokolle zu implementieren. Es gibt verschiedene Profile für die einzelnen Applikationen.

Um die Entwicklung zu erleichtern, bieten Hersteller fertige Protokollstapel mit einer API[32] an. Die API ermöglicht eine einfachere Integration der Protokolle in die eigene Applikation und eine Art Modularisierung. Dies ist besonders im

Eingebettete Systeme

Hinblick auf die Eingebetteten Systeme wichtig, da nur eingeschränkte Profile zum Einsatz kommen (siehe Abbildung 5.5 – Bluetooth-Protostapel mit API). Die gestellte Aufgabe an die Software ist komplex. Deshalb schwanken die Kosten und die Qualität der Profile. Letztlich kommt es auf die verwendeten Eigenschaften, Stückzahlen sowie auf die Preispolitik der Software-Hersteller an. Im Folgenden werden beispielhaft Protokollstapel für eine proprietäre Lösung, ZigBee, Bluetooth und WLAN, vorgestellt.

ZigBee

Die Firma Texas Instruments stellt einen kostenlosen ZigBee-Stapel zur Verfügung. Er ist gemäß der ZigBee-Spezifikation vom Jahr 2006 zertifiziert und gewährleistet Interoperabilität mit anderen Produkten. Die API vereinfacht die Entwicklung bei z. B. der Geräte-Konfiguration und beim Senden und Empfang von Daten.

---

[31]CF = Compact Flash
[32]API = Application Programming Interface *(deutsch: Programmierschnittstelle)*

> *Einstieg:* **ZigBee**
>
> Für preiswerte und energiesparende Anwendungen mit minimalen Anforderungen an Mikrocontroller-Ressourcen gibt es das proprietätre SimpliciTI-Netzwerk-Protokoll [TI08d]. Die Firma Texas Instruments stellt einen IEEE 802.15.4 MAC Software Stack kostenlos und frei von Tantiemen[a] als Object-Code zur Verfügung [TI08b]. Weiterhin ist ein ZigBee-Protokoll-Stack kostenlos [TI08e] einsetzbar.
>
> ---
>
> [a]engl.: Royalties

> *Einstieg:* **Bluetooth**
>
> Bluetooth-Stacks findet man unter [Wik08]. Eine interessante Adresse für neue Bluetooth-Entwicklungen ist [Pal08].

> *Einstieg:* **WLAN**
>
> WLAN-Protokollstapel für Linux findet man unter [Lin08]

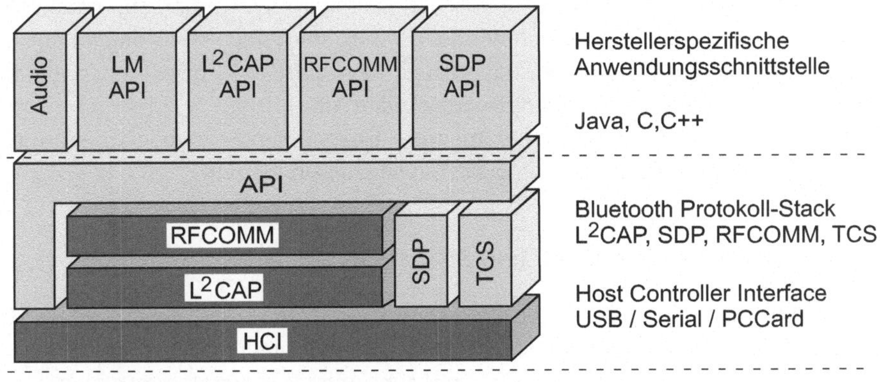

Abbildung 5.5: HW/SW-Schnittstelle bei Bluetooth [Wol02]

5.5 Test-Werkzeuge

Der Abschnitt erläutert Hard- und Software zu Test und Inbetriebnahme der in Kapitel 3 vorgestellten Verfahren. Die Test-Werkzeuge[33] sind für eine Zertifizierung ebenfalls notwendig.

Generell besteht die Problematik, dass alle Einrichtungen zu einer drahtlosen

---

[33]engl.: Debugging Tools

<table>
<tr><td>Test-
Problematik</td><td>Nahfeldkommunikation auf Funkbasis bereits Mechanismen zur Fehlerkorrektur implementiert haben. Defekte im eigenen System und Störungen von außen zeigen dieselben Symptome und werden außerdem in einem gewissen Umfang vom System selbst korrigiert. Dem Anwender bleiben diese Fehler daher oft verborgen, denn bei der Ende-zu-Ende-Kommunikation werden die Daten ja fehlerfrei übermittelt.</td></tr>
</table>

Fehlerhinweise gibt es für den Betreiber nur indirekt: Es ist eine Verlangsamung der Übertragungsgeschwindigkeit zu beobachten, da es häufige Wiederholungen durch fehlerhafte Datenpakete gibt. Bei kurzen Datenpaketen fällt das nicht weiter auf, weil die Verzögerung im Toleranzbereich liegt. Erst bei langen Testdatenpaketen ist ein reproduzierbarer Anstieg der Übertagungsdauer messbar. Dessen Ursache kann aber auch in hochfrequenten Störungen im Übertragungsfrequenzband liegen, die durch Dritte erzeugt werden.

Um die genauen Ursachen einzugrenzen, bedarf es externer Messtechnik.

5.5.1 Messgeräte

Für die Entwicklung von Geräten zur drahtlosen Nahfeldkommunikation auf Funkbasis sind sehr komplexe und teure Messgeräte erforderlich, deren Beschreibung dieses Buch sprengen würde. Es werden deshalb nachfolgend nur die Messmittel und Messmethoden (siehe auch Abschnitt A.7) beschrieben, die für Inbetriebnahme und Funktionkontrolle relevant sind.

Die Kommunikation verläuft über mehrere Ebenen, und für jede Ebene muss deren einwandfreie Funktionsfähigkeit nachgewiesen werden.

5.5.1.1 Interne Messtechnik und Selbsttests

Durch die Auswertung der Fehlerkorrekturmechanismen sind bereits gravierende Aussagen über die Qualität einer Nachrichtenverbindung möglich. Es ist intern bekannt, wie oft eine Vorwärtskorrektur angewandt werden muss, bzw. wie oft ein Datenpaket bei der Rückwärtskorrektur wiederholt werden muss. Leider werden diese in jeder Betriebssoftware vorhandenen Informationen aus der ISO/OSI-Schicht 2 - Sicherungsschicht häufig dem Betreiber nicht zur Verfügung gestellt. Das gilt besonders dann, wenn proprietäre Protokolle zum Einsatz kommen.

Ein wichtiger Anhaltspunkt ist die Feldstärke eines empfangenen Signals. In jedem Empänger ist eine Verstärkungsregelung implementiert, die verhindert, dass durch zu starke Antennensignale die Eingangstufe übersteuert wird (bei schwachen Eingangssignalen wird die Verstärkung dementsprechend erhöht). Die Steuergröße (-spannung) dieser Regelung kann als Feldstärke-Indikator herangezogen werden. Sie ersetzt kein kalibriertes Feldstärkenmessgerät, aber es wäre zum Beispiel der Nachweis führbar, dass ein Hochfrequenzsignal im benutzten Frequenzband vorhanden ist.

Wie in Abschnitt 2.3.3 bereits erläutert, muss eine Antenne auf die Arbeitsfrequenz des Senders abgestimmt sein. Nur dann stellt sie einen reellen (ohmschen) Widerstand dar, und die Sendeleistung wird optimal abgestrahlt. Liegt eine Fehlanpassung vor, wird ein Teil oder die gesamte Sendeleistung reflektiert, was zu einer Erwärmung der Endstufenbauteile führt. **Antennenanpassung**

Um dies zu verhindern, wird eine Reflexionsmessung durchgeführt. Wenn ein gewisser Prozentsatz der ausgesandten Sendeleistung von einer fehlangepassten Antenne reflektiert wird, muss die Ausgangsleistung reduziert oder der Sender gänzlich abgeschaltet werden. Das ist typischerweise der Fall, wenn 25% oder mehr der Sendeleistung reflektiert werden (d. h. das Stehwellenverhältnis PSWR[34] = 3). In einfachen Fällen wird auch nur die Erwärmung der Senderendstufe gemessen.

Beides, ein Stehwellenverhältnis von PSWR > 3 oder eine Erwärmung der Endstufe, sind Indikatoren für eine Fehlanpassung der Antenne. Bei entsprechender Senderausgangsleistung muss diese dann abgeregelt werden, um die Zerstörung der Endstufenhalbleiter durch Überhitzung zu verhindern.

Wenn der PSWR-Wert oder die Temperatur der Endstufe dem Betreiber zugänglich ist, hat er einen wichtigen Indikator für die Antennenfehlanpassung zur Verfügung.

Systeme zur drahtlosen Nahfeldkommunikation auf Funkbasis enthalten stets einen eingebetteten Mikrocontroller. Damit ist in einem solchen System eine wichtige Voraussetzung für komplexe Selbsttests[35] erfüllt. Eine andere Voraussetzung ist das Schalten von Testschleifen innerhalb des Transceivers und eventuell der Einbau eines HF-Dämpfungsgliedes. Sind diese Voraussetzungen erfüllt, können nicht nur die Protokollebenen überprüft werden, sondern große Teile des Sende- und Empfangspfades (siehe Abbildung 5.6). **Selbsttests**

Merksatz: **Interne Messpunkte**
Es existiert eine Reihe systeminterner Messpunkte, die sich für eine Funktionsprüfung und eine Fehleranalyse eignen. Selbst wenn keine Fehlerdiagnose möglich ist, kann mit einer Plausibilitätsprüfung auf den Systemzustand geschlossen werden und eine vorbeugende Wartung eingeleitet werden. Die Hersteller von Einrichtungen zur drahtlosen Nahfeldkommunikation auf Funkbasis halten sich leider oft bedeckt und stellen diese Daten und die Schnittstellen dem Betreiber nicht immer zur Verfügung.

---

[34]PSWR = **P**ower **S**tanding **W**ave **R**atio
[35]engl.: In Circuit Tests

5.5.1.2 Netzwerkanalyse und Protokollanalysator

Protokollanalysatoren

Protokollanalysatoren erlauben die Aufzeichung und Interpretation der mitgeschnittenen Daten. Dazu gehören auch Bitfehler- und Rahmenfehlermessungen. Insofern sind sie auch zur Fehlersuche geeignet. Sie versagen allerdings bei nicht offengelegten proprietäten Protokollen.

Netzwerkanalyse

Wenn eine Netzwerkanalyse durchgeführt werden soll, werden mehrere Protokollanalysatoren an den verschiedenen Tranceiverstandorten installiert, die dann den mit einem Zeitstempel versehenen Datenverkehr aufzeichnen. Man hat damit die Möglichkeit, externe Störungen und Kollisionen durch Mehrfachzugriffe (siehe auch Abschnitt 2.2.5.7) eindeutig zu erkennen.

Der Protokollanalysator ist ein typisches Werkzeug in einer Entwicklungsabteilung. Da er teuer und seine Bedienung komplex ist, wird bei einer Netzwerkanalyse häufig zur Computersimulation gegriffen. Mit möglichst realistischen Annahmen werden „Last"-Szenarien entworfen, mit denen dann das Verhalten des Kommunikationsnetzwerks simuliert wird. Bei richtiger Parameterisierung sind hier sehr realistische Simulationen möglich, die mit einer hohen Trefferquote Aussagen über mögliche Systemengpässe erlauben.

Jedes professionell betriebene Netzwerk hängt von einer zuverlässigen physikalischen Schicht als Fundament ab. Diese Basis zu schaffen, kann durchaus zu einer Herausforderung werden, da sich WiFi[36]-Netzwerke die ISM[37]-Bänder 2,4 GHz und 5 GHz mit einer Vielzahl anderer Technologien teilen müssen. Diese Überlagerungen können schnell zu Störungen oder sogar Ausfällen der einzelnen beteiligten Systeme führen. Gründe für den Einsatz von Sniffern sind:

Gründe

- Diagnose von Problemen in Netzwerken

- Erkennung von Eindringversuchen

- Analyse des Verkehrs im Netz

- Datenspionage

Eine professionelle WLAN bsw. Netzwerkplanung ist heute ohne eine grundlegende Spektrumanalyse eigentlich nicht mehr akzeptabel. Bevor man also zu teuren und leistungsfähigen Werkzeugen, wie dem „AirMagnet Spectrum Analyzer" [Air08], greift, kann man mit dem Wi-Spy [WS08] schon das Gröbste ermitteln.

---

[36]WiFi = Wireless Fidelity
[37]ISM = Industrial Scientific Medical

Definition: **Sniffer**[a]

ist ein Werkzeug zur Analyse von Netzwerken. Diese Software ermöglicht es, den Datenverkehr von Netzwerken zu empfangen, darzustellen, aufzuzeichnen und machmal sogar auszuwerten.

Einen Sniffer zum Ausspähen von Datenpaketen nennt man Packet Sniffer. Ein solcher Packet Sniffer späht alle Datenpakete von Anwendungsprotokollen aus.

---

[a]engl.: To Sniff – schnüffeln

Beispielhaft wird hier das Werkzeug „Wi-Spy" genannt. Mit ihm ist man in der Lage, bei geringem Investitionsaufwand eine schnelle und einfache erste Analyse im 2,4 GHz-Band vorzunehmen. Störquellen, wie z. B. Mikrowellen, Funkkamerasysteme etc., sind somit schnell geortet und können entsprechend eliminiert oder eingegliedert werden. Abweichend zu anderen Systemen, die nur die 802.11-Pakete monitoren, stellt der Wi-Spy WLAN USB-Spektrumanalysator das gesamte RF-Spektrum dar und ersetzt somit die klassischen Spektrumanalysatoren für erste Analysen. Im Folgenden einige Eigenschaften im Detail: **Eigenschaften**

- Automatische Echtzeit-Identifikation von Mikrowellen, Bluetooth-Geräten, schnurlosen Telefonen, analogen Videokameras, Störsendern und anderen Störquellen

- Lokalisieren und Aufspüren von Störquellen

- Kompatibel zu den weltweiten WiFi-Standards

- Erlaubt das Aufzeichnen und Abspielen von Sitzungen

Mit dem Wi-Spy USB-Spectrum Analyzer können das WiFi-Spektrum im 2,4 GHz-Band (ISM) einfach analysiert und dabei Störquellen aufgespürt und lokalisiert werden. Nachfolgend sind einige Darstellungsarten aufgeführt: **Darstellungsarten**

- Kanalauslastung

- Übersicht über Störfrequenzen

- Spektrogramm

- Leistung im Verhältnis zu Zeit und Frequenz

- Signal-zu-Rausch-Verhältnis

- Aktive Geräte

Einstieg: **Wi-Spy**

Wi-Spy 2.4x und Chanalyzer 2.x – die Software zum Wi-Spy [WS08] und weitere WLAN-Sniffer [Wür04]

> *Beispiel:* SmartRF Packet Sniffer[a] ist ein PC-Programm zur Visualisierung und Sicherung von funkbasierten Datenpaketen mittels eines horchenden RF-Hardware-Knotens [Ins14c].
>
> ---
> [a]dt.: Paketschnüffler

> *Beispiel:* SmartRF Studio ist eine Windows-Applikation zur Evaluierung und Konfiguration von energiesparenden HF[a]-ICs[b]. Das Werkzeug unterstützt Entwickler von Funksystemen bei der Bewertung von HF-ICs in einem frühen Stadium [Ins14d].
>
> ---
> [a]engl.: Radio Frequency (RF)
> [b]IC = Integrated Circuit *(deutsch: Integrierter Schaltkreis)*

5.5.1.3 Hochfrequenz-Messtechnik

Die hier vorgestellten Messgeräte sind sehr komplex und erfordern geschultes Bedienpersonal. In Abbildung 5.6 ist nicht der interne Aufbau der Messgeräte, sondern nur deren Funktion symbolisch dargestellt.

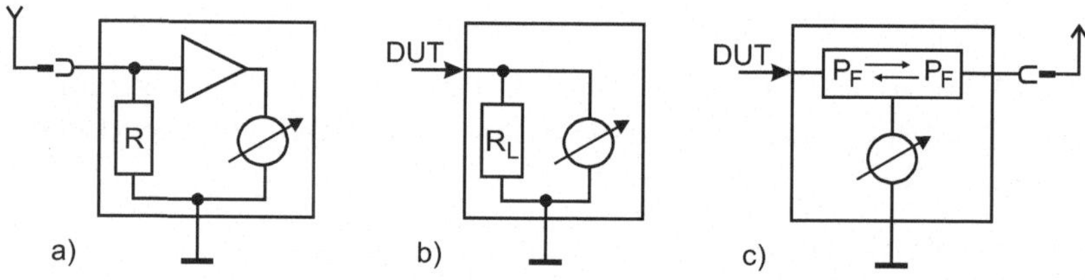

Abbildung 5.6: a) Feldstärkemessung b) Ausgangsleistungsmessung c) Durchgangsleistungsmessung

Feldstärkemessgerät
Abbildung 5.6, Teil a) zeigt die Funktion eines Feldstärkemessgerätes. Die von der Antenne kommende elektrische Energie wird auf einen Eingangswiderstand definierter Größe geleitet. Aus dem Spannungsabfall am Widerstand kann auf die Feldstärke am Ort der Antenne geschlossen werden. Je nach Antennenart können damit die elektrische oder magnetische Komponente des elektromagnetischen Feldes bestimmt werden.

Antenne, Zuleitungskabel und Messgerät müssen als eine messtechnische Einheit betrachtet werden, denn jede dieser Komponenten hat Einfluss auf die Anzeige des gemessenen Wertes. Jede Antenne (auch Breitbandantennen), jedes Kabel und jedes Messgerät enthält frequenzabhängige Komponenten, die in einem (frequenzabhängigen) Korrekturfaktor zusammengefasst werden können. Dieser „Antennenfaktor" geht in die Kalibrierung der Anzeige ein. Deshalb sollte eine Kalibrierung stets das Gesamtsystem umfassen.

Eine Feldstärke ist ein Raumvektor, der sich aus den drei Raumkomponenten „Ex", „Ey" und „Ez" (bzw. „Hx", „Hy" und „Hz") zusammensetzt. Um die Größe (den Betrag) des Raumvektors zu ermitteln, muss die Messantenne in Richtung der maximalen Feldstärke ausgerichtet werden. Das Ermitteln dieses Maximums ist oftmals sehr mühselig und ungenau. Alternativ kann jede Raumkomponente einzeln ausgemessen werden. Durch eine anschließende vektorielle Addition der gemessenen Einzelkomponenten kann man die Größe der Feldstärke ermitteln. Komfortabler ist die Messung mit einer speziellen omnidirektionalen Messantennenanordnung. Diese misst mit drei einzelnen Antennen jede räumliche Feldkomponente parallel aus und addiert sie vektoriell. Der Tester muss in diesem Fall seine Antenne nicht umständlich auf ein Feldstärkemaximum ausrichten oder gar die räumlichen Feldkomponenten einzeln ausmessen.

Leistungsmessgerät

Abbildung 5.6, Teil b) zeigt das Prinzip der Leistungsmessung. Das Testobjekt (DUT[38]) ist der Sendeteil eines Transceivers. Er wird zur Messung der Ausgangsleistung an eine künstliche Antenne angeschlossen.

Wie eine Antenne im Resonanzfall besteht auch eine künstliche Antenne aus einem ohmschen Widerstand. Dieser Widerstand darf keine relevanten Bildkomponenten enthalten und muss die maximale Ausgangsleistung des Senders aufnehmen können. Ist die Ausgangsleistung des Senders größer als die maximal zulässige Verlustleistung des Widerstandes, muss ein Leistungsdämpfungsglied vorgeschaltet werden, damit das Messgerät nicht zerstört wird.

Durchgangsleistungsmesser

Abbildung 5.6, Teil c) zeigt einen Durchgangsleistungsmesser. Diese Messung erfolgt zwischen Senderausgang und Antenne und umfasst die hinlaufende Leistung (vom Sender zur Antenne) und die rücklaufende Leistung (von der Antenne zum Sender). Daraus kann der PSWR-Wert bestimmt werden.

---

[38]DUT = Device Under Test

> *Merksatz:* **PSWR-Wert**
>
> Ein guter PSWR-Wert von Eins (100% hinlaufende Leistung, 0% reflektierte Leistung) heißt nicht unbedingt, dass man eine hervorragend abstrahlende Antenne angeschlossen hat. Auch eine Kunstantenne (ohmscher Widerstand) würde genau dieses Messergebnis liefern. Ein PSWR-Wert bedeutet lediglich, dass hier eine optimale Antennenanpassung durchgeführt wurde.

Spektrumanalysator

Mit einem Spektrumanalysator kann man Spannungen / Leistungen oder Feldstärken frequenzselektiv messen. Auf einem Bildschirm wird dabei z. B. der Leistungsverlauf über der Frequenzachse dargestellt. Der Entwickler kann hier leicht erkennen, ob Nennsendeleistung erreicht wird. Er kann auch Nebenaussendungen in anderen als den zulässigen Frequenzbereichen (Oberwellen usw.) überprüfen.

Mit der Ergänzung durch geeignetes Zubehör kann ein Spektrumanalysator zu einem Feldstärkemessgerät, zu einem Leistungsmesser oder zu einem Durchgangsleistungsmessgerät aufgerüstet werden. Dann können auch diese Kennwerte exakt vermessen werden.

Hochfrequenz-Sniffer

Ein HF-Sniffer (siehe auch Abschnitt 5.5.1.2) ist die „low cost"-Variante des oben beschriebenen Spektrumanalysators. Er besteht aus einem rechnergesteuerten Empfänger. Seine Anzeigewerte sind nicht kalibriert. Die Messwerte sind daher nur als Relativwerte zu betrachten. Je nach Softwareausstattung können nicht nur (relative) Feldstärkemessungen durchgeführt werden, sondern es ist auch ein Datenmitschnitt möglich. Zu dessen Analyse (Protokollanalyse) muss dann aber eine geeignete Software vorhanden sein.

> *Merksatz:* **Kosten**
>
> Trotz ihrer oftmals wenig professionellen Aufmachung haben diese Geräte im Feldeinsatz durchaus ihre Existenzberechtigung: Sie sind bei den Anschaffungskosten um den Faktor 1000 günstiger als eine professionelle Messgeräte-Ausstattung aus Spektrumanalysator und Zubehör.

5.5.2 Vorgehensweise und Sukzessiver Test

Wenn eine Funkkommunikationsverbindung zwischen den Stationen (A) und (B) nicht oder nur unzureichend funktioniert, ist zunächst einmal zu prüfen, ob eine interne oder externe Störung vorliegt. Interne Fehler sind in der Hardware oder Software der Transceiver/Controller der Stationen (A) oder (B) begründet. Externe Fehler werden in erster Linie durch Störungen anderer Funksender verursacht. Sie können aber auch in der Abschirmung zwischen den Transceiverstandorten A und B ihre Ursache haben oder in Veränderungen im Nahfeld der Antennen.

Zunächst muss geprüft werden, ob das Übertragungsfrequenzband frei ist oder ob es durch andere Sender oder sonstige Funkstörer belegt ist. Dazu muss bei allen an der Kommunikation beteiligten Transceivern der Sendeteil (sicher) ausgeschaltet sein. Mit einer Feldstärkemessung im Arbeitsfrequenzbereich kann geklärt werden, ob ein Störsignal vorhanden ist. Wenn es die Empfangsteile der eingesetzten Transceiver erlauben, die Empfangsfeldstärke auszulesen, kann diese Messung ohne weitere Hilfsmittel durchgeführt werden. Andernfalls ist ein externes Feldstärkemessgerät oder ein HF-Sniffer einzusetzen. Die Ortung des Störers kann mit einem Feldstärkemessgerät mit angeschlossener Richtantenne durchgeführt werden.

Wenn externe Störer sicher ausgeschlossen werden können, sollten eventuell vorhandene Selbsttestfunktionen aktiviert werden. Abbildung 5.7 zeigt die wichtigsten Funktionsblöcke zweier Transceiver. In Abbildung 5.8 sieht man oben rechts die geschaltete Testschleife für einen Protokolltest. Unten rechts sieht man einen Kurzschluss zwischen Senderausgang und Empfängereingang mit einem dazwischengeschalteten Dämpfungsglied. Damit kann der Empfängerteil des Transceivers den eigenen Sender überprüfen und umgekehrt.

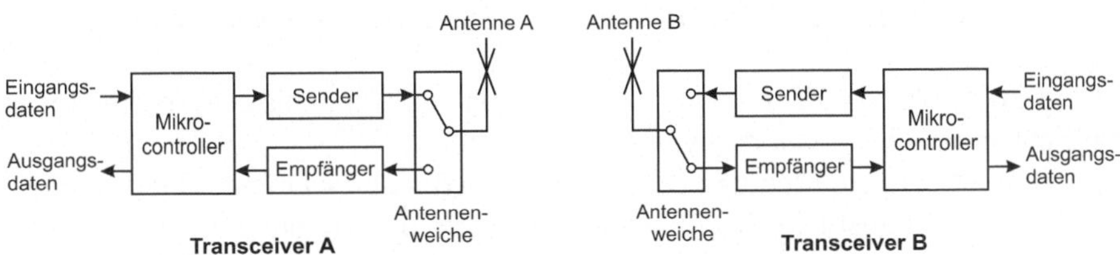

Abbildung 5.7: Funktionsblöcke eines Systems zur Nahbereichs-Kommunikation auf Funkbasis

Nicht bei allen Transceivern ist der gleichzeitige Betrieb von Sender und Empfänger möglich, da sie gemeinsame Komponenten bei der Signalaufbereitung benutzen. **Hinweis**

Stehen diese Selbsttestmöglichkeiten nicht zur Verfügung, muss der Fehler mit externen Messgeräten eingegrenzt werden. Dazu ist eine dritte Empfangsstation (C) notwendig.

Empfängt diese das Signal von (A) einwandfrei, dann ist mit großer Sicherheit auch der Sender (A) fehlerfrei. Die weitere Fehlersuche muss dann im Empfangsteil von (B) erfolgen. Eine detaillierte Prüfung des Empfängers (B) kann nur im Labor erfolgen. Es kann aber die Antenne von (B) überprüft werden,

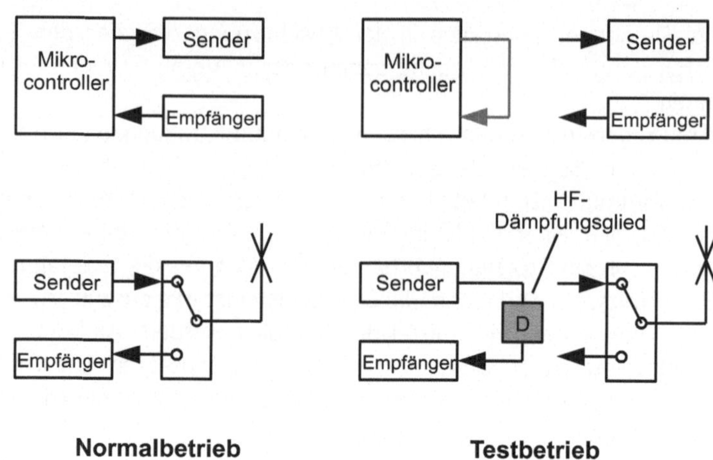

Abbildung 5.8: Normal- und Testbetrieb für die Protokolle (oben) und den Sende-Empfangsteil (unten)

indem der Sendeteil von (B) aktiviert wird. Wenn eine hinreichende Feldstärke am Standort (A) gemessen wird, arbeitet die Antenne in Senderichtung einwandfrei, was auch für die Empfangsrichtung gilt (sofern nicht die Sende-Empfangsumschaltung defekt ist). Weitere Reparaturen müssen im Labor erfolgen.

Ist am Standort von (C) dagegen der Empfang von (A) nicht einwandfrei, muss die Fehlersuche im Senderteil von (A) erfolgen.

Zunächst ist dort die Messung der Ausgangsleistung angebracht. Dazu wird der Sender an eine künstliche Antenne angeschlossen, die mit einem Leistungsmessgerät verbunden ist. Ist die gemessene Leistung wesentlich unter der Nennleistung, müssen weitere Fehlersuche und Reparatur im Labor erfolgen.

Entspricht die Sendeleistung jedoch dem Datenblattwert, kann der Fehler nur noch in der Antenne liegen. Zur Überprüfung ist jetzt eine Messung des PSWR-Wertes sinnvoll. Wie oben schon erwähnt, sagt ein guter PSWR-Wert jedoch nichts über die gute Abstrahlung einer Antenne aus. Er ist jedoch ein Ausschlusskriterium, denn bei einem schlechten PSWR-Wert kann mit Sicherheit eine gute Abstrahlung ausgeschlossen werden.

Ist dieser Wert schlecht (größer als 3), liegt eine Fehlanpassung vor. Die Ursache kann ein Defekt in der Antenne sein oder eine Änderung im Nahbereich der Antenne, z. B. durch die Platzierung von Metallgegenständen.

Da auch ein von außen nicht erkennbarer mechanischer Defekt der Antenne nicht ausgeschlossen werden kann, sollte die Antenne auch bei einem guten PSWR-Wert probeweise ausgetauscht werden, wenn keine hinreichende Feldstärke am Punkt (C) gemessen werden kann.

Zusammenfassung[a]:

1. Die Leser sind mit dem Entwicklungsprozess, ausgehend von der Aufgabenstellung und den Randbedingungen, vertraut.

2. Die Leser sind fähig, die Auswahl zwischen standardisierten und proprietären Verfahren zu treffen.

3. Die Anwender kennen den Aufbau einer 2-Chip-Lösung mit SPI und können die Funktion erklären.

4. Sie kennen Evaluation-Kits (Chipsätze und Protokollstapel) für die vorgestellten standardisierten Verfahren.

5. Die Leser sind vertraut mit den Test-Werkzeugen: Hard- und Software

[a]mit der Möglichkeit zur Lernziele-Kontrolle

6 Trends

„Vorhersagen sind immer schwierig, vor allem, wenn sie die Zukunft betreffen!",
hat sinngemäß einmal Woody Allen gesagt. Auf dem Gebiet der drahtlosen
Techniken können einige Trends beobachtet werden, die, wenn man die Ent-
wicklungen der vergangenen Jahre extrapoliert, durchaus Aussagen über zu-
künftige Entwicklungen zulassen.

Repräsentativ für die vielfältigen Entwicklungsmöglichkeiten in der Zukunft bei
den Verfahren für den Nahbereich wird auf „Ultra Wide Band" und „Software
Defined Radio" genauer eingegangen.

6.1 Ultra Wide Band

Die FCC[1] war der weltweite Vorreiter des UWB[2]-Standards. Die US-ameri-
kanische Regulierungsbehörde wies im Jahre 2002 den lizenzfreien Frequenzbe-
reich zwischen 3,1 und 10,6 GHz zu. Abbildung 6.1 zeigt das UWB-Spektrum
mit einer Bandbreite von 7,5 GHz im Vergleich zu GPS[3], ISM-Band und Wi-
MAX[4]. Die maximale Leistungsdichte des Senders wurde auf -41 dBm/MHz
limitiert. Bei einer Nutzung des gesamten Bandes von 7,5 GHz ergibt sich eine
Sendeleistung von nur 0,5 mW. Somit wird es möglich, Daten mit einer hohen
Bandbreite innerhalb eines relativ nahen Umfelds zu übertragen. Das Frequenz-
band ist in 14 Bänder mit je einer Bandbreite von 528 MHz eingeteilt. Die
Arbeitsgruppe IEEE 802.1.3a beschäftigt sich mit der Spezifikation von UWB.
Die Europäische Union hat mittlerweile das für die Vereinigten Staaten freigege-
bene Band für UWB mit Einschränkungen zugelassen. Eine weltweite Regulie-
rung ist noch nicht abgeschlossen. Wegen der hohen Bandbreite gibt es einige
Überlappungen mit zugeordneten Frequenzbändern wie WiMAX und WLAN
(siehe Abbildung 6.1).

> *Definition:* **UWB**
> Frequenzbereich von 3,1 bis 10,6 GHz bei einer Rauschschwelle von -41
> dBm/MHz zur Übertragung von Daten mit einer hohen Bandbreite im Nah-
> bereich

---

[1]FCC = Federal Communications Commission
[2]UWB = Ultra Wide Band
[3]GPS = Global Positioning System
[4]WiMAX = Worldwide Interoperability For Microwave Access

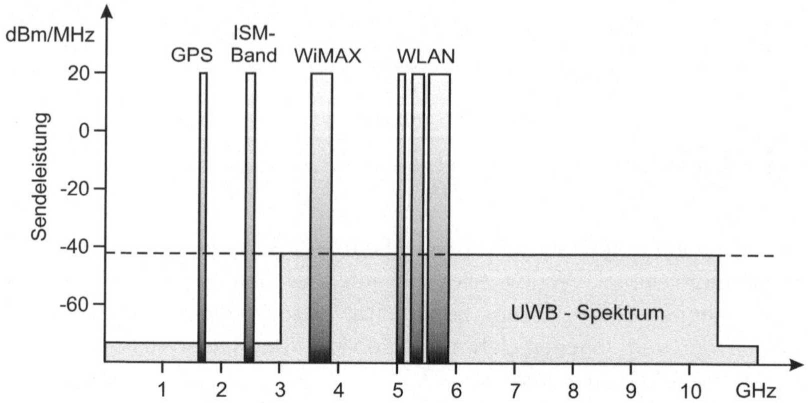

Abbildung 6.1: Ultra-Wide-Band (IEEE 802.15.3a) [Brü08]

Aufgaben:

1. Weisen Sie nach, dass die Sendeleistung 0,5 mW beträgt, wenn das gesamte UWB-Band genutzt wird.

2. Welche WLAN-Variante liegt in Abbildung 6.1 vor?

Kanal-kapazität

Einer der Hauptvorteile von UWB ist die große Kanalkapazität. Die maximale Kanalkapazität C (siehe auch Kapitel 2.2.2.4) lässt sich durch folgende Gleichung ermitteln:

$$C = B \cdot log_2(1 + SNR).$$

B: Bandbreite; SNR: Signal-zu-Rausch-Verhältnis

Die Kanalkapazität C ist unmittelbar proportional zu B. Wird eine hohe Bandbreite im Gigahertz-Bereich zugrunde gelegt, ergibt sich hieraus eine große maximale Kanalkapazität im Bereich von mehreren GBit/s. Aufgrund der geringen Sendeleistung ist die maximale Reichweite auf 10 m beschränkt. Ultra-Wide-Band ist deshalb gut für WPANs[5] geeignet.

Modulation

Als Modulationsarten(siehe Abschitt 2.3.5.2) stehen

- DS[6] (siehe Abschnitt 2.3.5.2): Verfahren des UWB-Forums

- OFDM[7] (siehe Abschnitt 2.3.4.3): Verfahren der MBOA[8]

DS UWB

zur Verfügung. Das DS UWB erlaubt das Aussenden von extrem kurzen Impul-

---

[5]WPAN = Wireless Personal Area Networks
[6]engl.: Direct Sequence
[7]OFDM = Orthogonal Frequency Division Multicarrier
[8]Multiband OFDM Alliance

sen mit BPSK[9] oder 4 BOK[10]. Hierbei wird eine große Bandbreite bei geringem Aufwand erreicht.

Für das OFDM-Verfahren sprechen der erfolgreiche Einsatz in unterschiedlichen kabelgebundenen und kabellosen Systemen, die hohe spektrale Effizienz und die Robustheit bei Mehrwegeausbreitung. OFDM UWB hat sich auf dem US-Markt etabliert.

OFDM UWB

Tabelle 6.1 zeigt einige Datenraten und Reichweiten bei UWB für einen AWGN-Kanal[11].

Modulation	Datenrate [MBit/s]	Reichweite [m]
DS	110	18
DS	220	13
DS	1320	2
OFDM	110	11,4
OFDM	200	6,9
OFDM	480	2,9

Tabelle 6.1: Datenrate und Reichweite bei UWB [Wol07a]

Bereits im Jahre 2005 hat sich die Bluetooth-SIG[12] entschlossen, OFDM UWB als Basis für neue Hochgeschwindigkeits-Applikationen einzusetzen. Dies sind multimediale Funktionen für Video und Audio sowie für den schnellen Datenaustausch. Die Datenrate wird im Bereich von einigen 100 MBit/s erhöht werden. Die Erweiterung ist bereits in die Protokollstapel IEEE 802.15.1a eingeflossen (siehe Version 3.0).

Bluetooth

> *Merksatz:* **WLAN**
> Der WLAN-Standard 801.11e-QoS[a] ist als Konkurrenz von UWB zu betrachten [PG04].
>
> ---
> [a]QoS = Quality Of Service

Im IEEE-Draft 802.15.4a wurde eine einfache physikalische Schicht auf DS UWB spezifiziert. Dies verhilft ZigBee zu höheren Datenraten. Allerdings sind, typisch für ein Sensor-Netzwerk, die Bandbreite und Datenrate gering.

ZigBee

Unter Wireless USB (siehe auch Abschnitt 3.4.3) versteht man heute in der Regel den neuen Standard des USB-Forums. Das Forum hat sich für OFDM USB entschieden. Hierbei wird eine Kompatibilität zum Hochgeschwindigkeits-

Wireless USB

---

[9]BPSK = Binary Phase Shift Keying
[10]engl.: Bi-Orthogonal Keying
[11]AWGN = Additive White Gaussian Noise
[12]Special Interest Group

USB erreicht mit bis zu 480 MBit/s bei einer Reichweite von bis zu 10 m [Brü08, Wol07a].

> *Aufgabe:* Warum eignet sich UWB zunächst nicht für den WLAN-Standard?

6.2 Software Defined Radio

Das Prinzip eines „Software Defined Radios"[13] wurde im Abschnitt 2.3.3 bereits erläutert. Die Theorie zu diesem Konzept war noch vor einem Jahrzehnt von eher akademischem Interesse, da für die Realisierung eine für die damalige Zeit immense Rechenleistung und sehr schnelle HW-Komponenten (A/D und D/A-Wandler) benötigt wurden. Abgesehen von den Kosten, ließen sich die erforderliche Rechenleistung und der daraus resultierende Energieverbrauch nicht mit den Anforderungen an mobile Sendeempfänger vereinbaren.

Prinzip Dies hat sich geändert. Durch die Realisation immer höherer Taktfrequenzen, fallende Preise für Hardwarekomponenten und durch die steigende Integrationsdichte bei programmierbaren Logikbausteinen wurden zunächst Sendeempfänger im militärischen Bereich realisiert. Es ist sehr wahrscheinlich, dass mit der weiteren technologischen Entwicklung zunehmend SDR-basierende Sendeempfänger im zivilen Sektor zum Einsatz kommen werden.

Idealerweise sollte im Empfangsweg ein Antennensignal direkt über einen A/D-Wandler für einen „Software"-Empfänger aufbereitet werden. Abbildung 6.2 zeigt dieses Konzept, welches in dieser Form mit den heute zur Verfügung stehenden Hardwarekomponenten in einem vertretbaren finanziellen Aufwand für höhere Frequenzbereiche nicht realisierbar ist. Der Hochfrequenzteil besteht in Senderichtung lediglich aus der Endstufe, die das erzeugte Hochfrequenzsignal über die Antennenweiche (Duplexer) auf die Antenne speist. In Empfangsrichtung erfolgt nach einer Vorselektion ein rauscharmer Verstärker, der das empfangene Signal auf einen Pegel anhebt, der deutlich über dem Eigenrauschen des nachfolgenden A/D-Wandlers liegt.

Die weitere Signalverarbeitung nach dem schnellen A/D-Wandler (Empfänger), bzw. die Signalaufbereitung vor dem schnellen D/A-Wandler (Sender) erfolgt ausschließlich per Software, die im Digitalteil in Form eines DSP[14] oder als Automat der in Programmierbarer Logik (FPGA[15]) realisiert werden.

Mit den derzeitigen Technologien ist eine reine SDR-Lösung ökonomisch nicht

---

[13]SDR = Software Defined Radio
[14]DSP = Digital Signal Processor
[15]FPGA = Field Programmable Gate Array

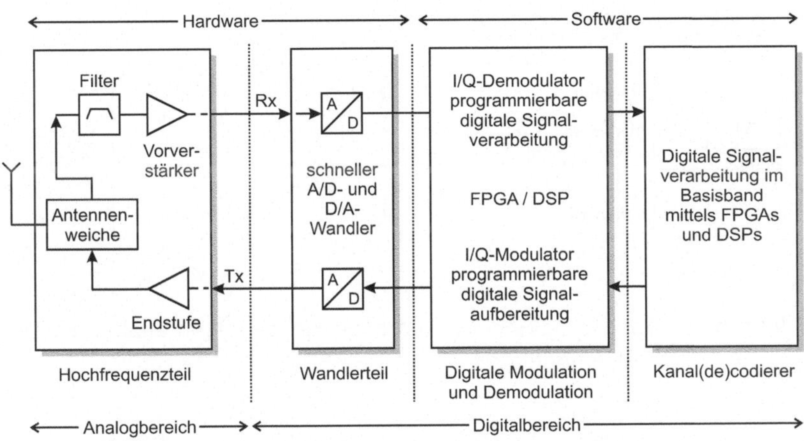

Abbildung 6.2: Prinzip eines Software Defined Radios

realisierbar, zumindest im zivilen Bereich. Man greift deshalb auf Lösungen zurück, welche die Empfangsfrequenzen in niedrigere Frequenzbereiche umsetzen bzw. Sendesignale in einem niedrigen Frequenzbereich aufbereiten und dann in den Zielfrequenzbereich hochmischen.

So wird bei der Hybridlösung (siehe Abbildung 6.3) das empfangene Hochfrequenzsignal nach dem Prinzip des Superheterodynempfängers in einen niedrigeren Frequenzbereich (ZF[16]) umgesetzt, in dem die Technologie für eine digitale Signalverarbeitung beherrschbar und ökonomisch sinnvoll ist. Die Trennung des Zwischenfrequenzsignals in seine I[17]- und Q[18]-Anteile erfolgt hier durch eine Analogschaltung. Erst nach der separaten A/D-Wandlung des I- und des Q-Signals wird das Signal rein „digital" durch die Software des nachfolgenden Digitalen Signalprozessors weiterverarbeitet.   **Heterodyn**

Bei einer anderen Variante des Hybridkonzeptes wird die A/D-Wandlung noch in der Zwischenfrequenzebene durchgeführt (siehe Abbildung 6.4). Die Trennung in ein I- und ein Q-Signal muss dabei dann durch die Software des Rechnerteils erfolgen, was zu erhöhten Anforderungen an diesen bezüglich der Geschwindigkeit führt.

Im besonderen Maße gilt das für einen Empfänger nach dem Direktmischverfahren (Homodyn-Konzept). Hier wird die Empfangsfrequenz mit einer Oszillatorfrequenz gemischt, die den gleichen Wert wie die Empfangsfrequenz hat (siehe Abbildung 6.5). Das Mischprodukt nach dem Tiefpass ist bereits das Basisband.   **Homodyn**

---

[16]ZF = **Z**wischen-**F**requenz
[17]I-Signal = **I**nphase-**Signal**
[18]Q-Signal = **Q**uadrature-**Signal**

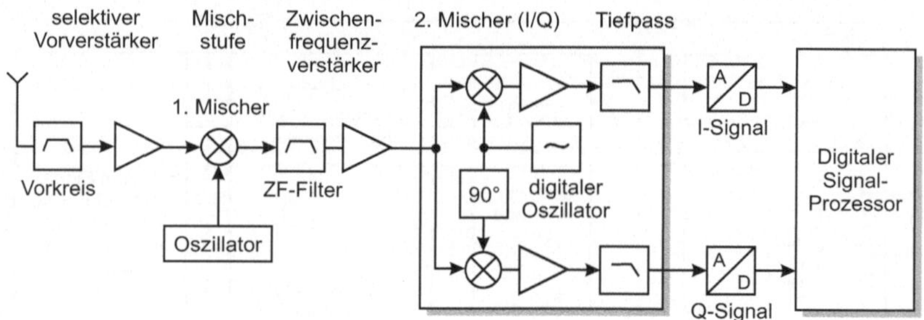

Abbildung 6.3: Hybrid-Empfänger (Heterodyn-Konzept) mit analog realisiertem I/Q-Demodulator

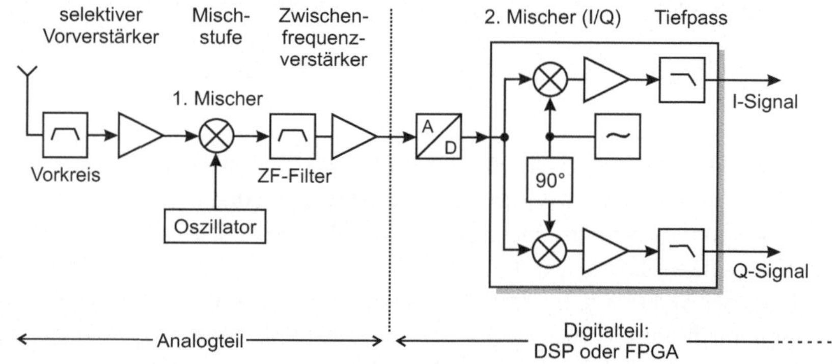

Abbildung 6.4: Hybrid-Empfänger (Heterodyn-Konzept) mit SW-realisiertem I/Q-Demodulator

Sender

Für die Senderichtung eines SDR kann das modulierte Trägersignal entsprechend aufbereitet werden. Abbildung 6.6 zeigt das Prinzip: Nach der Aufbereitung der I- und Q-Daten durch einen Digitalen Signalprozessor oder in einem Automaten auf FPGA-Basis werden diese Signale mit einem Trägerfrequenz-Cosinussignal (I-Signal) oder -Sinussignal (Q-Signal) gemischt. Die Addition der beiden Mischprodukte ergibt das modulierte Trägersignal.

Wenn die Oszillatorfrequenz, die direkt in die I- und Q-Mischstufen (siehe Abbildung 6.6) eingespeist wird, gleich der gewünschten Zielsendefrequenz ist, erhält man am Ausgang auch das modulierte Trägersignal bereits im Zielsendefrequenzbereich. Wenn die eingesetzte Technologie nicht erlaubt, den Oszillator im Zielsendefrequenzbereich zu betreiben, muss das modulierte Trägersignal in einer weiteren Mischstufe (analog) so hochgemischt werden, dass man die Zielsendefrequenz erhält. Die dabei eingesetzten Verfahren entsprechen dem bereits oben beschriebenen für den Empfangspfad.

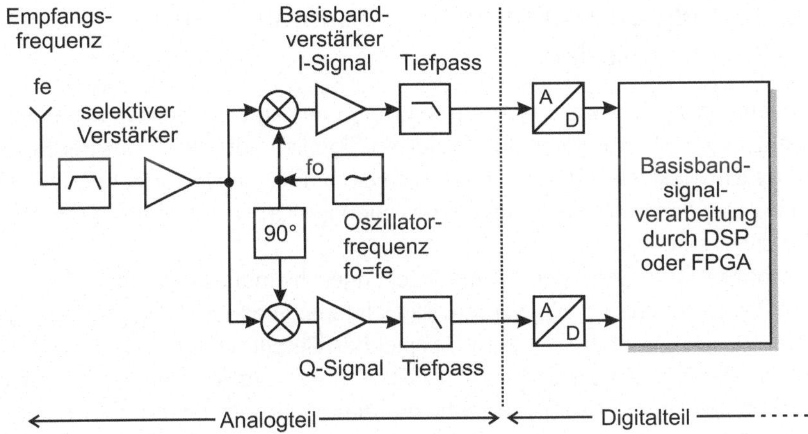

Abbildung 6.5: Hybrid-Empfänger (Homodyn-Konzept) mit HW-realisiertem I/Q-Demodulator

Im Bild 6.6 sind keine D/A-Wandler eingezeichnet. Deren Position im Signalaufbereitungspfad hängt von der eingesetzten Technologie ab. Ähnlich wie bei den oben bereits beschriebenen Empfangsprinzipien kann die Digital-Analog-Wandlung vor den I/Q-Mischstufen erfolgen oder nach dem Addierer der I- und Q-Signale. Letzteres setzt jedoch den Einsatz von schnellen Wandlern oder einen gewünschten niedrigen Zielsendebereich voraus.

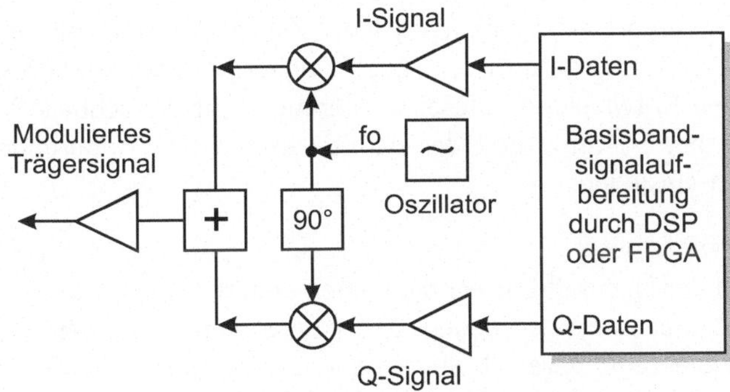

Abbildung 6.6: Prinzip der Signalaufbereitung für den Sendeteil

6.2.1 Signalprozessoren und Programmierbare Logikbausteine

Im Gegensatz zu Universalrechnern sind digitale Signalprozessoren bereits auf die schnelle Verarbeitung von digitalisierten Signalen optimiert. Aus der Sicht eines SDR-Entwicklers sind sie aber letztlich doch noch Universalrechner, die nicht auf die besonderen Anforderungen der Signalverarbeitung nach SDR-Prinzip ausgerichtet sind.

Die erhöhten Anforderungen an die Rechengeschwindigkeit können durch eine höhere Taktfrequenz erfüllt werden. Ein anderer Weg ist die Optimierung der Architektur des Rechnerteils, zum Beispiel des Befehlssatzes. Damit kann dann jedoch in der Regel kein Standard DSP zum Einsatz kommen, sondern man entwickelt hier proprietäre Architekturen, die mit programmierbaren Logikbausteinen (FPGA) realisiert werden. Eine Entwurfsebene unter den Digitalen Signalprozessoren ersetzen dann Automaten[19] spezielle Funktionen der DSPs.

Nicht nur die Rechnerkapazität stellt (noch) eine technologische Schranke dar, sondern vor allem auch die Geschwindigkeit der A/D- und D/A-Wandler und deren Auflösung. Es gibt vielversprechende Ansätze für hochauflösende und schnelle Wandler, die jedoch zurzeit aus Kostengründen und wegen ihres hohen Stromverbrauches im zivilen „Wireless"-Sektor nicht zum Einsatz kommen. Die Grenzen sind jedoch fließend und ändern sich sehr schnell in Abhängigkeit von der technologischen Entwicklung.

6.2.2 Rekonfigurierbare Architekturen

Während im Mobilfunkbereich und in der Unterhaltungselektronik weniger die Langlebigkeit eines Produktes eine Rolle spielt, ist die Situation außerhalb dieser „Consumer"-Welt eine völlig andere:

1. Im Industriebereich muss der Hersteller eines Kommunikationssystems oft über eine sogar vertraglich festgelegte Zeit die Wartbarkeit eines Kommunikationssystems garantieren, unabhängig von einer zukünftigen technologischen Entwicklung. Dieser Forderung steht die schnelle Veränderung technischer Systeme und der damit verbundenen Änderungen der Normungen entgegen.

2. Industrieprodukte werden heute für einen globalen Markt gefertigt. Im Bereich der Nachrichtentechnik stehen dem die staatlichen Hoheitsrechte der Nationalstaaten entgegen. Jeder Staat kann festlegen, welche drahtlosen Übertragungsverfahren, Frequenznutzungen, Hochfrequenzleistungen, Modulationsverfahren usw. er auf seinem Hoheitsgebiet genehmigt.

---

[19]engl.: Finite State Machine

In der WRC[20] der ITU[21] wird versucht, international nutzbare Frequenzbereiche und Normungen festzulegen. Kein Staat kann jedoch gezwungen werden, die Vorgaben der WRC in sein nationales Fernmelderecht zu übernehmen. Für den Produzenten eines Kommunikationssystems heißt das, dass er eine Vielzahl von länderspezifischen Varianten berücksichtigen muss, wenn er weltweit agieren will.

3. Im Konzept und in der Realisierung eines Übertragungsverfahrens im Bereich der „Wireless"-Technik steckt häufig ein mit immensen Kosten erarbeitetes „Know-How". Viele Hersteller sind deshalb sehr daran interessiert (unabhängig von einer Patentanmeldung), ihren Wettbewerbsvorsprung zu sichern. Das gilt in besonderem Maße für die immer häufiger üblichen proprietären Systeme, die als Quasi-Industrienorm auf den Markt kommen, da die internationalen Normungsgremien nicht schnell genug auf die rasche technische Entwicklung reagieren können.

Diese drei Hauptforderungen können weitgehend von Sendeempfängern nach dem SDR-Prinzip erfüllt werden:

Hauptanforderungen

1. Die Übertragungsverfahren, Modulationsart, Kanalcodierung und sogar die Architektur sind beim SDR per Software einstellbar und können somit per Update neu konfiguriert werden. Ein solches Software-Update erlaubt individuelle Anpassungen an besondere Kundenanforderungen ohne Hardware-Neukonstruktionen. Damit ist eine Erweiterbarkeit auf zukünftige, zurzeit noch nicht verabschiedete nachrichtentechnische Übertragungsnormen weitgehend möglich, ohne dass Hardwarebaugruppen ersetzt werden müssen. Es kann sogar bereits die Hardware nachrichtentechnischer Systeme konstruiert und produziert werden, deren Funktionalität zum Produktionszeitpunkt noch nicht endgültig festgelegt ist bzw. bei denen die eingesetzte Norm noch nicht verabschiedet wurde. Zusätzlich können in der Einführungsphase eines Systems Fehler durch Software-Updates auch dann noch behoben werden, wenn die Produkte bereits im Feld eingesetzt werden.

2. International einsetzbare (Multimode) Sendeempfänger sind leicht realisierbar. Bei einer „Grenzüberschreitung" wird lediglich per Freischaltung oder per Software-Update auf die Norm eines anderen Staates umgeschaltet. Die Vorteile für die Produktion sind evident: Man hat eine weitgehend einheitliche und standardisierte Hardware für völlig unterschiedliche Systeme und nachrichtentechnische Anwendungen entwickelt. Dies hat Konsequenzen für die Stückzahlen und damit für die Stückkosten der

---

[20] engl.: **W**orld **R**adiocommunication **C**onference (Weltfunkkonferenz)
[21] ITU = **I**nternational **T**elecommunications **U**nion

Hardwarebaugruppen. Unter dem Gesichtspunkt der zunehmenden Globalisierung wird dieser Aspekt weiter an Bedeutung gewinnen.

3. Der hohe Aufwand bei der Entwicklung kommunikationstechnischer Systeme führt zu einem besonderen Schutzbedürfnis des „Know-Hows" der entwickelnden Firmen. Die FPGA- und DSP-Komponentenhersteller kommen dem Schutzbedürfnis ihrer Kunden vor Nachbau entgegen, indem sie für ihre Komponenten einen Leseschutz implementieren. Proprietäre Architekturen werden in lesegeschützten Bereichen von DSP-Modulen oder FPGA-Schaltkreisen gespeichert. Dadurch werden das Kopieren und damit der Nachbau zwar nicht gänzlich ausgeschlossen, aber zumindest der Kopieraufwand drastisch erhöht.

Einstieg: **Rekonfigurierbare Architekturen**
Weiterführende Literatur zum Thema „Digitale Signalprozessoren", „Programmierbare Logikbausteine" und „Rekonfigurierbare Architekturen" findet man unter [GM07] und [Ges14].

Einstieg: **Xilinx Zynq**
stellt eine hybride Rechenmaschine dar, bestehend aus einer Kombination von CPU und digitaler Schaltung dar ([Ges14], S. 289 ff.).

6.3 Fazit

SDR-Prinzip Sendeempfänger nach dem SDR-Prinzip werden voraussichtlich eine der wichtigsten Technologien der nächsten Jahrzehnte auf dem Gebiet der Kommunikationstechnik werden. Dafür gibt es mehrere Gründe, die oben erläutert wurden. Die wesentlichen Vorteile liegen in der hohen Flexibilität dieses Sende-Empfangskonzepts. Voraussetzung für diese wünschenswerte Flexibilität ist ein Hardwarekonzept, welches durch Software (Firmware) erst seine Funktionalität erhält. In einem weiten Umfang können dann Änderungen der Standards, Frequenzbereiche usw. ohne Hardwareänderungen realisiert werden. Diese Eigenschaft des „Software Defined Radios" ist es, die so weitreichende technische und ökonomische Konsequenzen zur Folge haben wird.

Sicherheit Die Sicherheitsaspekte[22] (siehe auch Abschnitt 2.2.4) von Funksystemen spielen aufgrund von aktuellen politischen Ereignissen (siehe Aufsatz „Globaler Abhörwahn" in ([Mag13], S. 8 ff.)) eine immer wichtigere Rolle.

Eingebettete Systeme „Eingebettete Systeme" und deren Entwicklung werden für Funksysteme zukünftig immer wichtiger — zum einen aufgrund neuer Hardware wie beispielsweise

---

[22]engl.: Security

Tablet-Computer und zum anderen aufgrund des hohen Software-Anteils durch z. B. Apps[23], Protokoll-Stacks und Betriebssysteme (z. B. Android). Hinzu kommt, dass der System-Charakter aufgrund von Randbedingungen, wie begrenzter Einsatz von Zeit und Geld, die Entwicklung entscheidend beeinflusst (siehe [Ges14]).

Merksatz: **Android**
ist sowohl ein Betriebssystem als auch eine Software-Plattform für mobile Geräte wie Smartphones, Mobiltelefone, Netbooks und Tablet-Computer, die von der Open Handset Alliance (gegründet von Google) entwickelt wird ([Wik14], Android). Die aktuelle Version ist 4.4.

Beurteilung Verfahren

Eine Beurteilung, welches der vorgestellten standardisierten und proprietären Verfahren am besten ist, kann nicht ohne Weiteres getroffen werden. Alle Verfahren haben Vor- und Nachteile bezüglich der drei vorgestellten Bereiche Kommunikations-, Nachrichtentechnik und Eingebettete Systeme. Bei der Auswahl des Verfahrens sollte aus diesem Grund nie die eigentliche Aufgabenstellung (Applikation) mit ihren Randbedingungen vergessen werden.

Wachstum

Prognosen zur Entwicklung von drahtlosen Technologien zeigt eine Studie der Unternehmensberatung „Frost & Sullivan" [Sul08]. Prognosen gehen von 50 Milliarden drahtlos-verbundener Geräte im Rahmen des „Internet der Dinge" (siehe auch Kapitel 3) bis zum Jahr 2020 aus ([Ins14b], S. 3). Im Folgenden werden zukünftige Einsatzgebiete repräsentiert durch die Begriffe erläutert:

Einsatzgebiete

Merksatz: **Cloud-Computing**[a]
umschreibt den Ansatz, abstrahierte IT-Infrastrukturen wie z. B. Rechenkapazität, Datenspeicher, Netzwerkkapazitäten oder auch fertige Software, dynamisch an den Bedarf angepasst, über ein Netzwerk zur Verfügung zu stellen ([Wik14], Cloud-Computing).

---

[a]dt.: „Rechnen in der Wolke"

Merksatz: **Verteilte Systeme**
bestehen aus vernetzten Computern (mit Hard- und Software-Komponenten), die mittels Nachrichten-Austausch kommunizieren und die gemeinsamen Aktionen koordinieren.

---

[23]APP = **APP**lication Software

Merksatz: **Drahtlose Funknetzwerke (WSN[a])**

ist ein Rechnernetz von Sensorknoten, winzigen („Staubkörnern") bis relativ großen („Schuhkartons"), per Funk kommunizierenden Computern, die entweder in einem infrastruktur-basierten (Basisstationen) oder in einem sich selbst organisierenden Ad-hoc-Netz zusammenarbeiten, um ihre Umgebung mittels Sensoren abzufragen und die Information weiterzuleiten. Die anvisierte Größe zukünftiger Sensorknoten machte die Idee unter dem Schlagwort „intelligenter Staub"[b] bekannt ([Wik14], Sensornetzwerke).

---

[a]WSN = Wireless Sensor Network
[b]engl.: Smart Dust

Merksatz: **Cyber-Physical Systems[a]**

sind gekennzeichnet durch eine Verknüpfung von realen (physischen) Objekten und Prozessen mit informationsverarbeitenden (virtuellen) Objekten und Prozessen über offene, teilweise globale und jederzeit miteinander verbundene Informationsnetze ([VG13], S. 1).

Aktuell erhalten CPS besondere Aufmerksamkeit als technologische Grundlage für das Zukunftsprojekt „Industrie 4.0" der Bundesregierung im Rahmen der Hightech-Strategie ([VG13], S. 2).

---

[a]CPS = Cyber-Physical Systems *(deutsch: Cyber-Physische Systeme)*

A Anhang

A.1 Logarithmische Verhältnisgrößen

Für die Bewertung der Eigenschaften von drahtlosen Systemen gibt es genormte und nicht genormte Parameter. In diesem Kapitel werden nach einer Einführung in die dB-Rechnung einige dieser Parameter vorgestellt.

Zur Angabe von Verstärkungen, Dämpfungen und Signalpegeln in der Nachrichtentechnik hat sich die „Quasi"-Einheit Dezibel als sehr nützliches Hilfsmittel durchgesetzt. Die Zahlenwerte, mit denen man es hier zu tun hat, sind oft sehr groß oder sehr klein und daher im linearen Maßstab nur umständlich darzustellen.

Dezibel

> *Beispiel:* Die Basisstation einer Mobilfunkfunkstrecke sendet mit typischen P_A = 40 Watt Ausgangsleistung, an der Antennenbuchse der Mobilstation kommt 1 nW an, das sind P_E = 0,000000001 W. Der Dämpfungsfaktor des Funkkanals (einschließlich der Antennenanlagen) wäre dann $\frac{P_E}{P_A} = 1 \cdot 10^{-9}/40 = 0,000000000025$. Im logarithmischen Maßstab beträgt die Ausgangsleistung des Senders P_A = + 46 dBm, und die Eingangsleistung des Mobilteils P_E = - 60 dBm. Der Pegelunterschied (Dämpfungsfaktor) beträgt demnach (-60 - 46) = - 106 dB.

An diesem Beispiel sieht man bereits die beiden Anwendungen der Dezibelrechnung: Es werden zwei Größen absolut angegeben (hier die Ausgangsleistung P_A und die Eingangsleistung P_E) und es werden zwei Größen ins Verhältnis gesetzt (Dämpfungsfaktor = $\frac{P_E}{P_A}$). Man sieht hier auch die Vorteile der Dezibelangaben: Große Zahlenwerte lassen sich einfacher handhaben, und die Multiplikation (Division) großer Zahlenwerte wird durch die Addition (Subtraktion) ersetzt.

A.2 Verstärkung und Dämpfung eines Systems

Die Verstärkung (G^1) eines Systems ist definiert als der Quotient aus Ausgangsleistung und Eingangsleistung. Um zu einfacheren Zahlenwerten zu kommen,

---

[1] Gewinn (engl.: Gain)

wird der Quotient logarithmiert (lg[2]) und mit zehn multipliziert.

Gewinn: $G_{lin} = \frac{P_A}{P_E} = \frac{1}{\alpha_{lin}}$; $G_{dB} = 10 \cdot lg\frac{P_A}{P_E} = -\alpha_{dB}$

Dämpfung: $\alpha_{lin} = \frac{P_E}{P_A} = \frac{1}{G_{lin}}$; $\alpha_{dB} = 10 \cdot lg\frac{P_E}{P_A} = -G_{dB}$

Ist die Verstärkung kleiner als eins, so spricht man von der Dämpfung eines Systems. Man benutzt deshalb auch oft den Kehrwert $\alpha = \frac{1}{G}$. Im „dB"-System bedeutet ein Quotient kleiner als eins ein negatives Vorzeichen bei der „dB"-Angabe.

> *Aufgaben:*
>
> 1. Ein Verstärker hat einen Verstärkungsfaktor von $G = \frac{P_A}{P_E} = 100$. Wie groß ist die Verstärkung in dB?
>
> 2. Ein Filter hat eine Dämpfung von $\alpha = \frac{P_E}{P_A} = 1,8$. Wie groß ist die Verstärkung in dB?

Die Verstärkungs- oder Dämpfungsangaben in „dB" beziehen sich stets auf das Leistungsverhältnis von P_E und P_A. Die Leistungen sind oft nur schwer messbar. Wesentlich einfacher ist es, Eingangs- und Ausgangsspannung zu messen und bei bekanntem Eingangs- und Ausgangswiderstand daraus die Leistungen zu berechnen $P_E = \frac{U_E^2}{R_E}$ und $P_A = \frac{U_A^2}{R_A}$ (siehe Abbildung A.1).

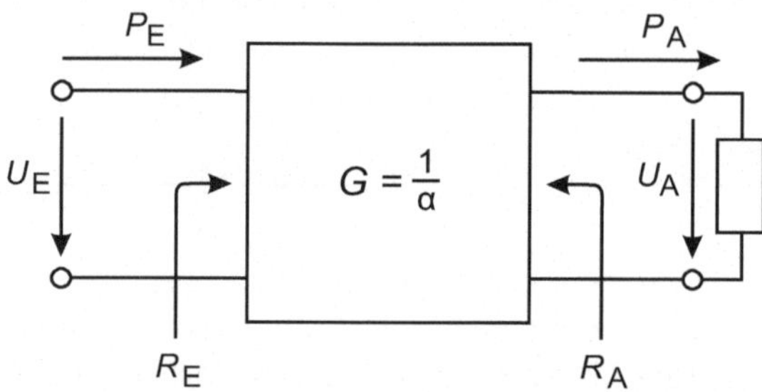

Abbildung A.1: Kenngrößen des Verstärkers

Hier wird die Dämpfung aus Eingangs- und Ausgangsspannung bei bekanntem Eingangs- und Ausgangswiderstand hergeleitet:

$\alpha_{dB} = 10 \cdot lg\frac{P_E}{P_A}$

$\alpha_{dB} = 10 \cdot lg(\frac{U_E^2}{U_A^2} \cdot \frac{R_A}{R_E})$

$\alpha_{dB} = 20 \cdot lg\frac{U_E}{U_A} - 10 \cdot lg\frac{R_E}{R_A}$

---

[2]Logarithmus zur Basis 10

Entsprechendes gilt für die Verstärkung G. Unter besonderen Bedingungen, wenn $R_E = R_A$, lässt sich die obige Gleichung vereinfachen:

$$10 \cdot lg(1) = 0$$
$$\alpha_{dB} = 10 \cdot lg \frac{P_E}{P_A}$$
$$\alpha_{dB} = 20 \cdot lg \frac{U_E}{U_A}$$

Merksatz:
Achtung: Die Beziehung $\alpha_{dB} = 20 \cdot lg \frac{U_E}{U_A}$
gilt nur für angepasste Systeme, d. h., wenn Eingangs- und Ausgangsimpedanz gleich groß sind ($R_E = R_A$)!

Für die Rückrechnung in lineare Werte gelten die folgenden Beziehungen:

    leistungsproportionale Größen: $\frac{P_E}{P_A} = 10^{\frac{\alpha_{dB}}{10}}$; $\frac{P_E}{P_A} = \alpha_{lin}$

    spannungsproportionale Größen: $\frac{U_E}{U_A} = 10^{\frac{\alpha_{dB}}{20}}$; $\frac{U_E}{U_A} = \alpha_{lin}$

**Rück-
rechnung**

Aufgabe: An einem Transformator zur Impedanzwandlung von 50 Ω auf 75 Ω werden am Eingang und am Ausgang die gleichen Spannungswerte $U_{50} = U_{75}$ gemessen. Bestimmen Sie seinen Dämpfungswert α_{dB}!

Manchmal werden Stufenverstärkungen auch als prozentuale Zunahme „$G_\%$" oder prozentuale Dämpfung „$\alpha_\%$" ausgedrückt. Abbildung A.2 zeigt die Umrechnungsformeln für Verstärkungen und Dämpfungen in linearer, logarithmischer und prozentualer Darstellung.

Definition: **Prozentuale Verstärkung/Dämpfung**
Zunahme: $G_\% = (P_A/P_E - 1) \cdot 100$
Dämpfung: $\alpha_\% = (1 - P_A/P_E) \cdot 100$

Beispiel: Es ist eine (log.) Verstärkung von $G_{dB} = +1,0$ dB gegeben.
a) Wie groß ist die lineare Verstärkungsangabe G_{lin}?
b) Wie groß ist die prozentuale Leistungszunahme $G_\%$?
c) Wie groß ist die Angabe als Dämpfungsfaktor α_{lin}?
d) Wie groß ist die Angabe als logarithmischer Dämpfungswert α_{dB}?
e) Wie groß ist die prozentuale Leistungsabnahme $\alpha_\%$?

Verstärkungs-faktor $G_{lin} = P_A / P_E$	Ver-stärkung $G_{dB} = 10 \cdot lg\ (P_A/P_E)$	Prozentuale Zunahme $G_\% = (P_A/P_E - 1) \cdot 100$	Dämpfungs-faktor $\alpha_{lin} = P_E / P_A$	Dämpfung $\alpha_{dB} = 10 \cdot lg\ (P_E/P_A)$	Prozentuale Abnahme $\alpha_\% = (1 - P_A/P_E) \cdot 100$
X	$10 \cdot lg\ X$	$(X-1) \cdot 100$	$1/X$	$-10 \cdot lg\ X$	$(1-X) \cdot 100$
$10^{X/10}$	X	$10^{(2+X/10)} - 100$	$10^{-X/10}$	$-X$	$100 - 10^{(2+X/10)}$
$1 + X/100$	$10 \cdot lg(X+100) - 20$	X	$100 / (100 + X)$	$20 - 10 \cdot lg(100+X)$	$-X$
$1/X$	$-10 \cdot lg\ X$	$(1/X - 1) \cdot 100$	X	$10 \cdot lg\ X$	$(1 - 1/X) \cdot 100$
$10^{-X/10}$	$-X$	$10^{(2-X/10)} - 100$	$10^{X/10}$	X	$100 - 10^{(2-X/10)}$
$1 - X/100$	$10 \cdot lg(100-X) - 20$	$-X$	$100 / (100 - X)$	$20 - 10 \cdot lg(100-X)$	X

Abbildung A.2: Umrechnung zwischen verschiedenen Darstellungen von „G_{dB}"
in G_{lin}, $G_\%$, α_{lin}, α_{dB} und $\alpha_\%$

Lösung

In der zweiten Spalte der Abbildung A.2 findet man in der mit „X" markierten Zeile die Umrechnungsformeln in der logarithmischen Verstärkungsangabe „G_{dB}" in G_{lin}, $G_\%$, α_{lin}, α_{dB} und $\alpha_\%$.

Zu a)
G_{lin} als Funktion von G_{dB}:
Da der Verstärkungswert $G_{dB} = +\ 1{,}0$ dB ein positives Vorzeichen hat, muss der Verstärkungsfaktor $G_{lin} > 1$ sein.

$$G_{lin} = P_A/P_E$$
$$= 10^{X/10} \text{ mit } X = G_{dB} \text{ und } G_{dB} = +\ 1{,}0 \text{ dB}$$
$$= 1{,}259$$

Zu b)
$G_\%$ als Funktion von G_{dB}:
Die prozentuale Zunahme der Ausgangsleistung P_A, bezogen auf die Eingangsleistung P_E, beträgt: $P_A = P_E + P_E \cdot G_\%/100$. Daraus folgt:

$$G_\% = (G_{lin} - 1) \cdot 100$$
$$= (10^{X/10} - 1) \cdot 100 \text{ mit } X = G_{dB}$$
$$= 10^{(2+X/10)} - 100 \text{ mit } G_{dB} = +\ 1{,}0 \text{ dB}$$
$$= +\ 25{,}9\ \%$$

Zu c)
α_{lin} als Funktion von G_{dB}:
Die Ausgangsleistung P_A errechnet sich aus der Eingangsleistung P_E, multipliziert mit dem Verstärkungsfaktor G_{lin} : $P_A = P_E \cdot G_{lin}$. Eine „Verstärkung" im eigentlichen Sinne liegt vor, wenn der Faktor $G_{lin} > 1$ ist.
Ein Faktor $G_{lin} < 1$ ist genau genommen eine Dämpfung, denn dann ist

$P_A < P_E$. Wenn man jedoch von einem „Dämpfungsfaktor α_{lin}" spricht, dann ist ein Wert von $\alpha_{lin} > 1$ gemeint, durch den man P_E dividieren muss, um P_A zu erhalten: : $P_A = P_E/\alpha_{lin}$. Somit erhält man:

$$\alpha_{lin} = P_E/P_A$$
$$= 1/G_{lin}$$
$$= 1/(10^{X/10}) \text{ mit } X = G_{dB}$$
$$= 10^{-X/10} \text{ mit } G_{dB} = +1{,}0 \text{ dB}$$
$$= 0{,}794$$

α_{dB} als Funktion von G_{dB}: **Zu d)**

$$\alpha_{dB} = 10 \cdot lg(P_E/P_A)$$
$$= 10 \cdot lg(1/(P_A/P_E))$$
$$= -10 \cdot lg(P_A/P_E)$$
$$= -G_{dB}$$
$$= -1 dB$$

$\alpha_{\%}$ als Funktion von G_{dB}: **Zu e)**

Die prozentuale Abnahme der Ausgangsleistung P_A, bezogen auf die Eingangsleistung P_E, beträgt: $P_A = P_E - P_E \cdot \alpha_{\%}/100$. Daraus folgt:

$$\alpha_{\%} = (1 - G_{lin}) \cdot 100$$
$$= 100 \cdot (1 - 10^{X/10}) \text{ mit } X = G_{dB}$$
$$= 100 - 10^{(2+X/10)} \text{ mit } G_{dB} = +1{,}0 \text{ dB}$$
$$= -25{,}9\%$$

Beispiel: Es ist ein (lin.) Verstärkungsfaktor von $G_{lin} = 0{,}891$ gegeben.
a) Wie groß ist die logarithmische Verstärkungsangabe G_{dB}?
b) Wie groß ist die prozentuale Leistungszunahme $G_{\%}$?
c) Wie groß ist die Angabe als Dämpfungsfaktor α_{lin}?
d) Wie groß ist die Angabe als logarithmischer Dämpfungswert α_{dB}?
e) Wie groß ist die prozentuale Leistungsabnahme $\alpha_{\%}$?

Lösung

In der ersten Spalte der Abbildung A.2 findet man in der mit „X" markierten Zeile die Umrechnungsformeln vom linearen Verstärkungsfaktor „G_{lin}" in G_{dB} , $G_{\%}$, α_{lin} , α_{dB} und $\alpha_{\%}$.

G_{dB} als Funktion von G_{lin}: **Zu a)**

Da der Verstärkungsfaktor $G_{lin} = 0{,}891$ kleiner als Eins ist, muss die Verstärkungsangabe G_{dB} ein negatives Vorzeichen haben.

$$G_{dB} = 10 \cdot lg(P_A/P_E)$$
$$= 10 \cdot lgX \text{ mit } X = G_{lin} = \text{ und } G_{lin} = 0{,}891$$
$$= -0{,}5 \text{ dB}$$

$G_{\%}$ als Funktion von G_{lin}: **Zu b)**

Die prozentuale Zunahme der Ausgangsleistung P_A, bezogen auf die Eingangs-leistung P_E, beträgt: $P_A = P_E + P_E \cdot G_\% / 100$. Daraus folgt:

$$G\% = (X - 1) \cdot 100 \text{ mit } G_{lin} = 0{,}891$$
$$= -10{,}9\%$$

Zu c) α_{lin} als Funktion von G_{lin}:

Der Dämpfungsfaktor α_{lin} ist der Kehrwert des Verstärkungsfaktors. Damit erhält man:

$$\alpha_{lin} = P_E / P_A$$
$$= 1/G_{lin} \text{ mit } G_{lin} = 0{,}891$$
$$= 1{,}22$$

Zu d) α_{dB} als Funktion von G_{lin}:

$$\alpha_{dB} = 10 \cdot lgP_E / P_A$$
$$= 10 \cdot lg1/(G_{lin}) \text{ mit } G_{lin} = 0{,}891$$
$$= -10 \cdot lgG_{lin}$$
$$= -G_{dB}$$
$$= 0{,}5 \text{ dB}$$

Zu e) $\alpha_\%$ als Funktion von G_{lin}:

$$\alpha_\% = (1 - X) \cdot 100 \text{ mit } X = G_{lin} \text{ und } G_{lin} = 0{,}891$$
$$= +10{,}9\%$$

A.3 Signalpegel

Das Dezibel ist dimensionslos, denn es gibt das Verhältnis zweier Größen an. Wie aber oben bereits erwähnt, kann man auch absolute Pegel in „dB" aus-**Bezugswert** drücken, wenn man eine Bezugsgröße festlegt. Hier wird ein Bezugswert (eine Bezugsleistung) vorgegeben. Dies sind zum Beispiel 1 mW, 1 W, 1 μV, 1 V, 1 μA und 1 A. Die Bezeichnungen lauten dann: $dB(mW)$, $dB(W)$, $dB(\mu V)$, $dB(V)$, $dB(\mu A)$ und $dB(A)$. Es haben sich jedoch die formal nicht ganz korrekten Schreibweisen dBm, dBW usw. eingebürgert (siehe Tabelle A.1).

Referenzpegel	Einheit	Bezeichnung
1 Milliwatt	mW	dBm
1 Watt	W	dBW
1 Mikrovolt	μV	$dB\mu V$
1 Volt	V	dBV
1 Mikroampere	μA	$dB\mu A$
1 Ampere	A	dBA

Tabelle A.1: Signalpegel

Beispiel:

Die Basisstation einer Mobilfunksendeanlage hat eine Ausgangsleistung von P_{lin} = 20 Watt. Geben Sie den Wert in [dBW] an!

$P_{dBW} = 10 \cdot lg(P/P_{ref})$, mit P_{ref} = 1 W

$= 10 \cdot lg(20/1) = 13$ dBW

Beispiel: Ein Funkgerät hat eine Ausgangsleistung von P_{dBm} = 33 dBm. Wie groß ist die Ausgangsleistung in Watt?

$P_{dBm} = 10 \cdot lg(P/1mW)$

daraus folgt:

$P_{lin} = 10^{(P_{dBW}/10)}/1000$

$= 10^{(33/10)}/1000$

$\approx 1995, 3/1000$

≈ 2 W

Aufgabe: An einem Leistungsmessgerät wird der Wert 7,24 dBm angezeigt. Wie groß ist die gemessene Leistung?

A.4 Pegelplan

Abbildung A.3 zeigt den Aufbau einer Sende-/Empfangsstation für Mobilkommunikation. Sie besteht aus dem 433 MHz-Sender/Empfänger[3], einem Antennenverstärker, der Antenne und zwei Kabelsätzen mit den dazugehörigen Steckverbindern. Jede dieser Komponenten hat Einfluss auf die Signalstärke im Sende- und Empfangsweg und damit auf die Leistungsbilanz des Systems. In einem Pegelplan werden Sende- und Empfangspfad getrennt betrachtet.
Die Steckverbinder St1 bis St4 haben eine Dämpfung von jeweils α = 0,25 dB. Sie sind zu einem Block mit der Verstärkung G = -1 dB zusammengefasst. **Sendepfad**
Die Kabelverbindung (1) besteht aus dem Kabeltyp RG58. Dieser Kabeltyp weist laut Datenblatt bei der Betriebsfrequenz von 433 MHz einen Dämpfungswert von α_{RG58} = 40 dB/100 m auf. Mit einer Kabellänge von 7,5 m beträgt

---

[3]engl.: Transceiver

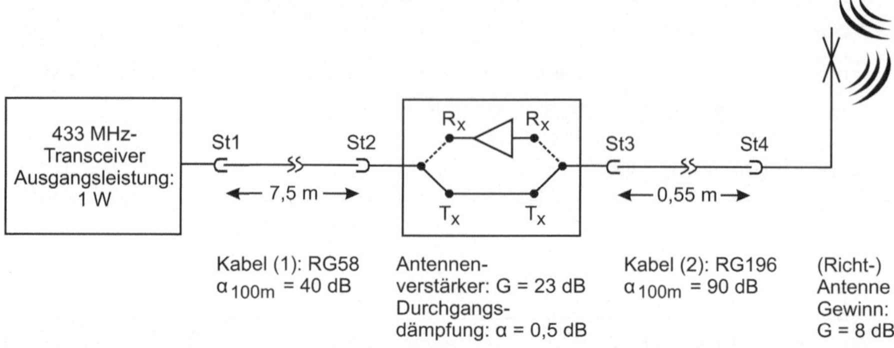

Abbildung A.3: Aufbau einer Sende-/Empfangsstation für Mobilkommunikation

die zu berücksichtigende Dämpfung α = (40 dB $\cdot$ 7,5m)/100m = 3 dB und ist in einem Block mit der Verstärkung G = -3 dB dargestellt.

Der Antennenverstärker ist im Sendepfad nicht als Verstärker wirksam. Er hat jedoch eine Durchgangsdämpfung von α = 0,5 dB, die dann in einem Block mit der Verstärkung von G = 0,5 dB dargestellt ist.

Die Kabelverbindung (2) besteht aus dem Kabeltyp RG196. Dieser Kabeltyp weist laut Datenblatt bei der Betriebsfrequenz von 433 MHz einen Dämpfungswert von α_{RG196} = 90 dB / 100 m auf. Mit einer Kabellänge von 55 cm beträgt die zu berücksichtigende Dämpfung α = (90dB $\cdot$ 0,55m)/100m = 0,5 dB und ist in einem Block mit der Verstärkung G = -0,5 dB dargestellt.

Die Antenne hat eine Richtwirkung. Gegenüber einem isotropen Kugelstrahler hat sie einen Gewinn von 8 dB, dargestellt als Block mit G = +8 dB.

In Abbildung A.4 sind neben den Verstärkungswerten in den Funktionsblöcken die Pegelwerte in dBm, die Verstärkungsfaktoren und die prozentualen Veränderungen dargestellt.

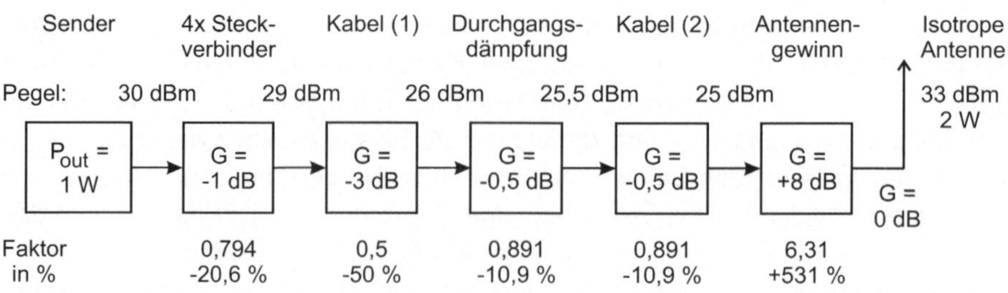

Abbildung A.4: Beispiel für einen Sender-Pegelplan

Die Verstärkungs- bzw. Dämpfungswerte der im Sendepfad behandelten Komponenten sind richtungsunabhängig und gelten somit auch unverändert für den Empfangspfad. Eine Ausnahme ist der Antennen-Vorverstärker. Im Empfangsbetrieb hat er eine Verstärkung von 23 dB und ist als Block mit G = 23 dB dargestellt (siehe Abbildung A.5). **Empfangspfad**

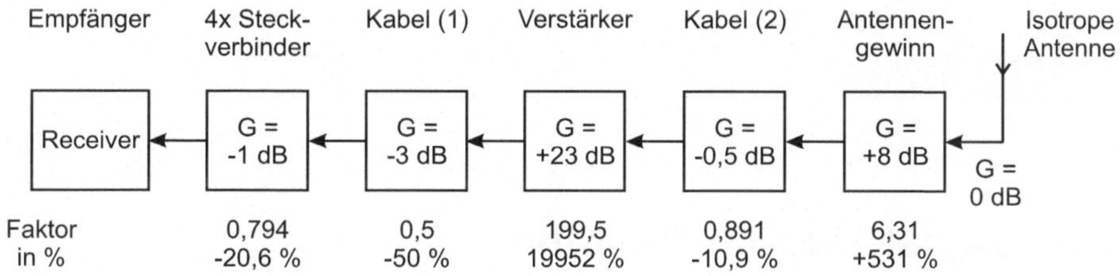

Abbildung A.5: Beispiel für einen Empfänger-Pegelplan

A.5 Rauschpegel

Die Wärmebewegung der Elektronen in einem Leiter erzeugt ein Rauschen. Der dabei entstehende Rauschpegel (Rauschleistung) P ist abhängig von der Temperatur und der betrachteten Signalbandbreite Δf:

$P = k \cdot T \cdot \Delta f$

k: Boltzmannkonstante; $k = 1,38 \cdot 10^{-23}$ J/K

J/K: Joule pro Kelvin; ein Joule = eine Wattsekunde

T: Temperatur in Kelvin, 0 K = -273,15 °C,

       d. h. die Raumtemperatur von 20°C entspricht 293,15 K

Δf: Signalbandbreite (Messbandbreite) in Hertz [Hz]

Bei einer Raumtemperatur von 20°C und einer Bandbreite von Δf = 1 Hz ergibt sich ein Rauschleistungspegel von:

$P = k \cdot T \cdot \Delta f$

$= 1,38 \cdot 10^{-23}$ Ws/K $\cdot$ 293,15 K $\cdot$ 1Hz

$= 4,045 \cdot 10^{-21}$ W

Bezogen auf den Referenzpegel von einem Milliwatt erhält man:

$P = 10 \cdot lg \frac{1,38 \cdot 10^{-23} J/K \cdot 293,15 K \cdot 1 Hz}{1 mW})$ dBm

$= -173,93$ dBm

Auf eine Bandbreite von Δf = 1 Hz bezogen ergibt das:

$P/Hz = -173,93$ dBm/Hz

$\approx$ -174 dBm/Hz

Diesen Wert sollte man sich merken, denn man kann so sehr schnell die Rauschleistung bei gegebener Raumtemperatur in Abhängigkeit von der betrachteten Bandbreite bestimmen. Da die Bandbreite nur als Faktor auftritt, kann sie rechnerisch wie eine Verstärkung behandelt werden: Zu dem Zahlenwert -174 dBm muss der Wert $10 \cdot lg\frac{\Delta f}{Hz}$ addiert werden.

Beispiel: Gesucht ist die thermische Rauschleistung an einem Empfängereingang bei einer (Rausch-) Bandbreite von 1 MHz.

$$10 \cdot lg\frac{1MHz}{1Hz} = 10 \cdot lg\frac{10^6Hz}{1Hz} = 60$$

$$P = (-174 + 60) \text{ dBm}$$

$$= -114 \text{ dBm}$$

A.6 Signal-Rausch-Abstand

SNR

Eine wichtige Messgröße zur Bestimmung der Qualität eines Signals ist der Signal-Rausch-Abstand (S/N), oft auch als Signal-Rausch-Verhältnis oder als SNR[4] bezeichnet. Je kleiner dieser Wert ist, desto schlechter wird ein Signal bewertet.

Definition: **Signal-Rausch-Abstand**

Er ist definiert als der Quotient aus der mittleren Leistung des Nutzsignals S der Signalquelle und der mittleren Rauschleistung N des Störsignals der gleichen Signalquelle. Die Angabe des Leistungsverhältnisses erfolgt in dB.

$$SNR = 10 \cdot lg\frac{S}{N} \text{ dB}$$

Beispiel: Es soll der Signal-Rauschabstand eines analogen Funkgerätes bestimmt werden. Dazu wird ein Messsender mit einem 1 kHz-Signal moduliert (Modulationsgrad m = 30 %). Am Empfängereingang wird ein Signalpegel von S = 0,1 Watt gemessen. Nach dem Abschalten der Modulation wird eine Rauschleistung von N = 0,2 μW gemessen. Damit ergibt sich ein S/N von:

$$SNR = 10 \cdot lg\frac{0,1W}{0,2\mu W} \text{ dB}$$

$$SNR = 57 \text{ dB}$$

A.7 Messung

Der folgende Abschnitt gibt wichtige Hinweise zum Messen von Größen.

---

[4]SNR = **S**ignal To **N**oise **R**atio *(deutsch: Signal-Rausch-Abstand oder -Verhältnis)*

A.7.1 Kleine Signale

Bei einer Messung der Signalleistung P_S muss das Messgerät auf die Anzeige der Effektivleistung (RMS[5] für quadratische Mittelung) geschaltet sein. Es wird aber stets die Summe aus Signalleistung P_{tot} und der Eigenrauschleistung P_r des Messgeräts angezeigt. Wenn $P_{tot} \gg P_r$ ist der dabei entstehende Messfehler vernachlässigbar. Das trifft jedoch nicht zu, wenn Signale zu messen sind, deren Amplituden sich in der Nähe der Rauschgrenze des Messgerätes (z. B. eines Empfängers) bewegen. Dann muss zunächst das Eigenrauschen des Messgerätes bestimmt werden. Dazu darf kein Eingangssignal anliegen. Anschließend erfolgt die Messung der Summe aus Signalleistung P_{tot} und Eigenrauschleistung P_r. Den korrigierten Wert der Signalleistung P_S erhält man aus dem Ergebnis der Subtraktion von P_{tot} - P_r.

> *Beispiel:* Der angezeigte Rauschpegel P_r eines Empfängers beträgt, ohne dass ein Eingangssignal anliegt, P_r = - 70 dBm. Wird das zu bestimmende Eingangssignal angelegt, erhöht sich die Anzeige des Messempfängers auf P_{tot} = - 66 dBm .

Lösung

P_r = -70 dBm
$= 10^{(-70/10)}$ mW = 0,0000001 mW
P_{tot} = - 66 dBm
$= 10^{(-66/10)}$ mW = 0,00000025 mW
$P_S = P_{tot} - P_r$
= 0,00000025 mW - 0,0000001 mW = 0,00000015 mW
$P_S = 10 \cdot lg \frac{0,00000015\ mW}{1mW}$ dBm = - 68,2 dBm

Die Signalleistung beträgt somit P_S = - 68,2 dBm . Man sieht, dass sich ohne Berücksichtigung des Eigenrauschens ein nicht unerheblicher Messfehler ergeben hätte.

A.7.2 Signal-Rausch-Abstand

Ähnlich wie oben beim Messen kleiner Signale gezeigt wurde, kann auch hier die Nutzsignalleistung nicht ohne Rauschanteil gemessen werden. Tatsächlich wird also gemessen:

$$SNR = \frac{S+N}{N}$$

Bei einem guten Signal-Rauschabstand, also wenn S $\gg$ N , ist der entstehende Messfehler vernachlässigbar.

---

[5]engl.: Root Mean Square

> *Beispiel:* Zur Messung des S/N-Wertes bei einem AM-Emfänger wird ein Messsender mit einem 1 kHz-Signal und dem Modulationsgrad von m = 30% moduliert. Am Empfängerausgang, zum Beispiel am Lautsprecher, wird die Signalleistung von S = 150 mW gemessen. Danach wird eine zweite Messung mit dem unmodulierten Träger des Messsenders bei sonst gleichen Bedingungen durchgeführt. Die Rauschleistung N beträgt 0,2 μW.

Lösung

Das Signal-Rauschverhältnis bestimmt sich dann durch

$$\text{SNR} = 10 \cdot lg\frac{150\ mW}{0,2\mu W}\ \text{dB} = 58,8\ \text{dB}$$

Diese Messung ist für die Beurteilung eines Empfangssignals sehr wichtig. Sie kann jedoch in dieser Form nur für analoge Signale durchgeführt werden. Bei digitalen Signalen muss die Bitfehlerrate in die Beurteilung eines Empfangssignals einbezogen werden. Oft wird dieser Wert durch implementierte Fehlerkorrekturverfahren und proprietäre Protokolle verändert und steht dem Anwender eines Systems an der externen Schnittstelle nicht zur Verfügung.

A.7.3 SINAD-Wert

Durch nichtlineare Verzerrungen auf dem Übertragungsweg entstehen Mischprodukte[6]. Das Maß für das Verhältnis von Nutzsignalleistung zu Rauschleistung und Verzerrungsprodukten (und sonstigen Störungen im Übertragungskanal) ist der SINAD[7]-Wert. Er ist definiert als der Quotient aus der mittleren Leistung des Nutzsignals S der Signalquelle und der Summe aus der mittleren Rauschleistung N und der Leistung D der Verzerrungen.

$$\text{SINAD} = \frac{S}{N+D}; \quad \text{SINAD} = 10 \cdot lg\frac{S}{N+D}\ \text{dB}$$

> *Beispiel:* Am Ausgang eines AM-Empfängers wird, wie oben bereits beschrieben, die Signalleistung S = 150 mW gemessen. Für die zweite Messung wird mit einem schmalbandigen Filter das 1 kHz-Signal am Ausgang unterdückt. Gemessen werden jetzt nur noch das Empfängerrauschen und die durch Verzerrungen hervorgerufenen Frequenzanteile außerhalb des Nutzsignals von 1 kHz (Klirrfaktor). Der dabei gemessene Wert (N + D) betrage 0,5 μW.

Lösung

Damit ergibt sich

$$\text{SINAD} = 10 \cdot lg\frac{150\ mW}{0,5\mu W}\ \text{dB} = 54,8\ \text{dB}$$

---

[6]engl.: Distortion
[7]SINAD = **S**ignal **T**o **N**oise **A**nd **D**istortion

Literaturverzeichnis

[Air08]   AirMagnet: *AirMagnet-Homepage.* `http://www.airmagnet.com`, 2008

[AMB08]   AMBER: *Amber Wireless.* `http://www.amber-wireless.de`, 2008

[Awa05]   Awad, Mohamed: Promise of Embedded Wireless Networks. In: *D&E ZigBee&Co-Entwicklerforum*, 2005

[BEFM12] Böhringer, Florian; Ernst, Nikolai; Funkner, Eugen; Merkle, Sebastian: *Untersuchung und Implementierung Eingebetteter Funksysteme – Funkauto Teil I.* Abschlussbericht Bachelor, Interdisziplinäres Projektlabor (Sommersemester), Hochschule Heilbronn, Campus Künzelsau, 2012

[Bfs08]   Bfs: *Bundesamt für Strahlenschutz.* `http://www.bfs.de/de/elektro`, 2008

[BGF03]   Bergmann, Fridhelm; Gerhardt, Hans-Joachim; Frohberg, Wolfgang: *Taschenbuch der Telekommunikation.* Fachbuchverlag Leipzig, 2003. – ISBN 3–446–21750–9

[BH01]   Beierlein, Thomas; Hagenbruch, Olaf: *Taschenbuch Mikroprozessortechnik.* Fachbuchverlag Leipzig, 2001

[Blu08a]   Bluetooth: *Bluetooth-Homepage.* `http://www.bluetooth.com`, 2008

[Blu08b]   Bluetooth: *Qualifikations-Programm.* `http://german.bluetooth.com/Bluetooth/Technology/Building/Qualification/`, 2008

[Brü08]   Brückmann, Dieter: High-Speed-Funk mit vielen Chancen. In: *Elektronik Scout 2008*, 2008

[Buf08]   Bufalino, Alexander: Kaffeeklatsch der Maschinen. In: *Elektronik Wireless 1/08*, 2008

[Der99]   Derr, Frowin: *Skript Nachrichtentechnik 2.* HS ULM, 1999

[DHLS13]   Dorsch, Christian; Herrmann, Thomas; Loßner, Ronny; Strobel, Stephan: *Hausautomatisierung mit dem CC430 und FHEM*. Abschlussbericht Bachelor, Interdisziplinäres Projektlabor (Sommersemester), Hochschule Heilbronn, Campus Künzelsau, 2013

[EF08]   EnOcean-Funksysteme: *EnOcean-Homepage*. `http://www.enocean.com`, 2008

[EK08]   ELektronik-KOmpendium: *ELKO-Homepage*. `http://www.elektronik-kompendium.de`, 2008

[Eri08]   Ericsson: *Ericsson-Homepage*. `http://www.ericsson.com`, 2008

[Esc05]   Esch, Wolfgang: Fallstricke in der Bluetooth-Entwicklung. In: *D&E ZigBee&Co-Entwicklerforum*, 2005

[ET06]   Eisenreich, Andreas; Thiem, Lasse: Koexistenz nicht gewährleistet. In: *Funkschau 25/2006*, 2006

[ETS08]   ETSI: *DECT-Homepage*. `http://www.etsi.org/WebSite/Technologies/DECT.aspx`, 2008

[Fre00]   Freyer, Ulrich: *Nachrichten-Übertragungstechnik: Grundlagen, Komponenten, Verfahren und Systeme der Telekommunikationstechnik*. Hanser, 2000. – ISBN 3–446–21407–0

[Fur02]   Furber, Steve: *ARM-Architekturen für System-on-Chip-Design*. MITP-Verlag, 2002. – ISBN 3–8266–0854–2

[Göb99]   Göbel, Jürgen: *Kommunikationstechnik*. Hüthig Verlag, 1999. – ISBN 3–7785–3904–3

[Ges00]   Gessler, Ralf: *Ein portables System zur subkutanen Messung und Regelung der Glukose bei Diabetes mellitus Typ-I*. Shaker Verlag, 2000. – ISBN 3–8265–7814–7

[GES13a]   Grüb, Christian; Ernst, Nikolai; Strecker, Timo: *Aufbau einer WLAN Verbindung mittels Arduino Wifi Shield*. Abschlussbericht Master, Interdisziplinäres Projektlabor (Sommersemester), Hochschule Heilbronn, Campus Künzelsau, 2013

[GES13b]   Grüb, Christian; Ernst, Nikolai; Strecker, Timo: *Bidirektionale Funkverbindungen und Betriebssystem RTOS – Funkauto Teil II*. Abschlussbericht Master, Interdisziplinäres Projektlabor (Wintersemester), Hochschule Heilbronn, Campus Künzelsau, 2013

[Ges14]   Gessler, Ralf: *Entwicklung Eingebetteter Systeme.* Springer Vieweg, 2014. – ISBN 978–3–8348–1317–6

[GM07]   Gessler, Ralf; Mahr, Thomas: *Hardware-Software-Codesign.* Vieweg Verlag, 2007

[GS98]   Geppert, L.; Sweet, R.: Technology 1998, Analysis and Forecast. In: *IEEE Spectrum, January 1998*, 1998

[Ham86]   Hamming, Richard W.: *Coding and Information Theory.* Prentice Hall, 1986

[Has02]   Hascher, Wolfgang: nanoNET: sichere Verbindung für Sensor-/Aktor-Netzwerke der Zukunft. In: *Elektronik 22/2002*, 2002

[Has08]   Hascher, Wolfgang: Wireless LAN auf einen Blick. In: *Elektronik Scout 2008*, 2008

[HL00]   Herter, Eberhard; Lörcher, Wolfgang: *Nachrichtentechnik: Übertragung, Vermittlung und Verarbeitung.* Hanser, 2000. – ISBN 3–446–21405–4

[Hoh07]   Hohl, Markus: Flexible Produktion mit energieautarken Sensoren. In: *ETZ, S6/2007*, 2007

[IEE08a]   IEEE: *IEEE 802.15.4-Homepage.* `http://www.ieee802.org/15/pub/TG4.html`, 2008

[IEE08b]   IEEE: *IEEE-Homepage.* `http://www.ieee.org`, 2008

[Ins08]   Instruments, Texas: *Introduction to SimpliciTI.* Texas Instruments (swru130b.pdf), 2008

[Ins14a]   Instruments, Texas: *Chronos: Wireless development tool in a watch.* `http://www.ti.com/tool/ez430-chronos`, 2014

[Ins14b]   Instruments, Texas: *Homepage Wireless Connectivity.* `http://www.ti.com\wirelessconnectivity`, 2014

[Ins14c]   Instruments, Texas: *Smart Protocol Packet Sniffer.* `http://www.ti.com/tool/packet-sniffer`, 2014

[Ins14d]   Instruments, Texas: *SmartRF Studio.* `http://www.ti.com/tool/smartrftm-studio`, 2014

[IO08]   IEE-Online: *Direkt per Luftlinie, IEE04-2008.* `http://www.all-electronics.de`, 2008

[IW08]   IT-Wissen: *IT-Wissen-Homepage*. `http://www.itwissen.info/`, 2008

[Jöc01]   Jöcker, Peter: *Computernetze*. VDE Verlag, 2001. – ISBN 3–8007–2621–1

[KA08]   Konnex-Association: *Konnex-Homepage*. `http://www.knx.org/`, 2008

[Kar06]   Kartes, Christoph: Interferenz im 2,4-GHz-Band. In: *Funkschau 11/2006*, 2006

[Kha04]   Khan, Haroon: Transceiver für das 2,4 GHz-ISM-Band. In: *Elektronik Wireless März 2004*, 2004

[KK05]   Kupris, Gerald; Kremser, Hans-Günter: Reichweitenuntersuchungen in ZigBee-Netzwerken. In: *D&E ZigBee&Co-Entwicklerforum*, 2005

[KK08]   Kumar, Ramesh; Kumar, Sandeep: Von 3G nach 4G. In: *Elektronik Wireless 01/08*, 2008

[Kla08]   Klaus, R.: *Wireless LAN (WLAN)*. `https://home.zhaw.ch/~kls/kt/WLAN.pdf`, 2008

[Kno08]   Knoll, Andrea: *Industrielle Kommunikation: Wireless im Aufwind*. `http://www.elektroniknet.de`, 2008

[Kol07]   Kolokowsky, Steve: Drei Verfahren für drahtloses USB. In: *Elektronik Wireless 4/07*, 2007

[KS07]   Kupris, Gerald; Sikora, Axel: *ZigBee*. Franzis Verlag, 2007. – ISBN 978–3–7723–4159–5

[LG04]   Lasse, Thiem; Gober, Peter: Drahtlose Gerätevernetzung. In: *Funkschau 21/2004*, 2004

[Lin08]   LinuxDevices: *Wi-Fi stack targets wide range of embedded Linux devices*. `http://www.linuxdevices.com/news/NS9778903611.html`, 2008

[Mag13]   Magazin c't: *c't Security*. Heise Zeitschriften Verlag, 2013

[MG02]   Mäusl, Rudolf; Göbel, Jürgen: *Analoge und digitale Modulationsverfahren*. Hüthig, 2002. – ISBN 3–7785–2886–6

[MK05]   Mackensen, Elke; Kuntz, Walter: Bluetooth, ZigBee und nanoNET. In: *Elektronik 24/2005*, 2005

[MSK+14] Mayer, Timo; Schmelcher, Christian; Krause, Jochen; Baudermann, Philipp; Göcker, Chrisoph: *Aufbau einer Sub-1-GHz Funkstrecke mit dem SimpliciTI Stack – Funkroboter.* Abschlussbericht Bachelor, Interdisziplinäres Projektlabor (Wintersemester), Hochschule Heilbronn, Campus Künzelsau, 2014

[Nan08] Nanotron: *Nanotron.* `http://www.nanotron.com`, 2008

[Neu07] Neumann, Peter: Wireless Sensor Networks in der Prozessautomation, Übersicht und Standardisierungsaktivitäten. In: *Tagung Wireless Automation 2007*, 2007

[Pal08] PaloWireless: *Bluetooth.*   `http://www.palowireless.com/ bluetooth`, 2008

[Peh01] Pehl, Erich: *Digitale und analoge Nachrichtenübertragung.* Hüthig Verlag, 2001. – ISBN 3–7785–2801–7

[PG04] Polz, Roman; Grabienski, Peter: Wireless LAN - ein Ausblick in die Zukunft. In: *Elektronik Wireless März 2004*, 2004

[Rhe08] Rheinland, TÜV: *Zertifizierung.*   `http://www.tuv.com/de/ zigbee.html`, 2008

[RK02] Rothammel, Karl; Krischke, Alois: *Rothammels Antennenbuch.* DARC-Verlag, 2002. – ISBN 3–88692–033–X

[Rom01] Rommel, Thomas: *Programmierbare Logikbausteine.* Vorlesungsskript, TUI, 2001

[Rop06] Roppel, Carsten: *Grundlagen der digitalen Kommunikationstechnik: Übertragungstechnik - Signalverarbeitung - Netze.* Carl-Hanser-Verlag, 2006. – ISBN 3–446–22857–8

[Sau08] Sauter, Martin: *Grundkurs Mobile Kommunikationssysteme.* Vieweg Verlag, 2008. – ISBN 978–3–8348–0397–9

[Sch78] Schumny, Harald: *Signalübertragung.* Vieweg, 1978. – ISBN 3–528–04072–6

[Sch06] Schneier, Bruce: *Angewandte Kryptographie: Protokolle, Algorithmen und Sourcecode in C.* Pearson Studium, 2006. – ISBN 3–8273–7228–3

[Sem08] Semiconductor, National: *NSC-Homepage.*   `http://www. wireless.national.com`, 2008

[Sik04a]   Sikora, Axel: Funkvernetzung - zuverlässig und einfach. In: *Elektronik Wireless 10/2004*, 2004

[Sik04b]   Sikora, Axel: Der Mikrocontroller-Report 2004. In: *Elektronik 3/2004*, 2004

[Sik05]   Sikora, Axel: Eine systematische Einführung in standardisierte drahtlose Netzwerke. In: *D&E ZigBee&Co-Entwicklerforum*, 2005

[Sik07]   Sikora, Axel: Big Brother − Lokalisierung von Personen und Objekten mittels Funkwellen. In: *Elektronik Wireless Oktober 2007*, 2007

[Sol08]   Sollae: *Systems.* http://www.sollae.co.kr, 2008

[Ste04]   Stelzer, Gerhard: Der 8-Bit Mikrocontroller Report. In: *Elektronik 21/2004*, 2004

[Ste07]   Steinmüller, D.: ZigBee - ein Standard kommt. In: *VDI, Wireless Automation 2007*, 2007

[Stu06]   Sturm, Matthias: *Mikrocontrollertechnik.* Fachbuchverlag Leipzig, Hanser, 2006. − ISBN 3−446−21800−9

[Sul08]   Sullivan, Forst : *Forst & Sullivan-Homepage.* http://www.wireless.frost.com, 2008

[SUR+14]   Sawallisch, Daniel; Unger, Daniel; Rottner, Jochen; Kraft, Christoph; Göcker, Chrisoph: *Funkkommunikation zwischen Fußball-Schiedsrichter und seinen Assistenten mittels SimpliciTI.* Abschlussbericht Bachelor, Interdisziplinäres Projektlabor (Wintersemester), Hochschule Heilbronn, Campus Künzelsau, 2014

[TAM03]   TAMS: *Technische Informatik 3.* http://tams-www.informatik.uni-hamburg.de/lehre/ws2003/vorlesungen/t3/v02.pdf, 2003

[Tan03]   Tanenbaum, Andrew S.: *Computernetzwerke.* Pearson Studium, 2003. − ISBN 978−3−8273−7046−4

[Thi06]   Thiel, Frank: *TCP/IP-Ethernet bis Web-IO.* Wiesemann und Theis GmbH, 5. Auflage, 2006

[TI06]   TI: *MSP430.* http://www.ti.com/msp430, 2006

[TI08a]   TI: *eZ430-RF2500.* http://www.ti.com/ez430-rf, 2008

[TI08b]   TI: *IEEE 802.15.4 MAC Software Stack.* `http://www.ti.com/ simpliciti`, 2008

[TI08c]   TI: *MSP-EXP430FG4618.*   `http://www.ti.com/ msp430wireless`, 2008

[TI08d]   TI: *SimpliciTI.* `http://www.ti.com/simpliciti`, 2008

[TI08e]   TI: *ZigBee Protokoll Stack.* `http://www.ti.com/z-stack`, 2008

[UK08]   Universität-Konstanz: *Wiki-Homepage.*   `http://wiki. uni-konstanz.de/wiki/bin/view/Wireless/`, 2008

[VG00]   Vahid, Frank; Givargis, Tony: *Embedded Systems Design: A Unified Hardware/Software Introduction.* `http://esd.cs.ucr.edu/`, 2000

[VG02]   Vahid, Frank; Givargis, Tony: *Embedded System Design: A Unified HW/SW Introduction.* John Wiley & Sons, 2002. – ISBN 0–471– 38678–2

[VG13]   VDI/VDE-Gesellschaft, Mess-und A.:   *Cyber-Physical Systems: Chancen und Nutzen aus Sicht der Automation.* `http://www.vdi.de/uploads/media/Stellungnahme_ Cyber-Physical_Systems.pdf`, 2013

[VPHD14]   Vogt, Björn; Poks, Agnes; Hackert, Björn; Djurdjevic, Daniel: *Konstruktion und Entwicklung eines Deltaroboters – WLAN und Beagle Bonn Black.* Abschlussbericht Bachelor, Interdisziplinäres Projektlabor (Sommersemester), Hochschule Heilbronn, Campus Künzelsau, 2014

[Wal05]   Walter, Udo: Eigenschaften des IEEE 802.15.4 Standards in unterschiedlichen Frequenzbändern.   In: *D&E ZigBee&Co-Entwicklerforum*, 2005

[Wei91]   Weiser, M.: The Computer of the 21th Century. In: *Scientific American*, 1991

[Wei05]   Weinzierl, Thomas: *Stack Implementierung für KNX-RF.* `http: //www.weinzierl.de/`, 2005

[Wer09]   Werner, Martin: *Information und Codierung.* Springer Vieweg, 2009. – ISBN 978–3–8348–9550–9

[WiF08]   WiFi: *WiFi-Alliance-Homepage.* `http://www.wi-fi.org`, 2008

[Wik08]   Wikipedia: *Wikipedia-Homepage.* `http://de.wikipedia.org/`, 2008

[Wik14]   Wikipedia: *Die freie Enzyklopädie.* `http://de.wikipedia.org/`, 2014

[WiM08]   WiMAX: *WiMAX-Homepage.* `http://www.wimaxforum.org`, 2008

[Wit00]   Witzak, Michael P.: *Echtzeit-Betriebssysteme.* Franzis Verlag, 2000. – ISBN 3–7723–4293–0

[WLA08]   WLAN: *Association.* `http://www.WLANA.org`, 2008

[Wob98]   Wobst, Reinhard: *Abenteuer Kryptologie.* Addison-Wesley, 1998. – ISBN 3–8273–1413–5

[Wol02]   Wollert, Jörg F.: *Das Bluetooth-Handbuch.* Franzis Verlag, 2002. – ISBN 3–7723–5323–1

[Wol05]   Wollert, Jörg F.: Die nächste Generation Wireless. In: *Elektronik Wireless Oktober 2005,* 2005

[Wol07a]   Wollert, Jörg F.: UWB, ZigBee und Z-Wave in der Automatisierung. In: *Elektronik 2/2007,* 2007

[Wol07b]   Wollert, Jörg F.: Wireless in der industriellen Anwendung. In: *Elektronik Scout 2007,* 2007

[Wür04]   Würtenberg, Jens: Software-Oszilloskop für WLANs. In: *Elektronik Wireless März 2004,* 2004

[WS08]   Wi-Spy: *Wi-Spy-Homepage.* `http://www.wi-spy.com/`, 2008

[WSS05]   Wiest, Joachim; Scholz, Alexander; Schmidhuber, Michael: Drahtlos-Voltmeter via Bluetooth. In: *Elektronik 24/2005,* 2005

[WV04]   Wollert, Jörg; Vedral, Andreas: Bluetooth-Sicherheit: Wie viel Persönlichkeit gebe ich preis? In: *Elektronik Wireless März 2004,* 2004

[WV05]   Wollert, Jörg F.; Vedral, Andreas: Bluetooth – Integrationstechnologie für automotive Anwendungen. In: *D&E ZigBee&Co-Entwicklerforum,* 2005

[You08]   Young, Joel K.: Kombination mehrerer Funknetzwerke. In: *Elektronik Wireless 01/08,* 2008

[ZA07a]   ZigBee-Alliance: ZigBee Cluster Library Specification. In: *Specification 10/2007*, 2007

[ZA07b]   ZigBee-Alliance: ZigBee Home Automation Public Application Profile V1.0. In: *Specification 10/2007*, 2007

[ZA08]   ZigBee-Alliance: ZigBee Specification R17.   In: *Specification 01/2008*, 2008

[ZG14]   Zimmermann, Thomas; Gansky, Tillmann: *Home Automation Server/Android-App – WLAN und Beagle Bone Black*. Abschlussbericht Bachelor, Interdisziplinäres Projektlabor (Sommersemester), Hochschule Heilbronn, Campus Künzelsau, 2014

[Zig08]   ZigBee: *ZigBee-Homepage.* http://www.zigbee.org, 2008

[Zog02]   Zogg, Jean-Marie: *Telemetrie mit GSM/SMS und GPS-Einführung*. Franzis-Verlag, 2002

[ZW08]   Z-Wave: *Z-Wave-Allicance.* http://www.z-waveallicance.org, 2008

Stichwortverzeichnis

Abbildungsverzeichnis

Tabellenverzeichnis